高职高专教育“十二五”规划建设教材

设施植物病虫害防治

徐桂平　张红燕　主编

中国农业大学出版社
·北京·

内 容 简 介

本教材共分三大模块7个项目，其中模块一设施植物病虫识别包括昆虫识别与病害识别2个项目，模块二设施植物病虫害调查与综合防治包括病虫害调查与综合防治方法、农药的使用2个项目，模块三设施植物病虫害诊断与防治包括蔬菜、花卉、果树的病虫害诊断与防治3个项目。每个项目先由生产实例引入，后又分解为数个学习性工作任务，共34个，每个工作任务由任务提要、知识准备、任务实施及任务考核构成。

本教材以学习性工作任务实施为教学核心，以简练的系统知识为后盾，以学生个体与活动小组自主学习为切入点，以改革考核方式为手段，从而形成一套适合于设施植物病虫害防治的任务驱动教学模式。通过学习，使学生具备正确识别设施植物病虫害的基本技能，能够根据病虫害种类和发生规律设计综合防治的方案并组织实施。

本教材内容新颖，构思独特，重在实践，形式活泼。内配彩色图片95幅、黑白插图89幅。既可供高职高专院校设施农业、园艺技术、种子生产与经营、园林等专业作为教材使用，也可供从事相关工作的人员作为参考用书使用。

图书在版编目(CIP)数据

设施植物病虫害防治/徐桂平，张红燕主编. —北京：中国农业大学出版社，2014.10

ISBN 978-7-5655-1091-5

Ⅰ.①设…　Ⅱ.①徐…②张…　Ⅲ.①蔬菜园艺-设施农业-病虫害防治　Ⅳ.①S436.3

中国版本图书馆CIP数据核字(2014)第238215号

书　名　设施植物病虫害防治
作　者　徐桂平　张红燕　主编

策划编辑　姚慧敏　伍　斌　　**责任编辑**　韩元凤
封面设计　郑　川
出版发行　中国农业大学出版社
社　址　北京市海淀区圆明园西路2号　　**邮政编码**　100193
电　话　发行部 010-62818525,8625　　读者服务部 010-62732336
编辑部 010-62732617,2618　　出　版　部 010-62733440
网　址　http://www.cau.edu.cn/caup　　**e-mail** cbsszs @ cau.edu.cn
经　销　新华书店
印　刷　涿州星河印刷有限公司
版　次　2014年12月第1版　2014年12月第1次印刷
规　格　787×1 092　16开本　18.75印张　466千字　彩插4
定　价　44.00元

编审人员

主　编　徐桂平　潍坊职业学院

　　　　　张红燕　黑龙江农业工程职业学院

副主编　周顺玉　信阳农林学院

　　　　　张秀花　辽宁职业学院

　　　　　张树涛　潍坊派斯特害虫防控技术服务有限公司

参　编　陈俊华　信阳农林学院

　　　　　陈永杰　潍坊职业学院

　　　　　白　鸥　辽宁职业学院

主　审　王炳太　潍坊农业科学院

前　言

人们利用设施来生产经济价值高的植物一直催化着设施农业发展的热情，但设施植物的周年生产也暴露出许多新的问题。就病虫方面而言，比较突出的是病虫害的发生可实现周年循环，一些病虫由过去季节性为害变为周年为害，同时设施植物的常年连作易导致土壤障碍的发生，致使生理性病害加重。因此，一些专业教材在体系和内容等方面已不能完全适应上述情况的需要。同时，根据教育部《关于加强高职高专人才培养的意见》精神和高职高专人才培养目标、培养模式和培养途径，我们紧紧围绕培养高等技术应用型专门人才，培养生产、服务、管理第一线需要的人才而编写了本教材。

设施植物病虫害防治是园艺技术类专业的专业核心课程。本教材定位于高等职业教育，紧扣任职岗位要求，以设施植物生产过程为导向，以典型工作任务为核心，以学生为主体，通过学习性工作任务中教、学、做、说（写）合一来组织教学。全书注重了对学生专业技能与综合素质的培养，在专业技能方面，紧紧围绕培养学生具备设施植物病虫识别技能，设施植物病虫害调查与综合防治方法的技能，安全、合理配制和使用农药的技能，能够根据蔬菜、花卉、果树病虫害种类和发生规律设计综合防治的方案并组织实施等专业综合技能来编写；同时，在各任务的任务实施中，也注重了培养学生具有诚实、守信、肯干、敬业、善于与人沟通和合作的职业品质以及具有分析问题和解决问题的能力。教材中积极融进新知识、新观念、新方法，呈现课程的职业性、实用性和开放性。

使用本教材，建议运用任务驱动教学法，这是一种以能够激发学生主动探究、实践、思考、运用、解决问题的情景为基础，围绕任务展开学习，以任务的完成结果检验和总结学习的教学方法。教材中每个工作任务都由任务提要、知识准备、任务实施和任务考核组成。教学的核心是“任务实施”，“知识准备”往往是为“任务实施”服务的。因此，使用本教材，教师的角色是学习情景的创设者、学习任务的设计者、学习资源的提供者、学习活动的组织者和学习方法的指导者。教学方式上，应以学生自主学习、合作探究与教师讲授相结合；课外作业布置上，留给学生的往往不是知识性作业而是部分学习性工作任务，例如预习、分工或搜集资料或寻找病虫害发生教学现场或采来病虫标本等；成绩考核上，学生学期的总成绩是由各学习性工作任务考核汇总而得。

本教材由全国部分高职院校教师与相关企业经验丰富的一线人员共同编写。徐桂平编写模块一的项目二与各个项目案例，张红燕编写模块三的项目三，周顺玉编写模块一的项目一和模块三项目二中的工作任务4～5，张秀花编写模块三的项目一中的工作任务1～5，张树涛编写模块二的项目二中的工作任务1～3，陈俊华编写模块二的项目一和模块三的项目二中的工作任务1～3，陈永杰编写模块二的项目二中的工作任务4～5，白鸥编写模块三的项目一中的工作任务6～9。全书最后由徐桂平统稿。潍坊农业科学院王炳太担任本书的主审，从农业生产实际的角度提出了许多宝贵的意见。

本教材在编写过程中参阅、参考和引用了大量的有关文献资料(见书后参考文献)，未在书中一一注明，敬请见谅。在此表示衷心的感谢。

由于编者的水平和能力有限，掌握的文献资料还不够全面，难免有疏漏和不足之处，恳请使用本教材的教师、学生以及同行提出宝贵意见，以便在今后修订中改正。

编　者

2014年5月

目　录

模块一　设施植物病虫识别

模块二　设施植物病虫害调查与综合防治

模块三 设施植物病虫害诊断与防治

模块一　设施植物病虫识别

项目一

设施植物昆虫识别

项目目标

认识设施植物昆虫的外部形态特征，掌握昆虫各发育阶段的特点及昆虫的主要习性，会采集、制作及保存昆虫标本，会正确识别设施植物昆虫重要目及其代表科的主要特征，能够初步进行设施植物害虫鉴定，为进一步学习设施植物害虫的防治奠定基础。

项目案例

灌云豆丹　价破天惊

豆丹也就是豆虫，是取食大豆叶片的一种害虫。现在江苏灌云县的人们却专门为它建造大棚、拱棚进行人工繁育养殖，宁愿种植的大豆颗粒无收，也要养好豆虫，这是为什么呢？

原来，豆丹是一种纯天然的绿色食品，高蛋白、低脂肪、富含多种氨基酸，再经灌云厨师的精心烹制会营养丰富、鲜香美口、价格不菲。

2010 年灌云反季节豆丹的价格，用价破天惊来形容不算过分，每千克 400 元以上的价格持续了近 2 个月，一条豆虫的身价竟达到 3 元多，不能不让人望虫起敬。

近年来，灌云县委、县政府把发展豆丹产业作为研发高效农业的龙头项目，不断加大扶持力度，努力建设基地。该县有 1 200 多农民成为从事豆丹营销的经纪人，年销售效益达 4 亿元，带动 1 万多名城乡妇女实现了季节性就业。如今的灌云豆丹，被誉为“国内少有，苏北仅有，灌云特有”的知名菜肴。随着该县 20 万亩高效设施农业的迅猛发展，该县将继续扩大豆丹大棚温控养殖规模。

那么，豆丹及其成虫是什么模样？它的分类地位如何？它的一生有哪些虫态？它是怎样繁殖的？通过本项目的学习，你会找到答案的。

工作任务1 昆虫外部形态特征观察

任务提要

通过对多类昆虫标本的观察，认识昆虫3个体段的主要附器种类，以及各种附器的构造特点和类型，能够将昆虫与其他动物区别开；通过观看视频，了解昆虫体壁的基本构造。明确昆虫的体壁及各种附器与识别、防治的关系，为今后的学习奠定基础。

知识准备

一、昆虫纲的主要特征

昆虫属节肢动物门昆虫纲。节肢动物门包括蛛形纲、甲壳纲、多足纲、重足纲和昆虫纲，均为身体左右对称，体躯由若干环节组成，某些体节上着生有成对而分节的附肢，皮肤硬化成外骨骼，附着肌肉，并包藏着全部内脏器官。

昆虫纲不同于其他节肢动物，昆虫成虫体躯明显地分为头、胸和腹3个不同的体段。头部具有口器、1对触角、1对复眼和2～3个单眼。胸部具3对足、2对翅(多数种类)。腹部多由9个以上体节组成，末端生有外生殖器，有时还有1对尾须(图1-1)。简而言之，昆虫体分头、胸、腹3个体段，具有6足4翅。而蛛形纲(例如蜘蛛、蝎子)体躯只分为头胸部和腹部两个体段，一般有4对足，无触角。甲壳纲(例如虾、蟹)体躯也只分头胸部和腹部两个体段，有5对足。多足纲(例如蜈蚣)体躯则分为头部和胸腹部(合称胴部)两个体段，胴部多节，每节有1对足。而重足纲(例如马陆)则每节有2对足。

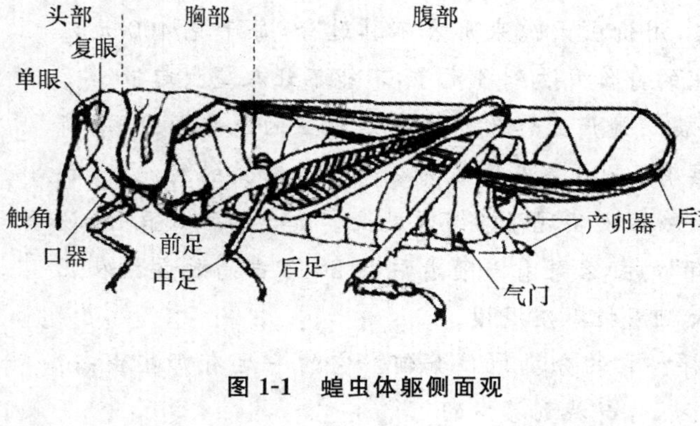

图1-1 蝗虫体躯侧面观

> **记一记**
>
> 节肢动物门要比足多少，昆虫足最少，蜘蛛、蝎子较骄傲，虾、蟹在炫耀，蜈蚣、马陆最自豪。

二、昆虫头部

头部是昆虫体躯最前面的一个体段，由几个体节愈合而成，形成一个坚硬的头壳，并以可收缩的颈与胸部相连。

(一)头部的构造

头部一般呈圆形或椭圆形。在头壳的形成过程中，由于体壁的内陷，表面形成许多沟缝，因此将头壳分成许多小区，这些小区都有一定的位置和名称，是昆虫分类的重要依据。触角、复眼、单眼等感觉器官和取食的口器着生在头壳上。因此，昆虫的头部是感受和取食的中心(图 1-2)。

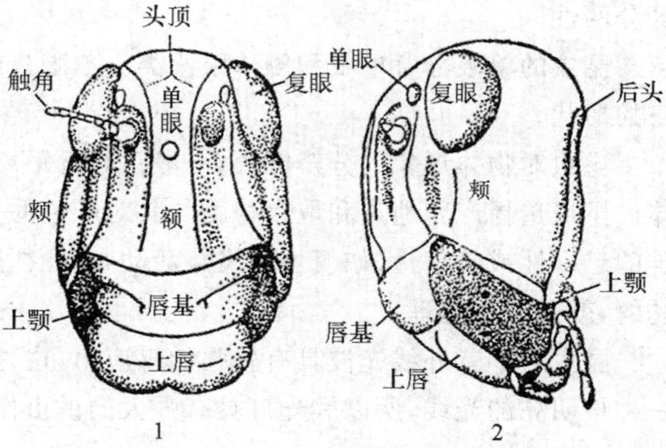

图 1-2 蝗虫头部的结构

1. 正面 2. 侧面

(二)头部的附器

1. 触角

昆虫除少数种类外，头部都具有一对触角，着生于额的两侧，其上生有各种感觉器官，具有触觉和嗅觉的功能，以利于寻找食物和配偶，是昆虫接收信息的主要器官。蜜蜂雄蜂每根触角上有30 000个感觉器，一些昆虫，如舞毒蛾，凭借触角上的感觉器，可以在方圆1～4 km内准确找到待交配的雌蛾。

触角由许多环节组成，基部一节称柄节，第二节称梗节，这两节内部都有肌肉着生，以后许多节内部均无肌肉着生，总称为鞭节(图 1-3)。触角的形状，因昆虫的种类和性别不同而异，常作为识别昆虫种类的主要依据。常见的昆虫触角有以下几种类型(图 1-4)。

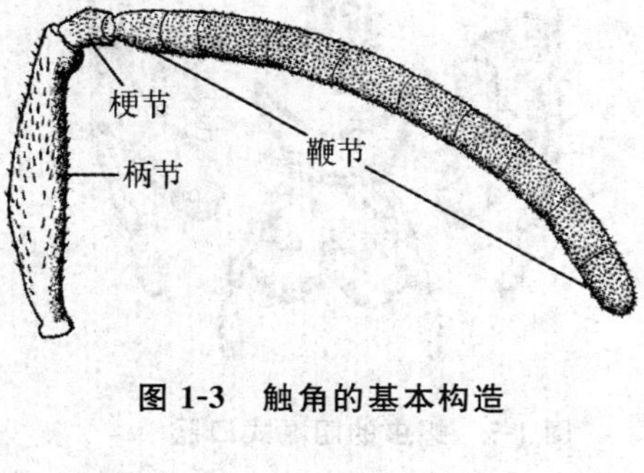

图 1-3 触角的基本构造

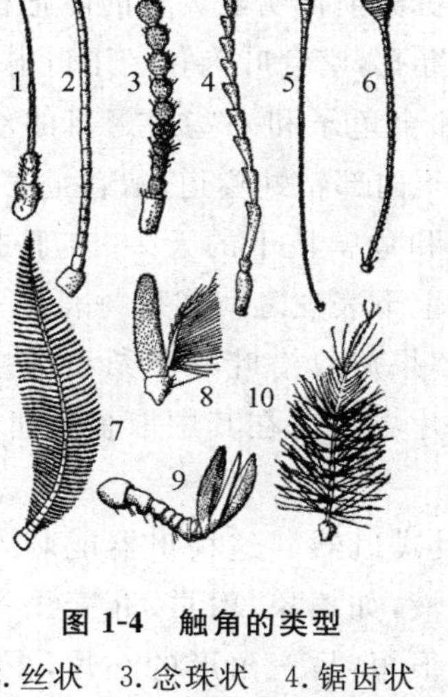

图 1-4 触角的类型

1. 刚毛状 2. 丝状 3. 念珠状 4. 锯齿状 5. 球杆状 6. 锤状 7. 羽毛状 8. 具芒状 9. 鳃片状 10. 环毛状

2.眼

眼是昆虫的视觉器官，在栖息、取食、繁殖、避敌、决定行为方向等各种活动中起着重要的作用。昆虫的眼有复眼和单眼两种。

复眼位于头的两侧上方，由许多小眼集合而成，是昆虫的主要视觉器官。蜻蜓的复眼是由10 000～28 000个小眼组成，在蝇类和蜂类昆虫中，雄性的复眼常较雌性为大，这种差别常可以区分两性。

昆虫的单眼分背单眼和侧单眼两类。单眼只能分辨光线的强弱和方向，不能看清物体本身的形状。

昆虫对物体形象的分辨能力，一般只是近距离的物体，如蝶类只能辨识1～1.5 m内的物体。昆虫选择产卵地点和取食植物与其对颜色的分辨能力有密切关系。很多昆虫都表现出一定的趋绿性或趋黄性，如蚜虫在飞翔活动中，往往选择在黄色的物体上降落。利用黄色粘虫板诱蚜，就是这个道理。

昆虫对于紫外线光波具有较强的感应力，这种光波在人眼看来是暗的，但对许多昆虫却是一种最明亮的光线，所以黑光灯具有强大的诱虫作用。

3.口器

口器是昆虫的取食器官，由于昆虫的种类、食性和取食方式不同，它们的口器在外形和构造上有各种不同的特化，形成各种不同的口器类型。

(1)咀嚼式口器　是昆虫中最基本而原始的口器类型，其他口器类型均是由此演化而成。咀嚼式口器适于取食固体食物，如蝗虫、甲虫、蝶蛾类幼虫等的口器。它包括上唇、上颚、下颚、下唇和舌5个部分。其中上唇片状，位于口器的上方，着生在唇基的前缘，具有味觉作用；上颚是位于上唇下方两侧的一对坚硬的齿状物，用以切断和磨碎食物，并有御敌的功能；1对下颚位于上颚的后方，生有1对具有味觉作用的分节的下颚须，是辅助上颚取食的机构；下唇片状，位于口器的底部，其上生有1对下唇须，具有味觉和托持食物的功能；舌为柔软袋状，位于口腔中央，具有味觉和搅拌食物的作用，其基部有唾腺开口，唾液由此流出和食物混合(图1-5)。

具有咀嚼式口器的害虫，一般食量较大，对植物所造成的机械损伤明显。有的能把植物的叶片咬成缺刻或穿孔，啃食叶肉仅留下叶脉，甚至把叶全部吃光，如金龟子和一些鳞翅目的幼虫。有的在果实或枝干内部钻蛀隧道，取食危害，如各种果实的食心虫和危害枝干的天牛、吉丁虫等。有的是潜入叶片上下表皮之间或果树表皮下潜食叶肉或皮层，如苹果旋纹潜叶蛾和梨潜皮蛾等。有的是吐丝把叶片卷起来在其中取食危害，如各种卷叶虫等。

(2)刺吸式口器　这种口器能刺入植物的组织内吸取汁液，如椿象、蚜虫、介壳虫等。刺吸式口器的上唇很短，呈三角形的小片；下唇长而粗，延长成喙，有保护口器的作用；上颚与下颚变成细

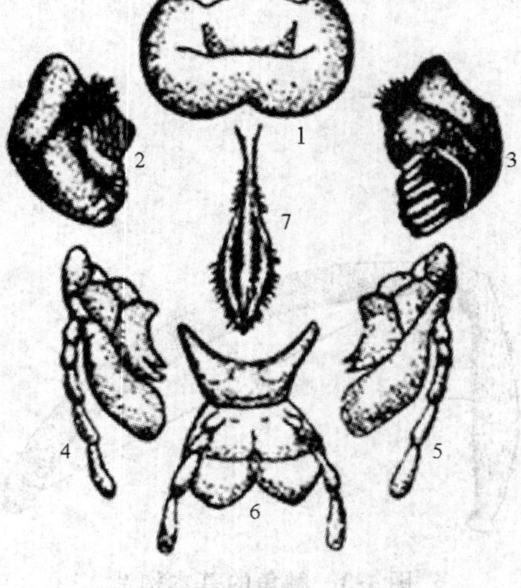

图1-5　蝗虫的咀嚼式口器

1.上唇　2,3.上颚　4,5.下颚　6.下唇　7.舌

长的口针，包在喙内，两对口针相互嵌接组成食物道和唾液道，取食时由唾液道将唾液注入植物组织内，经初步消化，再由食物道将植物营养物质吸入体内。因此，食窦和咽喉的一部分相应演化成强有力的抽吸机构(图 1-6)。

刺吸式口器的昆虫取食时，以喙接触植物表面，其上、下颚口针交替刺入植物组织内，吸取植物的汁液，造成病理的或生理的伤害，使被害植物呈现褪色的斑点、卷曲、皱缩、枯萎或畸形，或因部分组织受唾液的刺激，使细胞增生，形成膨大的虫瘿。多数刺吸式口器的昆虫还可以传播病害，如蚜虫、叶蝉、飞虱等。

(3)锉吸式口器　为蓟马类昆虫所特有。其特点是上颚不对称，即右上颚高度退化或消失，口针是由左上颚和一对下颚特化而成，取食时先以左上颚锉破植物表皮，然后以头部向下的短喙吸吮汁液。

(4)虹吸式口器　为蝶蛾类成虫的口器，适于取食植物的花蜜。特点是上颚完全缺失，而下颚则十分发达，延长并互相嵌合成管状的喙，内部形成一个细长的食物道。喙不用时，卷曲在头部的下面，如钟表的发条状，取食时可伸到花中吸食花蜜和外露的果汁及其他液体。具这类口器的昆虫，除部分吸果夜蛾能危害果实外，一般不能造成危害。

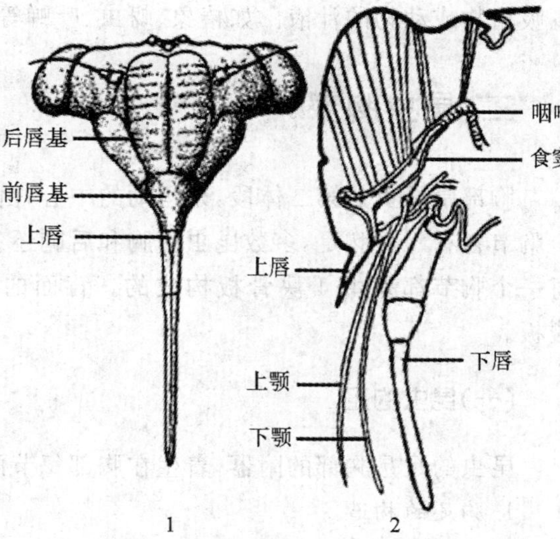

图 1-6　蝉的刺吸式口器

1. 蝉的头部侧面　2. 从头部正中纵切

了解昆虫口器的构造类型，不仅可以知道害虫的危害方式，而且对于正确选用农药和合理施药有极为重要的意义。例如咀嚼式口器的昆虫，是将植物咬碎、吞入肠内进行消化吸收，因此主要选用胃毒剂来防治，也可施用触杀剂。刺吸式口器的昆虫只能吸食植物组织内的汁液，喷洒在植物表面无内吸性的胃毒剂则不能进入其消化道，也就无法发挥药剂的毒力作用。因此，常选用内吸剂进行防治。对于虹吸式口器的昆虫，因其主要吸食花蜜或暴露在表面的液体食物，所以可将胃毒剂做成毒液或半流体的毒饵来诱杀。

(三)昆虫的头式

昆虫的头部由于口器着生的位置不同，可分为三种形式(图 1-7)。

(1)下口式　口器着生在头部的下方，与身体的纵轴垂直，这种头式适于取食植物茎叶，是比较原始的形式。如蝗虫、蟋蟀和鳞翅目的幼虫等。

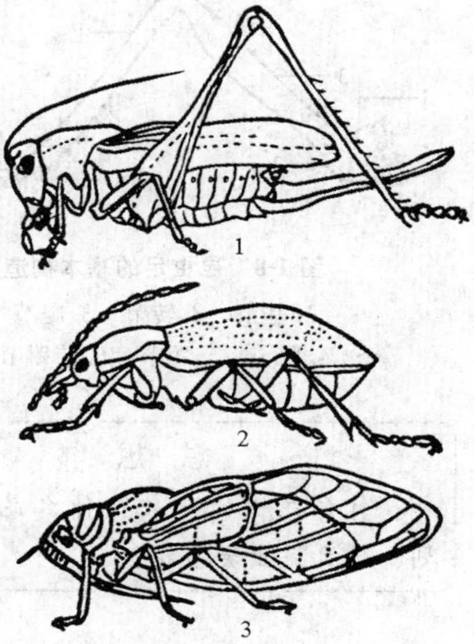

图 1-7　昆虫的头式

1. 下口式(螽斯)
2. 前口式(捕食性甲虫)
3. 后口式(蝉)

(2)前口式　口器着生于头部的前方，与身体的纵轴呈一钝角或几乎平行，这种头式适于捕食动物或其他的昆虫。如虎甲、步甲、草蛉等。

(3)后口式　口器向后倾斜，与身体纵轴成一锐角，不用时贴在身体的腹面，这种口器适于刺吸植物或动物的汁液。如椿象、蚜虫、叶蝉等。

三、昆虫胸部

胸部是昆虫的第二体段，是运动的中心，由3个体节组成，依次称为前胸、中胸和后胸。每个胸节各有1对胸足，多数昆虫中胸和后胸还各有1对翅，分别称为前翅和后翅。昆虫胸部的每一个胸节都是由4块骨板构成的。背面的称为背板，左右两侧的称为侧板，下面的称为腹板。

(一)昆虫的足

昆虫的足是胸部的附器，着生在胸部每节两侧下方，依次为前足、中足和后足。

1. 胸足的构造

成虫的胸足一般分为5节，由基部向端部依次称为基节、转节、腿节、胫节、跗节(包括前跗节)(图1-8)。各节间由膜相连接，是各节活动的部位。

2. 胸足的类型

昆虫的胸足大多用于行走，但由于各种昆虫的生活环境和生活方式的不同，足的构造和功能有很大的变化，可以分成许多类型(图1-9)。

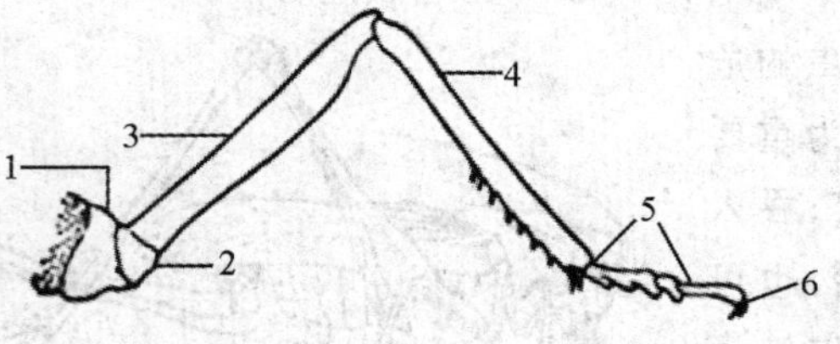

图1-8　昆虫足的基本构造

1. 基节　2. 转节　3. 腿节　4. 胫节　5. 跗节　6. 前跗节

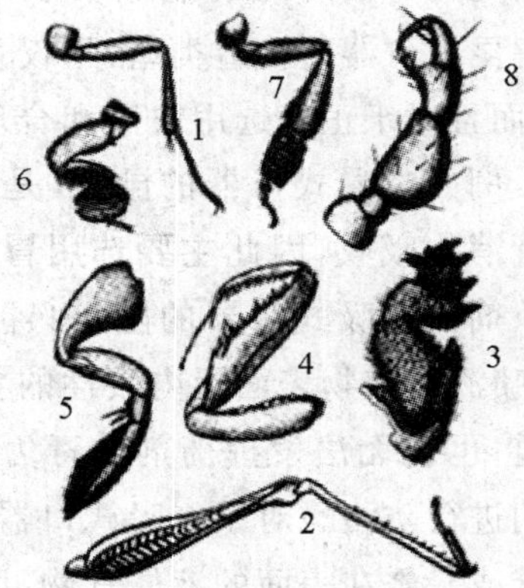

图1-9　昆虫足的类型

1. 步行足　2. 跳跃足　3. 开掘足　4. 捕捉足　5. 游泳足　6. 抱握足　7. 携粉足　8. 攀悬足

> **想一想**
>
> 什么昆虫土中耙？什么昆虫水里划？什么昆虫会采花？

(二)昆虫的翅

昆虫的成虫期一般有两对翅，着生在中胸的称前翅，着生在后胸的称后翅。少数种类只有一对翅，或完全无翅。

1. 翅的基本构造

昆虫的翅为膜质，多为三角形。在展开时，朝向前面的边缘叫前缘，朝向后面的边缘叫后缘或内缘，朝向外面的边缘叫外缘。与身体相连的一角叫肩角，前缘与外缘所成的角叫顶角，外缘与后缘所成的角叫作臀角(图 1-10)。多数昆虫的翅为膜质的薄片，由于翅的折叠可将翅面划分为臀前区和臀区。有的昆虫在臀区的后面还有一个轭区。翅的基部则称为腋区。

2. 翅的类型

昆虫翅的主要作用是飞行，一般为膜翅，但很多昆虫由于长期适应不同的生活环境和条件，翅在形状、质地和功能上发生了许多变化。根据翅的形状、质地和功能，可将翅分为不同的类型。常见的类型有 8 种(图 1-11)。

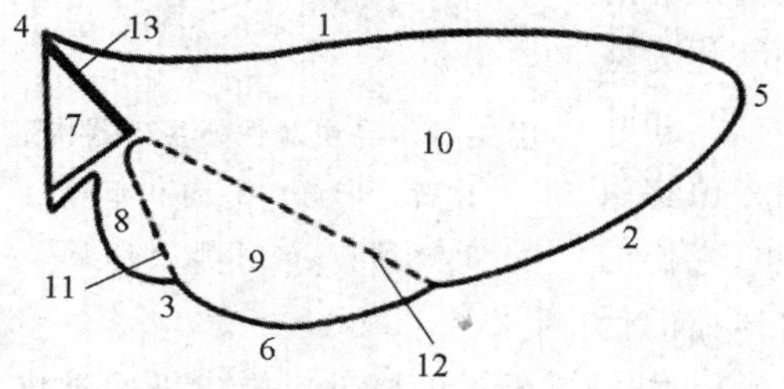

图 1-10 昆虫翅的基本构造

1. 前缘 2. 外缘 3. 后缘 4. 肩角 5. 顶角
6. 臀角 7. 腋区 8. 轭区 9. 臀区
10. 臀前区 11. 轭褶 12. 臀褶 13. 基褶

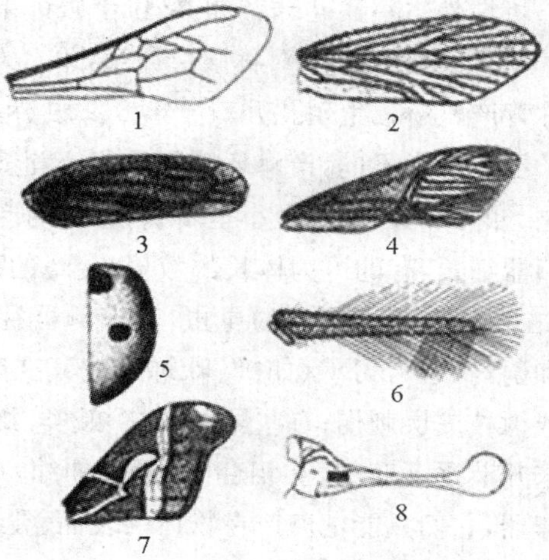

图 1-11 翅的类型

1. 翅膜 2. 毛翅 3. 覆翅 4. 半鞘翅
5. 鞘翅 6. 缨翅 7. 鳞翅 8. 平衡棒

(1)鞘翅 前翅角质，坚硬无翅脉，用来保护背部和后翅，作用如刀鞘，所以称为鞘翅，鞘翅目昆虫的前翅。

(2)半鞘翅 前翅一半角质，一半膜质，所以称为半鞘翅，半翅目蝽的前翅。

(3)覆翅 前翅革质，有翅脉，也不用来飞行，平时完全覆盖在体背及后翅上起保护作用，称覆翅，如直翅目昆虫的翅。

(4)膜翅 单纯膜质，称膜翅，如膜翅目蜂、蚁的翅。

(5)毛翅 膜质的翅上有微毛，称毛翅，如毛翅目的翅。

(6)鳞翅 膜质的翅上覆有一层鳞片，称鳞翅，如鳞翅目的翅。

(7)缨翅 翅的四周有长的缨毛，称缨翅，如缨翅目的翅。

(8)平衡棒 双翅目昆虫和介壳虫雄虫的后翅退化成很小的棒状构造，飞翔时用以平衡身体，所以称平衡棒。

四、昆虫腹部

腹部是昆虫的第三个体段，前面与胸部紧密相连，内脏器官大部分都在腹腔内，因此腹部是新陈代谢和生殖中心。

昆虫的腹部通常由 9～11 节组成，除末端几节具有尾须和外生殖器外，一般没有附肢。第 1～8 节两侧常各具有气门 1 对。腹节具背板和腹板，两侧只有膜质的侧膜。由于腹节背板常向下延伸，侧膜往往被背板所覆盖。节与节间有节间膜相连，相邻两腹节的前后缘常互相套叠，使得腹部有较大的伸缩能力，并有助于昆虫的呼吸、交配、产卵和释放性外激素。

雌性外生殖器——产卵器，位于腹部第 8、9 节的腹面，由 3 对产卵瓣组成，第 1 对称腹产卵瓣，第 2 对称内产卵瓣，第 3 对称背产卵瓣。生殖孔开口于第 8、9 腹节之间(图 1-12)。

图 1-12　昆虫雌性外生殖器构造

1. 背产卵瓣　2. 内产卵瓣
3. 尾须　4. 腹产卵瓣

昆虫种类不同，产卵环境和产卵位置不同，产卵器有很多变化。蝗虫的产卵器短小呈瓣状；蟋蟀的产卵器剑状；姬蜂的产卵器细长，有的可为体长的数倍；蜜蜂的产卵器则特化为螯针；在植物组织内产卵的昆虫，其产卵器往往呈锯齿状(如叶蜂和蓟马)或为刀状(如蝉、叶蝉)，使其在产卵时能将植物组织或树枝皮层刺伤；有些昆虫如蝶、蛾类、蝇类和甲虫，它们的腹末几节逐渐变细，互相套叠，可以伸缩，形成能够伸缩的伪产卵器，它们只能把卵产在物体的表面、裂缝和凹陷的地方，但实蝇类的腹部末端尖细而骨化，可以刺入果实内产卵。

雄性外生殖器称交配器或称交尾器，位于第 9 腹节的腹面，构造比较复杂。

尾须为着生于腹部第 11 节两侧的一对须状物，分节或不分节，长短不一，具有感觉作用。

五、昆虫体壁

体壁是昆虫身体最外层的组织，大部分硬化，它像脊椎动物的骨骼一样，着生肌肉，并且构成了昆虫的体壳。昆虫的体壁除具有供肌肉着生的骨骼的功能外，还具有脊椎动物的皮肤的功能，如防止水分蒸发、保护内脏免于机械损伤和防止微生物及其他有害物质的侵入，同时体壁上还有很多感觉器官，可与外界环境取得广泛的联系。

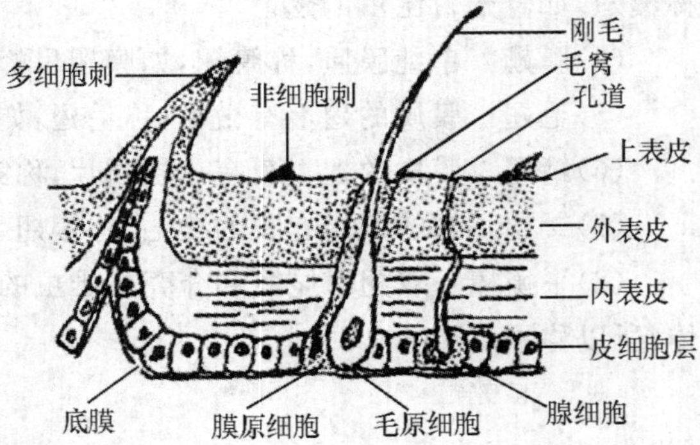

图 1-13　昆虫体壁的结构

(一)体壁的结构与特性

体壁由表皮层、皮细胞层和底膜三部分组成(图 1-13)。底膜位于体壁的最里层，是紧贴在皮细胞下的一层薄膜，一般认为它是皮细胞所分泌的非细胞物质。皮细胞层是体壁中唯一的活组织，位于底膜之上，由单层细胞组成，并常有一些细胞特化成刚毛、鳞片和各种形状的感觉器及特殊的腺体。表皮层是由皮细胞向外分泌而成，结构复杂，由内向外大致分为三层：内表皮层、外表皮层和上表皮层。其中内表皮最厚，质地柔软而有延展性；外表皮质地坚硬，致密；上表皮最薄，结构最复杂，一般由内向外分为：角质精层、蜡层和护蜡层 3 层，有时在角质精层上也还有一多元酚层。角质精层和护蜡层都是脂类和蛋白质的复合物。蜡层主要是蜡质，可以保护体内水分免于过量蒸发和防止水溶性物质侵入。体壁的不透性能阻止病原微生物、杀虫药剂和其他外源物的侵入。因此，在化学防治中，必须考虑杀虫剂的穿透问题。

(二)体壁的衍生物

昆虫由于适应各种特殊需要，体壁常向外突出或向内凹陷，形成各种衍生物。体壁的表面一些微细的突起，常是由表皮外长或内陷形成的，如刻点、脊纹、小疣、小棘、微毛等。有些大型结构则是皮细胞向外突出形成的，如刚毛、毒毛、感觉毛、刺、距、鳞片等。

体壁的内陷物一方面表现为表皮内陷形成的各种内脊、内突和内骨，以增加体壁的强度和肌肉着生的面积；另一方面表现为皮细胞层在一些地方由一个或几个细胞特化成各种腺体，如唾腺、丝腺、蜡腺、毒腺和臭腺等。

任务实施

一、实施条件

(1)实施场所　多媒体实训室。

(2)仪器与用具　体视显微镜、扩大镜、镊子、眼科剪、挑针、培养皿及记载用具等。

(3)昆虫标本　棉蝗、蜘蛛、蝎子、蜈蚣、马陆等节肢动物浸渍标本；蟋蟀、蝉、蛾类、蝶类、椿象、金龟甲、步行甲、蝇类等触角的类型盒装标本；蝼蛄、步行甲、蝗虫、螳螂、蜜蜂、龙虱等足的类型盒装标本；蝗虫、蛾类、蜂类、草蛉、蝽类、金龟甲类、蝇类等翅的类型盒装标本；蟋蟀、蝉、瓢虫、蝽类、蛾类等浸渍标本。

(4)其他　PPT、影像资料、教材、相关图书、网上资源等。

二、实施方案

(一)体视显微镜的使用

体视显微镜又称实体显微镜或解剖镜，是一种具有正像立体感的目视仪器。

1. 构造和功能(图 1-14)

(1)底座　是全镜的最下面的部分。在底座的中央有 1 个可活动的圆盘，即载物盘，通常一面为白色，一面为黑色。在底座的中后部有 1 对压脚，用以压虫体和其他易动物体之用。

(2)支柱　是支持镜体的部件，是焦距的粗调装置，可使镜体上下移动，左右旋转。为了避免镜身向下滑动和左右偏转，在支柱的上部和下部分别装了两个螺丝。上方的为锁紧螺丝，下方的为升降螺丝。

(3)倍率盘　在镜体中央，有1个两侧转动的圆盘，用以改变放大倍率之用。

(4)物镜　在镜体下，安装有大物镜（镜体内部还有变倍物镜）。

(5)棱镜罩　镜身上面为两个棱镜罩，内部为棱镜，使物像倒转，在目镜中可看到物体的正像。

(6)目镜管和目镜　在棱镜罩的上方，左右各有一个目镜管，用以承放目镜。

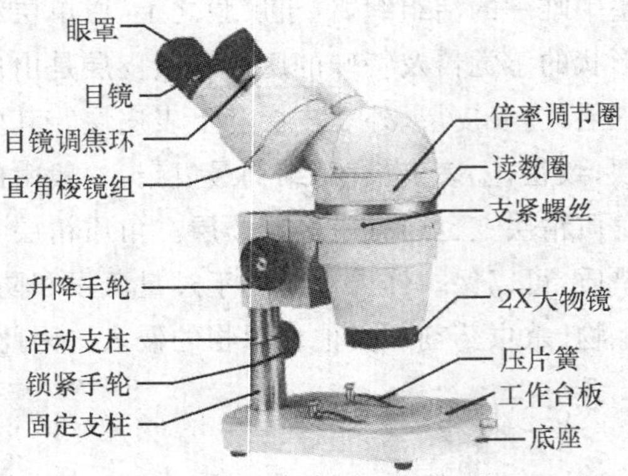

图 1-14　体视显微镜构造图

(7)视觉圈　一般是位于右边的目镜管上端。视觉圈可调节目镜的上下距离，使得观察者左右两眼都可以看到清晰物体。

(8)眼罩　为了防止外来光线的干扰，多在目镜上设有眼罩，便于更好地进行观察。

(9)防尘罩　有些型号解剖镜带有防尘罩，使用前后均放在目镜管上端。

2.使用方法和注意事项

(1)在取用（或者放回解剖镜）时，若需要连镜箱搬动，应将镜箱锁好，以免解剖镜零件倾出而损坏。同时镜箱的钥匙必须拔除，避免不小心将钥匙碰断在锁孔里。

(2)取用解剖镜时，必须用右手握持住，右手托住底座，小心平稳地取出或移动，严禁单手取用或移动。

(3)使用前必须检查附件是否有无缺少及镜体各部有无害损坏，转动升降螺丝有无故障，若有问题立即报告，否则自己负责。

(4)镜管上若有防尘罩，应取下防尘罩换上目镜，再将眼罩放在目镜的上端。注意用完后再将防尘罩放回目镜管上。

(5)将所观察的物体置于玻片上或蜡盘中，再放到载物盘上，待观察。

(6)拧开锁紧螺丝，先把镜体先上升到一定高度，然后锁紧镜体。

(7)观察时，可先转动目镜管，使得两个目镜间的宽度适合于自己两眼间的距离。然后转动升降螺丝，使没有视觉圈的目镜成像清晰，另一目镜若不清晰，可转动视觉圈，直至两眼同时看到清晰的物像时为止。如果需要放大观察时，再转动倍率盘直到所需要的放大倍率。

(8)在调节焦距时，转动升降螺丝时不能太快。在使用的过程中，若遇到故障应立即停止使用，并向老师报告。

(9)使用时若发现目镜或物镜上有异物时，应用吸耳球吹或用擦镜纸轻轻擦拭。

(10)用毕后，先将载物盘上的东西拿走，松开锁紧螺丝将镜体放下，并锁紧。取出目镜，换上防尘罩。将元件全部放回，注意不要与其他镜互换。

(11)用布把镜身擦干净，放入镜箱内，锁紧镜箱。

(二)昆虫纲特征及其近缘动物形态观察

(1)观察昆虫纲（棉蝗）　体躯明显地分为头、胸和腹3个不同的体段。头部具有口器、

1 对触角、1 对复眼和 2～3 个单眼。胸部具 3 对足、2 对翅(多数种类)。腹部多由 9 个以上体节组成,末端生有外生殖器,有时还有 1 对尾须。

(2)观察蛛形纲(蜘蛛、蝎子)　体躯只分为头胸部和腹部两个体段,一般有 4 对足,无触角。甲壳纲(虾、蟹)体躯也只分头胸部和腹部两个体段,有 5 对足。多足纲(蜈蚣)体躯则分为头部和胸腹部(合称胴部)两个体段,胴部多节,每节有 1 对足。而重足纲(马陆)则每节有 2 对足。

(三)昆虫头部及其附器观察

(1)昆虫头部的观察　观察棉蝗头部,分节现象消失,为一完整坚硬的头壳。其上生有复眼 1 对,单眼 3 个,2 复眼内侧还着生有触角 1 对。其上还生有 1 个口器。

(2)昆虫复眼和单眼的观察　观察各类昆虫复眼和单眼的位置、形态和数目。

(3)昆虫触角的观察　用体视显微镜或放大镜观察蜜蜂触角的柄节、梗节、鞭节的构造。对比观察蝗虫、蝉、蛾类、蝶类、椿象、金龟甲、步行甲、蝇类的触角,以辨认触角的不同类型。

(4)昆虫口器的观察　①咀嚼式口器:用镊子取下蝗虫口器的上唇、上颚、下颚、下唇和舌观察咀嚼式口器的构造。②刺吸式口器:在体视显微镜下用解剖针将蝉或椿象的口针挑出,分开上下颚口针进行观察,注意各部分与咀嚼式口器的区别。③虹吸式口器:观察蛾蝶类昆虫示范标本。

(四)昆虫胸部及其附器观察

(1)昆虫胸部的观察　分前、中、后胸 3 节。每一胸节有 4 块骨板,背板、腹板和 2 块侧板。各胸节具胸足 1 对,分别称前、中、后足。在背面有 2 对翅,前翅生于中胸,后翅位于后胸。

(2)昆虫胸足的观察　观察蝗虫足的基节、转节、腿节、胫节、跗节、爪和中垫的构造。对比观察蝼蛄的前足、步行甲足、蝗虫的后足、螳螂的前足、蜜蜂的后足、龙虱的后足,辨认昆虫足的类型及特点。

(3)昆虫翅的观察　观察蛾类成虫的前翅,了解昆虫翅的构造及分区。对比观察蝗虫、蛾类、蜂类、草蛉的前后翅,蝽类、金龟甲类的前翅,蝇类的后翅,在体视显微镜下观察蓟马类的前后翅,了解昆虫不同类型翅的质地和特征。

(五)昆虫腹部及其附器观察

观察不同昆虫腹部的节数和尾须形状;观察雌性蝗虫腹部末端的两对产卵瓣,雄性蝗虫腹部末端的 1 对向上弯曲呈钩状且较坚硬的交尾器。

(六)昆虫体壁观察

在体视显微镜下观察昆虫体壁的基本构造。

任务考核

考核内容	考核标准	分值	得分	考核人
体视显微镜的使用	熟练程度	20 分		个人自评
昆虫纲特征及其近缘动物形态观察	能够说出昆虫纲与 4 种近缘动物的形态差别	10 分		组内互评
昆虫附器观察	通过昆虫附器的观察，将结果填入表 1-1。记录内容正确、按时完成	60 分		教师
团队协作	小组成员间团结协作	5 分		组内互评
方法能力	观察认真，态度端正	5 分		组内互评

表 1-1　昆虫附器观察

序号	昆虫名称	触角类型	口器类型	前、后翅类型	足的类型	备注

工作任务 2　昆虫生物学特征观察

任务提要

通过教材知识传授、观看视频等教学方法，掌握昆虫的不同繁殖方式和昆虫的主要习性，理解昆虫的世代和年生活史的概念；通过教材知识传授、饲养昆虫，掌握昆虫不同的变态类型和各虫态的特点。

知识准备

一、昆虫的繁殖方式

昆虫是自然界中分布最广、种类最多、数量最大的动物类群，这与它的繁殖特点（繁殖方式的多样化、繁殖力强）是分不开的。昆虫的常见繁殖方式有两性生殖、孤雌生殖、多胚生殖和卵胎生等。

1. 两性生殖

绝大多数昆虫进行两性卵生。两性生殖需要经过雌雄交配，雄性个体产生的精子与雌性个体产生的卵结合受精后，由雌虫将受精卵产出体外，卵经过孵化成为新个体。

2. 孤雌生殖

即昆虫的卵不经过受精而发育成新个体的生殖方式。通过这种生殖，可以以少量个体、利用少量的生活物质，在短时间内繁殖大量后代，是对种的扩散及不良环境条件的一种适应。有些昆虫如蚜虫，随季节以孤雌生殖与两性生殖交替进行；还有些昆虫如蜜蜂、蚂蚁等，未受精的卵发育成雄性个体，而受精卵则发育成雌性个体；同翅目的某些粉虱、介壳虫，所产的卵大都发育成雌性个体，有的种类至今未发现过雄虫。

3. 多胚生殖

即由一个卵发育成两个或更多的胚胎的生殖方式，是很多内寄生昆虫如膜翅目茧蜂、跳小蜂等，为了适应寻找寄主的困难而进行的生殖方式。在营多胚生殖的昆虫中，一个卵所产生的胚胎数一般为2～100个，最多可达2 000个以上，主要取决于寄主的营养和寄生物的种类。

4. 卵胎生

即卵在母体内孵化后，直接产下幼虫的生殖方式。昆虫胚胎发育的营养为卵黄所供给，所以叫卵胎生。营卵胎生的昆虫有蚜虫和一些蝇类。胎生可以认为是对卵保护的一种适应，同时由于缺乏独立的卵期，所以完成一个世代所需的时间也比较短，因此有利于广泛分布和在不利条件下保持种群的生存。

二、昆虫变态类型

昆虫的个体发育分为两个阶段，第一阶段称为胚胎发育，在卵内完成，从卵受精开始，至幼虫孵化为止；第二阶段称胚后发育，从幼虫孵化开始到成虫羽化为止。

昆虫从幼虫孵化后一直到羽化为成虫的发育过程中，一般须经过一系列形态上的和内部器官的变化，致使成虫和幼虫显著不同，这种现象称为变态。变态是昆虫个体发育的重要特征。昆虫在长期的演化过程中，随着成虫期和幼虫期的分化以及幼虫期对生活环境的特殊适应，形成了不同的变态类型(图 1-15)。

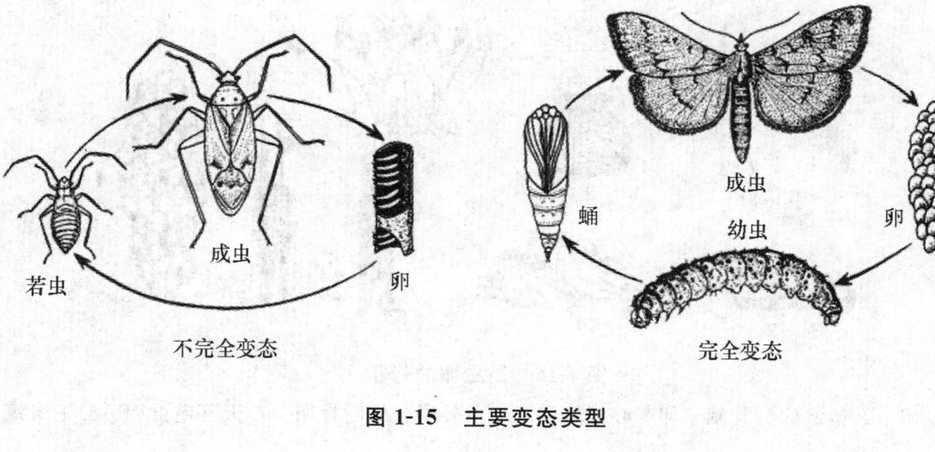

图 1-15　主要变态类型

1. 不完全变态

昆虫一生经过卵、若虫、成虫三个虫态，若虫与成虫形态、习性和生活环境相似，仅体小、翅和附肢短，性器官不成熟。典型的不完全变态见于直翅目、同翅目、半翅目，如蝗虫、蝉、椿象等昆虫中，它们的幼虫不同于成虫的地方主要在于翅未长成和性器官没有成熟，这一变态类型也称渐变态。其幼虫不仅在形态上类似成虫，而且生活习性也和成虫相近，它们栖息在相同的环境中，取食相同的食物，这类幼虫也被称之为若虫。

缨翅目蓟马、同翅目的粉虱和雄性介壳虫的变态方式是不完全变态中的最高级的类型，它们的幼虫在转变为成虫前有一个不食不动的类似蛹期的时期，真正的幼虫期仅为2～3龄。这种变态称之为过渐变态，是不完全变态向完全变态演化的过渡类型。

2. 完全变态

昆虫一生经过卵、幼虫、蛹、成虫4个虫态，幼虫与成虫不仅外部形态和内部器官很不相同，而且生活习性也完全不同。

由于幼虫与成虫形态差异大，因此必须经过一个蛹的阶段来完成这类形态的转变过程。幼虫和成虫的生活习性也不同。如鳞翅目幼虫多以植物的某部分为食，而成虫以花蜜为食，因此口器构造完全不同；鞘翅目幼虫和成虫的口器虽然都是咀嚼式，但它们的食物或栖息场所也多有不同。如危害农作物的金龟子，幼虫为地下害虫，而成虫取食植物的地上部分。寄生性的膜翅目和双翅目昆虫，以幼虫营寄生生活，而成虫营自由生活。由此可见，全变态昆虫的幼虫写成虫因其生活习性不同，对农作物的危害情况也是不同的，有的仅成虫危害，有的仅幼虫危害，有的成虫与幼虫均危害，但危害程度常有差别。

三、昆虫各虫态生命活动特点

(一)卵期

卵从产下到孵化所经历的时期叫卵期。昆虫的卵期长短因虫种、世代和环境条件而有所不同。有的卵寄生蜂卵期只有几个小时，而一化性家蚕则长达300多天。昆虫的卵通常很小，最小的只0.02 mm左右(如卵寄生蜂)，最大的长达9～10 mm(如一种螽斯)，一般在0.5～2.0 mm。卵的形态变化很大，通常是长卵形或肾形，此外，还有圆球形、半球形、扁圆形、纺锤形、瓶形、筒形等(图1-16)。在卵壳的表面常饰有花纹和突起，有的具有长柄。

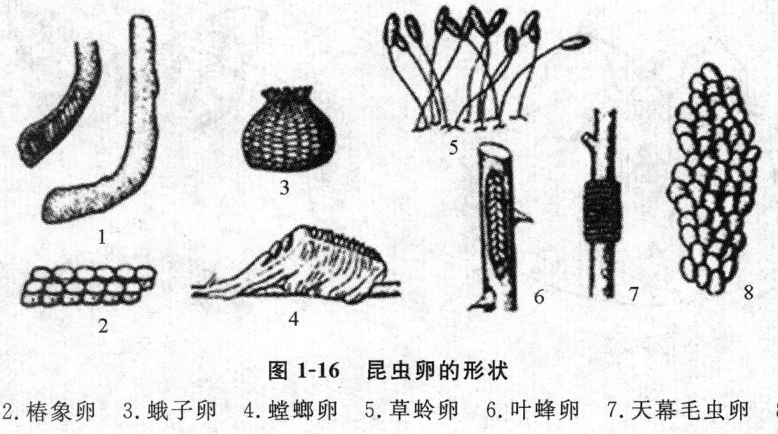

图1-16　昆虫卵的形状

1.蝗虫卵　2.椿象卵　3.蛾子卵　4.螳螂卵　5.草蛉卵　6.叶蜂卵　7.天幕毛虫卵　8.玉米螟卵

昆虫的产卵方式和场所也常不相同，有的单粒散产（如菜粉蝶），有的集聚成块（如斜纹夜蛾）。有的产在暴露的地方（如棉铃虫），有的产在植物组织内（如盲蝽、叶蝉），有的产在其他昆虫的卵、幼虫或蛹体内（各种寄生蜂）。有的卵以卵鞘或雌成虫腹末的茸毛覆盖，如螳螂、多种毒蛾和夜蛾。

了解昆虫卵的大小、形状、产卵方式和场所，对识别害虫种类有一定的作用，同时在害虫调查与防治上也很重要。

（二）幼虫期

当胚胎发育完成以后，昆虫的幼虫或若虫破卵壳而出的现象叫孵化。昆虫从卵孵化出来后到出现成虫特征（不完全变态类变成成虫，或完全变态类化蛹）之前的整个发育阶段，都可称为幼虫期。

在昆虫的发育史中，幼虫期的明显特点是大量取食和以惊人的速度增大体积，其生物学意义在于大量获取并积累营养，以完成胚胎发育所未能完成的发育过程，即为发育成性成熟的、能生殖的成虫创造条件。从实践意义来说，由于幼虫期是大量取食的阶段，所以很多农林害虫的危害期都是幼虫期，因而常常也是防治的重点虫期；而多数天敌则以幼虫期捕食或寄生农林害虫。

幼虫刚从卵孵化出来时，虫体很小，取食后虫体不断增大，当增大到一定程度时，由于坚韧的外骨骼限制了它的生长，所以必须脱去旧表皮，重新形成新表皮，才能继续生长，这一过程称之为脱皮。脱下的旧表皮称为蜕。每脱一次皮，虫体就显著增大，形态也发生相应的变化。两次脱皮之间的时间称为龄期。从卵孵化出到第一次脱皮之间的时期为第一龄期，这时的幼虫称为第一龄幼虫（或 1 龄虫、初孵幼虫）；第一次与第二次脱皮之间的时期为第二龄期，这时的幼虫称为第二龄幼虫（或 2 龄虫），以此类推，最后一龄的幼虫又称末龄幼虫或老熟幼虫。

昆虫种类不同，龄数和龄期长短也会不同。掌握幼虫龄和龄期对害虫预测预报和提高药剂防效有重要意义。如对于许多鳞翅目幼虫，3 龄前喷药，防治效果最好。

如何确定幼虫或若虫的虫龄？除了饲养观察外，测量头壳宽度是主要依据。人们还发现鳞翅目昆虫相邻各龄幼虫的头壳宽度之比为一常数，如果我们测量前后两龄幼虫的头壳宽度，计算出它们增长的比例，就可以从已知的 1 龄或末龄幼虫的头壳宽度推算出其余各龄的大小，反过来，从幼虫头壳宽度也可以推算出幼虫的龄数。此外，由于头壳在同一龄期中，几乎是不生长的，因此在实践中识别虫龄，根据头壳大小进行识别比较准确。而体长因在同一龄期内生长变化较大，而很难作为依据。

全变态类昆虫，种类不同，其幼虫形态也各不相同，常见的昆虫幼虫有 4 种类型（图 1-17）：原足型、多足型、寡足型和无足型。原足型像一个发育不完全的胚胎，腹部分节或不分节，胸足和其他附肢只是几个突起，如膜翅目寄生蜂的初龄幼虫；多足型除发达的胸足外，还有腹足或其他腹部附肢，如鳞翅目幼虫；寡

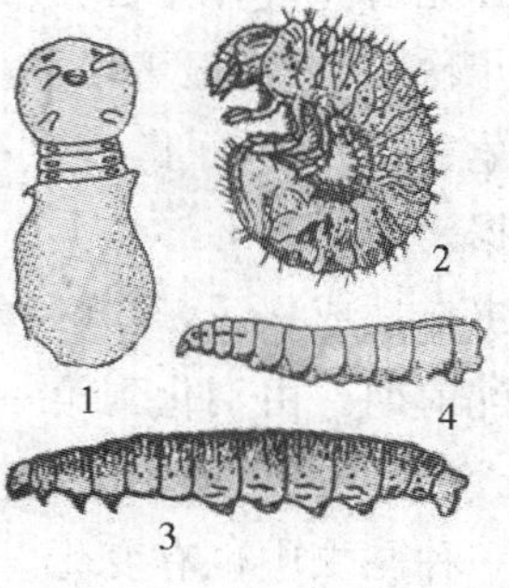

图 1-17 全变态类幼虫类型

1. 原足型（寄生蜂类） 2. 寡足型（蛴螬）
3. 多足型（蝶类） 4. 无足型（蝇类）

足型，具发达的胸足，但腹部附肢都已消失，如一般鞘翅目幼虫；无足型，幼虫没有行动器官，有的甚至头部完全缩入胸部内，如双翅目幼虫。

(三)蛹期

蛹期是全变态类昆虫所特有的发育阶段，也是幼虫转变为成虫的过渡时期。幼虫老熟后，停止取食，寻找适当场所，缩短身体，变得不活动，乃进入前蛹期(预蛹期)。前蛹期就是末龄幼虫化蛹前的静止时期。前蛹脱皮后变成蛹，这一过程称为化蛹。从化蛹到变成成虫所经过的时期，称蛹期。蛹期不食不动，表面静止，但内部进行着激烈的生理变化。昆虫种类不同，蛹的形态也不同。常见的有离蛹、被蛹和围蛹三种类型(图 1-18)。离蛹(又称裸蛹)的触角、翅和足等不紧贴虫体，能够活动，腹部也能自由活动，如甲虫类的蛹。被蛹的触角、足和翅等紧贴于蛹体，不能自由活动，如蛾蝶类的蛹。围蛹实际上是一种离蛹，只是由于幼虫最后脱下的皮包围于离蛹之外，形成了圆筒形的硬壳，为蝇类所特有。

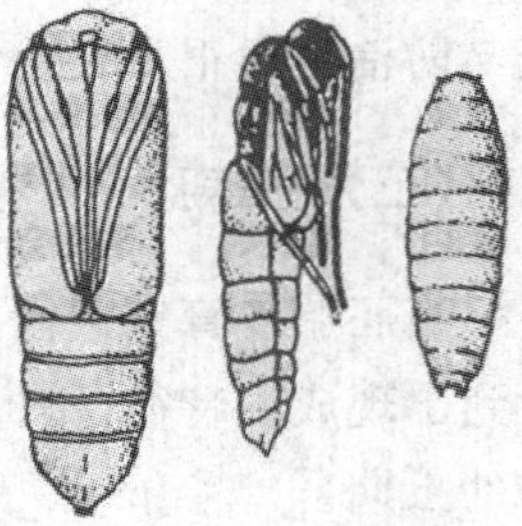

图 1-18　蛹的类型

1. 被蛹　2. 离蛹　3. 围蛹

昆虫的蛹由于不能活动，易遭受敌害，同时对外界不良环境条件的抵抗力也较差，因此蛹期是昆虫生命活动中的一个薄弱环节，所以昆虫在化蛹前常选择适于化蛹的隐蔽场所，如在树皮裂缝中、在土内作土室、在卷叶内或植物组织内、甚至吐丝作茧，以免遭受敌害的侵袭和气候变化的不良影响。了解蛹期的生物学特性，破坏其生态条件，是消灭害虫的一个途径。如施行翻耕晒土，可将害虫在土中的土室破坏或深埋，或暴晒致死，或增加天敌捕食机会。

(四)成虫期

全变态类蛹或不完全变态类若虫最后一次脱皮后，变成成虫的过程叫羽化。成虫是昆虫生命的最后阶段，其主要任务是交配、产卵以繁衍其种族，所以成虫期是昆虫的繁殖时期。

很多蛾类等昆虫羽化时，生殖腺已发育成熟，不再需要取食，便可交配产卵，它们产卵后不久即死去，所以寿命往往很短。而大多数昆虫的成虫，羽化后须继续取食一个时期方能进行生殖，一般雌性比雄性需要更长的时间才能达到性成熟，这种对性腺发育不可缺少的成虫期的营养称为补充营养。补充营养对成虫生殖力影响很大，如以花蜜为食的成虫在蜜源植物丰富的地区或年份，产卵量显著增加。由于需要补充营养，这类昆虫不仅在幼虫期危害，而且成虫期往往也危害。因此，了解成虫补充营养的特性，对于预测预报、设置诱集器进行诱杀等，都是重要的根据。

成虫在性成熟后，即开始两性活动——交配和产卵。成虫由羽化到第一次交配的间隔期称为交配前期。由羽化到第一次产卵的间隔期称为产卵前期。多数昆虫的交配和产卵前期都不过几天，有些昆虫的交配和产卵前期较长，可达 10 余天。交配和产卵的次数因虫种而异，即使在同一种昆虫中也有变化。通常成虫寿命短的昆虫，如很多蛾类、蚜虫、蚧类，一生只交配 1 或 2 次。成虫寿命长的，如蝗虫、椿象、甲虫等，一生往往交配很多次，卵的发育不一致，产卵期可达 10 余天至几个月。昆虫的产卵量随种类和环境条件而变化，苹果棉蚜、葡萄根瘤蚜一头雌虫只能产 1 粒卵；甘蓝夜蛾可产2 500余粒卵。

昆虫的雌雄两性除生殖器官的构造截然不同外，雌雄的区别还常常表现在个体的大小、体型的差异、颜色的变化等方面，这种现象称为雌雄二型。如介壳虫雄性有翅，雌虫无翅；鞘翅目犀金龟雄虫的前胸背板常有巨大的角状突起，身体也比雌虫大得多。

除了雌雄二型现象外，同种昆虫的同一性别的个体中也会出现具有两种或更多不同类型的现象，称之为多型现象。它不仅出现在成虫期，也会出现在幼虫期；不仅可以表现在构造、颜色上的不同，而且在白蚁、蚂蚁、蜜蜂等社会性昆虫中，还有明显的行为上的差异，甚至有明确的分工。

四、昆虫的世代与年生活史

昆虫由卵到成虫开始产生后代的个体发育史称为一个世代。生活史是指昆虫完成一个世代的个体发育史。年生活史是指一种昆虫在一年内的发育史，即由当年越冬虫期开始活动到第二年越冬结束为止的发育过程。

昆虫种类不同，环境条件不同，每个世代的长短和一年内可发生的世代数也会不同。有些昆虫一年只发生 1 代，有些昆虫一年发生多代，也有的昆虫要几年才完成 1 代。在大多数昆虫中，世代的长短和一年内发生的代数除与种的遗传性有关外，还与不同纬度地区的温度条件有关。如梨大食心虫在延边地区一年只发生 1 代，在辽宁及河北省一年 2 代，在河南省一年发生 3 代。

一年数代的昆虫，前后世代间常有首尾重叠的现象。一般地说，成虫发生期和产卵期短的种类，世代间可以划分得很清楚。相反，成虫发生期和产卵期长的种类，前后世代间有明显的重叠现象，世代的划分就变得很难，称为世代重叠。也有的昆虫在一年中的若干世代间，存在着生殖方式甚至生活习性的明显差异，通常总是两性世代和若干代孤雌生殖世代相交替（如蚜虫），这种现象，称之为世代交替。

五、昆虫的生活习性

由于外界环境的刺激与内部生理活动的复杂联系，使昆虫获得了各种赖以生存、繁衍和行为等生物学习性，称之为昆虫的习性。昆虫的习性多种多样，与生产、防治关系密切的有如下几种。

(一)活动的昼夜节律性

昼夜节律是指与自然界中昼夜变化规律相吻合的节律。绝大多数昆虫的活动，如飞翔、取食、交配等，均有它的昼夜节律，这是种的特性，是有利于生存和繁育的生活习性。因此，我们把在白昼活动的昆虫，称为日出性或昼出性昆虫，如蝴蝶、蜻蜓等；而把夜间活动的昆虫，称为夜出性昆虫，如多数的蛾类；还有一些只在弱光下如黎明、黄昏时活动的昆虫，称为弱光性昆虫，像蚊子。昆虫的昼夜节律性是受体内具有时钟性能的生理机制控制的，这种控制机制也被称为生物钟。

(二)食性

(1)昆虫的食性比较复杂,按食物的性质可分为四大类。

植食性:以植物为食,包括各种农林害虫和少部分益虫。

肉食性:包括捕食性和寄生性,天敌多属于此类。

腐食性:以动植物残体或粪便为食,如粪金龟甲等。

杂食性:以植物或动物为食,又可腐食,如蜚蠊。

(2)植食性昆虫按取食植物的专化程度又可分为三大类。

单食性:仅取食一种或近缘种植物,如豌豆象等。

寡食性:仅取食一科或近缘科内的植物,如菜粉蝶等。

多食性:取食范围扩大到不同科的植物,如小地老虎、温室白粉虱等。

(三)趋性

昆虫的趋性是指昆虫对某种外部刺激如光、温、化学物质、水等所产生的反应运动。这些运动带有强迫性,有的为趋向刺激来源,有的为回避刺激来源,所以趋性有正、负之分。依照刺激的性质,趋性可分为:对于光源的趋光性或避光性;对于热源的趋温性或负趋温性;对于化学物质的趋化性或负趋化性;对于湿度的趋湿性或趋旱性;对于土壤的趋地性或负趋地性等。

在害虫防治中常利用害虫的趋光性和趋化性。如灯光诱杀是以趋光性为依据的,潜所诱杀是以避光性为依据的;食饵诱杀是以趋化性为依据的,趋避剂是以负趋化性为依据的。

(四)假死性

假死性即有些昆虫具有的一遇惊扰随即坠地假死的习性,它是昆虫的一种自卫适应性。如金龟子等甲虫的成虫和小地老虎、斜纹夜蛾、菜粉蝶的幼虫,受到突然震动时,可立即做出麻痹状昏迷的反应,这是在自然选择的过程中被保留下来的防御性反射。在害虫防治中,人们就利用它们的假死习性,设计出各种方法或器械,把它们从植物上震落下来,集中消灭。

(五)群集性和迁移

群集性是指同种昆虫的大量个体高密度地聚集在一起的习性。许多昆虫都具有群集习性,但聚集的方式则不同,有临时和永久之分。临时性的群集,指只是在某一虫态和一段时间内群集在一起,过后就分散,个体之间不存在必需的依赖关系。如蚜虫、介壳虫、粉虱等,它们常固定在一定部位取食,繁殖力较强,活动力较小,因此在单位面积内出现了虫口密度很大的群体,这种群集现象是暂时的,遇到生态条件不适,如食物缺乏时,就会分散。永久性群集常发生于某些昆虫整个生活史,很难用人工的方法把它分散。必要时(如生态条件不适时)全部个体以密集的群体共同地向一个方向迁飞。例如,飞蝗的卵块在单位面积内超过一定数量后,从卵孵出的蝗蝻一开始便互相聚集成群,个体之间经常的碰触,已成为其感觉器官的一种条件反射,即使到成虫期也不再分开。

大多数昆虫在环境条件不适或食物不足时,会发生近距离的扩散或远距离的迁移。有些重要农业害虫,具有季节性从一个发生地长距离转迁到另一个发生地的习性,叫作迁飞。这是昆虫的一种适应，是对不良外界环境空间适应的转移，有助于种的生存延续，也是害虫突然暴发、在短期内造成严重危害的重要原因。

任务实施

一、实施条件

(1)实施场所 多媒体实训室。

(2)用具 饲养器皿、盒笼或套网、解剖镜、扩大镜、镊子、眼科剪、挑针、培养皿及记载用具等。

(3)材料 不同种类昆虫繁殖方式和卵的类型视频资料；蝗蝻、椿象、有翅蚜虫等若虫与成虫标本；瓢虫、蛾类、蝶类、金龟子、尺蠖类、叶蜂类、象甲类等的幼虫与成虫标本；蛾类、蝶类、金龟甲、蜂类、蝇类等蛹的标本；蚜虫、介壳虫、尺蠖等成虫标本；东方蝼蛄、小地老虎的年生活史盒装标本。

(4)其他 教材、PPT、不同种类昆虫生活习性视频资料、相关图书、网上资源等。

二、实施方案

1.昆虫的繁殖观察

观看视频和饲养昆虫，观察不同种类昆虫的繁殖方式。

2.昆虫的变态观察

比较完全变态和不完全变态昆虫的生活史标本的主要区别。

3.昆虫的虫态观察

(1)卵的观察 观察供试昆虫的卵，注意卵粒形态、卵块排列、卵外有无保护物。

(2)若虫形态的观察 观察比较蝗蝻、椿象、有翅蚜虫等若虫与成虫在形态上的异同，注意翅芽的形态。

(3)幼虫形态观察 观察瓢虫、蛾类、蝶类、金龟子、尺蠖类、叶蜂类、象甲类等的幼虫与成虫的显著区别，注意各种幼虫所属的类型及特征。

(4)蛹的观察 观察蛾类、蝶类、金龟甲、蜂类、蝇类等蛹的形态，注意各种蛹所属的类型及特征。

(5)成虫性二型和多型现象观察 观察蚜虫、介壳虫、尺蠖等成虫，注意形态上的变化。

4.昆虫的世代与年生活史观察

饲养某种昆虫，观察该昆虫的各虫态、世代；观察东方蝼蛄、小地老虎的年生活史盒装标本。

5.昆虫的生活习性观察

通过观看视频与PPT，观察蜻蜓、蛾类、蚊子等昆虫的昼夜活动节律；观察棕色鳃金龟、铜绿丽金龟等成虫的假死性；观察多数蛾类的趋光性和小地老虎对糖醋液的趋化性；观察东亚飞蝗的永久性群集和茶毛虫的临时性群集现象。

任务考核

考核内容	考核标准	分值	得分	考核人
昆虫的变态、虫态观察	观察认真，观察记录详细	20 分		教师
昆虫的繁殖与生活习性观察	观看、观察认真，有记录	10 分		个人自评
昆虫饲养观察	每组同学饲养 1 种昆虫，能饲养一个世代者得满分，否则酌情扣分或加分。将饲养观察记录填入表 1-2。	60 分		师生共评
团队协作	小组成员间团结协作	5 分		组内互评
方法能力	观察认真，态度端正	5 分		组内互评

表 1-2　昆虫饲养观察记录

观察项目	卵	不同龄期幼(若)虫	蛹	成虫	繁殖方式	世代	备注
发育历期							
体长							
习性							

工作任务 3　昆虫标本的采集与制作

任务提要

通过到设施基地、实验田或园艺作物生产田中进行昆虫标本采集，学会昆虫采集方法和采集用具的使用；能够认真、踏实地大量采集设施植物昆虫标本，了解当地昆虫的优势种类及其生活环境和主要习性；在实训室中学会干燥标本、浸渍标本的整理与制作。最终要上交一定数量的昆虫标本产品，以为今后教学服务。

知识准备

设施植物害虫的标本是对其外部形态的最直观的记载和描述。所以，在进行设施植物害虫的教学或研究过程中，害虫标本的采集和制作是首要的工作。

昆虫标本的采集与制作用具

(一)采集用具

1.捕虫网

按用途和构造分为3个类型:

(1)捕网 用来采集蝶、蛾、蜂、蜻蜓等善飞的昆虫。网眼大小以不滤过小型昆虫为宜。

(2)扫网 用来在杂草、树丛中扫捕栖息、隐藏在草丛树叶中的昆虫。

(3)水网 专用来采集水生昆虫用。

2.采集瓶

一般用带塞或螺丝盖的玻璃瓶制作。要求盖子严密,且开启灵便。制作方法:向瓶中倒入约4/10的30度左右的白酒即可,如果白酒度数较高,可加水稀释。采集瓶主要盛放不需要展翅的昆虫,如幼虫、若虫、鞘翅目成虫及个体较小的成虫等。

3.毒瓶

一般用带塞或螺丝盖的玻璃瓶制作。要求盖子严密,且开启灵便。制作方法:在瓶底先铺上2~3 cm厚的棉絮并整平,再倒入少许熏蒸杀虫剂如敌敌畏等,然后将早剪好的状如瓶底一样的2~3层吸水滤纸铺在上面。毒瓶主要盛放需要展翅的昆虫,如鳞翅目、脉翅目成虫、蜻蜓等。

4.三角纸包

用坚韧白色光面纸裁成3∶2的长方形纸片,大、小多备几种。

5.其他

镊子、指形管、采集袋、活虫采集盒、放大镜、诱虫灯、枝剪、手锯、记载本等。

(二)制作用具与试剂

(1)用具 还软器、昆虫针、三级台、展翅板、吹胀器等。

(2)试剂 石碳酸、甲醛、酒精、冰醋酸、白糖、蒸馏水、氢氧化钾(钠)液、酸性品红、二甲苯、标签等。

任务实施

一、实施条件

(1)实施场所 校内外设施基地及实验田或园艺作物生产田、多媒体实训室。

(2)采集用具 捕虫网、吸虫管、毒瓶、三角纸包、镊子、指形管、采集袋、活虫采集盒、放大镜、诱虫灯、枝剪、手锯、记载本等。

(3)制作用品 还软器、昆虫针、三级台、展翅板、吹胀器等;石碳酸、甲醛、酒精、冰醋酸、白糖、蒸馏水、氢氧化钾(钠)液、酸性品红、二甲苯、标签等。

(4)其他 教材、PPT、视频、影像资料、网上资源等。

二、实施方案

(一)昆虫标本的采集

1.采集方法

(1)观察法　外出采集,要随时耳听目看。能发声的昆虫凭着声音找,不会发声的可根据它们生活中遗留的踪迹如危害状、排泄物寄生或共生种类的活动情况等采集昆虫。

(2)搜索法　要考虑一些种昆虫的生活阶段和习性,凡是有昆虫迹象的附近,如泥土中、砖石下、腐烂物质中,凡是昆虫可能栖息的地方进行仔细搜索,常可采到一些稀少的种类。

(3)振落法　多种昆虫有假死性,突然猛击树干,使其自行落下来采集。一些无假死性的昆虫,也会被震击落下。即使不会被震击落下,也会受惊爬动或起飞而被发现。

(4)引诱法　利用昆虫的趋光性、趋化性、趋温性等特性,用黑光灯、诱饵、性引诱剂等诱集。

(5)网捕法　是采集中最常用的方法。用来捕捉能飞、善跳的昆虫。使用网捕不可操之过急,应先摸清昆虫飞动的规律、包括飞动的高度速度方向等,等其飞临,手握网柄瞄准方位,待其进入有效距离后顺势举网一挥。一旦虫入网,要立刻翻转网袋,把网底甩向网口,封住网口。用手捏紧网口,摇晃网袋(把虫晃晕),鳞翅目的捏住虫胸使其致死,其余的可用毒瓶套住,隔网盖盖子或用手捂住,死亡后即可。

用扫网扫捕昆虫是采集途中的主要采集方法,可以在大片草地和灌丛中边走边扫,扫的时候要左右摆动。

2.采集昆虫时的注意事项

采集时,遇到成虫、卵、幼虫、蛹及受害状,均要全部采集。昆虫的附肢极易损坏,应格外小心保护。采集中要携带记录本,记下采集地点、时间、寄生、危害部位、危害状、危害程度、害虫名称、采集人等。

(二)昆虫标本的制作

1.成虫标本的制作

(1)还软　经毒杀致死的成虫,时间稍久便会干燥发脆,随时容易折断,制作前必须进行还软。方法是把干燥的标本放在还软器中,底部放一层沙。为防止虫体发霉,可加几滴石炭酸或甲醛。几天后,标本即可软化。

(2)针插　是将昆虫固定在昆虫针的特定位置上,以便进行整姿、展翅、加签等工作。昆虫针是用不锈钢制成,型号有00、0、1、2、3、4、5号7种,0号针最细,直径0.3 mm,每增加1号直径增加0.1 mm,其中0.6 mm的3号针最常用。00号是将0号针自尖端向上1/3处剪断,是在普通昆虫针上插好的三角纸或软木片上重插微小昆虫时使用的。

对于针插部位,鳞翅目、蜻蜓目、膜翅目、双翅目等插在中胸中央,但要略偏一些,留出胸部中线。鞘翅目要插在右鞘翅的左上角,使针正好穿过腹面的中足与后足之间。半翅目要插在小盾片的略偏右方,这样不会破坏虫体腹面的口器槽,直翅目、螳螂目要插在前翅基部上方的右侧(图1-19)。

针插标本要求虫体与标签端正、高低一致。可使用三级台。每一级的高度为8 mm,每级中央钻成与5号针帽粗细相同的小孔。

(3)整姿　针插好后，要进行整姿。使前足向前，中足向两侧，后足向后。触角短的伸向前方，长的伸向背两侧，使其对称、整齐、保持自然姿态，然后用针固定，待干燥定形。

(4)展翅　一些昆虫标本在制作时需要把翅展开。可利用展翅板。鳞翅目、直翅目等前翅后缘较直，以展到前翅后缘左右成一直线为准。前翅后缘呈弧形的脉翅目等昆虫，则以后翅前缘左右成一直线为准，双翅目和膜翅目昆虫以前翅的顶角和头顶左右成一直线为准。用光滑的纸条压在翅上，用针固定，同时整姿，放在通风处干燥定形后，取下放入标本盒保存。

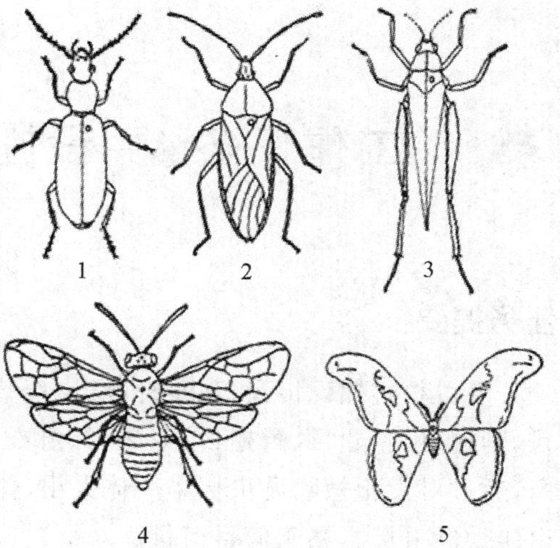

图 1-19　各种昆虫的插针部位

1. 鞘翅目　2. 半翅目　3. 直翅目
4. 膜翅目　5. 鳞翅目

2. 幼期标本的制作

幼期包括卵、幼虫、蛹。幼期标本的制作有浸制和干制。

(1)浸制　一般用75%的酒精或4%的甲醛溶液浸制。浸制前可用沸水煮一下，煮至虫体伸直稍硬，再投入溶液中，煮后虫体不易变形。此外，用冰醋酸1份，40%福尔马林6份，95%酒精15份，加蒸馏水30份配成混合保存液，保存效果较好。

(2)干制　幼虫或蛹可制成干制标本。干制工具由吹胀器和烘干设备组成。吹胀器由一段细玻璃管接上一根橡皮管，用嘴吹气或接上一个手控打气球。烘干用酒精灯、煤油灯罩及固定升降架组成。

制作时将幼虫毒杀，用针刺破肛门，再用1根圆棍压住虫体，由头至尾用适当力量滚压几次，使内脏排出，仅留空皮，将吹胀器尖端插入肛门并固定，慢慢吹气使虫体伸展，并放入酒精灯加热的玻璃罩里烘干，烘干过程中不断转动灯罩或转动虫体，使之加热均匀。烘干后取下虫体，从肛门插入一段高粱秆，另一端插在昆虫针口，即制成幼虫干制标本。

任务考核

考核内容	考核标准	分值	得分	考核人
采集与制作用具的使用	会使用、无人为损坏	10分		组内互评
昆虫标本的采集	能够认真、踏实地采集昆虫标本，每组至少采集害虫标本20种200件	50分		教师
干燥标本的制作	每组至少上交合格的干燥标本10种(每种10件)	15分		组间互评
浸渍标本的制作	每组至少上交合格的浸渍标本2种(每种1件)	10分		组间互评
团队协作	小组成员间团结协作，无安全事故	10分		组内互评
方法能力	工作认真，操作熟练	5分		组内互评

工作任务4　设施植物昆虫主要类群识别

任务提要

通过教材知识传授、观看视频、网络查询等方法，基本掌握直翅目、半翅目、同翅目、缨翅目、鞘翅目、膜翅目、鳞翅目、双翅目、脉翅目和蜱螨目的特征及其重要科的主要特征；实训室内，通过对设施植物昆虫标本个体大小、体型、触角、口器、翅、足等形态特征的观察，能够识别出所供昆虫标本属于何目何科。

知识准备

与设施植物关系密切的目有直翅目、半翅目、同翅目、缨翅目、鞘翅目、膜翅目、鳞翅目、双翅目、脉翅目等。另外，螨类属于蛛形纲蜱螨目，习惯上作为防治对象也与昆虫一并研究讨论。

一、直翅目(图 1-20)

体中型至大型。头下口式，口器咀嚼式，前胸背板发达，翅通常2对，前翅为覆翅，后翅膜质，翅脉直。渐变态。除少数肉食性外，大多数植食性。

1. 蝼蛄科

触角较体短，丝状；前足为开掘足；前翅短，后翅长，伸出腹部末端；雄性前翅具发音器；前足胫节有听器；雌虫产卵管不外露。典型的地下害虫。常见的有东方蝼蛄、华北蝼蛄。

2. 蝗科

体粗壮。触角短，除极少数种类外，均不超过体长，多呈丝状、剑状或棒状；前胸背板发达，呈马鞍状；后足为跳跃足，跗节3节，爪间有中垫；多数种类具2对发达的翅，亦有短翅或无翅的种类，后翅宽大，常有鲜艳的颜色；雄虫能以后足腿节摩擦前翅而发音；听器位于第1跗节两侧；产卵器粗短，锥状。植食性。常见的有黄脊竹蝗、短额负蝗等。

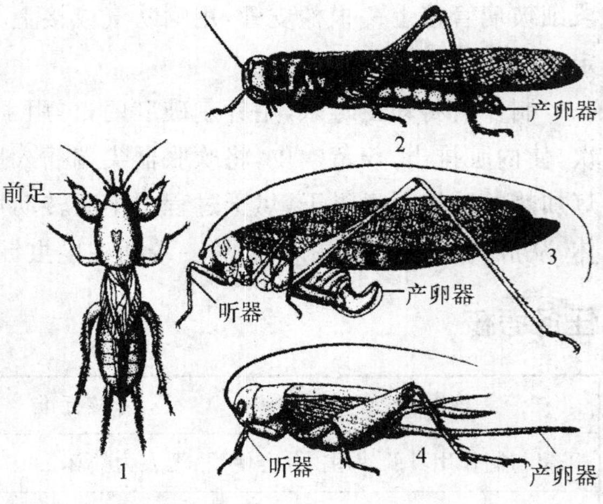

图1-20　直翅目主要代表科

1. 蝼蛄科　2. 蝗科　3. 螽斯科　4. 蟋蟀科

认一认　蝗虫数字诗

一只蝗虫，二根触须，三个单眼，四片翅翼，五脏俱全，六条胸足，七月产卵，八月出土，九天翱翔，蹦劲十足。

3. 螽斯科

触角比体长，丝状；跗节 4 节；听器在前足胫节基部；产卵器剑状或刀状。多产卵于植物枝条组织内或土中。常见的有绿螽斯等。

4. 蟋蟀科

体粗壮，色暗。触角比体长，丝状；跗节 3 节；听器在前足胫节基部；产卵器细长，针状或矛状；尾须长。植食性，穴居，为害各种苗木的近地面部分。常见的有大蟋蟀和油葫芦。

二、半翅目（图 1-21）

体扁平。口器刺吸式，口器基部从头的前端发出；大部分成虫前翅基半部革质，端半部膜质为半鞘翅；许多种类有臭腺。渐变态。多数陆生，有些种类水生。大多数种类为植食性，少数肉食性。

1. 蝽科

小至大型。触角 5 节，部分种类 4 节；有单眼；喙 4 节；小盾片发达，三角形至少超过爪片长度；跗节 2～3 节；前翅分为革区、爪区、膜区三部分，膜片上具有多条纵脉，发自于基部的一根横脉。常见的有菜蝽等。

2. 盲蝽科

小至中型。触角 4 节；无单眼；喙 4 节，第 1 节与头部等长或略长；前翅分为革区、爪区、楔区和膜区四个部分，膜区仅有 1～2 个翅室，纵脉消失。常见的有三点盲蝽、牧草盲蝽、绿盲蝽等。

3. 网蝽科

小型，体扁平。触角 4 节，第 3 节极长；无单眼；喙 4 节；头、前胸背板向两侧及向后延伸部分及前翅上有网状纹；跗节 2 节；前翅质地均一，不能分出膜片。常见的有梨网蝽、杜鹃冠网蝽等。

4. 缘蝽科

中型至大型，体一般较狭，两侧缘略平行。触角 4 节；有单眼；喙 4 节；足较长，有些种类后足腿节粗大，跗节 3 节；中胸小盾片小，短于前翅爪片；前翅分革区、爪区及膜区 3 部分，膜片上有多条分叉的纵脉，均出自基部一横脉上。常见的有红背安缘蝽等。

5. 猎蝽科

中型。头狭长，眼后部分缢缩如颈状；触角 4 节或 5 节；喙 3 节，喙基部不紧贴头下，弯曲呈弧形；前翅分革区、爪区及膜区 3 部分，膜片基部有 2 个翅室，从其上发出 2 条纵脉。常见的

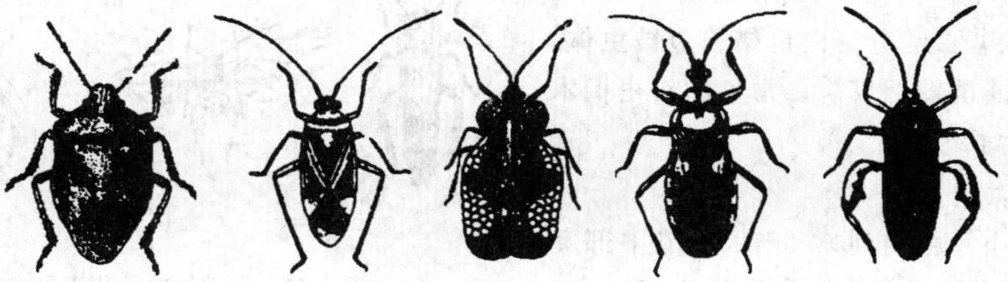

图 1-21 半翅目主要代表科

1. 蝽科 2. 盲蝽科 3. 网蝽科 4. 缘蝽科 5. 猎蝽科

有圆腹猎蝽等。

三、同翅目(图 1-22)

头后口式,刺吸式口器,从头部后方伸出;翅两对,前翅质地均一膜质或皮革质;多数种类有分泌蜡质或介壳状覆盖物的腺体。多数渐变态,少数过渐变态;植食性,刺吸植物汁液,造成生理损伤,并可传播病毒或分泌蜜露引起煤污病。

1. 蝉科

中至大型。触角刚毛状,着生于复眼前方;头部具有 3 个单眼,呈三角形排列;前足腿节膨大,下缘具刺;翅膜质透明,脉较粗;雄虫具发音器,雌虫具发达的产卵器。成虫与若虫均刺吸植物汁液,若虫在土中为害根部,成虫为害还表现在雌虫产卵于枝条中,导致枝条枯死。常见的有黑蚱蝉、蟪蛄等。

2. 叶蝉科

小型,一般细长。触角甚短,刚毛状;单眼 2 个,位于头顶边缘或头顶与额之间,少数无单眼;后足基节有 1~2 列短刺;产卵器锯齿状,多产卵于植物组织内。常见的有大青叶蝉、小绿叶蝉等。

3. 蜡蝉科

中至大型,体色美丽。额常向前延伸而多少呈象鼻状;触角着生于眼下,3 节,基部两节膨大如球,鞭节刚毛状;后足胫节有齿;前、后翅端区翅脉呈网状,多分叉和横脉;腹部通常大而扁。常见的有龙眼鸡、斑衣蜡蝉等。

4. 粉虱科

小型,虫体及翅上皆被白色蜡粉。触角 7 节;复眼肾脏形,有的则分为 2 部分,犹如 2 对复眼;雌雄均具 4 翅,翅脉简单,前翅最多 3 条翅脉,后翅只有翅脉 1 条;跗节 2 节,末端除 2 个具爪外,尚有 1 个中垫;成、幼虫第 9 腹节的背面有皿状孔。常见的有温室白粉虱、黑刺粉虱等。

5. 木虱科

小型。触角 10 节,末端有两根长短不一的刚毛;单眼 3 个;前翅革质或膜质,基部有 1 条由径脉、中脉和肘脉愈合形成的主干,到近中部分为 3 支,在翅端每支有 2 分叉。成、若虫常分泌白色蜡粉包被虫体,并分泌蜜露诱发烟煤病。常见的有梧桐木虱、柑橘木虱等。

6. 蚜总科

体细小。触角通常 6 节,末节中部突然变细,可分为基部和鞭部两部分,第 3~6 节基部常有圆形或椭圆形的感觉圈,感觉圈的数目和分布可作为分种的依据;腹部

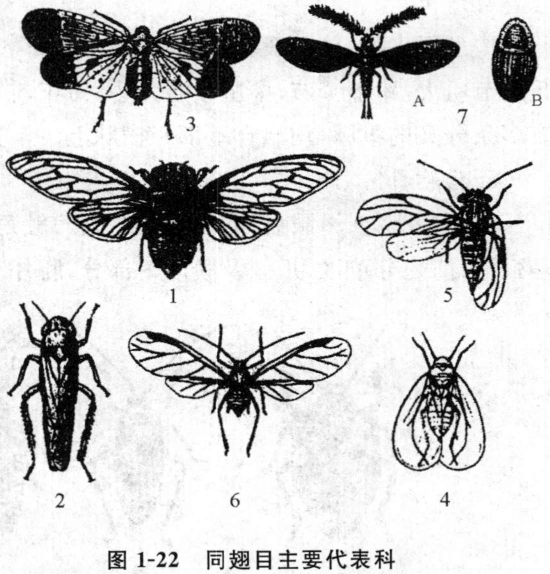

图 1-22　同翅目主要代表科

1. 蝉科　2. 叶蝉科　3. 蜡蝉科　4. 粉虱科　5. 木虱科　6. 蚜总科　7. 蚧总科(A. 雌成虫　B. 雄成虫)

第六节背面有1对圆柱形的突起，称腹管；腹部末端的突起称为尾片；腹管及尾片的形状为分类上的重要特征。

蚜虫具有翅和无翅的个体，繁殖方式有孤雌生殖、两性生殖、卵胎生和卵生；蚜虫除直接刺吸为害植物外，还能传播许多病毒病；此外，常分泌大量蜜露污染叶面和茎秆，引起煤污病的发生。常见的有棉蚜、桃蚜等。

7. 蚧总科

体小型，体形变化大，且雌雄异型。体表常有介壳或各种粉状、绵状等蜡质分泌物。雌虫没有明显的头、胸、腹三部分，无翅，大多数被各种蜡质分泌物所遮盖。雄虫体长形，只有1对薄的前翅，具分叉的翅脉，后翅特化成平衡棒。大多数介壳虫为害虫，以固定不动的形式吸取植物汁液。常见的有矢尖盾蚧、康氏粉蚧、吹绵蚧等。

四、缨翅目（图 1-23）

体小型。下口式，口器锉吸式；翅2对，狭长，边缘有长而整齐的缨毛，翅脉极少或无；足跗节末端有可伸缩的端泡，爪2个。过渐变态。常见于植物花丛、嫩梢、植物残体、树皮。食性多样化，植食性、菌食性和捕食性。

1. 蓟马科

体扁。触角68节，末端2节形成端刺；翅狭而端部尖锐，前翅常有两条纵脉。雌虫腹末生有锯状产卵器，从侧面看其尖端向下弯曲。常见的有烟蓟马、温室蓟马等。

2. 纹蓟马科

体不扁。触角9节；前翅较宽，末端圆形，围有缘脉，翅上常有暗色斑纹。产卵器锯状，向上弯曲。常见种类有横纹蓟马，主要危害豆科植物，并捕食其他蓟马、螨和蚜虫等。

图 1-23 缨翅目主要代表科

1. 蓟马科 2. 纹蓟马科

五、鞘翅目（图 1-24）

口器咀嚼式，上颚发达；前翅骨化为鞘翅，后翅膜质。完全变态；鞘翅目昆虫食性分化强烈，有植食性、捕食性、腐食性、寄生性、菌食性等。

1. 步甲科

小到大型，多为黑色或褐色，多数种类有金属光泽。头较前胸狭，前口式；触角细丝状；足细长，跗节5节；后翅常退化，不能飞翔。成、幼虫均为捕食性，以昆虫、蚯蚓、蜗牛为食，但也有少数种类取食植物的幼芽，为害农作物，常见的如金星步甲等。

2. 虎甲科

中型，常具金属光泽和斑纹。头较前胸宽，后口式；复眼大而突出；触角丝状；跗节5节；翅发达。成、幼虫捕食小型昆虫，常见的有中华虎甲等。

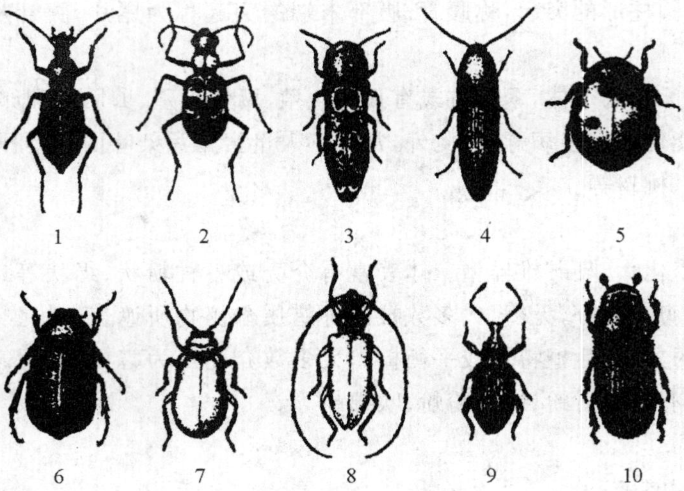

图 1-24　鞘翅目主要代表科

1.步甲科　2.虎甲科　3.吉丁甲科　4.叩头甲科　5.瓢甲科
6.金龟总科　7.叶甲科　8.天牛科　9.象甲科　10.小蠹科

3.吉丁甲科

成虫体形与叩头甲相似，体上常有鲜艳的金属光泽。前胸后侧角无刺，前胸与鞘翅相接处不凹入，前胸腹板宽扁平状，嵌入中胸腹板，不能活动；触角锯齿状；腹部第 1、2 节腹板愈合。幼虫俗称串皮虫，体细长，前胸常扁平而膨大，无足，腹部 9 节，柔软。幼虫钻蛀危害果树、林木的形成层，形成曲折的虫道，虫道内充满虫粪。常见的有苹小吉丁虫等。

4.叩头甲科

小至中型，长形，体色多暗淡。触角锯齿状或栉齿状；前胸背板后缘角突出呈锐刺，前胸背板后方中央有突出物，嵌在中胸腹板前方凹陷内，使头部能够进行有力的叩头活动；足较短，跗节 5 节；腹部可见 5 节。幼虫又称金针虫，体略扁，细而长，多呈金黄色或棕红色，坚硬、光滑；无上唇；3 对胸足大小接近；腹部气门各有 2 个裂孔。幼虫常栖息于地下食害植物的根部、块茎及种子，是重要的地下害虫。常见的有沟叩头虫、细胸叩头虫等。

5.瓢甲科

体呈半球形或卵圆形，常有鲜明的星斑。头小，后部被前胸背板覆盖；触角短棒状或锤状；跗节 4 节。幼虫多为纺锤形，头小，体侧或背面多具枝刺或瘤突。大多数肉食性，少数植食性。常见益虫有七星瓢虫、异色瓢虫、马铃薯瓢虫等。

6.金龟总科

体粗壮，卵圆形或长形。触角鳃片状；前足胫节膨大变扁，外侧具齿，适于掘土；跗节 5 节；腹部可见腹板 5～6 节。幼虫寡足型，常弯曲呈"C"形，称为蛴螬。食性杂，多数为植食性，成虫取食园林植物的叶、花、果等部位，幼虫多土栖，为重要的地下害虫，取食植物幼苗的根茎部分，也有腐食性和粪食性的种类。常见的有铜绿丽金龟、小青花金龟、暗黑鳃金龟等。

7.叶甲科

小至中型，椭圆、圆形或圆柱形，常具金属光泽与花纹。触角短，丝状或近似念珠状；复眼圆形，着生位置接近前胸；跗节5节；腹部可见5节腹板。幼虫肥壮，3对胸足发达，体背常具有枝刺、瘤突等附属物。成虫和幼虫均为植食性，食叶危害为主，有些种类蛀茎或咬食植物根部。常见的有大猿叶甲、黄曲条跳甲等。

8. 天牛科

体长圆筒形。触角长，常超过体长，至少超过体长的一半，着生于额的突起上；复眼环绕触角基部，呈肾形；跗节隐5节；腹部腹板可见5～6节。幼虫体肥胖，胸足很小或无；腹部10节。主要以幼虫进行为害，钻蛀树干、树根或树枝，是重要的蛀干害虫。常见的有星天牛、桑天牛等。

9. 象甲科

小至大型，多被鳞片；额和颊向前延伸形成明显的喙，口器生于其顶端；触角膝状，末端3节膨大呈棒状；鞘翅长，多盖及腹端，端部倾斜。幼虫体柔软，肥胖而弯曲，无足。成、幼虫均植食性。常见的有绿鳞象甲、大灰象甲等。

10. 小蠹科

体小，圆筒形，色暗。触角短而呈锤状；复眼卵形；喙短而阔；头后部为前胸背板所覆盖。幼虫白色，粗短，头部发达，无足。成虫和幼虫蛀食树皮和木质部。常见的有脐腹小蠹等。

六、膜翅目(图1-25)

口器咀嚼式；具翅者有膜质翅2对，前大后小；雌虫产卵器发达，锯状、刺状或针状。完全变态。大多数为寄生性和捕食性，少数植食性。

1. 叶蜂科

中型，粗短。触角多为丝状；前胸背板后缘深凹；小盾片后有分开的后小盾片；翅室很多，有明显的翅痣；前足胫节有2个端距；产卵器锯齿状。幼虫食叶、卷叶、潜叶、蛀果及作虫瘿为害多种林木、果树等作物。常见的有月季叶蜂、樟叶蜂等。

2. 茎蜂科

小至中型，细长，黑色或间有黄色。触角丝状或棒状；前胸背板后缘近平直；前足胫节具1个端距；腹部第1和第2节间略收缩；雌虫产卵器较短，但端部伸出腹端。幼虫体弯曲呈"S"或"C"形，胸足退化，无腹足。幼虫常钻蛀禾本科、蔷薇科等植物的茎。常见的有月季茎蜂等。

3. 姬蜂科

小至大型，多细弱。触角长丝状；前翅翅痣显著，端部第2列翅室中有一四角形或五角形的小室，称为小翅室，其下方有2条回脉；并胸腹节大，常有刻纹；腹部细长，圆筒形、侧扁或纵扁。寄生性。常

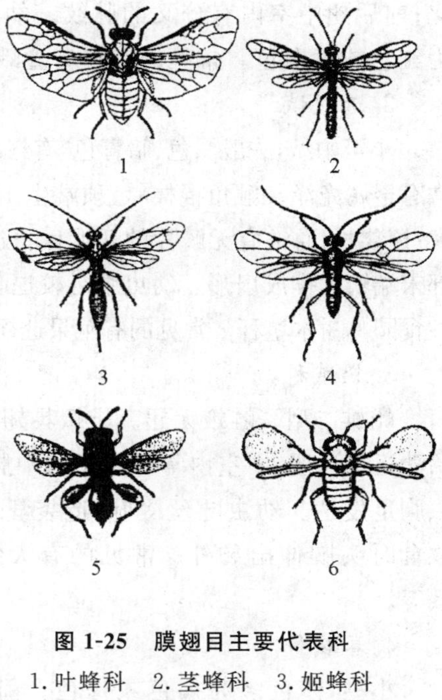

图1-25 膜翅目主要代表科

1.叶蜂科 2.茎蜂科 3.姬蜂科 4.茧蜂科 5.小蜂科 6.纹翅小蜂科

见的有黑点瘤姬蜂等。

4. 茧蜂科

小至中型。触角丝状，多节；翅只有1条回脉；腹部第2和第3节背板愈合，有时虽有横凹痕，但无膜质缝，不能自由活动；产卵管长度不等，有与之等长的鞘。寄生性。常见的有蚜茧蜂等。

5. 小蜂科

多为黑或褐色，有白、黄或橙黄色斑纹，无金属光泽。头、胸部常具粗糙刻点；触角膝状，11～13节；翅宽阔，仅具1条纵脉，休息时翅不能纵向折叠；腹部卵圆形或椭圆形，有短的或长的腹柄；后足腿节膨大，其下缘有成列的齿，胫节弯曲；跗节5节。寄生性。常见的有广大腿小蜂等。

6. 纹翅小蜂科

又叫赤眼蜂科。微小至小型，黄、橘黄或暗褐色，无金属光泽。触角短，柄节较长，与梗节成肘状弯曲；前翅宽阔，后翅狭长，有缘毛；翅面具微毛，排列成行；跗节3节。本科全为卵寄生，常见的有舟蛾赤眼蜂等。

七、鳞翅目(图1-26至图1-28)

包括蛾和蝴蝶。成虫翅膜质2对，翅脉简单，横脉极少，体、翅、附肢均密被鳞片，口器虹吸式。完全变态。幼虫几乎全部为植食性。

1. 木蠹蛾科

中至大型，体肥大，翅面常有黑色斑纹。喙退化；前后翅中室内有分叉的脉纹。幼虫粗壮，多为红色或黄白色。常见的有柳乌蠹蛾等。

2. 透翅蛾科

小至中型，一般黑色、暗青色，有红、黄色斑纹，常有金属光泽。触角棍棒状，顶端生1毛丛；单眼大；翅狭长，通常有无鳞片的透明区，极似蜂类；腹部末端鳞片排成扇形。幼虫腹足较退化。幼虫常蛀食园林树木茎秆。常见的有苹果透翅蛾等。

3. 袋蛾科

雌雄二型。雌蛾无翅。雄蛾具翅，翅上鳞片稀薄近于透明，中室内常有分叉的中脉主干。幼虫胸足发达。幼虫吐丝缀叶，造袋囊隐居其中，取食时头胸伸出袋外。常见的有大袋蛾、茶袋蛾等。

4. 卷蛾科

小型，体色多为褐色或棕色。前翅近长方形，外缘平直，顶角常突出，静止时两翅合拢成

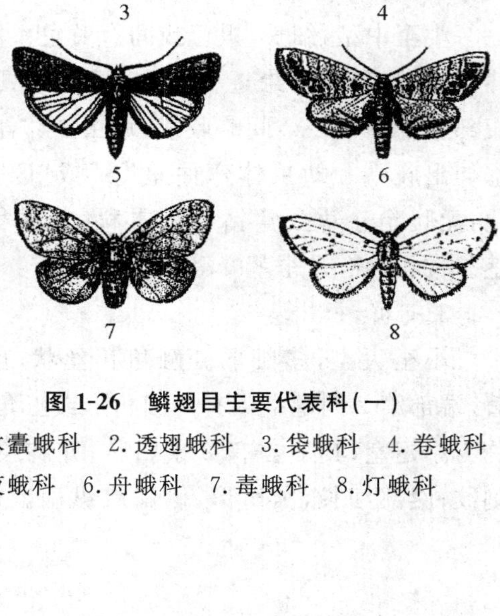

图1-26 鳞翅目主要代表科(一)

1. 木蠹蛾科 2. 透翅蛾科 3. 袋蛾科 4. 卷蛾科 5. 夜蛾科 6. 舟蛾科 7. 毒蛾科 8. 灯蛾科

吊钟状;前翅有斑纹,翅脉都从中室或翅基伸出,不合并成叉状。幼虫多有卷叶习性。常见的有梨小食心虫等。

5. 夜蛾科

中至大型,体粗壮,色灰暗。常有单眼;喙发达;触角丝状,雄蛾有时栉齿状;前翅三角形,斑纹较丰富。幼虫体上常有条纹,常具5对腹足,但有些种类第1、2对腹足退化。幼虫可食叶、钻蛀果实或茎秆等。常见的有小地老虎、斜纹夜蛾、甜菜夜蛾等。

6. 舟蛾科

中型。喙不发达,大多无单眼;雄蛾触角双栉齿状,雌蛾多为丝状;前翅后缘亚基部常有鳞片簇。幼虫臀足退化或特化成细突或刺状构造,体背多具峰突,休息时常头尾举起似舟,故称舟蛾。幼虫食叶,大多是阔叶树木的害虫。常见的有舟形毛虫等。

7. 毒蛾科

中至大型,体粗壮多毛。喙退化;无单眼;触角双栉齿状,雄蛾的触角长于雌蛾;雌蛾腹末常有大毛丛。幼虫被浓密长毛,在瘤上形成毛束或毛刷,有时具螯毛;第6和第7腹节或仅后者背面有翻缩腺是本科幼虫的特征。幼虫大多为害树木,取食叶片。常见的有舞毒蛾等。

8. 灯蛾科

中型,色泽艳丽,翅面上常具鲜明斑点。喙退化;多有单眼;腹部多为红色或黄色,背面与侧面常具黑点。幼虫密生长短不一的长毛,常着生在毛瘤上。幼虫食叶,有些种类是园林植物的害虫。常见的有美国白蛾、红缘灯蛾等。

9. 斑蛾科

小至中型,身体光滑。有单眼;喙发达;雄虫触角多为羽毛状;翅面鳞粉稀薄,呈半透明状,前、后翅中室内有中脉主干。幼虫头部小,缩入前胸内,体上有扁毛瘤,上生短刚毛。以幼虫食叶危害果树、林木等,常见的有梨叶斑蛾等。

10. 尺蛾科

体细长。翅大而薄,前后翅颜色相似并常有波纹相连,休息时四翅平展。幼虫只有2对腹足,着生于第6和第10腹节。常见的有大造桥虫等。

11. 刺蛾科

中型,密生厚鳞毛,一般黄褐或绿色,有红色或暗色简单的斑纹。雌蛾触角丝状,雄蛾双栉状;喙退化;翅较宽,前、后翅的中室内有中脉的主干存在。幼虫体粗短,椭圆形或蛞蝓形,其上生枝刺、毒毛或具瘤,体色鲜明;头较小,缩入前胸内;胸足小或退化,腹足小。多为害果树及林木,常见的有黄刺蛾等。

12. 螟蛾科

小至中型。具细长的足;触角丝状;下唇须前伸或上举,喙发达;前翅近三角形;腹部基部有1对鼓膜听器。幼虫体细长,仅有原生刚毛,腹足较短。多为植食性,钻蛀茎秆、果实或卷叶。常见的有玉

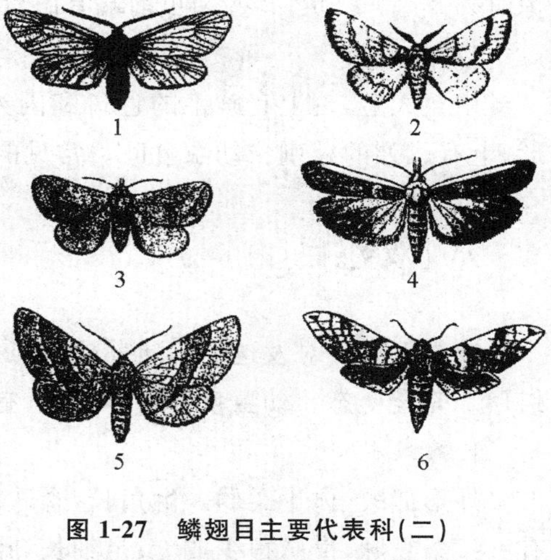

图1-27 鳞翅目主要代表科(二)

1.斑蛾科 2.尺蛾科 3.刺蛾科
4.螟蛾科 5.枯夜蛾科 6.天蛾科

米螟、豆荚螟等。

13. 枯夜蛾科

中至大型，体粗壮，密被鳞毛。喙退化；无单眼；触角双栉齿状；后翅肩角极度膨大。幼虫粗壮，多长毛。幼虫大多取食树木叶片，经常造成严重为害。常见的有马尾松毛虫、天幕毛虫等。

14. 天蛾科

大型，体粗壮，纺锤形。触角丝状，中部加粗，末端弯曲呈小钩状；前翅狭长，顶角尖锐，外缘倾斜，后翅较小，均被厚密鳞片。幼虫粗大，无明显的毛，第8腹节背面常有1向后上方斜伸的尾角。幼虫食叶，常见的有豆天蛾、凤仙花天蛾等。

15. 粉蝶科

中型，翅多为白色、黄色而有黑斑，少数有红斑。前翅三角形，后翅卵圆形。幼虫圆筒形，体表有小突起和短毛，每节有若干横皱纹。幼虫食叶，主要为害十字花科、豆科及蔷薇科植物。常见的有山楂粉蝶、菜粉蝶等。

图 1-28　鳞翅目主要代表科(三)

1. 粉蛾科　2. 凤蛾科　3. 蛱蝶科

16. 凤蝶科

中至大型，多为黄色或绿色而有黑斑，或为黑色而有红、绿、蓝斑。触角球杆状；前翅三角形，后翅外缘波状，常具尾状突。幼虫粗壮，光滑无毛，后胸隆起，前胸背面有可翻缩的臭腺，受惊时外翻呈“Y”状；有些幼虫前端有眼状斑。幼虫食叶，常见的有茴香凤蝶等。

17. 蛱蝶科

中至大型，翅上有鲜艳的色斑和闪光。触角锤状部分特别膨大；前足退化。幼虫体圆筒形，上有成列的枝刺。幼虫食叶。常见的有紫闪蛱蝶等。

八、双翅目(图 1-29)

成虫仅有1对发达的膜质前翅，后翅特化成平衡棒；口器刺吸式、刮吸式或舔吸式。幼虫蛆形。完全变态。幼虫食性差异很大，有腐食性、捕食性、寄生性、植食性；成虫取食液体食物。

1. 瘿蚊科

外形似蚊，体小柔弱。触角长，念珠状，各节环生细毛(雌虫)或环状毛(雄虫)；翅宽阔，仅有3～5条纵脉，横脉很少或无；足细长，胫节无距。成虫一般不取食，幼虫有捕食性、寄生性、植食性和腐食性等。常见的有葡萄瘿蚊、柑橘花蕾蛆等。

2. 花蝇科

小至中型，外形似家蝇和寄蝇。体通常黑色、灰色或黄色；头及复眼大；中胸背板被盾间沟分为前后两片。成虫常在花草间活动。幼虫称根蛆，多数属于腐食性，也有一些种类植食性。常见的有根蛆等。

3. 食蚜蝇科

中型，外形似蜂，体上常有黄、黑相间斑纹。触角具芒状；前翅中央有 1 条两端游离的“伪脉”，外缘有 1 条与边缘平行的横脉。成虫善飞，可在空中静止飞行。幼虫蛆式，体表粗糙，主要捕食小型昆虫等。常见的有大灰食蚜蝇等。

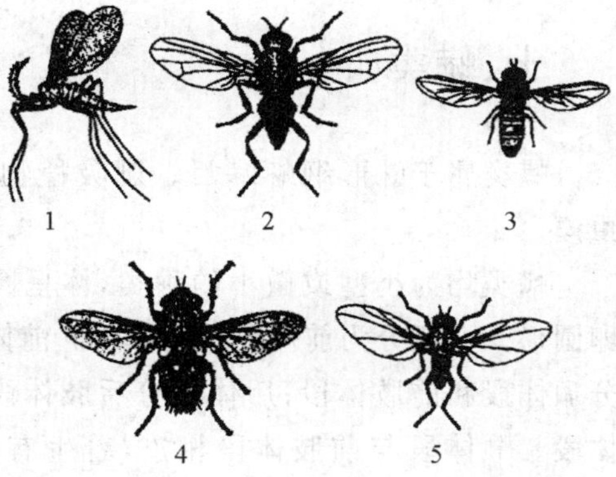

图 1-29　双翅目主要代表科

1. 瘿蚊科　2. 花蝇科　3. 食蚜蝇科　4. 寄蝇科　5. 潜蝇科

4. 寄蝇科

小至中型，外形似家蝇。体多毛，暗灰色，有褐色斑纹；触角芒光滑；胸部在小盾片的下方有呈垫状隆起的后盾片；M_1 极度向前弯曲；腹末端多刚毛。幼虫蛆形。除少数寄生家蚕外，多数为益虫。常见的有地老虎寄蝇等。

5. 潜蝇科

微小至小型，翅前缘中部有一个折断处，中脉间有 2 个闭室，其后面无臂室。幼虫蛆式，潜叶危害，常见的有危害草本花卉的美洲斑潜蝇等。

九、脉翅目(图 1-30)

口器咀嚼式；复眼发达；翅膜质透明，纵脉多分支，使脉成网状；跗节 5 节；无尾须。完全变态。成虫、幼虫均为捕食性。

1. 草蛉科

中至大型，多数种类草绿色。复眼半球形，金黄色，有光泽；无单眼；触角细长，丝状；前、后翅形状、脉序形似或后翅略小，翅透明，前缘区多横脉，翅脉在翅缘多 2 分叉。幼虫称为“蚜狮”，纺锤形，胸、腹部两侧生有毛瘤，口器前口式，上、下颚合成长而尖的吸管，主要捕食蚜虫，体背常附有杂物。卵椭圆形，通常单粒或聚集成束，产于植物叶片上，有丝质长柄。常见的有大草蛉等。

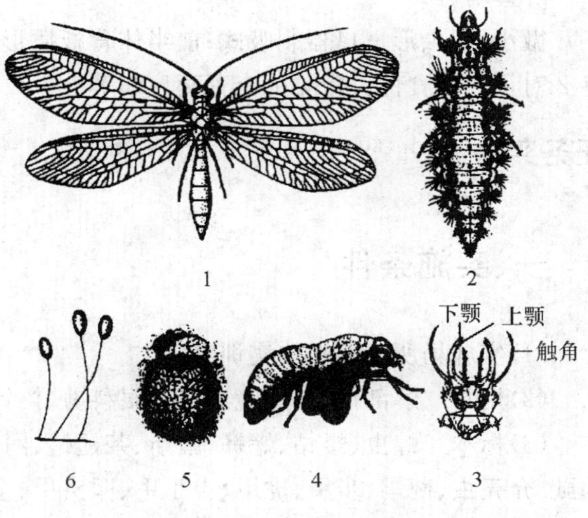

图 1-30　脉翅目主要代表科(草蛉科)

1. 成虫　2. 幼虫　3. 幼虫头部　4. 蛹　5. 茧　6. 卵

记一记　设施植物昆虫重要类群

双蚊蝇虻膜蚁蜂，缨蓟直蝗蝼蟋螽，
半蝽鞘甲鳞蛾蝶，同蚜虱蝉蚧脉蛉。

十、螨类(图 1-31)

螨类属于蛛形纲蜱螨目。刺吸植物汁液,引起叶子变色、脱落;使柔嫩组织变形,形成虫瘿。

螨类均为小型或微小的种类,体呈圆形或卵圆形。一般分为前体段和后体段。前体段又分颚体段和前肢体段;后体段分后肢体段和末体段。颚体段与前肢体段相连,着生有口器。肢体段一般着生 4 对足,着生前 2 对足的即为前肢体段,着生后 2 对足的为后肢体段。末体段与后肢体段紧密联系。肛门和生殖孔一般开口于末体段的腹面。

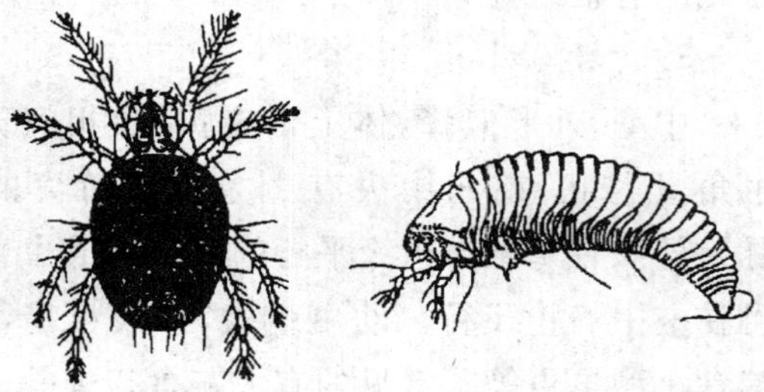
1　　2

图 1-31　螨类主要代表科

1. 叶螨科　2. 瘿螨科

螨类多为两性生殖,一般卵生,亦有行孤雌生殖的。发育阶段雌雄有别:雌螨经过卵、幼螨、第一若螨、第二若螨及成螨;雄螨没有第二若螨。

1. 叶螨科

微小,体圆形或长圆形,通常为红色、暗红色。口器刺吸式;体背面拱起,背刚毛 24 或 26 根,成横排分布。植食性,吸汁液。常见的有山楂叶螨、朱砂叶螨等。

2. 瘿螨科

微小,蠕虫形。口器刺吸式;前半体背板盾形,后半体直形,分为很多环纹。成螨、若螨仅有 2 对足。植食性。常见的有葡萄瘿螨等。

任务实施

一、实施条件

(1)实施场所　多媒体实训室。

(2)用具　解剖镜、扩大镜、镊子、眼科剪、挑针、培养皿及记载用具等。

(3)标本　蝗虫、蝼蛄、蟋蟀、螽斯、茶翅蝽、网蝽、猎蝽、盲蝽、蚱蝉、叶蝉、蜡蝉、蚜虫、粉虱、木虱、介壳虫、蓟马、步甲、虎甲、吉丁甲、叩头甲、金龟甲、瓢甲、叶甲、天牛、象甲、蠹甲、月季叶蜂、月季茎蜂、姬蜂、茧蜂、纹翅小蜂、粉蝶、凤蝶、蛱蝶、木蠹蛾、螟蛾、夜蛾、卷蛾、尺蛾、斑蛾、刺蛾、舟蛾、毒蛾、灯蛾、枯叶蛾、天蛾、透翅蛾、蓑蛾、潜蛾、瘿蚊、种蝇、美洲斑潜蝇、食蚜蝇、寄蝇、草蛉、叶螨等针插标本、浸渍标本、玻片标本、生活史标本和有关挂图。

(4)其他　教材、PPT、影像资料、相关图书、网上资源等。

二、实施方案

1. 直翅目及主要科特征观察

观察蝗虫、蝼蛄、蟋蟀和螽斯，注意听器的位置、形状，触角的类型、口器的类型、前后翅特点、足的类型、产卵器的形状等，将这些特征进行比较，找出本目的共同特征及代表科之间的异同点。

2. 半翅目及主要科特征观察

以椿象为代表观察半翅目昆虫的基本特征，注意头式、喙的着生位置和形状、触角的类型、前翅的分区及翅脉的变化等，并对比观察蝽科、网蝽科、盲蝽科、猎蝽科、缘蝽科等代表科的形态特征。

3. 同翅目及主要科特征观察

以蚱蝉为代表观察同翅目昆虫的基本特征，注意头式、喙的着生位置、触角的形状、前翅的质地、产卵器的形状与雌雄辨别、足的特点等，并对比观察蝉科、蜡蝉科、叶蝉科、蚜虫科、粉虱科、木虱科、介壳虫科的识别要点。

4. 缨翅目及主要科特征观察

观察蓟马玻片标本或新鲜实物标本，注意体型、大小，翅的形状、类型、翅脉，产卵器等，并对比观察管蓟马科和蓟马科的区别特征。

5. 鞘翅目及主要科特征观察

以步甲与金龟甲为代表，观察鞘翅目及两亚目的基本特征，对比观察步甲与虎甲，叩头甲与吉丁甲，瓢甲、叶甲与天牛，金龟甲、象甲、小蠹等科的成虫、幼虫的基本特征及其相互区分。

6. 膜翅目及主要科特征观察

以月季叶蜂和姬蜂为代表，观察膜翅目及两亚目的基本特征，对比观察叶蜂与茎蜂、姬蜂与茧蜂、小蜂与纹翅小蜂科的形态特征及其相互区分。

7. 鳞翅目及主要科特征观察

以天蛾和凤蝶为代表，观察鳞翅目及两亚目的基本特征，对比观察粉蝶、蛱蝶与凤蝶的区别，螟蛾、夜蛾、舟蛾、灯蛾、毒蛾、斑蛾、刺蛾、尺蛾、天蛾、蓑蛾、透翅蛾等成虫、幼虫的基本特征及区别。

8. 双翅目及主要科特征观察

以食蚜蝇为代表，观察双翅目昆虫的基本特征，对比观察瘿蚊与食蚜蝇、种蝇、潜蝇与寄蝇科的形态特征和相互区别。

9. 脉翅目及主要科特征观察

以草蛉为代表，观察脉翅目的基本特征，观察草蛉科的生活史标本或成、幼虫标本，注意观察成虫前后翅大小、翅型与脉纹。

10. 螨类的主要特征观察

以叶螨为代表，观察蜱螨的基本特征，注意昆虫与蜱螨的区别。

任务考核

考核内容	考核标准	分值	得分	考核人
昆虫目的识别	以小组为单位，将教师准备好的具有代表性的10种昆虫，在2分钟内说出分别属于哪个目	20分		教师
昆虫科的识别	每位同学能够识别30个科的昆虫标本，多认一个科加1分，少认一个科扣1分	30分		组内互评
昆虫重要类群观察	观察所供昆虫标本，将结果填入表1-3。记录内容要正确、按时完成	40分		教师
团队协作	小组成员间团结协作	5分		组内互评
方法能力	观察认真，态度端正	5分		组内互评

表1-3　设施植物昆虫重要类群观察

序号	目	科	触角特征	口器特征	翅特征	足特征	其他特征

项目二

设施植物病害识别

项目目标

了解设施植物病害概念和病害类型，掌握设施植物病害的症状类型和生理性病害类型，认识引起设施植物病害病原生物的主要类群，会采集、制作、保存病害标本，能够初步进行设施植物病害诊断，为进一步学习设施植物病害的防治奠定基础。

项目案例

教农药零售商用显微镜

现在基层的农药零售商，一般是根据病害的症状对照病害原色图谱，再结合自己的经验去诊断病害。但病害症状表现极为复杂，而且变异性较大，单靠图谱不易准确诊断。

例如，2003 年我国辽宁、山东、河北大棚黄瓜大面积发生棒孢褐斑病，很多地方误诊为"黄点病"或炭疽病，如果通过显微镜观察，引起该病的病原多主棒孢是很容易识别的。又如，2005 年山东寿光大面积发生丝瓜、黄瓜烂头、烂叶柄，当地对照图谱误诊为黑星病或细菌性病害等，给菜农造成了很大的损失。其实，只要在显微镜下一看就知道，这是西瓜壳二孢引起的瓜类蔓枯病。可见，基层农药零售商或技术人员，如果能够准确诊断病害，做到对症下药，对提高防治效果、解决农产品农药污染等问题，是非常重要的。

2008 年 1 月 12～13 日，中国农业科学院蔬菜花卉研究所李宝聚一行在山东寿光对 24 位基层农药零售商、技术人员进行蔬菜病害显微镜诊断培训，学员们都非常珍惜这次学习机会，学得很认真。大部分学员回去后很快购置了显微镜，并用来诊断病害，从而"由症状诊断走向了病原诊断"的正确道路。一年来，应用效果良好，业务量大增，有的时候竟有十几位菜农拿着病叶排队，等着诊病买药。

工作任务1　设施植物病害症状识别

任务提要

通过教材知识传授、观看视频、网络查询、文献查阅以及讨论分析等方法，明确植物病害的概念，熟悉植物病害的类型及其特点；通过对采集到的新鲜标本进行观察，能够甄别出哪些是植物真正发生了病害；通过实训室内对病害症状标本的观察，认识并会描述常见植物病害的病状类型和病征类型。

知识准备

一、植物病害的概念

植物在生长发育、产品运贮过程中，由于受到不良环境的影响或遭到病原生物的侵染，在生理上、组织上和形态上发生异常变化，造成产量下降、品质变劣，甚至失去经济利用价值，这种违背人类需要的现象，称为植物病害。

植物感染病害后，在生理上、组织上、形态上常发生一系列变化，这是一种逐渐地不断变化的过程，简称病程。植物病害都有病程。农产品收获后，在贮存、运输过程中也会发病，如感染了软腐病的大白菜在菜窖中能继续腐烂；感染了绵疫病的黄瓜和茄子，在贮运及出售过程中会出现白霉。与植物病害相比，风、雹、昆虫以及高等动物对植物造成的机械损伤，没有逐渐发生的病变过程，因此不是病害。

信息链接

合理利用植物病害

认识植物病害要有生产观点和经济观点。有些植物由于人为的或外界生物及非生物因素的作用发生某些变态畸形，表现出某些“病态”，但却增加了它们的应用价值。如郁金香在感染了碎锦病毒以后，花冠色彩斑斓；月季受菌原体侵染后形成的“绿萼”等，增添了观赏价值；在弱光下栽培的韭黄、葱白提高了其经济价值等。植物的这些“病态”，经过人为合理利用，也可变害为益。

二、植物病害的症状

植物感病后，外表所表现出来的各种异常状态称为症状。因寄主植物和病原物所表现的特征不同，症状常分为病状和病征两个方面。

(一)病状

病状是植物染病后,植物本身表现的种种不正常状态,主要有以下类型:

1. 变色

植物生病后局部或全株失去正常的颜色称为变色。变色的原因往往是由于叶绿素或叶绿体受到抑制或破坏使色素比例失调造成的。

褪绿和黄化往往是整个植株、整个叶片或其一部分均匀地变色。褪绿是由于叶绿素的减少而使叶片表现为浅绿色,当叶绿素的量减少到一定程度就表现为黄化。属于这种类型的变色,还有整个或部分叶片变为紫色或红色。

2. 坏死

坏死是植物细胞和组织的死亡,通常是由于病原物杀死或毒害植物,或是寄主植物的保护性局部自杀造成的。

因受害部位不同,坏死会表现各种类型,坏死在叶片上常表现为叶斑和叶枯。叶斑的形状、大小和颜色不同,但轮廓都比较清楚。叶斑的坏死组织有时可以脱落而形成穿孔症状。有的叶斑上有轮纹,这种叶斑称作轮斑或环斑。叶枯是指叶片上较大面积的枯死,枯死的轮廓有的不像叶斑那样明显。叶斑与叶枯有时很难划分。至于叶尖和叶缘的枯死,则一般称作叶烧。疮痂往往病部较浅而且是局限的,斑点的表面粗糙,有的不形成木栓化组织而稍为突起。植物根茎可以发生各种形状的坏死斑。幼苗近土面茎组织的坏死,有时引起所谓猝倒和立枯。草本植物茎的顶部坏死,引起顶尖坏死病状。木本植物顶梢的坏死称为梢枯。果树和树木的枝干上有大片的组织坏死称为溃疡。

3. 腐烂

腐烂是植物组织较大面积的分解和破坏。根、茎、叶、花、果都可发生腐烂,幼嫩或多肉的组织则更容易发生。一般来说,腐烂是整个组织和细胞受到破坏和消解,而坏死则多少还保持原有组织的轮廓。

腐烂可以分干腐、湿腐和软腐。组织腐烂时,随着细胞的消解而流出水分和其他物质。如组织的解体较慢,腐烂组织中的水分能及时蒸发而消失,病部表皮干缩或干瘪则形成干腐。相反,如组织的解体很快,腐烂组织不能及时失水则形成湿腐。软腐主要先是中胶层受到破坏,腐烂组织的细胞离析,以后再发生细胞的消解。有的病部表皮并不破裂,用手触摸有柔软感或有弹性。根据腐烂的部位,有根腐、基腐、茎腐、果腐、花腐等名称。流胶的性质与腐烂相似,是从受害部位流出的细胞和组织分解的产物。

4. 萎蔫

萎蔫是指植物的整株或局部因脱水而枝叶凋萎下垂的现象。

植物的萎蔫有各种原因,茎基的坏死和腐烂、根的腐烂或根的生理活性受到破坏,使根部水分不能及时输送到顶梢,细胞失去膨压,致使地上部枝叶萎垂。典型的萎蔫症状是指植物根茎的维管束组织受到破坏而发生的凋萎现象。凋萎如果只在高温强光照条件下发生,早晚仍能恢复的称为暂时性萎蔫,出现后不能恢复的称为永久性萎蔫。萎蔫的程度和类型亦有区别,有青枯、枯萎、黄萎等不同。根据受害部位的不同,有局部性的,如一个枝条的凋萎,但更常见的是全株性凋萎。植物的维管束组织受到病原物的侵染,不一定都能引起凋萎,因此可以将维管束组织受到侵染的病害统称为维管束组织病害，萎蔫只是其中的一种表现。

5.畸形

感病植物组织和器官所发生的皱缩、卷曲、矮缩、丛簇、丛枝、发根、肿瘤、花器和种子变态等现象。主要是由于病原物分泌激素物质或干扰寄主激素代谢造成的。

矮缩是全株发生抑制性病变，生长发育不良、植株矮小。丛簇只是主轴节间的缩短，或节间的数目也同时减少，但叶片的大小仍正常。枝条不正常的增多形成丛枝，根的增多或不正常的过度分根形成丛根。肿瘤在根、茎、叶上均有发生，茎和叶脉上可形成突起的增生组织，如耳突、疱疹、刺疣以及器官的增生等。此外植株还会产生生长习性或对称性的改变，如由匍匐性变为直立性等。叶子受病后发生的病变也很多，如叶片变小，全缘叶变为缺刻叶，叶面高低不平形成的皱缩叶，叶片沿主脉向上或向下翻卷形成的卷叶等。

(二)病征

病征是病原物呈现在植物病部表面的特征，是鉴别病原和诊断病害的重要依据之一。但是病征往往在病害发展过程的某一阶段才出现；有些病害不表现病征，如生理病害、病毒病和线虫病看不到病征。病征主要有以下类型：

1.絮状物

病部产生的大量的白色、疏松、棉絮状物。为水霉、腐霉、疫霉菌和根霉菌等所致病害的特征，如茄绵疫病、瓜果腐烂病等。

2.霉状物

是真菌的菌丝、各种孢子梗(孢囊梗)和孢子(孢子囊)在植物表面构成的特征，其着生部位、颜色、质地、结构常因真菌种类不同而异。按照色泽的不同、分别称为灰霉、绿霉、黑霉、赤霉等。许多半知菌所致病害产生这类特征，如仙客来灰霉病、番茄灰霉病等。

3.粉状物

(1)白粉　在病部叶片正面表生的大量白色粉末状物，后期颜色加深，产生细小黑点。为白粉菌所致病害的病征，如黄瓜白粉病、辣椒白粉病等。

(2)黑粉　是在病部形成菌瘿，瘿内产生的大量黑色粉末状物。为黑粉菌所致病害的病征，如洋葱黑粉病、香石竹花药黑粉病。

4.锈状物

(1)锈状物　典型的锈状物是初期在病部表皮下形成黄色、褐色或棕色病斑，破裂后散出铁锈状粉末，为锈菌所致病害的病征，如菜豆锈病等。

(2)白锈　在病部表皮下形成的白色疱状斑(多在叶片背面)，破裂后散出的灰白色粉末状物，为白锈菌所致病害的病征，如十字花科植物白锈病。

5.颗粒状物

(1)点粒状物　在病部产生的形状、大小、色泽和排列方式各不相同的小颗粒状物，多暗褐色至褐色，针尖至米粒大小。为真菌的子囊壳、分生孢子器、分生孢子盘等形成的特征，如苹果树腐烂病、各种植物炭疽病等。

(2)颗粒状物　真菌菌丝体变态形成的一种特殊结构，其形态大小差别较大，有的似鼠粪状，有的像菜籽状，多数黑褐色，生于植株受害部位。如十字花科蔬菜菌核病、莴苣菌核病等。

6. 脓状物

是细菌性病害在病部溢出的含有细菌菌体的脓状黏液，一般呈露珠状，或散布为菌液层；在气候干燥时，会形成菌膜或菌胶粒，如黄瓜细菌性角斑病、桃细菌性穿孔病等。

植物病害的病状和病征是症状统一体的两个方面，二者相互联系，又有区别。有些病害只有病状没有可见的病征，如全部非侵染性病害、病毒病害。也有些病害病状非常明显，而病征不明显，如变色病状、畸形病状和大部分病害发生的早期。也有些病害病征非常明显，病状却不明显，如白粉类病征、煤污类病征，早期难以看到寄主的特征性变化。

三、植物病害的分类

出于不同的目的和用途，植物病害的分类方法有多种，常见的有：

(1)按病原分为非侵染性病害和侵染性病害两大类。对植物病害起直接作用的主导因素称为病原，其他对病害发生和发展起促进作用的因素称诱因或发病条件。非侵染性病害也叫生理性病害，根据病原又分为植物营养失调、水分不均、温度不适、有毒物质的毒害等。侵染性病害是一类具有具有传染性的病害，又可根据病原物的种类分为真菌病害、病毒病害、细菌病害、线虫病害及寄生性种子植物病害等。根据病原分类的最大优点是每一类病原所引起的病害有许多共同的地方，所以这种分类法最能说明各类病害发生发展的规律和防治上的特点。

(2)按寄主植物分为大田作物病害、蔬菜病害、果树病害、花卉病害、药用植物病害等，还可分得更细一些，如蔬菜病害又分为十字花科蔬菜病害、葫芦科蔬菜病害、茄科蔬菜病害等，若分得更细一些，如茄科蔬菜病害又分为番茄病害、马铃薯病害、辣椒(青椒)病害、茄子病害等。这个方法的优点是便于了解一种植物的病害问题。

(3)根据受害的部位分根部病害、茎秆病害、花器病害、叶部病害、果实病害等，这种分法可便于诊断。

(4)根据病害的传播方式来分，可分为空气传播、土壤传播、种苗传播、机械传播、昆虫传播的病害。因为病害的防治和病害传播方式有密切联系，这种分法便于根据传播方式考虑防治措施。

(5)根据发生时期分为苗期病害、成株期病害和贮藏期病害等，由于各个时期病害的性质不同，防治重点不同，应根据主要对象来考虑防治措施。

任务实施

一、实施条件

(1)实施场所　多媒体实训室、设施基地等。

(2)仪器与用具　扩大镜、镊子、小剪刀、解剖刀及记载用具等。

(3)病害标本　黄瓜花叶病、辣椒病毒病、苹果花叶病、翠菊黄化病、百合病毒病、葡萄白腐病、黄瓜霜霉病、白菜黑斑病、菊花褐斑病、兰花炭疽病、幼苗猝倒病、立枯病、桃腐烂病、君子兰软腐病、水仙基腐病、白菜软腐病、马铃薯干腐病、番茄青枯病、翠菊枯萎病、大丽花花叶病、白菜根肿病、番茄蕨叶病、果树根癌病、桃缩叶病、葡萄霜霉病、仙客来灰霉病、茄绵疫病、百合鳞茎根霉软腐病、百合疫病、香石竹疫病、黄瓜疫病、葡萄白粉病、瓜类白粉病、洋葱黑粉病、香石竹花药黑粉病、油菜菌核病、辣椒炭疽病、郁金香白绢病、苹果紫纹羽病、葡萄炭疽病、豆类锈病、玫瑰锈病、苋菜白锈病、桃细菌性穿孔病、白菜软腐病、菊花青枯病、君子兰软腐病等。

(4)其他　PPT、影像资料、教材、相关图书、网上资源等。

二、实施方案

1. 采集病害标本

引导学生在课前以小组为单位，到设施基地或露地或校园内外，采集蔬菜、花卉、果树上发病的新鲜的叶片、果实、茎秆或根部，以备本工作任务的实施。

2. 观察采集到的病害标本

对采集到的新鲜病害标本进行仔细观察，哪些是害虫为害的？哪些是植物组织老化造成的？哪些是人为机械损伤造成的？哪些只能看到病状？哪些既能看到病状又能观察到病征？你能说出它的病状或病征属于什么类型吗？

3. 病状类型观察

(1)变色　观察黄瓜花叶病、辣椒病毒病、苹果花叶病、翠菊黄化病、百合病毒病等标本，是花叶或黄化，叶片局部变色或全变色，变色深或浅，有否深浅不均的斑驳型？

(2)坏死　观察葡萄白腐病、黄瓜霜霉病、白菜黑斑病、菊花褐斑病、兰花炭疽病、幼苗猝倒病、立枯病，注意叶片或茎基病部的病斑形状、颜色、大小、有无轮纹，茎基病部是否缢缩？

(3)腐烂　观察桃腐烂病、君子兰软腐病、水仙基腐病(干腐病)、白菜软腐病、马铃薯干腐病等标本有何特征？是干腐或湿腐？

(4)萎蔫　观察番茄青枯病、翠菊枯萎病等标本，植株是否保持绿色？与健株比较有何不同？剥开病茎维管束有无变化？

(5)畸形　观察大丽花花叶病、白菜根肿病、番茄蕨叶病、果树根癌病、桃缩叶病等标本，有哪些是丛枝、矮化、徒长、瘤肿、叶片畸形？

4. 病征类型观察

(1)霉状物　观察葡萄霜霉病、黄瓜霜霉病、仙客来灰霉病、白菜黑斑病等标本，病部表面各产生何种颜色霉状物？

(2)絮状物　观察茄绵疫病、百合根霉球茎软腐病、百合疫病、香石竹疫病、黄瓜疫病等标本，病部是否有蜘蛛丝状物或绵絮状物？呈何种颜色？

(3)粉状物　观察瓜类白粉病、葡萄白粉病、洋葱黑粉病、香石竹花药黑粉病等标本，病部是否有粉状物？什么颜色？

(4)颗粒状物　观察油菜菌核病、辣椒炭疽病、兰花炭疽病、郁金香白绢病、苹果紫纹羽病、葡萄炭疽病等标本，哪些标本病部有黑色颗粒状、哪些标本产生菌核或菌索？

(5)锈状物　观察菜豆类锈病、玫瑰锈病、苋菜白锈病等标本，病部是否隆起？颜色、大小如何？

(6)脓状物　观察桃细菌性穿孔病、白菜软腐病、菊花青枯病、君子兰软腐病等标本，有无脓状黏液或褐色胶粒？

任务考核

考核内容	考核标准	分值	得分	考核人
病害标本采集与观察	每位同学采集 3 种病害标本，能够识别出是否发生了病害	30 分		教师
植物病害标本症状观察	将结果填入表 1-4，记录内容正确、按时完成	60 分		教师
团队协作	小组成员间团结协作	5 分		组内互评
方法能力	观察认真，态度端正	5 分		组内互评

表 1-4　植物病害标本症状观察

序号	病害名称	受害植物	发病部位	病状类型	病征类型	备注

工作任务 2　设施植物病害标本的采集与制作

任务提要

通过教材知识传授、文献查阅以及讨论分析等方法，了解植物病害标本采集与制作的基本原理，明确植物病害浸渍标本常用浸渍液的类型；通过到设施基地、实验田或园艺作物生产田中进行病害标本采集，学会使用采集与制作病害标本的用具；能够认真、踏实地采集典型的植物病害标本；并在实训室中学会干燥标本和浸渍标本的整理与制作。

知识准备

设施植物病害的标本是对其症状的最直观的记载和描述。所以，在进行设施植物病害的教学或研究过程中，病害标本的采集和制作是首要的工作。

一、设施植物病害标本的采集与制作用具

1. 采集标本的用具

采集夹、标本夹、标本纸、标本箱(筒)、塑料袋、剪刀、枝剪、手锯、手铲、纸袋、标签、手持放

大镜及采集记录本等。

(1)标本采集夹　在野外临时收存新采标本的轻便夹子,一般由两个对称的用一些木条按适当的间距平行排列的栅状板,其上附有背带,在接近四个角落的地方,设有长短可以调整的活动固定带或弹簧,以适应采集过程中标本逐渐增多的需要。

(2)采集箱　用于临时收存新采集的果实等柔软多汁的标本。是由铁皮制成的扁圆箱,箱上设有背带。

(3)标本夹　每块栅状板在接近上下端处钉一根厚实的方木条,木条端部向外突出约5 cm长,以便于用绳捆绑标本夹。标本夹上应附有约6 m长的一条绳子。

(4)标本纸　主要用来吸收标本的水分,使标本逐渐干燥。一般用草纸或麻纸作标本纸,它们的吸水性较好。旧报纸也可代替,但因其上有油墨吸水性较差。

(5)修枝剪　主要用于剪取较硬或韧性较强的枝条,难以折断的枝干则要借助于手锯。手铲用来挖掘地下患病植物器官(如根、块根、块茎等)。

2. 制作标本用具及试剂

剪刀、标签、标本瓶、玻璃瓶、玻璃板、塑料绳、水浴锅(或简单的加热装置)、水、硫酸铜试剂、明胶、石蜡等。

二、设施植物病害标本的采集与制作的基本原理

室外采集标本是获取植物病害标本的重要途径,也是熟悉设施植物病害的症状,了解设施植物病害发病情况的最好方式。设施植物病害的发病时期与植物的生育期及当地的气候条件和生产条件有着密切的关系,所以在采集标本前,应明确在当地的气候条件和生产条件下,某种设施植物病害的始发期和盛发期;某种设施植物病害主要在植物的哪一个生育期间发病;以及某种设施植物病害主要发生在哪些植物上等。

在植物病害标本的采集和制作过程中,应对症状的变化情况给以特殊的注意。例如,症状可能表现为典型症状,也可能表现为非典型症状,在采集时,均应加以注意。一种病害,在同一种植物上,可以同时表现出多种不同类型的症状;在植物生长发育的不同时期,也可以先后表现出多种不同类型的症状。

标本的制作是为了日后能较为方便地观察设施植物病害的症状,并能及时提供研究的材料。稳妥的保存方法可为教学及相关的科研工作提供可靠的保障。无论用干燥制作法保存标本,还是用浸渍制作法保存标本,都是为了尽量减缓所保存标本变质的速度或不使其腐烂霉变。同时,也是为了尽量使标本保持其原色,以延长标本的使用时间和提高标本的保存质量。

三、设施植物病害浸渍标本的常用浸渍液

(1)防腐漂白浸渍液　此种浸渍液是由亚硫酸饱和溶液、酒精和水按照一定比例配制而成。亚硫酸饱和溶液,即指二氧化硫的饱和水溶液。

(2)保存绿色的浸渍液　常用的有如下几种:①醋酸铜浸渍液。反复用多次后保色能力会逐渐减弱,需定期补加适量的醋酸铜。②硫酸铜亚硫酸浸渍液。用于保存绿色植物组织的效

果很好，但应注意密封容器，必要时每年换1次亚硫酸浸渍液。此种方法也是实验室较为常用的液浸标本的保存方法。③瓦查浸渍液。由亚硫酸、硫酸铜、酒精、乙酰水杨酸、福尔马林、香油和水等成分按比例配制而成。适于保存叶片和果实的绿色，也可保存梨和苹果等的黄色。

(3)保存黄色和橘红色标本的浸渍液　配制方法是将亚硫酸(含二氧化硫5%～6%)配成4%～10%的水溶液(二氧化硫0.2%～0.5%)。可保存如杏、梨、柿、黄苹果、柑橘和红辣椒等标本。

(4)保存红色的浸渍液　瓦查保存红色的浸渍液。此种浸渍液分两部分：浸渍液1的主要成分为硝酸亚钴、福尔马林、氯化锡等；浸渍液2的主要成分为福尔马林、亚硫酸、酒精等。将标本洗净后，在浸渍液1中浸2周，然后在浸渍液2中保存。可用于保存草莓、辣椒、马铃薯以及其他红色的植物组织，是一种效果比较好的浸渍液。

任务实施

一、实施条件

(1)实施场所　校内外设施基地(或园艺植物生产田)、实训室。

(2)采集用具　采集夹、标本夹、标本纸、标本箱、塑料袋、剪刀、枝剪、手锯、手铲、纸袋、标签、手持放大镜及采集记录本等。

(3)制作用品　标本瓶、玻璃瓶、玻璃板、塑料绳、水浴锅(或简单的加热装置)、水、明胶、石蜡、醋酸铜、亚硫酸、硫酸铜、硫酸铜试剂、酒精、乙酰水杨酸、福尔马林、香油等。

(4)其他　教材、参考读物、网上资源等。

二、实施方案

(一)病害标本采集

1.室外采集

(1)病叶　用剪刀剪取病植物上的发病叶片。如苹果锈病的病叶、马铃薯晚疫病的病叶及梨黑星病的病叶等，装入采集夹中。尽量剪取整个病叶，同时，对于每一片叶上的病斑，在颜色、大小以及形状方面都应是较为一致的。对于较薄的较易失水的叶片，在采集时应随时携带吸水纸或废旧的书，随采随压，以免叶片迅速干缩卷曲而不易展开。

(2)病果　用剪刀剪取茄子褐纹病、番茄灰霉病、辣椒炭疽病以及梨黑星病的病果，装入采集筒中。对于此类标本，特别是对于像番茄一类多汁的病果，要特别加以注意，应先以标本纸分别包裹后，置于采集筒(箱)中，以防相互挤压而变形。

(3)病根　用铁铲挖取蔬菜根结线虫病的病根以及葡萄根癌病的病根等，装入采集筒中。在挖取此类病害的标本时，要注意挖取点的范围要比较大一些，以保证取得整个根部。

注意事项：对于真菌病害，标本应带有子实体。一般情况下，各种病害的标本最好采集10份以上。

2. 采集记录

完整的记录与标签同样十分重要。采集时，要随时作标记。每份标本都要附上临时标签（表 1-5），即将临时标签随着标本压在吸水纸之间。写临时标签时，应使用铅笔记录，以防受潮后字迹模糊，影响识别。

表 1-5　临时标签制作

寄主名称：	采集人：
采集地点：	采集编号：
采集时间：　年　月　日	病害发生情况（轻、中、重等）：
受害部位（根、茎、叶、花、果实等）：	
产地环境（坡地、平地、沙土、壤土、黏土）：	

3. 标本携带

标本采集后，茎或叶片类的标本装入采集袋中，每一种病叶放入一个小袋内之后，最好再放入一个大一点的采集袋内；对于根或果实类的标本，各种标本在装入采集筒之前应分别用小采集袋装好密封或用纸包裹好，然后，再装入采集筒中。对于黑粉类、锈病类的标本，要特别注意，标本间不要相互接触沾污，腐烂类的标本（如茄子褐纹病病果、苹果实炭疽、轮纹和褐腐病害）等应避免挤压，损坏标本。

4. 标本整理

在完成田间采集的过程之后，需及时进行标本的取舍和初步的整理。对于同一种病害的标本，应尽量保留带有典型症状的标本。叶片或果实要保持完整。在整理时，应使其形状尽量恢复自然状态。如果外出采集，每天晚上都要将当天采集的标本进行整理、压制，以后要勤换纸和晾晒，以防霉变。

（二）干燥标本的制作

（1）含水量小的标本的压制　对于像禾本科、豆科等植物比较薄的叶片病害标本，经过整理后，立即进行压制。在压制时，标本间的标本纸最好要多放几层，一般每层至少用 3～5 张标本纸，以利于标本中水分的快速散失。

（2）含水量大的标本的压制　对于像甘蓝、大白菜、油菜等比较厚、不易失水的叶片，最好经过一段时间（1～2 d）的自然散失水分，然后，再进行压制。自然散失水分的时间不宜过长，最好是在叶片将要卷曲但还未卷曲时进行。

（3）标本整理　在第 1 次换纸前，要对标本进行形状的整理，尽量使其舒展自然。在整理时，要十分小心。特别对于比较柔嫩的植物标本，更应多加注意，以免破损。

（4）换纸　一般情况下，前一周的时间里要每天换干燥的吸水纸 1 次。以后的时间，可隔天换纸，直至标本完全干燥为止（在正常的晴好的天气条件下，一般经过10 d左右的时间即完全干燥）。在换纸时，注意不要遗失临时标签；要特别注意不要混用已经污染了的纸张；对于完全干燥的标本，要特别小心移动，以防破碎。

（5）果穗及较粗大茎的标本伪干燥　对于这类标本应置于朝阳（但应避免强光直射）通风处，

置于吸水纸上，进行自然干燥。同时，也要定期进行翻动，使其整体较为均匀地干燥。对于此类标本的干燥，开始时，就要选择在比较宽敞的空间内进行，以免其整个形状不被挤压而发生变形。

(6)装袋保存　用重磅道林纸(也可用牛皮纸等代替)，纸袋的大小可根据标本的大小而定，其折叠方式也可根据标本的不同形状而做适当的改进。在装袋时，要随时贴上正式标签，标签的大小和位置，应根据具体的纸袋的大小而定。同时，要兼顾标本袋的整体协调性和美观性。

(三)浸渍标本的制作

此法制作的标本易保持标本原来的形态和色泽，但保存的时间有限，且需占用比较大的空间。一般用于制作教学和示范标本。

(1)配制硫酸铜溶液　根据需要，一般配制5%的硫酸铜水溶液1 000 mL，在适当的玻璃容器中，所浸标本全部位于液面下。

(2)预浸病果　从室外采来新鲜的辣椒炭疽病的病果，在盛有5%的硫酸铜溶液的玻璃瓶中浸24 h。浸病果时，需临时将病果用塑料绳缚在玻璃板上，一起放入溶液中。否则，病果易浮在液面上，特别是对于像辣椒这样的空心的果实，更易漂浮在液面上。

(3)漂洗病果　从5%的硫酸铜溶液中取出病果，用清水漂洗6 h，可固定在水龙头下，打开水阀用流水进行冲洗。在冲洗时，水流不宜太急，否则，易破损标本，或将子实体冲刷掉。

(4)配制亚硫酸溶液　在标本瓶中将含5%～6%二氧化硫的亚硫酸溶液15 mL加水1 000 mL。配制溶液时，要记住，将浓硫酸沿瓶壁缓缓倒入水中，切不可将水倒入浓硫酸中，以防发生事故。

(5)固定病果　将冲洗后的病果用塑料绳将其缚在玻璃板上，一起浸入配制好的亚硫酸溶液中。固定时，要小心操作，尽量不要损坏标本，保持其完整。

(6)封口　先配制封口剂：取明胶200 g，石蜡50 g。将明胶置于玻璃瓶中，用水浸6 h，滤去水分。之后，在水浴锅中加热熔化；再加入石蜡，熔化后即可成为胶状物，趁热进行涂抹封口。

(7)贴标签　标签一般贴在瓶体的中央位置。同时，要兼顾标本袋或标本瓶的整体协调性和美观性。

任务考核

考核内容	考核标准	分值	得分	考核人
采集与制作用具的使用	会使用，无人为损坏	5分		组内互评
病害标本的采集	能够认真、踏实地采集病害标本，每组至少采集病害标本20种400件	50分		教师
干燥标本的制作	每组至少上交合格的干燥标本10种(每种10件)	20分		教师
浸渍标本的制作	每组至少上交合格的浸渍标本2种(每种1件)	10分		教师
团队协作	小组成员间团结协作，无安全事故	10分		组内互评
方法能力	工作认真，操作熟练	5分		组内互评

工作任务3　设施植物病原真菌识别

任务提要

通过教材知识传授、观看视频、网络查询、文献查阅以及讨论分析等方法，了解真菌的一般性状，掌握设施植物病原真菌主要类群的特征；通过实训室内在光学显微镜下对永久玻片标本的观察，能够识别出真菌5个亚门中与设施植物病害关系密切的重要类群。会根据病害症状特点制作临时玻片进行病原真菌的观察。

知识准备

在植物病害中，真菌是一类最重要的病原，大约有80%以上的植物病害由真菌引起。真菌没有根、茎、叶的分化，不含叶绿素，不能进行光合作用，也没有维管束组织，有细胞壁和真正的细胞核，所需营养物质全靠其他生物有机体供给，营异养生活，典型的繁殖方式是产生各种类型的孢子。

一、病原真菌的一般性状

真菌的个体发育分为营养阶段和繁殖阶段。即真菌先经过一定时期的营养生长，然后形成各种复杂的繁殖结构，产生孢子。

(一)真菌的营养体

1. 营养体的形态与功能

真菌进行营养生长的菌体称为营养体。典型的营养体为纤细多枝的丝状体。单根细丝称为菌丝，菌丝可不断生长分枝，许多菌丝集聚在一起，称为菌丝体。菌丝通常呈管状，直径5～6 μm，管壁无色透明。高等真菌的菌丝有隔膜，称为有隔菌丝。低等真菌的菌丝一般无隔膜，称为无隔菌丝(图1-39)。有些真菌的营养体为卵圆形的单细胞，如酵母菌。菌丝一般从孢子萌发而来，形成菌丝体，最后再产生孢子。

2. 菌丝体的变态体

菌丝体在一定的环境条件下或生长发育后期，可发生变态，形成特殊组织，对真菌摄取营养和繁殖、传播及增强对不良环境的抵抗力等有极大的作用。常见菌丝体变态体有吸器、假根、菌核、菌索及子座。

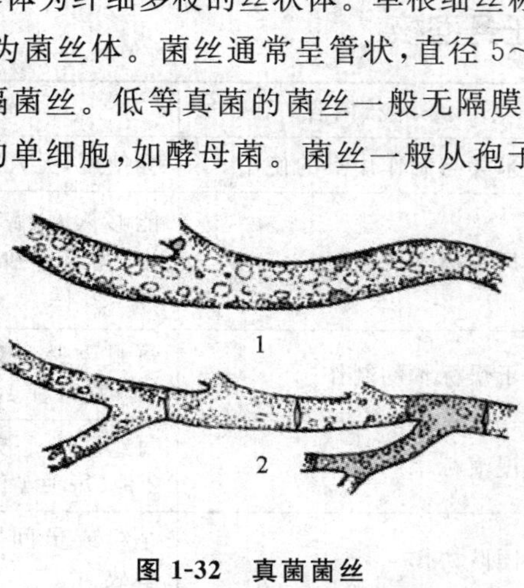

图1-32　真菌菌丝

1. 无隔菌丝　2. 有隔菌丝

(二)真菌的繁殖体

营养生长到一定时期所产生的繁殖器官称为繁

殖体。真菌的繁殖方式分无性和有性两种，无性繁殖产生无性孢子，有性繁殖产生有性孢子。孢子是真菌繁殖的基本单位，相当于高等植物的种子。

1.无性孢子

无性繁殖是不经过性细胞结合而直接由营养体上产生孢子的繁殖方式。真菌无性繁殖产生的孢子称为无性孢子，主要有下列几种(图 1-33)：

(1)游动孢子　是产生于孢子囊中的内生孢子。孢子囊球形，卵形或不规则形，从菌丝顶端长出，或着生于有特殊形状和分枝的孢囊梗上。孢子囊萌发时，原生质割裂成许多小块，形成带着 1～2 根鞭毛，能游动的孢子，是鞭毛菌的无性孢子。

(2)孢囊孢子　也是产生于孢子囊中的内生孢子。没有鞭毛，不能游动，其形成步骤与游动孢子相同，孢子囊着生于孢囊梗上。孢子囊成熟时，囊壁破裂散出孢囊孢子。

(3)分生孢子　外生在特化的菌丝上的无性孢子称作分生孢子。产生孢子的特化的菌丝称为分生孢子梗。分生孢子梗可以单生、簇生和束生。有的分生孢子梗自垫状菌丝长出，使产孢总体结构呈盘状即分生孢子盘；有的产生覆碗状或球形的结构即分生孢子器。分生孢子主要通过芽殖或断裂的方式产生，形状大小多异。

(4)厚垣孢子　菌丝中个别细胞膨大，原生质浓缩，细胞壁加厚而成为有休眠功能的孢子，可抵抗不良的环境条件。

(5)节孢子　由菌丝断裂而形成的孢子称为节孢子。

(6)芽孢子　芽孢子的形成是在母细胞上产生小突起，像发芽一样，然后穿过细胞壁，逐渐紧缩，最后脱离母体而形成的孢子。

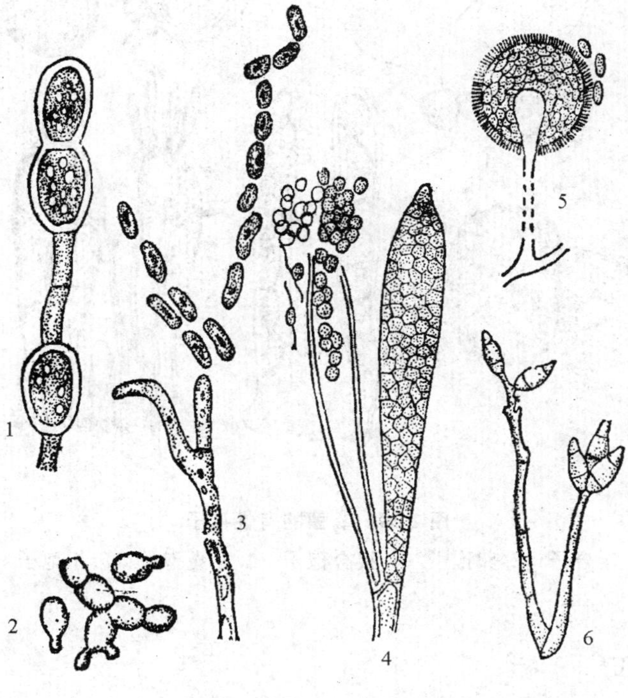

图 1-33　真菌的无性孢子

1.厚垣孢子　2.芽孢子　3.节孢子　4.孢子囊和孢囊孢子

5.游动孢子囊和游动孢子　6.分生孢子

2.有性孢子

有性繁殖是通过性细胞或性器官的结合而产生孢子的繁殖方式，是真菌性细胞(配子)或性器官(配子囊)结合，经过质配、核配和减数分裂，形成有性孢子的过程，产生的孢子称有性孢子。一般在生活史中只进行一次。多在生长后期。真菌的有性生殖产生的结构和有性孢子具有渡过不良环境的作用。真菌的有性孢子有以下几种(图1-34)：

(1)休眠孢子囊　由两个游动配子配合所形成的合子发育而成，具厚壁。萌发时发生减数分裂释放出单倍体的游动孢子。如壶菌、根肿菌。根肿菌纲真菌的休眠孢子囊萌发时通常只释放出一个游动孢子，休眠孢子囊有时也称为休眠孢子。

(2)卵孢子　由雄器和藏卵器交配形成。卵孢子大多球形，壁厚，包裹在藏卵器内，通常经过一定时期的休眠后才萌发。每个藏卵器内含一至多个卵孢子(低等的数目多，高等的只一个)。如卵菌的有性孢子。

(3)接合孢子　由两个同型配子囊配合方式形成。接合孢子被厚壁的接合孢子囊所包被，通常需要经较长时间的休眠后才萌发。接合菌的有性孢子。

(4)子囊孢子　由两个异形配子囊结合，发育成子囊，子囊中形成的孢子叫子囊孢子，一般为8个。子囊菌的有性孢子。

(5)担孢子　由双核菌丝上产生的担子上形成的外生孢子。每个担子上通常着生4个担孢子。担子菌的有性孢子。

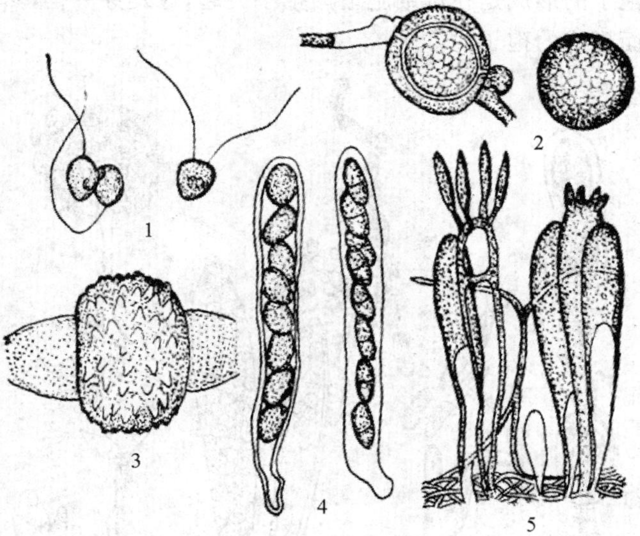

图1-34　真菌的有性孢子

1.合子　2.卵孢子　3.接合孢子　4.子囊孢子　5.担孢子

(三)真菌的生活史

真菌的生活史是指真菌孢子经过萌发、生长和发育，最后又产生同一种孢子的整个生活过程。典型的生活史包括无性阶段和有性阶段(图1-35)。真菌经过一定时期的营养生长就进行无性繁殖产生无性孢子，这是它的无性阶段，又称无性态。在适宜的条件下，真菌无性繁殖阶段在它的生活史中往往可以独立地多次重复循环，而且完成一次无性循环所需的时间较短，产生的无性孢子数量大，对植物病害的传播、蔓延作用很大。例如，马铃薯晚疫病菌在温度偏低、高湿条件下，游动孢子侵入感病的马铃薯叶片后 3～4 d，就可以在病叶表面产生大量的游动孢子囊，并释放游动孢子，完成这样一个无性循环只需 3～4 d 的时间。新产生的游动孢子经传播可以继续侵染马铃薯，并产生新的游动孢子。在马铃薯的一个生长季节，这种无性循环可以重复进行多次，使病害迅速传播。在营养生长后期、寄主植物休闲期或缺乏养分、温度不适宜的情况下，真菌转入有性生殖产生有性孢子，这就是它的有性阶段，又称有性态，在整个生活史中往往只出现一次。植物病原真菌的有性孢子多半是在侵染后期或经过休眠后才产生的，有助于病菌度过不良环境，成为翌年病害的初侵染来源。

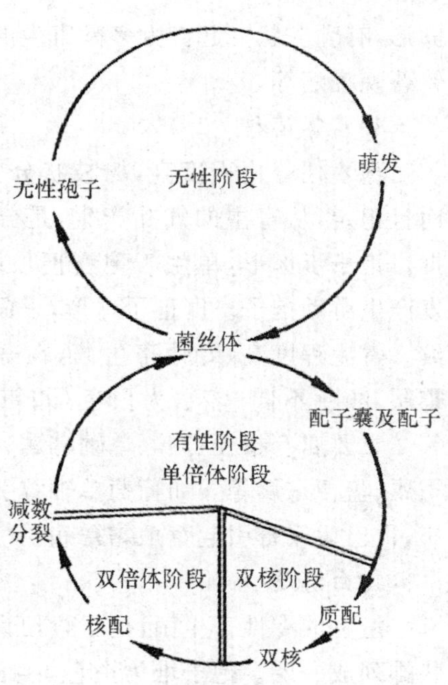

图 1-35 真菌生活史图解

在有些真菌的生活史中，并不都具有无性和有性两个阶段。如半知菌的生活史中只有无性阶段而缺乏有性阶段；而一些高等担子菌经一定时期的营养生长后就进行有性生殖，只有有性阶段而缺乏无性阶段。此外，真菌的有性阶段也不都是在营养生长后期才出现，有些同宗配合的真菌，它们的无性阶段和有性阶段可以在整个生活过程中同时并存，在营养生长的同时产生无性孢子和有性孢子，如某些水霉目和霜霉目真菌。

二、设施植物病原真菌的主要类群

真菌的分类，主要是以有性繁殖和无性繁殖的特征以及营养体的结构等为依据。根据营养体（菌丝有无隔膜）和无性繁殖及有性繁殖的特征（有性与无性孢子的类型），将真菌门分为鞭毛菌亚门、接合菌亚门、子囊菌亚门、担子菌亚门和半知菌亚门 5 个亚门。

（一）鞭毛菌亚门（图 1-36）

营养体为较原始的原质团到发达的无隔菌丝体，无性繁殖产生游动孢子，游动孢子有 1～2 根鞭毛。有性繁殖产生卵孢子。根据游动孢子鞭毛的类型、数目及着生的位置，本亚门分为根肿菌纲、壶菌纲、丝壶菌纲和卵菌纲，与设施植物病害关系密切的主要是卵菌纲中的下列类群：

1. 腐霉属

孢子囊不规则形，孢囊梗丝状。孢子囊产生泡囊后，在泡囊中形成并散发出游动孢子。有性生殖在藏卵器中形成一个卵孢子。大多在土壤中或水中营腐生生活，引起植物猝倒病或根腐、果腐等症状。

2. 疫霉属

寄生性比腐霉强，以吸器伸入细胞内吸收营养。孢囊梗与菌丝的差异比较明显。孢子囊卵形，有乳头状突起。大多是寄生的，可危害根、茎、叶和果实，引起组织的腐烂和死亡。如马铃薯晚疫病等。

3. 霜霉菌科

孢囊梗分化程度高，树枝状分支，形态多样而且稳定，从寄主的气孔产生，是分属的重要依据。孢子囊卵形，单生于孢囊梗顶端，孢子囊萌发产生游动孢子。卵孢子球形，表面光滑或有花纹。寄生程度高，专性寄生菌，在寄主表面形成霉层，颜色不同，多数为白色（霜霉），还有灰色等。重要属有指梗霉属、单轴霉属、霜霉属、假霜霉属、盘梗霉属等。如葡萄单轴霉引起葡萄霜霉病，古巴假霜霉引起黄瓜霜霉病。

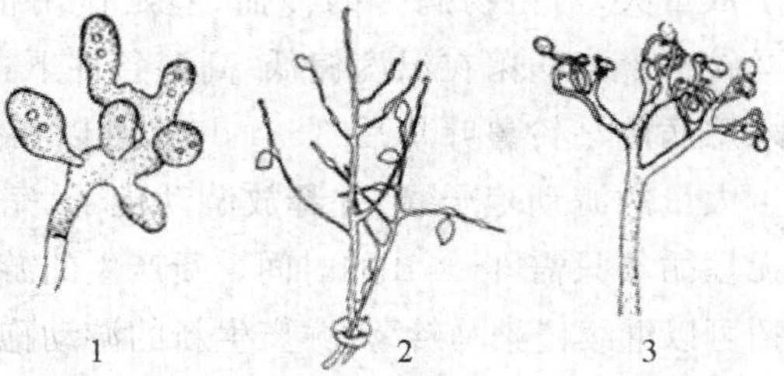

图 1-36　鞭毛菌亚门形态

1. 腐霉菌　2. 疫霉菌　3. 霜霉菌

4. 白锈属

植物的专性寄生菌，孢子囊梗为棒状，顶端产生成串的孢子囊，无限生长。很多梗呈栅栏状排列成一层。孢子堆为白色，生长到一定阶段，顶破表皮，释放孢子——白色粉末（称为白锈）。如油菜白锈病。

(二)接合菌亚门

水生到陆生真菌。多数腐生，少数寄生。营养体主要为发达的无隔菌丝体。无性繁殖大多产生孢囊孢子，有性繁殖产生接合孢子。本亚门分为接合菌纲和毛菌纲两个纲，与植物病害关系密切的是接合菌纲中的下列类群：

1. 根霉属（图 1-37）

菌丝发达，有分枝，一般无隔膜，分布于基物表面和基物内，有匍匐枝和假根。孢囊梗 2～3 根丛生，着生于假根的上方，一般不分枝。孢子囊球形，孢囊孢子球形。如匐枝根霉，常引起种实、块根、鳞茎的霉烂。

2. 笄霉属

能形成大小两种孢子囊。产生小孢子囊时，孢囊梗顶端膨大体上产生许多小枝，小枝末端形成膨大的囊状体，小孢子囊聚生在囊状体表面突起的小梗上，内含一个孢子囊孢子——相当于分生孢子。大孢子囊内形成多个孢子囊孢子（条件不利时产生）。如瓜笄霉引起许多植物（瓜类、茄子等）的花腐、果腐。

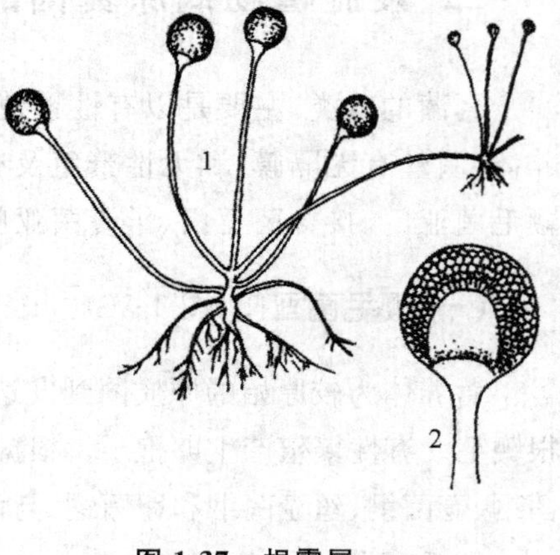

图 1-37　根霉属

1. 孢囊梗、孢子囊、匍匐枝和假根

2. 放大的孢子囊

(三)子囊菌亚门(图 1-38)

高等真菌。全部陆生，包括腐生菌和寄生菌。菌丝体发达，有分隔，少数为单细胞。无性繁殖产生分生孢子、粉孢子、芽孢子。有性繁殖产生子囊和子囊孢子。有的裸生于菌丝体上或寄主植物表面，有的形成在由菌丝形成的固定形状的子实体——子囊果中。子囊果分以下4种类型：闭囊壳、子囊壳、子囊腔、子囊盘 。

依据有性阶段子囊果的有无，子囊果的类型，子囊壁的特点和子囊排列方式等，将子囊菌亚门分6个纲：半子囊菌纲、不整囊菌纲、核菌纲、腔菌纲、盘菌纲、虫囊菌纲。与植物病害关系密切的类群有：

1.外囊菌目

无子囊果，子囊由双核菌丝直接产生，在寄主的角质层下排列呈栅栏状，子囊长圆筒形，为寄主的强寄生菌，引起寄主的肿大、缩叶、囊果和丛枝等畸形症状。例如，畸形外囊菌引起桃缩叶病，梅外囊菌引起梅、杏缩叶病，樱外囊菌引起樱桃丛枝病。

2.白粉菌目

白粉菌目的真菌一般称作白粉菌，引致各种植物白粉病。主要寄生在叶片上，有的发生在新梢或芽上。在病部形成白粉或小黑点。子囊果无孔口，外壁上有各种形状的附属丝，子囊卵圆形至棍棒形。全部是高等植物的专性寄生菌。

3.小煤炱属

菌丝体寄生于寄主植物表面，黑色，有刚毛和双细胞的附着枝。子囊果为闭囊壳。子囊孢子2～4个横隔、褐色、长圆形。如植物上常见的煤污病菌。

4.小丛壳属

子囊壳有毛，丛生于植物上或半埋生于植物组织中，褐色，壳内无侧丝。子囊棍棒形，无柄。子囊孢子单胞、无色、椭圆形。无性阶段为半知菌亚门的炭疽菌属，引起多种植物的炭疽病，如瓜类炭疽病菌。

5.黑腐皮壳属

子囊壳球形或近球形，具长颈，成群深埋在由菌组织和基物交织而成的黑色、炭质的假子座内。子囊棍棒状或圆筒形，无侧丝。子囊孢子单胞、无色，腊肠形。引起多种树木的枝干腐烂。如苹果树腐烂病菌。

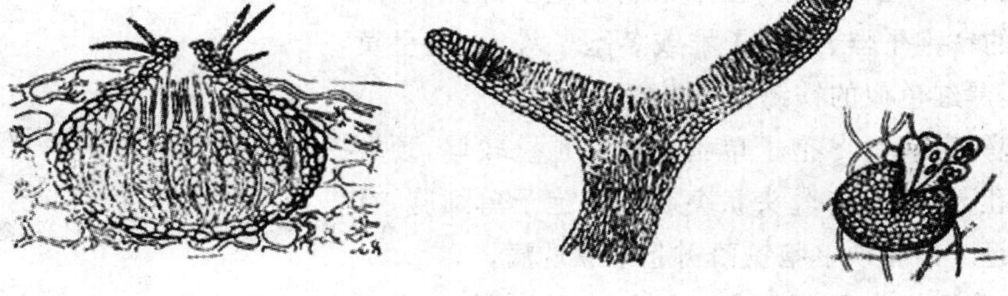

1　　2　　3

图1-38　子囊菌亚门形态

1.黑星菌　2.核盘菌　3.白粉菌

6.黑星菌属

子囊座上部有少数刚毛，子囊孢子双胞。假子囊壳很小，表面生有刚毛，埋生或表生。子囊长圆形，有拟侧丝或后期消解，子囊孢子椭圆形，双胞大小不等，淡色，个别褐色，可为害植物叶片和果实。如梨黑星菌引起梨黑星病；苹果黑星菌引起苹果黑星病。

7. 核盘菌属

菌核块状或不规则形，全部或部分埋在寄主组织内。菌核萌发产生漏斗状子囊盘，有长柄。子囊棍棒形常排列成栅栏状，子囊间有侧丝。子囊孢子单胞，无色，椭圆形。本属真菌的生活史中不产生分生孢子阶段。如油菜菌核病菌等。

(四)担子菌亚门(图 1-39)

担子菌是真菌中最高等的一个亚门。全部是陆生菌，腐生、寄生和共生。菌丝体发达，有分隔，细胞一般双核。无性繁殖除锈菌外，很少产生无性孢子。有性繁殖产生担子和担孢子。高等担子菌的担子上产生 4 个小梗和 4 个担孢子。

本亚门分冬孢菌纲、层菌纲、腹菌纲 3 纲，其中引起园艺植物病害的重要类群是冬孢菌纲中的黑粉菌和锈菌。

1. 黑粉菌目

都是高等植物的寄生菌，且寄生性很强。多数菌种的菌丝体在细胞间生长，有的在菌丝上形成吸器。无性繁殖产生分生孢子，有性繁殖是在担子侧面或顶部产生不定数目的担孢子。引起多种植物的黑粉病，如慈姑黑粉病。

2. 锈菌目

菌丝发达，寄生于寄主细胞间，以吸器伸入细胞内吸收营养。锈菌的形态和生活史比较复杂，典型的锈菌要经过 5 个发育阶段，产生 5 种类型的孢子，常以代号表示，即性孢子(0)、锈孢子(Ⅰ)、夏孢子(Ⅱ)、冬孢子(Ⅲ)和担孢子(Ⅳ)。有的锈菌必须经过两种完全不同的植物才能完成其生活史，此现象称转主寄生，如苹果锈菌。有的锈菌在一种植物上就能完成其生活史，此现象称同主寄生，如小麦锈菌。上述 5 种孢子类型，并不是每种锈菌都有，有的锈菌缺少其中的一种或几种孢子。锈菌为专性寄生菌，侵染植物的地上部分，在病部出现明显的锈孢子器、夏孢子堆或冬孢子堆，一般呈黄色、橙黄色至黑红色似的铁锈，故称锈病。

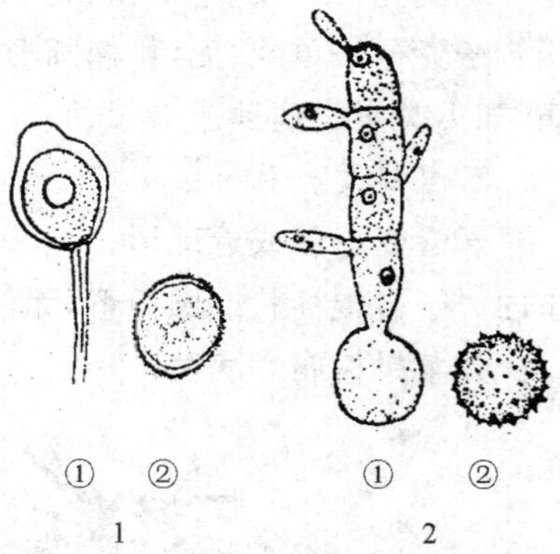

图 1-39　担子菌亚门形态

1. 单孢锈菌　①冬孢子　②夏孢子
2. 黑粉菌　①冬孢子　②冬孢子的萌发

(1)单胞锈菌属　冬孢子单胞，有柄，顶壁较厚，顶端有一个发芽孔，光滑或有乳头状突起。夏孢子单细胞，有刺或瘤状突起。如瘤顶单胞锈菌引起菜豆锈病。

(2)胶锈菌属　冬孢子双胞，光滑，每个细胞有两个发芽孔，有可以胶化的长柄，遇水膨大。没有夏孢子阶段。如梨胶锈菌，转主寄主桧柏。性孢子和锈孢子在梨树上引起梨锈病。

(3)多胞锈菌属　冬孢子 3 至多个细胞，壁厚，光滑或有瘤，柄的基部膨大。每个细胞有 2～3个发芽孔。如玫瑰多胞锈菌引起玫瑰锈病。

(4)层锈属　冬孢子单胞，无柄，不整齐地排列成数层；夏孢子表面有刺。如枣层锈菌引起枣树锈病。

（五）半知菌亚门

半知菌亚门真菌在其个体发育中，不进入有性阶段或有性阶段很难看到，我们只发现其无性阶段，因此这类真菌通常称作半知菌或不完全菌。一旦发现它们的有性阶段，应根据有性阶段的特征归入相应的类群，已证明大多属于子囊菌，少数属于担子菌，因此半知菌与子囊菌的关系较为密切。

半知菌亚门真菌菌丝体发达，有隔膜。从菌丝体上形成分化程度不同的分生孢子梗，梗上产生分生孢子。有的半知菌的分生孢子产生于载孢体，载孢体是指一种由多根菌丝特化承载孢子的结构（外观为小黑点），主要类型有分生孢梗束、分生孢子座、分生孢子器、分生孢子盘。

半知菌亚门真菌根据真菌形态和产孢方式分为丝孢纲、腔孢纲和芽孢纲，其中许多丝孢纲和腔孢纲真菌是重要的设施植物病原菌。

1. 丝核菌属

菌核着生菌丝间，菌丝彼此相连。菌核褐色或黑色，形状不一，表面粗糙，内外层颜色一致，结构较疏松。菌丝多为直角分枝，褐色，在分枝处有缢缩，近分枝处形成隔膜。如立枯丝核菌引起多种植物立枯病和纹枯病。

2. 小核菌属

菌核圆形或不规则形，表面光滑或粗糙，外表褐色或黑色，内部浅色，组织紧密。如齐整小核菌引起 200 多种植物白绢病。

3. 粉孢属

菌丝体表生；分生孢子梗直立。顶部产生菌丝型的分生节孢子（粉孢子）。分生孢子串生，单胞，无色。引起白粉病，为白粉菌的无性阶段。

4. 丛梗孢属

分生孢子梗二叉状或不规则分枝，无色；芽生串孢型的分生孢子椭圆形至长卵圆形，单细胞，孢子链呈念珠状。仁果丛梗孢引起苹果、梨等仁果类的果实褐腐病。

5. 轮枝孢属

分生孢子梗轮状分枝，孢子卵圆形，单生。如大丽花黄萎病、茄黄萎病菌等。

6. 葡萄孢属（图 1-40）

菌丝匍匐，灰色。孢梗细长，稍有色，不规则地呈树形，分枝或单生，顶端细胞膨大成球形，上生小梗，梗上生分生孢子。孢子聚集成葡萄穗状，单胞，无色或灰色，卵圆形。菌核黑色，不规则形。如番茄灰霉病菌等。

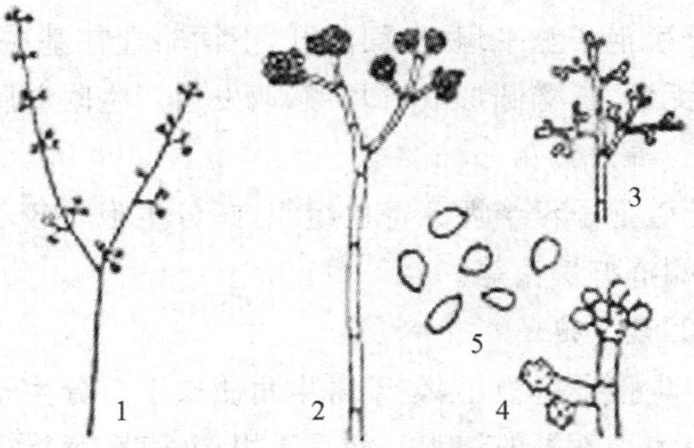

图 1-40　葡萄孢属

1. 分生孢子梗　2. 分生孢子梗上着生葡萄穗状的分生孢子
3. 分生孢子梗上的小梗　4. 分生孢子着生状　5. 分生孢子

7. 尾孢属

分生孢子梗黑褐色，不分枝，顶端着生分生孢子。分生孢子线形，多胞，有多个横隔膜。如樱花褐斑病、丁香褐斑病、杜鹃叶斑病菌等。

8. 链格孢属(交链孢属)(图 1-41)

分生孢子梗深色，顶端单生或串生分生孢子。分生孢子倒棍棒形砖隔状、淡褐色至深褐色、椭圆形或卵圆形，顶端有喙状细胞引起番茄早疫病、马铃薯早疫病。

9. 镰刀菌属 (图 1-42)

又称镰孢属。分生孢子有两种类型：大型分生孢子多细胞，椭圆形至镰刀形，有明显突起的足胞；小型分生孢子单胞至双胞，单生或串生，椭圆形至卵圆形。有时形成厚垣孢子。在人工培养基上菌丝茂密，产生黄、红、紫等色素，并可形成圆形菌核，菌核颜色变化很大。其有性时期大多属赤霉属或丛壳属。引起蚕豆枯萎病、西瓜枯萎病、香蕉枯萎病。

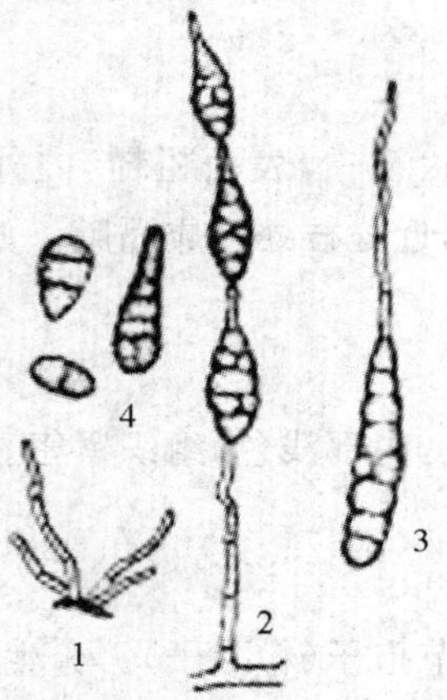

图 1-41　链格孢属

1. 分生孢子梗　2. 分生孢子梗形成分生孢子　3、4. 分生孢子

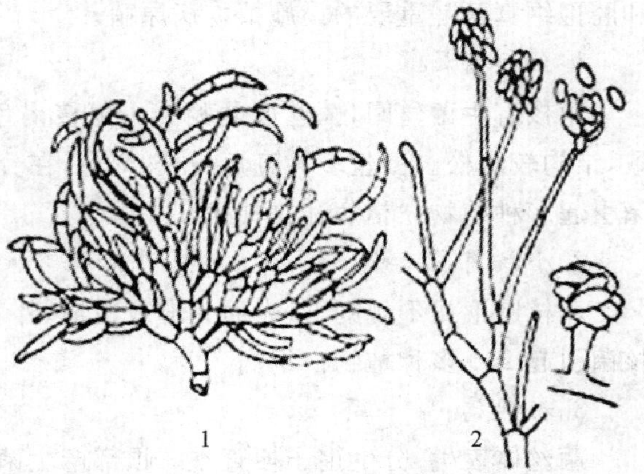

图 1-42　镰刀菌属

1. 大型分生孢子及分生孢子梗
2. 小型分生孢子及分生孢子梗

10. 炭疽菌属 (图 1-43,1)

分生孢子盘平坦，上面敞开，下面略埋在基质内，分生孢子自茁壮的梗上顶生。分生孢子单胞，无色，长椭圆形或弯月形，萌发后产生附着胞。如辣椒炭疽病菌、黄瓜炭疽病菌等。

11. 痂圆孢属

分生孢子盘半埋于寄主组织内，分生孢子较小，单胞，无色，椭圆形，稍弯曲。如葡萄黑痘病、柑橘疮痂病菌等。

12. 盘二孢属

分生孢子盘极小，位于寄主角质层下。分生孢子双胞，无色，椭圆形或卵形，有一分隔，形成两个大小不等的细胞。如月季黑斑病菌、苹果褐斑病。

13. 叶点霉属 (图 1-43,2)

分生孢子器黑色，有孔口，埋在寄主组织内，或部分突出表皮。孢梗短小，分生孢子单胞，无色，卵圆形到长方形，小于 15 μm。寄生在叶片上，引起叶斑。如山茶褐斑病菌、荷花斑枯病菌。

14. 拟茎点霉属(图 1-43,3)

分生孢子器内产生两种分生孢子:甲型分生孢子卵圆形至纺锤形,单细胞,能萌发;乙型分生孢子线形,一端弯曲呈钩状,不能萌发。褐纹拟茎点霉引起茄褐纹病。

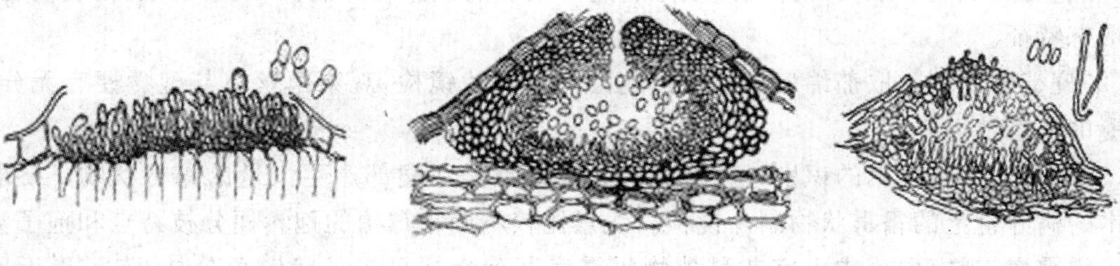

图 1-43 腔孢纲的形态

1. 炭疽菌属 2. 叶点霉属 3. 拟茎点菌属

任务实施

一、实施条件

(1)实施场所 多媒体实训室。

(2)仪器与用具 光学显微镜、扩大镜、载玻片、盖玻片、镊子、挑针、小剪刀、刀片、蒸馏水等。

(3)病害标本、材料或病原菌永久玻片 ①鞭毛菌亚门:黄瓜猝倒病、果腐病、茄绵疫病、十字花科蔬菜霜霉病、葡萄霜霉病、黄瓜霜霉病、莴苣霜霉病、雍菜白锈病等。②接合菌亚门:南瓜软腐病。③子囊菌亚门:瓜类白粉病、苹果白粉病、梨白粉病、葡萄白粉病、核桃白粉病、丁香白粉病、菊花白粉病、蔷薇白粉病、凤仙花白粉病、桃缩叶病、葡萄黑痘病、苹果炭疽病、菜豆炭疽病、兰花炭疽病、苹果腐烂病、花木煤污病、瓜类蔓枯病、梨黑星病、油菜菌核病、黄瓜菌核病、桃褐腐病等。④担子菌亚门:菜豆锈病菌、香石竹锈病、玫瑰锈病、茭白黑粉病、香石竹黑粉病、洋葱黑粉病等。⑤半知菌亚门:葡萄白粉病、瓜类白粉病、柑橘青霉病、辣椒灰霉病、草莓灰霉病、紫薇褐斑病、十字花科蔬菜黑斑病、黄瓜枯萎病菌、翠菊枯萎病、葡萄黑痘病、瓜类炭疽病、果树类炭疽病、月季黑斑病菌、苹果褐斑病菌、甘蓝黑胫病、茄褐纹病、植物立枯病或猝倒病、苗木紫纹羽病等。

(4)其他 教材、PPT、影像资料、相关图书、网上资源等。

二、实施方案

(一)光学显微镜的使用

了解光学显微镜的基本构造,能够熟练使用观察病原真菌。

(二)主要病原真菌形态识别

1.鞭毛菌亚门病原及其病害识别

(1)腐霉属识别　取黄瓜猝倒病或果腐病的絮状菌丝体制片镜检,观察菌丝、孢囊梗、孢子囊的形态特征。

(2)疫霉属识别　取茄绵疫病部的白色菌丝体制片镜检,观察菌丝体与孢囊梗有无分化,孢子囊的形态特征。

(3)霜霉病菌主要属的识别　霜霉病的共同特点是在病部产生大量的霜霉状物。挑取各属标本的病叶背上的霜霉状物制片镜检。注意比较不同霜霉菌的孢囊梗分枝特点和孢子囊形态。①霜霉属:观察白菜或十字花科植物霜霉病菌孢囊梗呈二叉状锐角分枝,孢子囊无乳状突。②单轴霜霉属:观察葡萄霜霉病菌孢囊梗单轴式分枝,分枝与主枝呈直角,孢子囊卵形,有乳状突起。③假霜霉属:观察黄瓜霜霉病菌的孢囊梗是否拟对称分枝?孢子囊是否有乳状突?与霜霉属比较有何不同?④盘梗霜霉属:观察莴苣霜霉病菌的孢囊梗二叉状锐角分枝,末端膨大呈碟状。

(4)白锈属识别　观察蕹菜白锈病的示范组织切片玻片,孢囊梗呈短棍棒状,在寄主表皮下平行排列,顶端串生孢子囊。

(5)观察典型的新鲜标本或浸渍、干制标本　注意区别十字花科蔬菜根肿病,各种植物幼苗猝倒病、果腐病、霜霉病、疫病、白锈病类等症状特点。

2.接合菌亚门病原及其病害识别

根霉属识别:用挑针挑取设施植物花、果实、球茎的腐烂病,如南瓜软腐病菌的棉毛状菌丝体制片或示范玻片观察。注意观察匍匐菌丝及假根,孢子囊梗、孢子囊及孢囊孢子形态、大小及色泽如何?

3.子囊菌亚门病原及其病害识别

(1)白粉菌主要属观察　任选一种设施植物白粉病材料,挑取病部黑色小颗粒制片,在显微镜下观察。注意闭囊壳及其附属丝的形态和子囊多少是白粉病菌的分类依据。①白粉菌属与单丝壳属:示范镜观察菊花白粉病或瓜类白粉病、蔷薇白粉病或凤仙花白粉病的闭囊壳附属丝。②叉丝壳属与叉丝单囊属:示范镜观察丁香白粉病或板栗白粉病,苹果白粉病或桃白粉病菌的闭囊壳及其附属丝。③钩丝壳属与球针壳属:示范镜观察葡萄白粉病,梨白粉病或柿白粉病菌的闭囊壳及其附属丝。

(2)小丛壳属　示范镜观察瓜类炭疽病或葡萄炭疽病、兰花炭疽病的子囊壳、子囊及子囊孢子有何形状?

(3)黑星菌属　观察梨黑星病或苹果黑星病菌子囊腔孔口周围有否刚毛?子囊及子囊孢子的形态?

(4)核盘菌属　观察十字花科蔬菜菌核病或唐菖蒲菌核病的菌核萌发,形成子囊盘的形状、颜色和着生情况。

(5)观察典型的新鲜标本或浸渍、干制标本　注意区别各类设施植物的白粉病、煤污病、菌核病、瓜类炭疽病、兰花炭疽病、葡萄黑痘病、梨黑星病等症状特点。

4.担子菌亚门病原及其病害识别

(1)锈菌主要属的观察　挑取锈状物制片观察。冬孢子有无及其形态特征是锈病病原菌的分属依据。①单胞锈菌属:观察菜豆锈病菌、香石竹锈病菌冬孢子是否单胞、深褐色,有柄?顶端壁厚?②多胞锈菌属:观察玫瑰锈病菌冬孢子是单胞或多胞?表面是否有瘤状突起?

(2)黑粉菌的观察　观察茭白黑粉病、香石竹黑粉病菌的冬孢子是否球形、茶褐色?表面光滑或具瘤刺、网纹?观察冰草条黑粉病菌或洋葱黑粉病菌的冬孢子是否一至数个集结成团?外围有浅色不孕细胞?

(3)观察典型的新鲜标本或浸渍、干制标本　注意区别各类设施植物的锈病、黑粉病症状特点。

5.半知菌亚门病原及其病害识别

(1)粉孢属　取葡萄白粉病或瓜类白粉病部的粉状物制片,观察分生孢子梗顶端串生,单胞,卵形孢子。

(2)丝核菌属　观察设施植物的立枯病或猝倒病、苗木紫纹羽病菌,注意病害症状,菌核颜色、大小,是否有菌丝相连?比较小核菌属的菌核形状和颜色。

(3)葡萄孢属　挑取辣椒灰霉病或草莓灰霉病部的灰色霉状物制片,注意观察分生孢子梗顶端膨大呈球形,小梗上聚集成葡萄穗状分生孢子。

(4)尾孢属　镜检观察紫薇褐斑病菌或豇豆煤霉病菌分生孢子梗形状,分生孢子是否多胞、线形或鞭形?

(5)链格孢属　制片观察十字花科蔬菜黑斑病菌,分生孢子是否倒棍棒形?是否纵横隔膜?

(6)镰刀菌属　制片观察黄瓜枯萎病菌或翠菊枯萎病菌,分生孢子是否大型多胞,镰刀形?小型分生孢子是否单胞,椭圆形?

(7)痂圆孢属　镜检葡萄黑痘病菌等病害,注意观察分生孢子座及分生孢子形态。

(8)炭疽菌属　镜检瓜类炭疽病菌或果树类炭疽病菌的分生孢子盘是否有刚毛?分生孢子是否单胞、长椭圆形?

(9)盘二孢属　镜检月季黑斑病菌或苹果褐斑病菌,注意观察分生孢子形态,是否双胞?

(10)拟茎点霉属　示范镜观察茄褐纹病,注意分生孢子形态。

(11)观察典型的新鲜标本或浸渍、干制标本　注意区别马铃薯早疫病、十字花科蔬菜黑斑病、梨黑星病、葡萄白粉病、辣椒灰霉病、紫薇褐斑病、豇豆煤霉病、黄瓜枯萎病、葡萄黑痘病、瓜类炭疽病、山茶灰枯病、茄褐纹病、苗木立枯病、猝倒病、紫纹羽病等症状特点。

任务考核

考核内容	考核标准	分值	得分	考核人
会使用光学显微镜	熟练程度	10 分		组内互评
示范永久玻片的观察	将所有示范的永久玻片的观察完,不得损坏	10 分		个人自评
病原真菌永久玻片的观察	每人独立在显微镜下至少观察 3 个病原真菌重要属的永久玻片,并描述病原特点	30 分		教师

续表

考核内容	考核标准	分值	得分	考核人
病原真菌临时玻片的观察	每人至少自己制作病原真菌的 2 个重要属的玻片观察，并绘图或拍出电子照片	40 分		教师
团队协作	小组成员间团结协作表现	5 分		组内互评
方法能力	观察认真程度与熟练程度	5 分		组内互评

工作任务 4　设施植物病原细菌、病毒、线虫识别

任务提要

通过教材知识传授、观看视频、网络查询、文献查阅以及讨论分析等方法，了解设施植物病原细菌、病毒及线虫的一般性状、主要类群及所引起的病害；实训室内，通过在显微镜下对永久玻片标本的观察，能够认识病原细菌、线虫的个体大小、形态特征，通过对细菌、病毒及线虫病害标本的观察，能够根据症状特点初步识别出各类病害。

知识准备

一、设施植物病原细菌

植物细菌性病害是由细菌引起的传染性病害。细菌作为设施植物病害的病原，其重要性仅次于真菌和病毒，居第三位。许多设施植物细菌性病害已经成为生产上的重要的问题。如马铃薯环腐病、茄科和其他作物的青枯病、仙客来细菌性软腐病、马铃薯黑胫病、黄瓜细菌性角斑病等。

(一)形态与繁殖

细菌属原核生物界，是一类原核单细胞生物，结构简单。少数为自养生物，多数为异养生物。在异养细菌中，多数营腐生生活，少数寄生生活。

细菌体形很小，一般光学显微镜必须用高倍或油镜方能观察到其外形。一般长度为 1～3 μm，宽为 0.5～0.8 μm。

细菌的菌体为单细胞，有细胞壁和细胞膜，没有真正的细胞核，只有分散于细胞质中的核质。菌体有球状、杆状和螺旋状，植物病原菌全是杆状。有的细菌在细胞壁外还有一层厚厚的荚膜，具有抵抗干燥的作用。菌体的一端、两端或四周具有鞭毛。鞭毛是细菌的运动器官，多数细菌能在水中运动。鞭毛数目从一根到多根，着生方式有单生、两极生和四周生等

(图 1-44)。鞭毛的数目和着生方式是细菌分类的重要依据。

细菌以二裂方式进行繁殖,即一分为二,这种方式称为裂殖。细菌繁殖很快,其速度是惊人的,在适宜的条件下每 20 min就可繁殖一代。一个细胞经一昼夜后便可繁殖到数亿个。这也是细胞病害发展快,危害严重的原因之一。

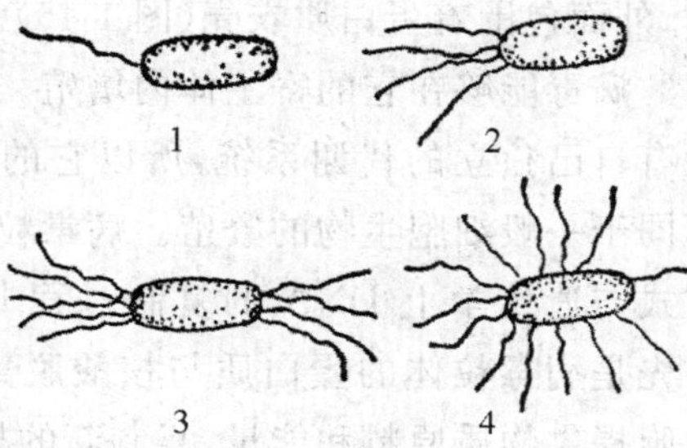

图 1-44　细菌鞭毛的着生方式

1. 单极毛　2. 极毛　3. 双极毛　4. 周毛

(二)发病特点

1. 细菌病害的症状

细菌病害将病健交界处剪下放到显微镜下观察,或出现菌溢,或在潮湿状况下在病部的边缘产生溢脓;被害植物的主要症状有腐烂、坏死、瘤肿、畸形和萎蔫,其中以坏死和腐烂最为常见,如大白菜细菌性软腐病等。番茄和茄子的青枯病则是典型的萎蔫症状。被细菌危害的植物除表现上述症状外,病害来势凶猛,发展蔓延迅速,植物受害后损失严重。

2. 病原细菌侵入寄主植物主要途径

(1)自然孔口侵入　叶斑类病原细菌通常从气孔侵入如黄瓜细菌性角斑病等。十字花科黑腐病常从水孔侵入。马铃薯黑胫病还能从皮孔侵入。

(2)伤口侵入　多数细菌都能从植物体表面的各种伤口侵入,从伤口侵入的植物病原细菌一般寄生性较弱,多引起腐烂、萎蔫或肿瘤等症状。白菜细菌性软腐病、番茄和茄子的青枯病等都是从伤口侵入的。

3. 病原细菌的传播

细菌本身虽然具有运动器官(鞭毛),在水中也能运动,但这种力量是非常有限的。病害的发展蔓延主要靠外力传播。田间病害的近距离传扩展主要通过雨水、流水、灌溉水等传播,如菜豆细菌性疫病。有些从伤口侵入的细菌,如白菜软腐病菌,昆虫传播也非常重要。细菌病害的远距离传播主要通过人为的各种途径,如商业贸易、科学交流、引种、标本采集等。此外,细菌还可随包装材料传播。

二、设施植物病原病毒

植物病毒病害是植物重要的病害之一,其危害性在植物病害中居第二位。目前已知的植物病毒约 700 种,很多栽培作物和野生植物上都有病毒的危害,如油菜花叶病,番茄病毒病,豆科、葫芦科植物的花叶病等。

(一)主要性状

病毒是一类比细菌还小的非细胞形体的、专性寄生的超显微生物。完整的病毒个体称为病毒粒体。病毒粒体很小,必须用电子显微镜放大到数万倍到十多万倍才能看到。不同病毒的粒体形状、大小和结构可有很大差别,但从外形看主要有三种,即球状、杆状和线状。

病毒是一个原始生物类群,它的主要成分为核蛋白,是由蛋白质和核酸组成的。核酸是芯子，外面包围着蛋白质衣壳（图 1-45）。

病毒能够在它的寄主体内增殖。由于病毒没有自己独立的代谢系统，所以它的增殖方式不同于一般细胞生物的繁殖。病毒粒体的增殖方式与遗传学上 DNA 的复制过程非常相似，首先是病毒粒体的蛋白质与核酸脱离，由植物细胞提供物质原料和能量，复制新的核酸链，然后按照病毒本身的特性要求，组成相应的蛋白质亚基，最后装配成新的病毒粒体。

病毒只能在一定的寄主植物活细胞内进行寄生生活，一旦离开了寄主，病毒就停止生活活动。但病毒又与其他专性寄生菌（如白粉菌、锈菌）不同，病毒寄生性很强，但不专化。例如，烟草花叶病毒可侵害 36 科 236 种植物。

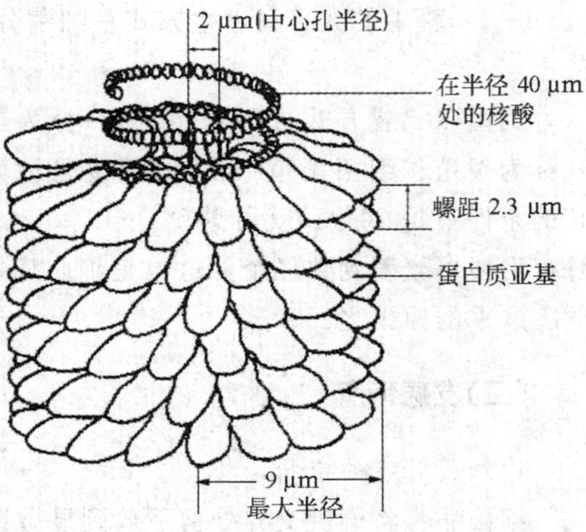

图 1-45　病毒基本粒子形态

（二）传播特点

病毒虽然是核蛋白的结晶，但和其他病原物一样具有增殖能力和传染性。病毒本身没有直接传播能力，主要靠媒介进行传播。

（1）虫媒传播　主要是靠刺吸式口器昆虫的传播，如蚜虫、叶蝉、灰飞虱等均能传播多种植物上的病毒病。

（2）汁液接触传播　如烟草花叶病毒可通过烟草田间管理中使用的农具和摘心、打杈时人的手进行传播。

（3）嫁接传播　如苹果锈病可通过接穗和砧木来传播。

此外，少数植物病毒还可以通过寄主植物的种子、花粉传播。菟丝子、线虫和土壤中的某些微生物也能传播一些病毒。

（三）症状特点

病毒侵入植物以后，在植物体内增殖、扩散，经过一定时间后，受侵染的植物便表现出一定的症状。植物病毒病害的症状主要表现为变色、坏死和畸形 3 种类型，有少数可表现腐烂或全株性萎蔫。但是，植物病毒病的症状常因毒源种类、寄主植物和环境条件的影响发生较大的变化。

（1）变色　由于病毒侵染可破坏或抑制叶绿素的形成或使其色素不正常地形成，从而引起植物的变色或褪色。其中以花叶和黄化最为常见，最普通的是叶片变色，表现花叶、斑驳、明脉、网纹等症状。此外，叶鞘、穗、果实、种子等部位也可以发生变色。

（2）坏死　对病毒具有过敏性反应的植物被病毒侵染后，细胞很快死亡产生坏死斑，坏死斑可以由局部侵染引起，也可以由系统侵染引起，叶片，茎秆、果实等器官都可能发生坏死斑，如枯斑、坏死条斑、坏死环斑等。

（3）畸形　病毒侵染后，植物因生长受抑制而造成的畸形有矮缩、矮化、小实、小叶、缩根等。病毒侵染后，因植物生长受到刺激而造成的畸形有丛枝、癌肿、丛簇、束生、耳突等。

三、设施植物病原线虫

线虫是一类低等动物，属无脊椎动物中的线形动物门、线虫纲。在自然界中分布很广，种类繁多。几乎所有的设施植物都可被线虫寄生，其中尤其以禾本科、豆科、茄科、葫芦科、十字花科等作物以及葡萄等果树的线虫病较普遍和严重。设施植物被线虫寄生后，不但产量降低、品质变劣，而且有些线虫还可以传播某些植物病原物，或与之造成复合症，加重对作物的危害。

(一)形态和结构

植物线虫通常为雌雄异体，体形细长，为光滑、透明或半透明的管状体，两端稍尖细，体长一般不超过 1～2 mm，少数可达 3～5 mm，体宽 15～35 μm。少数线虫为雌雄异形，雌成虫为梨形或柠檬形(图 1-46)。线虫虫体可分头部、体躯部和尾部三段。

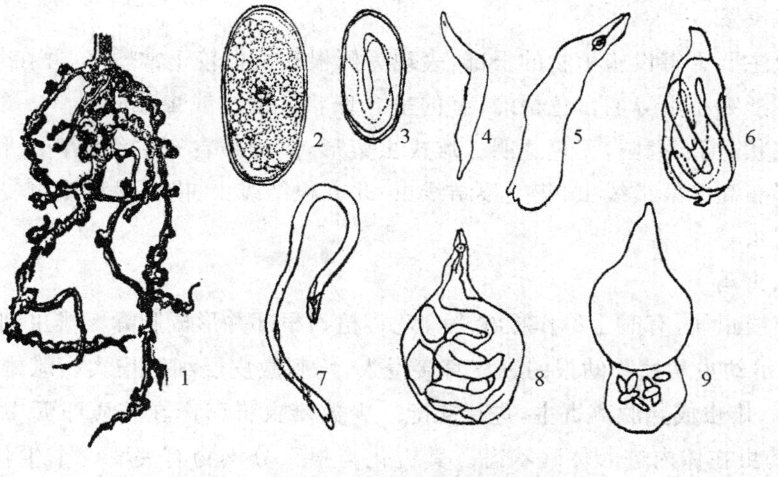

图 1-46 植物病原线虫的形态和症状表现

1.幼苗根部被害状 2.卵 3.卵内孕育的幼虫
4.性分化前的幼虫 5.成熟的雌虫 6.在幼虫包皮内成熟的雄虫
7.雄虫 8.含有卵的雌虫 9.产卵的雌虫

虫体由体壁和体腔组成，体壁最外面有一层透明、不透水的角质层，里面是下皮层和肌肉层。体内有消化系统、生殖系统和神经系统等。植物寄生线虫的口腔内有一针状口器，是穿刺植物和吸食的器官。线虫利用口刺入植物组织内并分泌消化酶，消化植物细胞中的物质，然后再吸入食道内。

(二)生物学特性

植物线虫的生活史比较简单，包括卵、幼虫和成虫三阶段。除个别可进行孤雌生殖外，多数是雌雄交配后，雌虫产卵，雄虫便死去。卵孵化为幼虫，1 龄幼虫留在卵内，2 龄幼虫破卵而出。幼虫有 4 个龄期，每蜕皮一次便增长一龄。从卵孵化到成雌虫经发育成熟再产卵为一代。

在适宜的环境条件下，一般 2～4 周完成一代，长的则 9 个月左右才完成一代。多数线虫在一个生长季可发生几代，也有只发生一代的。

植物寄生线虫卵的抗逆性较强，尤其是有些种的线虫的卵有胞囊保护，存活期很长，是线虫越冬的主要器官。植物寄生线虫靠体躯蠕动，在土壤中的移动速度很慢，一般活动范围很小，所以线虫在田间的为害，大部呈块状分布。在一般情况下，线虫病不会在短期内大面积流行发生，这是线虫病发生的特点。

线虫在田间的传播主要靠土壤耕作、风雨和灌溉流水等媒介，植物的种苗等繁殖材料带有线虫，则往往是线虫远距离传播的主要途径。

植物线虫多数是专性寄生的，其寄生方式可分为内寄生和外寄生两种类型。凡线虫虫体全部钻入植物组织内，刺吸植物汁液的称为内寄生，如根结线虫。凡线虫仅以口针刺入组织内吸取汁液，而虫体其余部分不进入植物体内的称为外寄生，如菊花叶线虫。

(三)重要类群

1. 根结线虫属

根结线虫主要为害设施植物的根部，表现为侧根和须根较正常增多，并在幼根的须根上形成球形或圆锥形大小不等的白色根瘤，有的呈念珠状。根结线虫雌雄异体。幼虫呈细长蠕虫状。雄成虫线状，尾端稍圆，无色透明。雌成虫梨形，多埋藏在寄主组织内。目前已知为害蔬菜的线虫主要有高弓根结线虫、花生根结线虫、北方根结线虫、南方根结线虫、爪哇根结线虫以及甜菜根结线虫等。

2. 胞囊线虫属

又称异皮线虫属，有时也称作根线虫。危害植物根部并形成胞囊。雄虫细长、尾短。成熟雌虫梨形。2 龄幼虫从植物幼根的表皮直接侵入，可刺激皮层细胞增大。雌雄虫内寄生，雌虫变粗露出根外，雄虫成熟脱离寄主，进行交配。少数雌虫将卵产在胶质卵囊中，多数是留在雌虫体内，2 龄幼虫在体内进入休眠状态。其孵化与根系分泌物有关。一个生长季可发生3～4代。如甜菜胞囊线虫等。

3. 茎线虫属

茎线虫属线虫可以危害地上部的茎叶和地下的根、鳞茎和块根等。茎线虫属线虫的危害状主要是组织的坏死，但有的可在根上形成瘤肿。如起绒草茎线虫、马铃薯茎线虫等。

4. 滑刃线虫属

滑刃线虫属线虫可以寄生植物和昆虫，危害植物有各种危害状，有些重要的种主要危害叶片和幼芽，所以也将它们称作叶芽线虫。如菊花叶线虫、草莓叶芽线虫等。

(四)症状特点

植物线虫病症状常表现为：①地下部分常引起肿瘤、根结、丛根等畸形，造成根部组织坏死和腐烂(图 1-46)。②由于植物的根部受害，使地上部的生长受抑制，常表现为幼芽枯死、茎叶卷曲、枯死斑点、种瘿和叶瘿等，有些植株生长受阻、短小、早衰、叶色变淡或叶片萎垂，类似缺肥造成的营养不良现象。

任务实施

一、实施条件

(1)实施场所 多媒体实训室等。

(2)仪器与用具 显微镜、玻片、酒精灯、培养皿、化学试剂(碱性品红、二甲苯、龙胆紫、香柏油、酒精等)。

(3)病害标本、材料或病原菌永久玻片 ①细菌病害:马铃薯环腐病、番茄青枯病、白菜软腐病、桃细菌性穿孔病、香石竹细菌性叶斑病、剑兰球茎腐烂病、果树细菌性根癌病等。②病毒病害:十字花科蔬菜花叶病、木瓜花叶病、番茄病毒病、马铃薯卷叶病毒病、黄瓜花叶病、辣椒病毒病、桃黄化病、苹果花叶病、大丽菊病毒病、香石竹斑驳病毒病、水仙黄条斑病、百合病毒病等。③线虫病害:番茄根结线虫病、甜菜胞囊线虫病、瓜类根结线虫病、草莓滑刃线虫病、仙客来根结线虫病、菊花叶线虫病。

(4)其他 教材、PPT、影像资料、相关图书、网上资源等。

二、实施方案

1. 植物病原细菌识别

(1)病组织溢菌观察 ①剪取黄瓜细菌性角斑病病叶的病健交界处小块组织,放置在有水滴的载玻上,在低倍镜下观察有云雾状菌液从切口处溢出;②剪取番茄青枯病茎一小段扦入盛有水的广口瓶里,几分钟后观察到接触水中的病茎切口有云雾状菌液溢出。

(2)细菌染色观察 ①涂片:取一小滴蒸馏水滴加于载玻片上,再从病部挑取少量细菌放入载玻片的水滴中,用挑针搅匀摊开,涂成一薄层。②固定:将涂片在酒精灯火焰上缓慢通过2~3次进行固定。③染色:滴加碱性复红或龙胆紫等染色液于薄层处,染1~2 min。④水洗:染色后,用洗瓶自染色处的上方轻轻冲去多余的染液,注意不要冲掉涂抹的细菌层。⑤吸干:用滤纸吸去水分,晾干或用微火烘干。⑥镜检:油镜观察细菌形态。将染好的载片,依次用低倍、高倍镜检查,找到所要观察的部位,将镜头升起,在载片的观察部位滴少许香柏油,换用油镜并将油镜头慢慢放下,同时由侧面观察,使油镜头浸入油滴中,然后在油镜中观察,并用微动螺旋慢慢调节至观察物像清晰为止。注意观察细菌形态。镜检完后,用擦镜纸沾二甲苯轻擦镜头,除去香柏油。

2. 植物病毒病害标本观察

观察比较十字花科蔬菜花叶病、木瓜花叶病、番茄病毒病、马铃薯卷叶病毒病、黄瓜花叶病、辣椒病毒病、桃黄化病、苹果花叶病、大丽菊病毒病、香石竹斑驳病毒病、水仙黄条斑病、百合病毒病等症状标本,注意区别症状属何种类型?有何特点?

3. 植物病原线虫形态识别

(1)镜检线虫 挑取新鲜的番茄根结线虫根上的根结,或刮取甜菜胞囊线虫病根外白色小颗粒状物制片镜检。注意观察雄虫和雌虫在形态上有无区别?头部顶端口腔内有无吻针,能否看到食道球？

(2)观察典型的新鲜标本或浸渍、干制标本　注意区别瓜类根结线虫病、甜菜胞囊线虫病、番茄根结线虫病、草莓滑刃线虫病、仙客来根结线虫病、菊花叶线虫病等症状特点。

任务考核

考核内容	考核标准	分值	得分	考核人
病组织溢菌观察	能快速制片镜检	20 分		教师
细菌染色观察	能按照操作步骤观察到细菌形态	30 分		教师
病毒病害标本观察	能根据症状识别出病毒病害	10 分		组内互评
镜检植物病原线虫	能快速制片镜检	20 分		教师
线虫病害标本观察	能根据症状识别出线虫病害	10 分		个人自评
团队协作	小组成员间团结协作，根据学生表现评价	5 分		组内互评
方法能力	观察、操作认真程度，过程的熟练程度	5 分		组内互评

工作任务 5　设施植物非侵染性病害识别

任务提要

通过教材知识传授、网络与文献查阅以及讨论分析等方法，了解植物非侵染性病害的概念，明确其发病特点，掌握非侵染性病害的病原类型及其症状；通过实训室内病害标本的观察，认识各种非侵染性病害的病状；通过对设施基地内病害病状观察和发病规律的观察与调查，能够诊断出是否是非侵染性病害，并分析判断出是哪种类型的非侵染性病害。

知识准备

一、非侵染性病害的概念

设施植物的非侵染性病害是由于植物自身的生理缺陷或遗传性疾病，或由于在生长环境中有不适宜的物理、化学等因素直接或间接引起的一类病害。它和侵染性病害的区别在于没有病原生物的侵染，在植物不同的个体间不能互相传染，所以又称为非传染性病害或生理性病害。环境中的不适宜因素主要可以分为化学因素和物理因素两大类，不适宜的物理因素主要包括温度、湿度和光照等气象因素的异常；不适宜的化学因素主要包括土壤中的养分失调、空气污染和农药等化学物质的毒害等。

设施植物栽培使作物赖以生存的环境逐步人工化，并将获取单位面积产量和质量作为单一追求目标而造成的化肥、农药的大量使用，使植物生长的环境变坏，植物营养的不均衡更加突出，导致非侵染性病害种类增多，发病面积逐渐扩大。

二、非侵染性病害的类型及其症状

（一）营养失调

营养条件不适宜包括营养缺乏、各种营养间的比例失调或营养过量。这些因素可以诱使植物表现各种病态。

1.缺素症

植物生长发育需要多种营养元素，一旦缺乏某种营养元素时，植物就表现出缺素症，故植物缺素症即为植物因缺乏某种必需营养元素而出现的生理病征。

植物缺氮，主要表现为植株矮小，发育不良，分枝少、失绿、变色、花小和组织坏死。在强酸性缺乏有机质的土壤中易发生缺氮症。

植物缺磷，生长会受抑制，植株矮化，叶片变成深绿色，灰暗无光泽，具有紫色素，最后枯死脱落。病状一般先从老叶上出现。生荒土或土壤黏重板结易发生缺磷症。

植物缺钾，植物叶片常出现棕色斑点，不正常皱缩，叶缘卷曲，最后焦枯。红壤一般含钾量低，易发生缺钾症。

植物缺铁，主要引起失绿、白化和黄叶等。缺铁首先表现为枝条上部的嫩叶黄化，下部老叶仍保持绿色，逐渐向下扩展到基部叶片，如栀子花黄化病。碱性土壤常会发生缺铁症。

植物缺钙，植株根系生长受抑，嫩芽枯死，嫩叶扭曲，叶缘叶尖白化，提早落叶。

植物缺镁，症状同缺铁症相似。区别在于缺镁时常从植株下部叶片开始褪绿，出现黄化，渐向上部叶片蔓延，如金鱼草缺镁症。此外镁与钙有拮抗作用，当钙过多有害时，可适当加入镁起缓冲作用。

植物缺硼，引起植株矮化、芽畸形、丛生、缩果和落果。

植物缺锌，引起植株新枝节间缩短，叶片小而黄，有时顶部叶片成簇生状。如桃树小叶病。

植物缺锰，引起植株叶脉间变成枯黄色，叶缘及叶尖向下卷曲，花呈紫色。症状由上向下扩展。一般发生在碱性土壤中。

植物缺硫，引起植株叶脉发黄，叶肉组织仍保持绿色，从叶片基部开始出现红色枯斑。幼叶表现更明显。

缺素症病征出现的部位，主要取决于所缺乏元素在植物体内移动性的大小。氮、磷、钾、镁等元素在体内有较大的移动性。可以从老叶向新叶中转移，因而这类营养元素的缺乏症都发生在植物下部的老熟叶片上。反之，铁、钙、硼、锌、铜等元素在植物体内不易移动，这类元素的缺乏症常首见于新生芽、叶。缺素症状往往因作物种类或品种的不同而异，难于一概而论。如缺钾引起的颜色变化，在马铃薯上为青黑色，而在苜蓿叶缘则是白色斑点。缺硼在几种花卉上表现不同的畸形症状，香石竹茎上端出现侧枝增生，金鱼草幼叶变形类似于螨的危害，而菊花上出现明显脆弱的卷缩叶。甚至在同一种植物上，由于缺素的程度不同、植物的发育期不同而有差异。

预防缺素症的发生，可采取下列农业措施：①根据土壤性质安排植物。在某种营养元素不足的土壤不宜种植对该元素敏感的植物。②合理的轮作，可避免因某种元素需求量大的作物接茬而引起的缺素症。③合理搭配施用化学肥料种类和多施有机肥，以维持土壤养分元素间的平衡。④正确的耕作管理可改善土壤理化性质，促进根系向纵深发展，防止有毒物质阻碍根系呼吸。

2. 多素症

多素症也称营养过剩或元素中毒，是由于某些元素过量导致植物中毒。一般地，某种元素过量，往往会抑制植物对其他一种或多种元素的吸收，从而也会表现出缺素症。

(二)水分不均

土壤水分过多，往往发生水涝现象，常使根部窒息，引起根部腐烂。根系受到损害后，便引起地上部分叶片发黄，花色变浅，落叶、落花，茎干生长受阻，严重时植株死亡。

旱害可使植物的叶子黄化、红化或产生其他色变，随后落叶。受旱害植物的叶间组织出现坏死褐色斑块，叶尖和叶缘变为干枯或火灼状，当植物因干旱而达永久萎蔫时，就出现不可逆的生理生化变化，最后导致植株死亡。

水分的骤然变化也会引起病害。先旱后涝容易引起浆果、根菜和甘蓝的组织开裂。而前期水分充足后期干旱会使番茄果实发生蒂腐病。

(三)温度不适

植物在高温下，叶片上出现死斑，叶色变褐、变黄，未老先衰以及花序或子房脱落等异常生理现象。高温还可造成氧失调，可使植物根系腐烂和地上部分萎蔫；肉质蔬菜或果实则常因高温而呼吸加速。高温引起的病害，常见的是番茄、辣椒和其他果实的灼伤。

低温对作物的伤害可分为两种。冷害的常见症状是色变、坏死或表面出现斑点；木本植物则出现芽枯、顶枯，自顶部向下发生枯萎、破皮、流胶和落叶等现象，如低温的作用时间不长，伤害过程是可逆的。冻害的症状是受害部位的嫩茎或幼叶出现水渍状病斑，后转褐色而组织死亡；也有的整株成片变黑，干枯死亡；还可造成乔、灌木的"黑心"和霜裂、多年生植物的营养枝死亡，以及芽和树皮的死亡等。

(四)光照不适

光照不足通常发生在温室和保护地栽培的情况下，导致植物徒长，影响叶绿素的形成和光合作用，植株黄化，组织结构脆弱，容易发生倒伏或受到病原物的侵染。

光照过强很少单独引起病害，一般都是与高温、干旱相结合，如前面提到的日灼病和叶烧病。但千日红植株在高强光以及长日照下会自发产生枯斑。

光照时间的长短影响植物的生长和发育。按照植物的光周期现象将它们分为长日照、短日照和中性植物。光照条件不适宜，可以延迟或提早作物的开花和结实，给生产造成很大的损失。

不同植物对光照时间长短和强度大小的反应不同，我们应根据植物的习性加以栽培管理。

(五)通风不良

设施内植株栽植密度应合理，适宜的株行距有利于通风、透气、透光，改善环境条件，提高植物生长势。若过密，不但设施内不通风，湿度较高，叶缘易积水，还会使植株叶片相互摩擦出现伤口，尤其在昼夜温差大时，易在花瓣上凝结露水，诱发霜霉病和灰霉病的发生。

(六)土壤酸碱度不适

许多植物对土壤酸碱度要求严格，若酸碱度不适宜易表现各种缺素症，并诱发一些侵染性病害的发生。多盐毒害又称碱害，是土壤中盐分，特别是易溶的盐类，如氯化钠、碳酸钠和硫酸钠等过多时对植物的伤害，其症状是植株萌芽受阻和减缓，幼株生长纤细并呈病态、叶片褪绿，不能达到开花和结果的成熟状态；酸性土壤，易缺磷、缺锌。为使土壤保持适宜的酸碱度，确保植物健壮生长，灌溉用水也应加以注意。

(七)有毒物质的毒害

空气、土壤中的有毒物质，可使植物受害。在工矿区，由于空气中含有过量的二氧化硫、二氧化氮、三氧化硫、氯化氢和氟化物等有害气体及各种烟尘，常使植物遭受烟害。引起叶缘、叶尖枯死，叶脉间组织变褐，严重时叶片脱落，甚至使植物死亡。

农药、化肥、植物生长调节剂等使用不当，浓度过大或条件不适宜，可使植物发生不同程度的药害或灼伤，叶片常产生斑点或枯焦脱落，特别是植物柔嫩多汁部分最易受害。如使用2,4-D进行番茄蘸花保果，若浓度过高会造成茎叶畸形皱缩，叶片变为鸡爪状。

为防止有毒物质对植物的毒害，一是通过抗性锻炼和抗性育种，来提高作物的抗逆性。二是改善环境条件，维持生态平衡和促进生态的良性循环。三是应合理使用农药和化肥。

除了上述化学因素和物理因素之外，非病原生物的间接作用也会造成病害。如土壤、厩肥、污水中存在的反硝化细菌，在土壤通气不良、水分过多的情况下，产生反硝化作用，造成土壤缺氮。在缺氧情况下，硫酸盐也可以在微生物的反硫化作用下释放硫化氢，毒害植株的幼根，造成根部腐烂变黑等。

三、非侵染性病害的发病特点

非侵染性病害的发生，往往呈现出下列特点：

(1)病害发生一般表现为较大面积同时发生，发病时间短，如由于大气、水、土壤的污染或气候因素引起的冻害、高温灼伤、干旱、涝害等病害。

(2)病害田间分布较均匀，发病程度可由轻到重，但没有由点到面的过程即没有发病中心。

(3)发病部位在植株上分布比较一致，有些表现在上部或下部叶片，有些表现在叶缘，有些表现在花、嫩枝、生长点等器官，有些表现在向阳或迎风的部位等。

(4)症状表现没有病征，病斑不规则。

(5)在适当的条件下，有的病状可以恢复。

四、与侵染性病害的关系

非侵染性病害和侵染性病害的关系密切。非侵染性病害使植物抗病性降低，利于侵染性病原的侵入和发病。如冻害不仅可以使细胞组织死亡，还往往导致植物的生长势衰弱，使许多病原物更易于侵入。同样，侵染性病害有时也削弱植物对非侵染性病害的抵抗力，如某些叶斑病害不仅引起木本植物提早落叶，也使植株更容易受冻害和霜害。因此，加强栽培管理，改善植物的生长条件，及时处理病害，可以减轻两类病害的恶性互作。

任务实施

一、实施条件

(1)实施场所　多媒体实训室、设施基地。

(2)仪器与用具　扩大镜、镊子、小剪刀、解剖刀及记载用具等。

(3)病害标本　植物各种非侵染性病害标本。

(4)其他　PPT、影像资料、教材、相关图书、网上资源等。

二、实施方案

1. 非侵染性病害标本症状观察

实训室内认真观察已准备好的各种植物非侵染性病害标本，能否见到病害病征？能否根据病害的病状区别开各类各种非侵染性病害？对观察到的各种植物非侵染性病害标本记录其病状特点与发病原因。

2. 寻找教学现场

在教师准备好教学现场的前提下，引导学生在课前以小组为单位到设施生产基地，寻找症状典型的1种或数种发病植株(或地段)，以备本工作任务的实施。

3. 非侵染性病害识别

(1)现场观察和调查　病害的现场观察和调查十分重要，这对于初步确定病害的类别、进一步缩小范围很有帮助。现场的观察要细致、周到，由整株到根、茎、叶、花、果等各个器官，注意颜色、形状和气味的异常；由病株到病区，由病区到全棚，由全棚到邻棚；注意病株或病区在设施内的位置、地形、地貌、邻作或设施的影响。病害的调查要注意区分不同的症状，尽可能排除其他病害的干扰；分析病害在设施内的分布类型。向当地气象部门了解发病前后一段时间气象因子的变化，向种植者了解相关的农事操作等。

(2)病害识别　基于上述情况的了解，结合病害症状，对照教材或参考读物，先判断是否发生了病害？再诊断出是否是非侵染性病害？能否诊断出是哪种类型的非侵染性病害？同时采集发病标本保存或拍照，以为下步治疗诊断做对照。

(3)治疗诊断　根据对病害的诊断，经小组集体讨论，拟订最可能的非侵染性病害治疗措施，进行针对性的施药处理或改变环境条件，观察病害的发展情况，这就是治疗诊断。通常情况下，植物的缺素症在施肥后症状可以很快减轻或消失。

经过观察，有了较为明显地防治效果了，则小组提出验收申请，请老师和全班同学集体验收、考核。

任务考核

考核内容	考核标准	分值	得分	考核人
非侵染性病害标本症状观察	对观察到的各种植物非侵染性病害标本记录其病状特点与发病原因	20 分		组内互评
寻找教学现场	找到的病害症状典型、病害种类多	20 分		教师
非侵染性病害识别	调查细致、识别准确	30 分		教师
治疗诊断	防治方法正确，操作熟练，防治效果明显	20 分		教师
团队协作	配合很好，服从组长的安排，积极主动，认真完成本任务	5 分		组内互评
职业素质	责任心强，学习主动、认真、方法多样	5 分		组内互评

工作任务 6 设施植物病害诊断

任务提要

通过教材知识传授、观看视频、网络查询、文献查阅以及讨论分析等方法，明确植物病害诊断的目的，掌握不同类型病害的发生特点，熟悉植物病害诊断的程序，了解植物病害诊断中应注意问题；通过对设施植物病害发生特点的观察，能够诊断出是侵染性病害还是非侵染性病害，通过对设施植物栽培过程、生产条件的调查以及病害症状的观察，能够诊断出非侵染性病害的发病原因；对侵染性病害能够根据病害的症状、病原观察诊断出是哪类或哪种病害。

知识准备

一、设施植物病害诊断的目的

植物病害的诊断是根据得病植物的特征、所处的场所和环境条件，经过调查和分析对植物病害的发生原因、发病条件和危害性等做出准确判断。诊断目的就是了解病害发生的原因，确定“是否”是某种病害，是以不同病原的病害特点为依据。准确的诊断是控制病害的前提，是防治病害的依据。在诊断时，首先要求熟悉病害，了解各类病害的特点；其次要求全面检查，仔细分析；最后注意下结论要慎重。

二、设施植物病害诊断的程序

(一)现场调查

观察和了解植物病害设施内的群体和个体表现及相关情况，应注意以下方面：

(1)群体表现　包括病害在整个设施内如何分布，其时间动态和空间动态如何变化，是个别零星发生还是大面积成片发生，是由点到面发展还是短时间同时发生，发病部位是随机的还是一致的，开始发病时间、株龄和生长发育阶段等。

(2)个体表现　包括症状的局部和整株、地上和地下、内部和外部、病征和病状表现及症状的变化、气味等。

(3)设施外表现　相邻设施内和整个当地的发生情况，不同类型作物发生情况，不同品种的田块发生情况等。

(4)相关情况　询问病史与查阅有关档案，即询问病史看以前是否发生过，查阅资料看是否有相关报道。了解品种及栽培管理情况，包括品种来源、名称、播期、施肥、灌溉和农药使用情况等。调查生长环境及气象条件，包括土壤环境、周围生态(地势、工厂、生物、水源等)及近期或更早时间的温度、湿度、降雨等变化情况。

通过以上调查，结合各种病害特点，可以初步确定病害类型、缩小进一步诊断的范围，对其做出大致的估计。

> 看一一看
>
> 植物病害诊断之八看(即看植株病状)
>
> 一看色泽变没变，二看叶片水渍斑，
> 三看病斑扁或圆，四看斑色深或浅，
> 五看斑纹显不显，六看畸叶是否现，
> 七看霉层产不产，八看植株是否蔫。

> 问一问
>
> 植物病害诊断之六问(即问生产者)
>
> 一问施的啥肥料，二问喷的啥农药，
> 三问灌水多和少，四问茬口倒没倒，
> 五问光照强或弱，六问温度低和高。

(二)症状观察

症状观察是首要的诊断依据，虽然比较简易，但须在比较熟悉病害的基础上才能进行。诊断的准确性取决于症状的典型性和诊断人的实践经验。

观察症状时，先注意病害对全株的影响(如萎凋、萎缩、畸形和生长习性的改变等)，然后检查病部。观察斑点病害，要注意斑点的形状、数目、大小、色泽、排列和有无轮纹等；观察腐烂病，要注意腐烂组织的色、味、结构(如软腐、干腐)以及有无虫伤等。放大镜和解剖镜在检查病征时很有用，许多病害有明显病征，当出现病征时就能确诊。有些病害外表看不见病征，但只要认识其典型病状也能确诊，如病毒病。

查一查

植物病害诊断之十三查(即查病征)

一查根茎皮层是否有腐烂，二查维管导管是否有色变，
三查叶斑是否受叶脉所限，四查病斑霉粉是否正背面，
五查病斑霉层颜色深或浅，六查早晨叶片是否有渍斑，
七查病斑干湿是否有裂穿，八查叶斑在中间或是边缘，
九查病状在分杈或是枝干，十查花朵果实是否把病染，
十一查是否有臭氧鼻中窜，十二查病斑显霉用个保温碗，
十三查菌源在显微镜下观看。

(三)采样镜检

观察方法因病原而异，真菌、线虫及部分病毒内含体可直接通过普通光学显微镜观察，细菌用油镜观察，菌原体、病毒粒体及部分病毒内含体用电镜观察。

观察时应注意：①采样要典型，症状必须表现明显，症状不明显的可以在25～28℃下保湿培养1～2 d；②时间要适宜，太早观察不到，太迟腐生菌干扰或病原孢子飞散或释放；③部位要完整，发病主要部位，其他部位甚至整株；④制片要正确，病部正背面、内外部、刮切兼顾，要多取几个部位，多做几个切片观察；⑤观察要仔细，注意光线的调节，注意病原物与杂质、植物组织等的区别，注意观察病原物不同部分，不能仅仅根据观察到的孢子或其他某个部位就下结论。

(四)试验验证

就是通过一系列试验过程来确定病原。在试验过程中遵循的一个重要法则就是柯赫氏法则，即通过对致病性的测定来确定某种生物是否是病原物，具体内容有四步：①在病植物上常伴随有一种病原生物存在；②该生物可在离体的或人工培养基上分离和纯培养；③将纯培养接种到相同品种的健株上，表现出与原来相同的症状；④从接种发病的植物上再分离到该生物的纯培养，性状与原来记录的相同。经过以上四步，简单地说就是经过两次症状观察和两次分离培养，若前后结果相同，我们就可确定所观察到的生物就是病原物。

三、设施植物病害诊断的方法

(一)非侵染性病害诊断

对非侵染性病害的诊断通常可以从以下几个方面着手：一是进行病害现场的观察和调查，并了解有关环境条件的变化；二是依据侵染性病害的特点和侵染性试验的结果，尽量排除侵染性病害的可能；三是进行治疗诊断。病害的现场观察和调查十分重要，这对于初步确定病害的类别、进一步缩小范围很有帮助。非侵染性病害不是由病原物传染引起的，因此表现出的症状只有病状而没有病征，这就可以通过检查有无病征初步确定是否非侵染性病害。在区分非浸

染性病害和侵染性病害时，应该明确非侵染性病害的主要特点是：①没有病征。但是患病后期由于抗病性降低，病部可能会有腐生菌类出现。②田间分布往往受地形、地物的影响大，发病比较普遍，面积较大。③没有传染性，田间没有发病中心。④在适当的条件下，有的病状可以恢复。在遇到新病害或难于区分的病害时，应采用柯赫法则证明病害是否有侵染性。

(二)侵染性病害诊断

现场观察时，应了解侵染性病害的一些特点：①病害发生一般不表现大面积同时发生。②病害分布较分散、不均匀，有由点到面、由少到多、由轻到重的发展过程。③发病部位(病斑)在植株上分布比较随机。④症状表现多数有明显病征，如真菌、细菌、线虫、寄生性种子植物等病害。病毒、菌原体等病害虽无病征，但多表现全株性病状，且这些病状多数从顶端开始，然后在其他部位陆续出现。多数病害的病斑有一定的形状、大小。⑤一旦发病后多数症状难以恢复。

1.真菌病害

真菌病害症状多为坏死、腐烂和萎蔫，大多数在病部有霉状物、粉状物、点状物、锈状物等病征。对一些真菌性的维管束病害，茎干的维管束变褐，保湿培养后从茎部切面长出菌丝。对于常见病害，通过这一步就可确定病害种类。

对于不能确定的病害，通过刮、切、压、挑等方法制片，观察孢子、子实体或营养体的形态、类型、颜色及着生情况等。镜检时，病征不明显的，进行保湿培养；保湿培养后仍没有病征的，可选用合适的培养基进行分离培养。

2.细菌病害

多数植物细菌病害症状特点表现为坏死、萎蔫、腐烂和畸形(根肿、毛根)等，病征病部有菌脓、菌膜、菌痂。坏死病斑多受叶脉限制，为角斑或条斑，初期有水渍状或油渍状边缘，半透明，常有黄色晕圈。萎蔫性病害，病株茎基部横切面用手挤后可见菌脓，且维管组织变褐。腐烂组织的常伴有臭味，无菌丝。

一般细菌病害简便而可靠的诊断技术是镜检病组织中有无喷菌现象。检查时，选择典型、新鲜、早期的病组织用流水冲洗干净，吸干水分，在病健处用剪刀剪下0.5～1 cm组织，放在载玻片的中央，滴一滴无菌水，用解剖针将组织撕破，加上盖玻片，静置10 min进行镜检，观察到病组织周围有大量的细菌云雾逸出，可确定为细菌病害。

3.病毒病害

症状主要表现为以变色(花叶、斑驳、环斑、黄化等)、畸形(矮缩、蕨叶等)、坏死，无病征，多为系统性侵染，症状多从顶端开始表现，然后在其他部位陆续出现。

撕取表皮用光学显微镜镜检是否可见内含体；或进一步取病组织制作超薄切片，电镜下能否观察到病毒粒体和内含体；也可从病组织中挤出汁液，经负染后于电镜下能否观察到病毒的形态和大小。

经过镜检，必要时再结合汁液摩擦、嫁接或蚜虫接种等方法进行传染性试验，就可以初步确定为病毒病。

4.线虫病害

线虫病的病状有矮化、黄化、萎蔫、坏死、腐烂、畸形(根结、叶扭曲)等，病征有的在植物根表、根内、根际土壤、茎或籽粒(虫瘿)中可见到线虫。

对于病部产生肿瘤或虫瘿的线虫病，可以作切片用光学显微镜观察，为了观察更清楚，也可用碘液对切片进行染色，线虫可染成深褐色，植物组织呈淡黄色。

对于不产生肿瘤或虫瘿，在病部难以看到虫体的病害，可采用漏斗分离法，收集到线虫后进一步观察鉴定；也可通过叶片染色法，观察线虫是否存在。

四、设施植物病害诊断中应注意的问题

1.病害和症状的复杂性

（1）异病同症　不同的病原物侵染可以引起相似的症状，如病毒、细菌、真菌侵染都可出现叶斑病状。大类病害的识别相对容易一些，对于不同的真菌病害，则需要借助病原形态的显微观察。

（2）同病异症　多数情况下，一种植物在特定条件下发生一种病害以后就出现一种症状，称为典型症状，但有些病害的症状并非固定不变或只有一种症状，可以在不同阶段或不同抗性的品种上或者在不同的环境条件下出现不同类型的症状。例如，白粉病在发病初期主要表现是叶面上的白色粉状物，后来变粉红色、褐色，最后出现黑色小粒点。交链孢属真菌侵染不同花色的菊花品种，在花朵上产生不同颜色的病斑。因此，在田间进行症状观察时，要注意系统和全面。

（3）症状潜隐　有些病原物在其寄主植物上只引起很轻微的症状，有的甚至是侵染后不表现明显症状的潜伏侵染。许多病毒病的症状往往因高温而消失。

（4）并发症　当两种或多种病害同时在一株植物上发生时，可以出现多种不同类型的症状，这称为并发症。

（5）综合征　当两种病害在同一株植物上发生时，可以出现两种各自的症状而互不影响；有时这两种症状在同一部位或同一器官上出现，就可能出现彼此干扰发生拮抗现象，即只出现一种症状或症状减轻，也可能出现互相促进加重症状的协生现象，甚至出现完全不同于原有各自症状的第三种类型的症状。因此拮抗现象和协生现象都是指两种病害在同一株植物上发生时出现症状变化的现象。

对于复杂的症状变化，需要对症状进行全面的了解，对病害的发生过程进行分析，结合查阅资料，甚至进一步鉴定它的病原物，才能做出正确的诊断。

2.注意排除腐生菌

在病部的坏死组织上，可能有腐生菌，容易混淆和误诊。

任务实施

一、实施条件

（1）实施场所　设施基地、多媒体实训室等。

（2）仪器与用具　光学显微镜、载玻片、盖玻片、培养皿、解剖针、放大镜、刀片等。

（3）病害标本　采集各类设施植物病害新鲜标本。

（4）其他　教材、PPT、影像资料、相关图书、网上资源等。

二、实施方案

1. 非侵染性病害的诊断

在教师的指导下，对当地已发病的设施植物进行观察，注意病害的分布、植株的发病部位、病害是成片发生还是有发病中心、发病植物所处的小环境等，如果所观察到的植物病害症状是叶片变色、枯死、落花、落果、生长不良等现象，病部又找不到病原物，且病害在设施内的分布比较均匀而成片，可判断为是非侵染性病害；诊断时还应结合地形、土质、施肥、耕作、灌溉和其他特殊环境条件，进行认真分析。

2. 侵染性病害的诊断

(1)真菌病害的诊断　对已发病的设施植物进行观察时，若发现发病部位具有以下病征：霜霉、白锈、白粉、煤污、白绢、菌核、紫纹羽、黑粉和锈粉等，则可诊断为真菌病害。对病部不容易产生病征的真菌性病害，可以采用保湿培养，以缩短诊断过程。即取下植物的受病部位用清水洗净，置于保湿器皿内，在 20～23℃ 培养 1～2 d，往往可以促使真菌孢子的产生，然后再作出诊断。对还不能确诊的病害，可进行室内镜检。

(2)细菌病害的诊断　设施内诊断时，若发现在植物受病部位能产生大量的细菌，以致当气候潮湿时从病部气孔、水孔、伤口等处有大量黏稠状物——菌脓溢出，这是诊断细菌病害的主要依据。若菌脓不明显，可镜检病组织中有无喷菌现象。如果喷菌现象不是太清楚，可带回室内革兰氏染色观察。

(3)病毒病害的诊断　设施植物病毒性病害没有病征，常具有花叶、黄化、条纹、坏死斑纹和环斑、畸形等特异性病状，现场比较容易识别。但有时常与一些非侵染性病害相混淆，因此，诊断时应注意病害在设施内的分布，发病与地势、土壤、施肥等的关系；发病与传毒昆虫的关系；症状特征及其变化、是否有由点到面的传染现象等而进行诊断。

(4)线虫病害的诊断　线虫病主要诱发植物生长迟缓、植株矮小、色泽失常等现象，并常伴有茎叶扭曲、枯死斑点，以及虫瘿、叶瘿和根结瘿瘤等的形成。一般地讲，通过对有病组织的观察、解剖镜检或用漏斗分离等方法均能查到线虫，从而进行正确的诊断。

任务考核

考核内容	考核标准	分值	得分	考核人
区分非侵染性病害和侵染性病害	每位同学根据田间的发病情况各找出一种非侵染性病害和侵染性病害	30 分		教师
侵染性病害的诊断	根据设施植物侵染性病害的症状表现诊断出是真菌病害还是细菌、病毒、线虫病害。每位同学找出其中的 2 种	60 分		教师
团队协作	小组成员间团结协作程度	5 分		组内互评
方法能力	观察认真程度，过程的熟练程度	5 分		组内互评

模块二　设施植物病虫害调查与综合防治

项目一

设施植物病虫害调查与综合防治方法

项目目标

了解植物检疫、农业防治法、物理机械防治法、生物防治法、化学防治法的概念与优缺点，掌握前四类防治方法中的主要措施类型及其应用技术；学会设施植物病虫害调查统计的基本方法；理解设施植物病虫害综合防治的基本思想，为制订与实施病虫害综合防治方案奠定基础。

项目案例

性 诱 杀

一位昆虫学家在一个房间里放了一只雌梨天蚕蛾，结果竟诱来了100多只雄蛾。雌蛾是通过什么样的方式吸引雄蛾的呢？昆虫学家在经过了认真的研究后发现，雌梨天蚕蛾是用一种特殊的“语言”通知那些雄蛾前来相会的。雌梨天蚕蛾的特殊语言不是有声的语言，它是一种由雌虫身上分泌出的化学物质。当雌蛾分泌出这种气味后，就快速扇动翅膀，使气味扩散到空气中去。雄蛾用头上的触角嗅到这种气味以后，便会寻觅而来。尽管雌蛾分泌的性引诱素只有0.1 μg，但足以使几千米以内的雄蛾争相而来。虽然雌蛾的性引诱素只是一种气味，但它同样可以传递信息，所以人们把它叫作“气味语言”。目前，科学家经过研究，发现有几百种昆虫会使用这种奇妙的“气味语言”。经过化学分析，有许多气味已经弄清了化学结构，并且能够人工合成出来——性诱剂。

基于上述原理，你可以做如下实验：用50～60目防虫网制成1个长10 cm、直径3 cm的圆形笼子，每个笼子里放2头未交配的雌蛾或用成品性引诱剂，把笼子吊在水盆上，水盆内盛水并加入少许煤油，在黄昏后放于田中或棚中，一个晚上可诱杀数百只雄蛾。

工作任务1　设施植物病虫害综合防治方法

任务提要

通过到设施植物生产中进行实地观摩、考查及网络查询、知识传授等相结合的方式，熟知设施植物病虫害综合防治中的农业防治法、物理机械防治法、生物防治法的各项具体技术措施，能根据生产实际的需要，灵活选用并会操作其中一些常用的具体措施，如灯光诱杀、黄板诱杀、温汤浸种、中耕除草、清洁田园、保护利用天敌等。同时还要理解综合治理的基本思想，了解植物检疫的工作原理和化学防治法的特点。

知识准备

设施植物病虫害防治的方法很多，概括起来主要有植物检疫、农业防治法、物理防治法、生物防治法和化学防治法等。随着人类认识自然水平和科技水平的逐渐提高，设施植物病虫害防治的原则和策略也逐渐变化，从“预防为主，综合防治”、“有害生物综合治理”(IPM)，到现在的有害生物“可持续控制”(SPM)，更强调整个设施棚室或温室生态系统的平衡，充分发挥自然的控制作用，协调运用多种防治方法，控制设施植物病虫害的发生。

一、植物检疫

(一)植物检疫的概念

植物检疫也叫法规防治，是指一个国家或地方政府颁布法令，设立专门机构，禁止或限制危险性病虫、杂草等人为地传入或传出，或者传入后为限制其继续扩展所采取的一系列措施。由此可见，植物检疫是一项特殊形式的植物保护措施，涉及法律规范、国际贸易、行政管理、技术保障和信息管理等诸多方面，为一综合的管理体系。所以，植物检疫是一根本性的预防措施，是设施植物病虫害防治的一项重要手段。

(二)植物检疫对象的确定

植物检疫的对象与一般防治的对象不同。植物检疫针对的有害生物一般都是国家指定的，国家有关法律、法规规定的以及双边或多边植物检疫协定规定的危险性特别大的一些害虫、病原物或害草，往往是国内未发生或分布未广的且一旦传入可能引起重大经济损失的有害生物。此外，植物检疫和一般植物保护所采取处理的要求不同，经检验发现有害生物后要采取化学的或物理的方法来处理受感染或受害的应检物。从这点来说两者有一定的共性，但两者的最终要求却不同。植物检疫所要求的是应检物经检疫处理后不再带有限定的有害生物，即检疫处理的效果要求彻底杀灭有害生物；而植物保护中所言的化学防治、物理防治等的防治效果往往只要求将有害生物的为害程度控制在经济允许的阈值或防治指标以下。而且,植物检疫所针对的有害生物一般都是本国、本地区未发生或分布未广的危险性有害生物。

(三)植物检疫的主要措施

植物检疫的检验方法有现场检验、实验室检验和栽培检验三种。具体方法多种多样,植物检疫工作一般由检疫机构进行。

检疫处理的方法大体上有四种,即除害处理、退回或销毁处理和禁止出口处理。执法部门根据进出境或货物调运的具体要求和疫情不同,采取适当的方法处理。在什么情况下,采取什么样的检疫处理措施。在检疫检验中,一旦发现疫情需作检疫处理的,要立即发出货物不合格通知,让货主知道,同时签发处理通知单,再行处理。在检疫处理的四种方法中,除害处理是主体,常用的是物理除害和化学处理两类。机械处理、温热处理、微波或射线处理等,属物理学方法;药物熏蒸、浸泡等属化学方法。来自动植物疫区的船舶、飞机、火车等运输工具,经检疫发现有《中华人民共和国动植物检疫法》规定的名录所列病虫害的,必须作熏蒸、消毒或者其他除害处理。发现有禁止入境的动植物、动植物产品和其他检疫物的,必须做封存或者销毁处理。做封存处理的,在中国境内停留或者运行期间,未经口岸出入境检验检疫机构许可,不得启封动用。对运输工具上的泔水、动植物性废弃物及其存放场所、容器,应当在口岸出入境检验检疫机构的监督下做除害处理。

二、农业防治法

(一)选用抗病品种

选用抗病品种是丰产、稳产、降低生产成本和减少农药等对产品和环境污染的重要途径。不同种类的植物受病虫害危害的程度不一样,表现为不同的抗病虫能力。目前已培育出多种蔬菜常见病虫害的抗病品种和菊花、香石竹、金鱼草等抗条锈品种,抗紫苑萎蔫的翠菊品种以及抗菊花叶枯病的菊花品种。但是一个抗病品种往往只是抗 1 个或几个主要病害,生产者在选择品种时应注意选择抗当地主要蔬菜、花卉病虫害的新品种。从生态型差别很大的地区引进新品种时更应注意抗病性问题。

(二)健康育苗

设施植物上有许多病虫害是依靠种子、苗木及其他无性繁殖材料来传播的,因而通过一定的措施,培育无病虫的健壮种苗,可有效地控制该类病虫害的发生。

1.无病虫圃地育苗

选取土壤疏松、排水良好、通风透光、无病虫为害的场所为育苗圃地。盆播育苗时应注意盆钵、基质的消毒,同时通过适时播种,合理轮作,整地施肥以及中耕除草等加强养护管理,使之苗齐、苗全、苗壮、无病虫为害。如菊花、香石竹等进行扦插育苗时,对基质及时消毒或更换新鲜基质,则可大大提高育苗的成活率。

2.无病株采种(芽)

设施植物的许多病害是通过种苗传播的,如仙客来病毒病、百日草白斑病由种子传播,菊花白锈病由脚芽传播等。只有从健康母株上采种(芽),才能得到无病种苗,避免或减轻该类病害的发生。

3. 组培脱毒育苗

设施植物中病毒病发生普遍而且严重,许多种苗都带有病毒,利用组培技术进行脱毒处理,对于防治病毒病十分有效。如脱毒香石竹苗、脱毒兰花苗等应用已非常成功。

(三)合理耕作制度

1. 合理轮作

连作往往会加重设施植物病害的发生,如温室中香石竹多年连作时,会加重镰刀菌枯萎病的发生,实行轮作可以减轻病害。轮作时间视具体病害而定。鸡冠花褐斑病实行2年以上轮作即有效。胞囊线虫病则需时间较长,一股情况下要实行3~4年以上轮作。轮作是古老而有效的防病措施,轮作植物须为非寄主植物。通过轮作,使土壤中的病原物因找不到食物“饥饿”而死,从而降低病原物的数量。

2. 合理间作套种

间作套种是指两种或多种植物同时栽种在一块地里。进行合理的间作套种,可有效利用地力、光能和营养,还能抑止病虫害的发生,可实现高产、稳产和高效。每种病虫对植物都有一定的选择性和转移性,因而在进行设施植物生产时,要考虑到寄主植物与害虫的食性及病菌的寄主范围,尽量避免相同食料及相同寄主范围的植物混栽或间作。如台州市在红茄大棚地里套种丝瓜、苦瓜,比原来产值翻一番。

(四)健身栽培

1. 加强肥水管理

合理的肥水管理不仅能使植物健壮地生长,而且能增强植物的抗病虫能力。温室植物应使用充分腐熟且无异味的有机肥,以免污染环境,影响观赏。使用无机肥时要注意氮、磷、钾等营养成分的配合,防止施肥过量或出现缺素症。浇水方式、浇水量、浇水时间等都影响着病虫害的发生。喷灌和洒水等方式往往容易引起叶部病害的发生,最好采用沟灌、滴灌或沿盆钵边缘注浇。浇水量要适宜,浇水过多易烂根,浇水过少则易使花木因缺水而生长不良,出现各种生理性病害或加重侵染性病害的发生。多雨季节要及时排水。浇水时间最好选择晴天的上午,以便及时地降低叶表湿度。

2. 嫁接防病

对于某些生产上难以防治的病害,采用嫁接防治技术利用抗病性强的作物为砧木,可以有效防治此种病害。例如,生产上为防治瓜类枯萎病,嫁接中以西瓜、黄瓜等作接穗,以南瓜、瓠瓜、冬瓜等为砧木。接穗利用砧木抗枯萎病能力强的特点,达到防病目的,可使瓜类作物连年种植,连年高产。

3. 改善棚室环境条件

改善环境条件主要是指调节栽培地的温度和湿度,尤其是温室栽培植物,要经常通风换气、降低湿度,以减轻灰霉病、霜霉病等病害的发生。定植密度、盆花摆放密度要适宜,以利通风透光。冬季温室温度要适宜,不要忽冷忽热。否则,各种植物往往因生长环境欠佳,导致各种生理性病害及侵染性病害的发生。

4. 清洁棚室

温室中带有病虫的土壤、盆钵在未处理前不可继续使用。无土栽培时，被污染的营养液要及时清除，不得继续使用。除草要及时，许多杂草是病虫害的野生寄主，增加了病虫害的侵染来源，同时杂草丛生还提高了周围环境的湿度，有利于病害的发生。

5. 合理修剪

合理修剪、整枝不仅可以增强树势、花叶并茂，还可以减少病虫为害。例如，对天牛、透翅蛾等钻蛀性害虫以及袋蛾、刺蛾等食叶害虫，均可采用修剪虫枝等进行防治。对于介壳虫、粉虱等害虫，则通过修剪、整枝达到通风透光的目的，从而抑制此类害虫的为害。秋、冬季节结合修枝，剪去有病枝条，从而减少来年病害的初侵染源。

6. 深耕细作

深耕细作不仅能促进植物根系发育，增强抗病性，还一定程度上破坏害虫的巢穴和土室、破坏病原越冬的场所；或将土表或落叶层中越冬的病菌、害虫翻进土层深处，使病原菌无法萌发、害虫无法孵化或羽化或机械损伤而死；或将土壤深层的害虫及病原菌翻出土面，结合利用晒棚等晒死，达到减少病虫害的目的。

三、物理机械防治法

（一）阻隔法

人为设置各种障碍，切断各种病虫侵染途径的方法，称为阻隔法。如树干涂胶、套袋、防虫网、纱网阻隔，土壤覆膜或盖草等方法，能有效地阻止害虫产卵、为害，也可防止病害的传播蔓延。

1. 涂毒环、涂胶环

对有上、下树习性的幼虫可在果树干上涂毒环或涂胶环，以阻隔和触杀幼虫。胶环的制作可用以下配方：蓖麻油 10 份、松香 10 份、硬脂酸 1 份。

2. 纱网阻隔

对于保护地内栽培的园艺植物，可采用 40～60 目的纱网覆罩，不仅可以隔绝蚜虫、叶蝉、粉虱、蓟马等害虫的危害，还能有效地减轻病毒病的侵染。在温室大棚上下放风口安装 30～40 目防虫网，连栋温室要在排风口、棚顶通风口覆盖防虫网，可避雨、遮阳、防病虫侵入。

3. 设障碍物

有的害虫雌成虫无翅，只能爬到树上产卵。对这类害虫，可在上树前在树干基部设置障碍物阻止其上树产卵，如在树干上绑塑料布或在干基周围培土堆，制成光滑的陡面。

4. 土壤覆膜或盖草

许多叶部病害的病原物是在病残体上越冬的，蔬菜、花木栽培地早春覆膜或盖草（稻草、麦秸草等）可大幅度地减少叶部病害的发生。其原理是地膜或干草对病原物的传播起到了机械阻隔作用。

(二)诱杀法

利用害虫的趋性，人为设置器械或诱物来诱杀害虫的方法称为诱杀法。温室诱杀法一般有比较好的防治效果。

1.灯光诱杀

灯光诱杀害虫是利用害虫趋光性进行诱杀的一种物理防治方法，是一项重要的生态农业技术。近年来使用较多的是频振式诱虫灯，适宜在果园和苗圃田使用。也可根据实际情况，选择安装使用价格更为低廉的 LED 杀虫灯、白炽灯、高压汞灯、黑光灯等。有实验表明，LED 的温室杀虫灯在温室有较好的诱杀效果。

2.毒饵诱杀

利用害虫的趋化性，在其所喜欢的食物中掺入适量毒剂来诱杀害虫的方法叫毒饵诱杀。例如蝼蛄、地老虎等地下害虫，可用麦麸、谷糠等作饵料，掺入适量敌百虫、辛硫磷等药剂制成毒饵来诱杀。配方是饵料 100 份，毒剂1～2 份，水适量。糖醋酒诱杀也是生产上常用方法，将酒、水、糖、醋按 1∶2∶3∶4配成糖醋液，并加入 5％的 90％敌百虫，用盆盛装放在离地 1 m 的支架上，每亩放 3 个，白天盖好，晚上揭开，诱杀斜纹夜蛾、甘蓝夜蛾、银纹夜蛾、斑潜蝇、小地老虎等害虫成虫。

3.性诱杀

性诱杀是近年来推广的一项治虫比较成功的技术。它是利用许多性成熟的昆虫能向体外释放具有特异气味的微量化学物质，以引诱同种异性昆虫进行交配，这些化学物质称为昆虫的性外激素。昆虫性诱剂是模拟自然界的昆虫性外激素，通过释放器释放到田间来诱杀异性害虫的仿生高科技产品。该技术诱杀害虫不接触植物和农产品，没有农药残留之忧，是现代农业生态防治害虫的首选方法之一。

4.潜所诱杀

利用害虫在某一时期喜欢某一特殊环境的习性，人为设置类似的环境来诱杀害虫的方法称为潜所诱杀。如在果树干基部绑扎草把或麻布片，可引诱某些蛾类幼虫前来越冬；在蔬菜田内堆集新鲜杂草，能诱集地老虎幼虫潜伏草下，然后集中杀灭。

5.色板诱杀

利用有些害虫对黄色、橙黄色、蓝色有较强的趋性进行诱杀。例如温室白粉虱、蚜虫、美洲斑潜蝇、黄条跳甲等性喜黄色的习性，烟粉虱对黄色的趋性显著高于绿色，在各种黄色中，以深黄的趋性最高，其次是浅黄、橘黄。设施内设置蓝板可诱杀蓟马。

(三)捕杀法

利用人工或各种简单的器械捕捉或直接消灭害虫的方法称捕杀法。人工捕杀适合于具有假死性、群集性或其他目标明显易于捕捉的害虫。如多数金龟甲、象甲的成虫具有假死性，可在清晨或傍晚将其振落杀死。冬季修剪时，剪去黄刺蛾茧、蓑蛾袋囊，刮除舞毒蛾卵块等。在生长季节也可结合园圃日常管理，人工捏杀卷叶蛾虫苞、摘除虫卵、捕捉天牛成虫等。对于棚室里的蛞蝓，夜间是其活动高峰期，此时打着手电，逐排查找。发现后用火钳夹下，集中捕杀。

(四)温度处理法

任何生物,包括植物病原物、害虫对温度有一定的忍耐性,超过限度生物就会死亡。害虫和病菌对高温的忍受力都较差,因此,通过提高温度来杀死病菌或害虫的方法称温度处理法,简称热处理。在设施植物病虫害防治中,温度处理分为干热和湿热两种。

1. 种苗的热处理

有病虫的苗木可用热处理,温度为35～40℃,处理时间是1～4周。也可用40～50℃热水处理,浸泡时间为10 min至3 h。如唐菖蒲球茎在55℃水中浸泡30 min,可以防治镰刀菌干腐病;有根结线虫病的植物在45～65℃的温水中处理(先在30～35℃的水中预热30 min)可防病,处理时间为0.5～2 h,处理后的植株用凉水淋洗;用80℃热水浸刺槐种子30 min后捞出,可杀死种内小蜂幼虫,不影响种子发芽率。

种苗热处理的关键是温度和时间的控制,一般对休眠器官处理比较安全。对有病虫的植物作热处理时,要事先进行试验。热处理时升温要缓慢,使之有个适应温热的锻炼过程。一般从25℃开始,每天升高2℃,6～7 d后达到(37±1)℃的处理温度。

2. 土壤的热处理

(1)热蒸汽土壤处理　现代温室土壤热处理是使用热蒸汽90～100℃,处理时间为30 min。蒸汽处理可大幅度降低香石竹镰刀菌枯萎病、菊花枯萎病及地下害虫的发生程度。在发达国家,蒸汽热处理已成为常规管理。

(2)太阳热土壤处理　一般在7月上旬至8月下旬进行。用大棚膜和地膜进行双层覆盖,严格保持大棚的密闭性,在这样的条件下处理,地表下10 cm处最高地温可达70℃,20 cm的地温可达45℃以上,这样高的地温杀菌率可达80%以上。这种方法成本低,污染小,操作简单,效果好,容易被群众接受。

绝大多数病菌不耐高温,经过10多天的热处理即可被杀死,如一些立枯病病菌、黄瓜的菌核病病菌、黄瓜疫病病菌、茄子黄萎病病菌等都不太耐高温。但是也有的病菌特别耐高温,如根腐病病菌、根肿病病菌和枯萎病病菌等一些深根性土传病菌,由于其分布的土层深,必须处理30～50 d才能达到较好效果。

(五)汰选法

利用害虫体形、体重的大小或被害种子与正常种子大小及比重的差异,进行器械或液相分离,剔出带病虫种子的方法。常用的有风选、筛选、盐水选种等方法。如剔除油菜菌核病的菌核,常用盐水选种法。

(六)现代物理技术应用

近几年来,随着物理学的发展,生物物理也有了相应的发展。现代物理方法在病虫害防治中应用越来越广泛。现代物理方法是利用电、磁、声、光等物理技术,开发出相应的装备,并将这些装备应用到设施植物生产中。“听音乐、做磁疗、电净化”就是对物理农业技术最简单、最直接的概括。

1. 高频、高压电流的应用

每秒3 000万周的电流称为高频率电流,每秒3 000万周以上的电流称为超高频电流。在高频率电场中，由于温度增高等原因，可使害虫迅速死亡。高压放电也可用来防治害虫，如国外设计一种机器，两电极之间可以形成 5 cm 的火花，在火花的作用下，土壤表面的害虫在很短时间内就可死亡。

2.土壤电消毒法

土壤电消毒法又叫土壤连作障碍电处理技术、菜地过电技术等，是指通过在土壤中通入直流电或正或负脉冲电流引起的电化学反应生成物以及电流来杀灭土壤微生物(如枯萎病、黄萎病菌)、根结线虫、韭蛆、蛞蝓等土壤病原和分解前茬作物根系分泌的有毒有机酸以及解吸难溶矿物质营养的物理植保方法。土壤电消毒法的实施通常由土壤连作障碍电处理机来完成，包括主电源、带夹电缆、电极板、介导颗粒、强化剂组成。

3.超声波的应用

利用振动在 20 000 次/s 以上的声波所产生的机械动力或化学反应杀死害虫。例如对水源的消毒灭菌、消灭植物体内部害虫等。也可利用超声波或微波引雄虫远离雌虫，从而阻止害虫的繁殖。在生产中棚内使用声波助长仪不仅增进植物生长，还能驱逐一些顽固的害虫。

4.臭氧发生器

臭氧发生器通过电学原理产生高压，高压达到一定程度之后，空气被击穿，空气中的分子被电离，其中空气中的氧气分子被电离后产生由三个氧原子结合而成的臭氧分子。臭氧生成后会成为一种强氧化剂，它破坏分子细胞壁，使细菌、病毒、真菌等微生物失活，在一定浓度下可迅速杀灭空气中的细菌，没有任何有毒残留，不会形成二次污染。在温室大棚中，臭氧发生器把臭氧集中施放于棚内，可将蔬菜表面、根茎的害虫、病菌等杀灭。施放时间以 10 min 为宜，如在棚室种植前，可连续施放 2 h，以杀灭细菌病毒。

5.空间电场除雾防病促生系统

温室大棚温度高、湿度大，是气传病害最容易发生的环境条件。空间电场除雾防病促生系统以温室顶棚上的电极线为正极，以蔬菜、苗木和土壤为负极，在温室内增强了空间电场。雾气、粉尘和病菌都是不良导体微粒。在电场力的作用下，立即吸附在地表和土壤表面，并在电极线和臭氧机产生的臭氧、高能带电粒子的作用下被杀死。这样，就抑制了雾气的升腾和粉尘的飞扬，截断了气传病害传播的渠道，预防了气传病害的发生。此法还有促进根系活力增加产量和防治土传病害的作用。

此外，还有光波的利用、种子磁化促生技术等。总之，新的物理机械越来越多，在设施植物病虫害的防治中，也具有愈加广阔的发展前景。

四、生物防治法

利用有益生物及其代谢物质来控制病虫害称为生物防治法。它是利用了生物物种间的相互关系，以一种或一类生物抑制另一种或另一类生物。生物防治以其无毒、无害、无污染、不易产生抗药性和高效等优点，在设施植物病虫害防治中越来越受到人们的重视。

(一)以虫治虫

利用天敌昆虫来防治害虫，称为以虫治虫。天敌昆虫主要有捕食性天敌昆虫和寄生性天敌昆虫两大类。

1. 捕食性天敌昆虫

专以其他昆虫或小动物为食物的昆虫，称为捕食性昆虫。它们以咀嚼式口器直接蚕食虫体的一部分或全部；或利用刺吸式口器刺入虫体吸食害虫体液使其死亡。捕食性天敌昆虫在自然界中抑制害虫的作用和效果比较明显。例如，近年来国外主要应用胡瓜钝绥螨在温室防治黄瓜、番茄等蔬菜上的主要害虫蓟马，取得了很好的防治效果。设施植物中常见的捕食性天敌昆虫主要有螳螂、瓢虫、草蛉、猎蝽和食蚜蝇等。

2. 寄生性天敌昆虫

一些昆虫种类，在其一生的某个时期或终身寄生在其他昆虫的体内或体外，以其体液和组织为食来维持生存，最终导致寄主昆虫死亡。这类昆虫一般称为寄生性天敌昆虫。主要包括寄生蜂和寄生蝇。这些寄生性昆虫有时在棚室的寄生率很高，对昆虫有很好的控制作用。例如近些年来在温室大棚猖獗危害的温室白粉虱，采用人工释放丽蚜小蜂的方法，可有效控制白粉虱发生为害。

(二)以菌治虫

人为利用病原微生物使害虫得病而死的方法称为以菌治虫。能使昆虫得病而死的病原微生物有真菌、细菌、病毒、立克次氏体、原生动物及线虫等。目前生产上应用较多的是前3类。

1. 以细菌治虫

已经发现90余种，多属于芽孢杆菌科、假单胞杆菌科和肠杆菌科。在害虫防治中应用较多的是芽孢杆菌属和芽孢梭菌属。病原细菌主要通过消化道侵入虫体内，导致败血症或由于细菌产生的毒素使昆虫死亡。被细菌感染的昆虫，食欲减退，口腔和肛门具黏性排泄物，死后虫体颜色加深，并迅速腐败变形、软化、组织溃烂，有恶臭味，通称软化病。

目前我国应用最广的细菌制剂主要有苏云金杆菌简称Bt，包括松毛虫杆菌、青虫菌、金龟子芽孢杆菌等均为其变种。这类制剂无公害，可与其他化学农药和生物农药混用。但在温室或棚室使用Bt农药制剂时做好三看：一看温度，适宜温度在25℃以上，温度过低完全失去杀虫作用。二看湿度，棚室湿度越大，其防效发挥越好。三看阳光，为了避免阳光中紫外线对Bt细菌芽孢的破坏作用，最好在阴天或晴天下午4时以后使用。

2. 以真菌治虫

病原真菌的类群较多，约750种。但研究较多且使用价值较大的主要是结核菌中的虫霉菌、半知菌中的白僵菌属、绿僵菌属及拟青霉属。病原菌以其孢子或菌丝自体壁侵入昆虫体内，以虫体各种组织和体液为营养，随后虫体上长出菌丝，产生孢子，随风和水流进行再侵染。感病昆虫常出现食欲锐减、虫体萎缩，死后虫体僵硬，体表布满菌丝和孢子。

目前应用较为广泛的真菌制剂是白僵菌，不仅可有效地控制鳞翅目、同翅目、膜翅目、直翅目等害虫，而且对人、畜无害，不污染环境。

3. 以病毒治虫

昆虫的病毒病在昆虫中很普遍。利用病毒来防治害虫，其主要特点是专一性强，通常只能寄生一种害虫，不存在污染与公害问题。昆虫感染病毒后，虫体多卧于或悬挂在叶片及植株表面，后期流出大量液体，无臭味，体表无丝状物。

在已知的昆虫病毒中，防治应用最广的有核型多角体病毒（NPV）、颗粒体病毒（GV）和质性多角体病毒（CPV）三类。这些病毒主要感染鳞翅目、双翅目、膜翅目、鞘翅目等的幼虫，尤以鳞翅目幼虫感染最严重。比如菜青虫颗粒体病毒防治菜青虫效果很好。

4. 以线虫治虫

有些线虫可寄生地下害虫和钻蛀害虫，导致害虫受抑制或死亡。被线虫寄生的昆虫通常表现为褪色或膨胀、生长发育迟缓、繁殖能力降低，有的出现畸形。不同种类的线虫以不同的方式影响被寄生的昆虫，如索线虫以幼虫直接穿透昆虫表皮进入体内寄生一个时期，后期钻出虫体进入土壤，再发育为成虫并交尾产卵。索线虫穿出虫体时所造成的孔洞导致昆虫死亡。

（三）以有益动物治虫

近十几年来，对蛛、螨类的研究利用已取得较快进展。蜘蛛为肉食性，主要捕食昆虫，食料缺乏时也有相互残杀现象。根据蜘蛛是否结网，通常分为游猎型和结网型两大类。捕食螨是指捕食叶螨和植食性害虫的螨类。重要科有植绥螨科、长须螨科。这两个科中有的种类已能人工饲养繁殖并释放于温室和田间对防治叶螨收到良好效果。如尼氏钝绥螨、拟长毛钝绥螨。

（四）利用昆虫激素治虫

1. 昆虫外激素的应用

昆虫的外激素是昆虫分泌到体外的挥发性物质，是昆虫对它的同伴发出的信号，便于寻找异性和食物。已经发现的有性外激素、结集外激素、追踪外激素及告警激素，目前研究应用最多的是雌性外激素。某些昆虫如棉铃虫、马尾松毛虫、桃小食心虫、梨小食心虫、苹小卷叶蛾等的雌性外激素已能人工模拟合成，称之为性诱剂，在害虫的预测预报和防治方面起到了非常重要的作用。

2. 昆虫内激素的应用

昆虫内激素是分泌在体内的一类激素，用以控制昆虫的生长发育和蜕皮。昆虫内激素主要有保幼激素、脱皮激素及脑激素。在害虫防治方面，如果人为地改变内激素的含量，可阻碍害虫正常的生理功能，造成畸形，甚至死亡。目前，人们已能人工模拟内激素合成多种特异性杀虫剂应用于生产中，如保幼炔（保幼激素类似物）、抑食肼（脱皮激素）、灭幼脲及扑虱灵（几丁质合成抑制剂）等。

（五）以菌治病

某些微生物在生长发育过程中能分泌一些抗菌物质，抑制其他微生物的生长，这种现象称为拮抗现象。利用有拮抗作用的微生物来防治植物病害，有的已获得成功。如利用哈氏木霉菌防治茉莉花白绢病，有很好的防治效果。目前，以菌治病多用于土壤传播的病害。

（六）以植物源农药治病虫

植物源农药又称植物性农药，是利用植物资源开发的农药。包括从植物中提取的活性成分、植物本身和按活性结构合成的化合物及衍生物。植物源农药是生物农药的一个重要组成部分。它是指利用植物的某些部位（根、茎、叶、花或果实）所含的稳定的有效成分，按一定的方法对受体植物进行使用后，使其免遭或减轻病、虫、杂草等有害生物为害的植物源制剂。植物源农药所利用的植物资源为有毒植物。所以，植物源农药又通俗为“中草药农药”。植物源农药如印楝素、黎芦碱醇溶液可减轻小菜蛾、甜菜夜蛾、烟粉虱等的为害；苦参碱、苦楝、烟碱等对多种害虫有一定的防治作用。

(七)以农用抗生素治病虫

农用抗生素简称农抗，是指由微生物发酵产生、具有农药功能、用于农业上防治病虫草鼠等有害生物的次生代谢产物。放线菌、真菌、细菌等微生物均能产生农用抗生素，其中放线菌产生的农用抗生素最多。

目前广泛应用的许多重要农用抗生素都是从链霉菌属中分离得到的或放线菌所产生的。由阿维链霉菌分泌的阿维菌素能防治寄生线虫、螨类、潜叶蝇类昆虫；浏阳霉素对红蜘蛛有较强的生物活性，杀蚜素能杀灭蚜虫、红蜘蛛、壁虱、菜粉蝶等农林害虫；南昌霉素对蚜虫、红蜘蛛、飞虱、夜蛾和螟虫等30多种害虫有防治作用。农抗120和多抗霉素可防治猝倒病、霜霉病、白粉病等；井冈霉素防治立枯病、白绢病等；农用链霉素防治软腐病和细菌斑点病；还有庆丰霉素、武夷菌素和新植霉素等农用抗生素防治多种病害。

五、化学防治法

化学防治法又叫农药防治，是用化学药剂的毒性来防治病虫害。化学防治是设施植物病虫害防治的有效方法，也是综合防治中一项重要措施。

化学防治具有快速高效，使用方法简单，不受地域限制，便于大面积机械化操作等优点。但也具有容易引起人畜中毒，污染环境，杀伤天敌，引起次要害虫再猖獗，并且长期使用同一种农药，可使某些害虫产生不同程度的抗药性等缺点。我们可以通过发展选择性强、高效、低毒、低残留的农药以及通过改变施药方式、减少用药次数等措施逐步加以解决，同时还要与其他防治方法相结合，扬长避短，充分发挥化学防治的优越性，减少其毒副作用。

任务实施

一、实施条件

(1)实施场所　设施基地、多媒体实训室。

(2)仪器与用具　笔、水、手套、口罩、10号机油、凡士林、黄油、蜂蜜、纸板、钙塑板、三合板、薄铁皮等。

(3)其他　相关图书、教材、PPT、视频、影像资料、网上资源等。

二、实施方案

1.防治措施的观察

利用各种学习条件，对一些生产上经常应用的病虫害防治措施如地膜覆盖、纱网阻隔、温汤浸种、色板诱杀、灯光诱杀、毒饵诱杀、人工捕杀、涂毒环、合理密植、清洁田园、合理轮作、深耕改土、加强肥水管理、间苗定苗、整枝打杈、合理修剪、中耕除草、选用抗病虫品种等进行观察、归类、记载(或拍照),并分析其防治功能。

2.黄板的制作与应用

(1)材料准备　板质材料一般采用一定厚度的废旧纸板、农药等包装箱的钙塑板、三合板、薄铁皮等。粘虫剂及辅料采用市售10号机油、凡士林、黄油、蜂蜜等。

(2)制作方法　一定大小的板质材料正反面,用毛刷均匀涂上事先调配好的黄色油漆,待漆晾干后,将黄色板钉在1～2 m的木棍或直接固定在棚、架上。然后在黄色板正、反面均匀涂上粘虫剂,有时再加涂少量蜂蜜后用于生产,每10～15 d更换1次黄板,或清除虫子后重涂1次粘虫剂。也可用两张同样大小的黄纸,黄色面向外,两纸粘牢,再用透明薄膜覆盖防雨,膜壁涂满粘虫剂后使用。

(3)应用技术　放置高度应高出作物顶部15～20 cm,板面以向东西为宜,20 cm×30 cm规格的黄板放置20片左右/667 m^2,要视粘虫情况定期更换。黄板置于棚室观察其防治效果,记录黄板粘虫数量。

3.昆虫天敌的利用

以小组为单位,从田间搜集捕获瓢虫、草蛉、螳螂、猎蝽、食蚜蝇、蚜茧蜂和蜘蛛等昆虫天敌中的一种移入设施内的植物上,观察它们的取食对象与防治效果并记录。

4.防治措施的应用

以小组为单位,选择应用某项措施用于设施植物病虫防治实践中,观察并记录防治效果。感到满意时,小组提出验收申请,请老师和全班同学集体验收、考核。

任务考核

考核内容	考核标准	分值	得分	考核人
防治措施的观察	观察认真、种类多,归类正确,记载(或拍照)规范	20分		教师
黄板的制作与应用	黄板制作标准,应用于棚室放置位置、方向得当	30分		教师
昆虫天敌的利用	搜集捕获昆虫天敌数量多,观察认真,记录规范	20分		教师
防治措施的应用	生产上实用、有效性	20分		组间互评
团队协作	小组成员间团结协作	5分		组内互评
方法能力	工作认真,操作熟练	5分		组内互评

工作任务 2　设施植物病虫害的调查统计

任务提要

通过到设施生产基地现场教学，了解病虫害在棚室内的分布类型，学会各种取样方法、取样单位、记载方法的现场运用。并对调查的数据进行统计分析和计算，以明确病虫发生害危害程度，为防治工作提供依据。

知识准备

一、病虫分布形式(图 2-1)

1. 随机分布

随机分布是指病虫在每个取样单位中出现的概率相同，任何个体的存在不影响其他个体的出现，一般活动力强的昆虫、生理性病害的分布型往往呈随机分布。这种分布型在田间的分布比较均匀，调查取样时，每一个个体在取样点内出现的机会相似。因此，取样数量可少些，每个取样点可稍大一些。五点式、对角线、棋盘式取样，均适用于这种分布型。

2. 核心分布

侵染性病害的中前期、活动力弱的昆虫或虫态在田间往往呈分布不均匀的多数小集团，形成一个一个的核心，并从核心做放射状蔓延，属于核心分布。很多卵为块产的昆虫，其初孵的幼虫或若虫常聚集在卵块的周围，从而形成核心分布，如甜菜夜蛾初孵幼虫的分布就呈核心分布。这种分布型是不随机的分布，取样点数量可多一些而取样点可小一些。

3. 嵌纹分布

有的昆虫在田间呈疏密相间的分布，称嵌纹分布型，这一类型的昆虫多为从田间杂草中过渡来的或从邻田迁移来的。如棉叶螨在向棉田内迁移时造成周边分布较多，并成不规则扩展蔓延而成嵌纹分布。这种分布型的取样数量应多一些，每个样点可适当小一些。

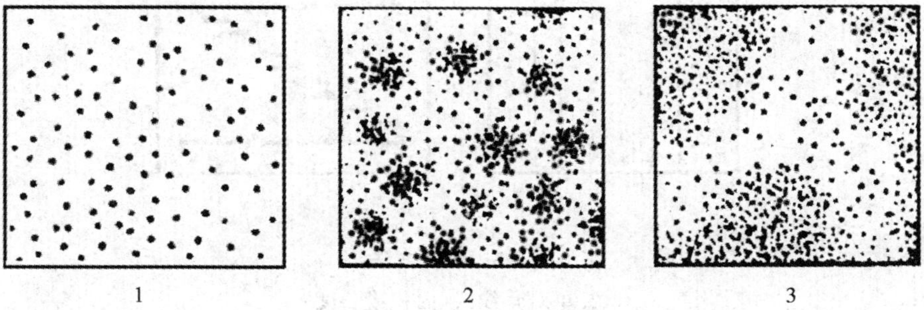

图 2-1　病虫害田间分布形式

1. 随机分布型　2. 核心分布型　3. 嵌纹分布型

二、取样方法(图 2-2)

由于受人力和时间等的限制,不可能对所有田块逐一调查,需要从中抽取样本作为代表,由局部推知全局。取样的好坏,直接关系到调查结果的可靠性,必须注意其代表性,使之能真实地反映实际情况。

1. 五点式取样

从田块四角的两条对角线的交驻点,即田块正中央,以及交驻点到四个角的中间点等 5 点取样。或者,在离田块四边 4～10 步远的各处,随机选择 5 个点取样,是应用最普遍的方法。适于密植的或成行的植物及随机分布型的昆虫调查,可以面积、长度或植株作为取样单位。

2. 对角线式取样

调查取样点全部落在田块的对角线上,可分为单对角线取样法和双对角线取样法两种。单对角线取样方法是在田块的某条对角线上,按一定的距离选定所需的全部样点。双对角线取样法是在田块四角的两条对角线上均匀分配调查样点取样。两种方法适于密植的或成行的植物及随机分布型的昆虫。

3. 棋盘式取样

棋盘式取样法　将所调查的田块均匀地划成许多小区,形如棋盘方格,然后将调查取样点

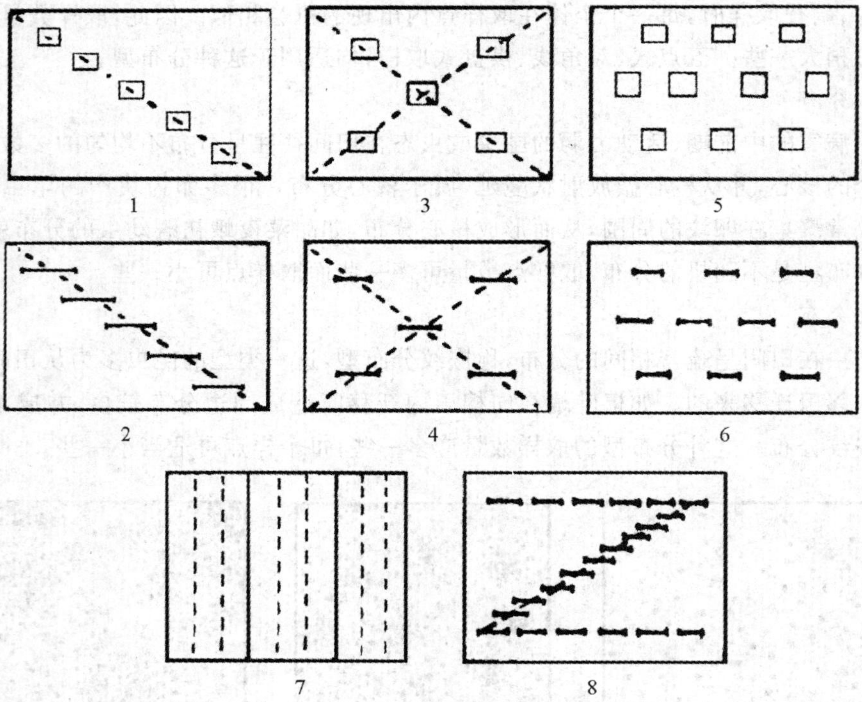

图 2-2　取样方法

1,2. 单对角线式(面积或长度)
3,4. 双对角线式或五点式(面积或长度)
5,6. 棋盘式(面积或长度)　7. 平行式　8."Z"字形式

均匀分配在田块的一定区块上。这种取样方法，多用于分布均匀的病虫害调查，能获得较为可靠的调查。

4. 平行线式取样

也称为行式取样，适于成行的植物及核心分布型的昆虫。

5. "Z"字形取样

也称蛇形取样，对于取样的样点在田边呈点片不均匀分布时用此法为宜，如螨等害虫的调查。

三、设施植物病虫害调查的取样单位及数量

设施植物病虫害调查的取样单位及数量常用的有以下几种：

(1)长度单位　用于生长密集的条播植物。一般可取每样点 0.6 m 行长、1 m 行长或 2 m 行长等。

(2)面积单位　用于调查地下害虫、苗期或密植、撒播植物上的病、虫害，通常以平方米为单位。每个样点可取 0.5 m^2、1 m^2 等。

(3)植株或植株的某一部分为单位　全株性的病害、地下害虫危害幼苗、虫体小或密度大的害虫的调查，常以植株为单位。

(4)诱集物为单位　如灯光诱蛾，计数一定光度下，一定时间内诱集到的害虫数为一个单位。调查诱集害虫的单位数。

(5)容积或重量为单位　调查越冬种子越冬害虫或病原菌时，可以以容积或重量为单位。计数单位重量或容积储粮中的害虫数。

(6)其他单位　调查活动性大的害虫，可以用计数单位时间内收集到或目测到的害虫数。

四、调查资料的计算与整理

对调查记载的数据资料要进行整理、计算、比较、分析，从中找出规律，才能反映实际情况。常用的统计项目有以下几项：

(1)被害率(发病率)　是反应病虫害发生或危害的普遍程度。其计算公式为：

$$被害率 = \frac{被害株(叶、蕾、果等)数}{调查总株(株、蕾、果等)数} \times 100\%$$

(2)虫口密度　表示一个单位内的虫口数量，常用百株虫口密度或平方米虫口密度表示。

$$虫口密度(头/每单位) = \frac{调查总头数}{调查总单位数}$$

$$百株虫数 = \frac{调查总虫数}{调查总株数} \times 100\%$$

(3)病(虫)情指数　病虫为害程度可以用分级记载的方法，统计计算其病(虫)情指数，以更准确地反映受害程度。一般被害指数越大，植株受害越重；被害指数越小，植株受害越轻。

植株受害最重时被害指数为100;植株没受害时,被害指数为0。其计算公式为:

$$病(虫)情指数=\frac{\sum(病或虫害级别代表值\times该级样本数)}{最高级代表值\times调查总样本数}\times100\%$$

例如,对食叶害虫分级的标准是:0级:未受害;1级:受害轻,叶片被吃去25%以下;2级:受害中等,叶片被吃去25%~50%;3级:受害严重,叶片被吃去50%以上。

再如番茄早疫病的病株分级情况见表2-1。

表2-1 番茄早疫病病株分级

病级	发病程度	代表数值
1	无病或者几乎没病	0
2	少至25%的叶片枯死	1
3	26%~50%的叶片枯死	2
4	51%~75%的叶片枯死	3
5	76%~100%的叶片枯死	4

(4)损失估计　只有少数病虫的被害率接近或等于损失率外,大部分病虫的被害率与损失率是不一致的,其所造成的损失应以生产水平相同的受害田与未受害田的产量或经济产值对比来计算。

$$损失率=\frac{未受害区产量(产值)-受害区产量(产值)}{未受害区产量(产值)}\times100\%$$

任务实施

一、实施条件

(1)实施场所　设施植物实训基地。

(2)仪器与用具　卷尺、挖掘工具、剪枝工具、计数器、镊子、放大镜、显微镜、记录本、铅笔等用具。

(3)其他　相关图书、教材、PPT、视频、影像资料、网上资源等。

二、实施方案

1. 害虫种类调查

以组为单位,以普查方式观察棚室发生害虫种类,并目测其发生情况,记载该棚室的主要害虫、次要害虫。同时采集各种害虫的标本。有必要的情况下(在蚜虫的防治中)要同时普查天敌的发生情况。

2. 主要害虫的发生程度调查

各组在实训地调查蚜虫的发生量、菜青虫的发生量,采用五点取样法。统计有虫株数、百株卵数及害虫的发育进度。现将菜青虫和蚜虫的调查项目、方法和表格设计如下。

(1)菜青虫　五点取样,每点20株、逐叶查看卵粒后抹掉,同时查幼虫数,计入表2-2。

表2-2　菜青虫卵、幼虫调查表

调查日期	调查地点	调查人
蔬菜品种	播种期	生育期
调查株数	有幼虫株数	平均单株幼虫数
有卵株数	平均单株卵数	有虫株率

(2)蚜虫　五点取样,每点10株(视情况而定,蚜虫数量多的也可叶片为单位),逐叶调查,记载有蚜株数(叶片数)。并在每点选定两株(两片叶),共10株(片叶),记载蚜虫数量。按表2-3记载统计。

表2-3　蚜虫调查表

调查地点:　　　　调查日期:　　　　调查作物:　　　　调查人:

样点	调查株数(株或叶)	有蚜株数(株或叶)	有蚜株率/%	有翅蚜	无翅蚜	平均百株蚜量(头)
1						
2						
3						
4						
5						

3. 实例分析计算

(1)对某病害的调查结果见表2-4,试计算两个品种的被害率及病情指数,并比较两个品种的受害程度?

表2-4　植物感病情况调查表

分级标准	级 别	品种A发病株数	品种B发病株数
健　康	0	15	20
轻微感病	1	10	20
中度感病	2	30	13
重度感病	3	40	34
枯　死	4	5	13

(2)为调查某食叶害虫的危害情况,共调查100片叶片,其中被害叶片70片,在被害叶片中,受害程度达到1级的25片,达到2级的20片,3级的15片,4级的10片,受害最严重等级为4级,计算其被害率和虫情指数。

任务考核

考核内容	考核标准	分值	得分	考核人
病虫害调查工作	调查方法、单位适当；样本量适当并有一定的重复	30 分		教师
病虫害调查结果	调查结果数据真实	20 分		教师
实例分析计算	计算结果准确	40 分		教师
团队协作	小组成员间团结协作，积极参与	5 分		组内互评
方法能力	工作认真，操作熟练	5 分		组内互评

工作任务 3　设施植物病虫害综合防治方案的制订

任务提要

通过教材知识传授、网络与文献查阅以及讨论分析等方法，深刻理解设施植物病虫害综合防治的基本思想，理解其基本原则和策略，通过深入调查，在摸清设施植物栽培与病虫害发生的基本情况的基础上，能够制订出一份设施植物病虫害综合防治方案。

知识准备

一、设施植物病虫害综合防治的概念

设施植物病虫害综合防治的各种方法各有其优点和局限性，单靠其中某一种措施往往不能达到防治的目的，有时还会引起其他的一些不良反应。

综合防治的基本点：从农业生态系总体观念出发，根据有害生物与环境之间的相互关系，充分发挥自然因素的作用，因地制宜协调应用必要的措施，将有害生物控制在经济损失允许水平之下，以获得最佳的经济、生态和社会效益。

二、设施植物病虫害综合防治的原则

1. 从生态学角度出发

设施植物、病虫、天敌三者之间有的相互依存，有的相互制约。当它们共同生活在一个环境中时，它们的发生、消长、生存又与这个环境的状态关系极为密切。这些生物与环境共同构成一个生态系统。综合防治就是在育苗、移栽和养护管理过程中，通过有针对性地调节和操纵

生态系统里某些组成部分，以创造一个有利于植物及病虫天敌的生存，而不利于病虫滋生和发展的环境条件，从而预防或减少病虫的发生与为害。

2.从安全角度出发

根据设施植物生态系统里各组成成分的运动规律和彼此之间的相互关系，既针对不同对象，又考虑整个生态系统当时和以后的影响，灵活、协调地选用一种或几种适合棚室或温室实际条件的有效技术和方法，几项措施取长补短，相互辅佐，并注意实施的时间和方法，达到最好的防治效果。同时将对生态系统内外产生的副作用降到最低限度，既控制了病虫为害，又保护了人、畜天敌和植物的安全。

3.从保护环境、恢复和促进生态平衡、有利于自然控制角度出发

设施植物病虫害综合防治并不排除化学农药的使用，而是要求从病虫、植物、天敌、环境之间的自然关系出发，科学地选择及合理地使用农药，在设施中应特别注意选择高效、无毒或低毒、污染轻、有选择性的农药（如苏云金杆菌乳剂、灭幼脲等），防止对人畜造成毒害，减少对环境的污染，充分保护和利用天敌，逐步加强自然控制的各个因素，不断增强自然控制力。

4.从经济效益角度出发

防治病虫的目的是控制病虫的为害，使其为害程度低到不足以造成经济损失。因而经济允许水平（经济阈值）是综合治理的一个重要概念。人们必须研究病虫的数量发展到何种程度，才采取防治措施，以阻止病虫达到造成经济损失的程度，这就是防治指标。病虫为害程度低于防治指标，可不防治；否则，必须掌握有利时机，及时防治。

三、设施植物病虫害综合防治的策略

设施植物病虫害防治的原则和策略是贯彻“预防为主，综合防治”的植保方针来控制病虫害，是设施植物病虫害防治的关键策略。在综合防治中，以农业防治为基础，因地制宜，合理运用化学防治、生物防治、物理防治等措施，达到经济、安全、有效地控制病虫危害的目的。在防治上要从生态学观点出发，维护生态小环境平衡。在管理上要创造不利于病虫害发生的条件，减少或不用化学农药，保护天敌，提高自然的控制能力，保持设施植物生态的稳定。

四、设施植物病虫害综合防治方案的设计和制订

制订设施植物病虫害综合防治方案是一个非常复杂的问题，涉及设施生态系统的各个组分以及经济价值和社会效益等。因此，病虫害综合防治方案的设计，首先要尽量采取一些农业防治方法把病虫害限制在棚室之外或采取一些措施使之不利于害虫发生；然后要考虑发挥室内越冬天敌的自然控制作用；当病虫害种群数量超过一定水平时才考虑采用人工防治；人工防治措施还必须考虑对人类和有益生物安全。以建立一个最优的设施生态系统。同时，设施中生态系统始终处于动态变化之中，不同植物种类、不同病虫害群落、不同地域的生产管理水平，综合防治方案不可能有一个一成不变的模式，必要时必须进行相应的调整。然而，一个完善的综合防治体系的建立，仍然必须遵循一些一般性的指导原则和方法。

(1)了解设施内生物群落的组成结构及种群数量，确定主要病虫害和次要病虫害以及保护

利用的重要天敌类群。

(2)分析影响病虫害种群动态的自然因素的控制作用,特别是耕作制度、作物布局、生境适度等,明确病虫害的发生规律及种群数量变动规律,确定防治适期。

(3)研究各种病虫与寄主作物、天敌之间的关系以及病虫种群与为害损失的关系,结合防治成本、作物产值、经济和社会因素,制订科学的经济阈值。

(4)研究各种防治措施的作用,协调运用适当的防治措施,组建降低关键性病虫害发生概率的技术体系。选择防治措施应符合"安全、有效、经济、简易"的原则,尽量降低成本投入,提高经济效益。

(5)研究病虫害种群动态及有关的环境条件,发展可靠的监测技术,及时、准确预测病虫害的发生情况。

任务实施

一、实施条件

(1)实施场所　教室、设施基地。

(2)仪器与用具　记载本、铅笔、气象资料、病虫害历年发生情况资料等。

(3)其他　教材、PPT、影像资料、网上资源等。

二、实施方案

(一)基本情况调查

(1)了解某种设施植物的丰产栽培技术情况。

(2)了解掌握该种设施植物栽培品种的抗病性等情况。

(3)了解掌握该种设施植物主要常发生病害的种类、发生情况和发生规律。

(4)了解分析设施植物与露地植物主要病虫害种类发生情况的差别。

(5)了解棚室构造、使用年限、土壤类型、机械力量、灌溉条件、资金状况、作物布局、农民技术水平、历年防治措施等。

(6)了解分析当地前茬作物种类、土壤状况及对设施植物生产和主要病虫害发生发展的影响。

(二)设施植物病虫害综合防治方案的类型

(1)以一种主要病虫害为对象的综合防治方案,如制订"大棚黄瓜霜霉病综合防治方案"。

(2)以一种设施植物所发生的主要病虫害为对象的综合防治方案,如制订"温室君子兰病虫害综合防治方案"。

(3)以某一地区,如省、市、县、乡(镇)、村等为对象,制订"×××县(乡、村、镇等)大棚黄瓜病虫害综合防治方案"。

(三)设施植物综合防治方案的基本内容

标题：×××综合防治方案。

单位名称：略。

前言：概述本区域、设施植物、病虫害的基本情况。

正文包括：

(1)基本生产条件：分析土壤肥力、气候条件、灌溉和施肥水平等基本生产条件；

(2)主要栽培技术措施：前茬作物种类、栽培品种的特性、肥料使用计划、灌水量及次数、田间管理的主要技术措施指标等；

(3)分析发生的主要病害种类情况；

(4)综合防治措施：根据当地具体情况，依据设施植物及主要病虫害发生的特点统筹考虑、确定整合各种防治措施。

在正文中，以综合防治措施为重点，按照制订设施植物病虫害综合防治方案的原则和要求具体撰写。

任务考核

考核内容	考核标准	分值	得分	考核人
基本情况调查、查阅与记录	分组调查、查阅与记录某种设施植物栽培与病虫害发生的基本情况	30 分		组内互评
设施植物病虫害综合防治方案的制订	每位同学根据调查情况制订一份设施植物病虫害综合防治方案，标题、前言、正文等都符合要求	60 分		教师
团队协作	小组成员间团结协作	5 分		组内互评
方法能力	调查认真，态度端正	5 分		组内互评

项目二

农药的使用

项目目标

理解农药、毒性、残留、抗药性、药害、内吸剂等概念，认识一些常用的农药品种，掌握其使用特点，明确其防治对象，会选择使用各种药械，能根据药剂和药械的使用说明，会配制和安全、合理地施用农药，以生产出无公害农产品。

项目案例

灵丹妙药？

2001年10月的一天，我带学生到农场附近的蔬菜种植区进行实践教学，发现一农户在大棚里栽培的西葫芦出现异常：叶片先沿叶脉变白，后逐渐发展成全叶变为银白色。是什么原因所致？我很想一探究竟，找出“病因”。于是，将“病叶”带回实验室镜检，并分别向植物生理和蔬菜栽培老师请教，但未得出结论。一周后，再去西葫芦棚观察，发现西葫芦的症状有所缓解，菜农解释说，5天前，他慕名到20公里外的一家大农药店找专家看过，给开了药，回来喷了一遍就初见成效。我心想，专家就是专家，生产中出现的新问题能够立马解决，这就是本事，就应该向人家学习。于是，我向菜农借看专家开的处方，菜农即刻回家取来，上面写着：病毒A1包、链霉素2包、乙磷铝1包、吡虫啉1袋。看罢，我不禁哈哈大笑“高，实在是高，真是百病(虫)皆治的灵丹妙药！”

后来，在《植物保护》2002年第二期中我找到了答案，西葫芦的这种现象叫银叶反应，是由B型烟粉虱刺吸为害造成的。那么，“专家”开出的“灵丹妙药”中，你能说出各种药剂的防治对象吗？是哪种药剂起的作用？你能感悟出“大处方”的副作用吗？通过本项目各学习性工作任务的实施，你会找到答案的。

工作任务1　农药的辨识

任务提要

通过教材知识传授、观看视频、网络查询、文献查阅以及讨论分析等方法，理解农药概念，掌握农药的分类方法，认识常见的农药剂型，懂得农药毒性与残留的危害；通过实训室里的观察与操作，能从农药标签及包装上鉴别真假，能从农药理化性状上鉴别其质量的优劣。

知识准备

一、农药的分类

农药是指用于预防、消灭或控制危害农业、林业的病、虫、草和其他有害生物及有目的地调节植物、昆虫生长的化学合成或者来源于生物、其他天然物质的一种生物或几种生物的混合物及其他制剂。

农药的种类很多，根据不同的目的有多种分类方法。

（一）按防治对象分类

按防治对象农药可分为杀虫剂、杀菌剂、杀螨剂、杀线虫剂、杀鼠剂、除草剂、植物生长调节剂等。杀虫剂是用于防治害虫的药剂，如敌敌畏、苏云金杆菌等。杀螨剂是用于防治害螨的药剂，有专一性杀螨剂如尼索朗、克螨特等和兼有杀虫作用的杀虫杀螨剂如甲氰菊酯、哒螨酮等。杀菌剂是对植物病原菌具有毒杀或抑制生长作用的药剂，如波尔多液、百菌清等。除草剂是用于防除杂草的药剂，如氟乐灵、百草枯等。杀线虫剂是用于防治植物病原线虫的药剂，如威百亩、苯线磷等。杀鼠剂是用于防治害鼠的药剂，如敌鼠钠盐、氟鼠酮等。植物生长调节剂是用于促进或抑制植物生长发育的药剂，如赤霉素、乙烯利等。通常，在农药标签的下方，加一条与底边平行的不褪色的特征颜色标志带，以表示不同农药类别：除草剂为绿色，杀虫、螨、螺剂为红色，杀菌、线虫剂为黑色，杀鼠剂为蓝色，植物生长调节剂为深黄色。

（二）按来源分类

（1）无机农药　即用矿物原料加工制成的农药，如石硫合剂、氢氧化铜等。

（2）有机农药　即有机合成的农药，如辛硫磷、三唑酮等。

（3）生物源农药　即用生物或其代谢产物制成的农药，如阿维菌素、木霉菌等。

（三）按作用方式分类

1. 杀虫剂按作用方式可分为

（1）胃毒剂　通过消化系统进入虫体内，使害虫中毒死亡的药剂。如敌百虫，适合于防治咀嚼式口器的昆虫。

(2)触杀剂　通过与害虫虫体接触,药剂经体壁进入虫体内使害虫中毒死亡的药剂。如大多数有机磷杀虫剂、拟除虫菊酯类杀虫剂等。触杀剂对各种口器的害虫均适用,但对体被蜡质分泌物的介壳虫、木虱、粉虱等效果差。

(3)内吸剂　药剂易被植物组织吸收,并在植物体内运输、传导到植株的各部位,当害虫取食时中毒死亡。如氧乐果、吡虫啉等。内吸剂对刺吸式口器的昆虫防治效果好,对咀嚼式口器的昆虫也有一定效果。

(4)熏蒸剂　药剂以气体分子状态充斥其作用的空间,通过害虫的呼吸系统进入虫体而中毒死亡。如磷化铝等。

(5)特异性杀虫剂　这类药剂本身并无多大毒性,而是以其特殊的性能作用于昆虫。又可分为忌避剂如驱蚊油、樟脑;拒食剂如拒食胺;粘捕剂如松脂合剂;绝育剂如噻替派、六磷胺等;引诱剂如糖醋液;几丁质合成抑制剂如灭幼脲等。

实际上,杀虫剂的杀虫作用并不完全是单一的,多数杀虫剂往往兼具几种杀虫作用,如敌敌畏具有触杀、胃毒、熏蒸三种作用,但以触杀作用为主。在选择使用农药时,应注意选用其主要的杀虫作用。

2.杀菌剂按作用方式可分为

(1)保护剂　在植物感病前,把药剂喷布于植物体表面,形成一层保护膜,阻碍病原微生物的侵染,从而使植物免受其害的药剂,如波尔多液、代森锰锌等。

(2)治疗剂　在植物感病后,喷布药剂,以杀死或抑制病原物,使植物病害减轻或恢复健康的药剂。如苯醚甲环唑、霜霉威等。

二、农药的毒性与残留

(一)农药的毒性

农药毒性是指农药具有使人和动物中毒的性能。农药可以通过口服、皮肤接触或呼吸道进入体内,对生理机能或器官的正常活动产生不良影响,使人或动物中毒以致死亡。

1.农药毒性的类型

农药的毒性常分为以下三种类型:急性毒性指农药一次性进入动物体内后短时间引起的中毒现象。亚急性毒性指动物在较长时间内(一般连续3个月)服用或接触少量农药而引起的中毒现象。慢性毒性指小剂量农药长期连续用后,在体内积蓄造成机能损害所引起的中毒现象,在慢性毒性问题中,农药的致癌性、致畸性、致基因突变等特别引人重视。

2.农药毒性的大小

衡量农药毒性的大小常用致死中量与致死中浓度来反映。

(1)致死中量(LD_{50})　是在一定条件下能杀死供试动物半数的药剂的重量。计量单位为mg/kg体重。“mg”表示使用农药的剂量单位,“kg体重”指被试验的动物体重。中毒死亡所需农药剂量越小,其毒性越大;反之所需农药剂量越大,其毒性越小。如1605 LD_{50}为6 mg/kg体重,甲基1605 LD_{50}为15 mg/kg体重,这就表示1605的毒性比甲基1605要大。甲胺磷

LD_{50}为18.9～21 mg/kg体重，敌杀死LD_{50}为128.5～138.7 mg/kg体重。说明甲胺磷毒性比敌杀死大。

(2)致死中浓度(LC_{50}) 是在一定条件下能杀死供试动物半数的药剂浓度。单位mg/m^3。

3.我国农药毒性分级标准(表2-5)

表2-5 农药毒性分级标准

毒性分级	级别符号语	经口致死中量/(mg/kg)	经皮致死中量/(mg/kg)	吸入致死中浓度/(mg/m^3)
Ⅰa级	剧毒	≤5	≤20	≤20
Ⅰb级	高毒	＞5～50	＞20～200	＞20～200
Ⅱ级	中等毒	＞50～500	＞200～2 000	＞200～2 000
Ⅲ级	低毒	＞500～5 000	＞2 000～5 000	＞2 000～5 000
Ⅳ级	微毒	＞5 000	＞5 000	＞5 000

4.五类毒性农药一些品种

剧毒农药如久效磷、磷胺、甲胺磷、3911等；高毒农药如呋喃丹、氟乙酰胺、氰化甲、401、磷化锌、磷化铝、砒霜等；中毒农药如乐果、叶蝉散、速灭威、敌克松、402、菊酯类杀虫剂等；低毒农药如敌百虫、杀虫双、马拉硫磷、辛硫磷、乙酰甲胺磷、二甲四氯、丁草胺、草甘磷、托布津、氟乐灵、阿特拉津等；微毒农药如多菌灵、百菌清、乙磷铝、代森锌、灭菌丹、西玛津等。

(二)农药的残留

农药残留是农药使用后一个时期内没有被分解而残留于生物体、收获物、土壤、水体、大气中的微量农药原体、有毒代谢物、降解物和杂质的总称。食用含有大量高毒、剧毒农药残留引起的食物会导致人、畜急性中毒事故，而长期食用农药残留超标的农副产品，可引起人和动物的慢性中毒，导致疾病的发生，甚至影响到下一代。

农产品中的农药残留，主要是大量地施用农药，用含有农药残留的农产品或牧草作饲料，也会使畜禽的脂肪、肉、乳、蛋等含有农药。此外，农药在使用时，还可以散布到自然界中的各个领域，造成环境污染。当人们长期食用这些带有农药残留的食物，或者饮食农药污染的水时，将对人的健康产生影响。目前，对农产品、畜产品、水产品中农药的残留，普遍受到了重视。

农药允许残留量是指农药在食品中允许存在的最高限度的含量，小于这个残留限度的食品，长期食用仍可保证食用者的健康。目前，我国已制订了79种农药在32种(类)农副产品中197项农药最高残留限量(MRL)的国家标准，其中有关果蔬上的农药残留最高限量标准，例如百菌清≤1 mg/kg；除虫脲≤1 mg/kg；代森锰锌≤3 mg/kg(梨果)；代森锰锌≤ 5 mg/kg(小粒水果)；敌百虫≤0.1 mg/kg；毒死蜱≤1 mg/kg(梨果)；多菌灵≤0.5 mg/kg；甲霜灵≤1 mg/kg(小粒水果)；抗蚜威≤2.5 mg/kg；氰戊菊酯≤0.2 mg/kg；噻螨酮≤0.5 mg/kg(梨果)；三唑酮≤0.2 mg/kg；辛硫磷≤0.05 mg/kg；异菌脲≤10 mg/kg(梨果)；敌敌畏≤0.2 mg/kg等。

信息链接

农药残留与人类病害

近年相关研究表明，帕金森症、淋巴瘤、白血病、儿童性早熟、乳腺癌等很多疾病，源头直追农药的不当使用。经常接触农药的人患帕金森病的概率比没有接触过农药的人高90%，此外可导致糖尿病。在厄瓜多尔进行的研究结果显示，年龄在2～5岁的儿童中，那些生活在使用大量有机磷或其他农药的农田周边城镇中的孩子，表现出的学习能力和短期记忆能力相对较低。

三、农药的剂型与质量鉴别

（一）农药的剂型

农药剂型是指具有一定组分和规格的农药加工形态。一种剂型可以制成多种不同用途、不同含量的产品，即农药制剂。如敌敌畏乳油有50%、70%和80%等不同规格的制剂。

农药原药必须加工成适宜的剂型才能使用，目前世界上已有50多种农药剂型，我国已经生产和正在研制的有30余种。常见的有：

（1）粉剂（DP）　一种或多种药剂和填料与少量助剂经混合、粉碎再混合至一定细度的粉状制剂。粉剂不易被水湿润，不能对水喷雾用，一般高浓度的粉剂用于拌种、制作毒饵或土壤处理用；低浓度的粉剂用作喷粉。

（2）可湿性粉剂（WP）　在原药中加入一定量的湿润剂和填充剂，经机械加工成的粉末状物，可对水喷雾用。

（3）乳油（EC）　原药加入一定量的乳化剂和溶剂制成的透明状液体。适于对水喷雾用。用乳油防治害虫的效果比同种药剂的其他剂型好，残效期长，是目前生产上应用最广的一种剂型。

（4）颗粒剂（G）　原药加入载体（黏土、煤渣、玉米芯等）制成的颗粒状物。粒径一般在250～600 μm，如3%呋喃丹颗粒剂。主要用于土壤处理，残效长，用药量少。

（5）烟雾剂（S）　原药加入燃料、氧化剂、消燃剂、引芯制成。点燃后燃烧均匀，成烟率高，无明火，原药受热气化，再遇冷凝结成漂浮的微粒作用于空间。一般用于防治温室大棚、林地及仓库病虫害。

（6）超低容量制剂（ULV）　原药加入油质溶剂、助剂制成。专供超低容量喷雾，使用时不用对水而直接喷雾。

（7）可溶性粉剂（SP）　用水溶性固体农药制成的粉末状物。可对水使用，成本低，但不宜久存，不易附着于植物表面。

（8）片剂（TA）　原药加入填料制成的片状物。如磷化铝片剂。

（9）其他剂型　熏蒸剂、缓释剂、胶悬剂、毒笔、毒纸环、毒签、胶囊剂等。

随着农药加工技术的不断进步，各种新的剂型被陆续开发利用，如微乳剂、固体乳油、悬浮乳剂、可流动粉剂、漂浮颗粒剂、微胶囊剂、泡腾片剂等。

(二)农药质量鉴别常用的方法

(1)查看法　液体农药一般应透明且上无浮油、下无沉淀；粉剂或可湿性粉剂农药，一般含水量在5%以下，正常情况下不结块，呈粉末状。若药粉已结团成块或用手捏之成团，就说明已经失效或部分失效。

(2)水溶解法　取少许农药乳剂出放入盛有水的玻璃容器中，用力搅拌后观察溶解情况。若立刻变成乳白色液体，且上无浮油、下无沉淀，属真农药；若出现油水分离现象或溶解程度差，说明是劣质农药或假农药。

(3)摇荡法　一般乳剂农药瓶内出现上层浮油，下层沉淀的分层现象，可用力摇动药瓶，使农药均匀，静置1 h，若还是分层，证明农药变质失效，若分层消失，说明农药未失效。

(4)加热法　把已经产生沉淀的乳剂农药连瓶放入热水中，1 h后，未失效农药的沉淀会缓慢溶化，而失效农药的沉淀物不溶化。

(5)振荡烧灼法　取粉剂少量放在金属片上置于火上烧。若冒出白烟，证明未失效，否则说明已失效。

(6)悬浮法　取少量粉剂放在杯内，加适量水搅拌成糊状，然后加清水搅匀后放置一段时间，若有沉淀出现，则为伪劣农药。取少量可湿性粉剂，均匀地撒到水面上，在1 min内仔细观察，全部湿润入水，说明有效；若长时间地漂浮在水面上不湿润，说明失效或效果降低。

(7)试验法　可按使用说明配置好药液，喷施在已有病虫害的农作物上，若未达到防治要求，说明此药无效。

上面所介绍的几种方法，只能是粗略的简易鉴别。真正要知道这是什么农药？是不是你要购买的哪种？有效成分的含量是多少？就必须用化学分析方法或用气相色谱仪和液相色谱仪等先进的分析仪器来测定。

任务实施

一、实施条件

(1)实施场所　多媒体实训室。

(2)仪器与用具　玻璃瓶、试管、小勺、酒精灯、水浴锅(或简单的加热装置)、水、手套、口罩等。

(3)药品　粉剂、可湿性粉剂、乳油、悬浮剂、水剂、熏蒸剂、颗粒剂等各种农药剂型(包括正品与劣质、过期农药)。多种农药样本，如吡虫啉、敌敌畏、尼索朗、克螨特、甲氰菊酯、哒螨酮、波尔多液、百菌清、威百亩、苯线磷、氟乐灵、百草枯、敌鼠钠盐、氟鼠酮、赤霉素、乙烯利、石硫合剂、磷化铝、辛硫磷、三唑酮、阿维菌素、木霉菌、苯醚甲环唑、霜霉威、代森锰锌、灭幼脲、氧乐果、氢氧化铜、苏云金杆菌、毒死蜱等。

(4)其他　教材、PPT、相关图书、影像资料、网上资源等。

二、实施方案

(一)熟悉常用农药类型与品种

以小组为单位,将教师备好的常用的30个农药品种4 min内归类于杀虫剂、杀菌剂、杀螨剂、杀线虫剂、除草剂、杀鼠剂、植物生长调节剂。

(二)比较农药毒性的大小

至少观察并记录所供农药样本中20个农药品种的毒性各属哪种类型。

(三)常见农药剂型的观察

观察所供各种农药剂型的形态。

(四)从农药标签及包装上鉴别真假

农药产品包装必须贴有标签或附具说明书,上面应当注明农药名称、企业名称、地址、产品批号和农药登记证号或者农药临时登记证号、农药生产许可证号或者农药生产批准文件号。还应当注明农药的有效成分、含量、重量、产品性能、毒性、用途、使用技术、使用方法、生产日期、有效期和注意事项等。如上述标志残缺,尤其是农药名称、企业名称和地址、产品批号、有效成分、生产日期短缺或不完整,可能是假农药。此外,还可检查厂家包装的瓶、包、箱的封口,如有明显的拆封痕迹或现象,其质量就可疑。

(五)从农药理化性状上鉴别优劣

1. 粉剂

(1)外观　粉剂的外观应为疏松的细粉,无团块。

(2)吸湿性　在取药粉测吸湿性之前,先查看一下粉剂包装纸袋外面有没有潮湿的情况,如果有,当然是吸湿性大的表现。然后从袋里取出一点药粉倒在一张白纸上,拿起白纸,用拇指和食指在纸外面捏一下,如果粘成一片就表明这种药粉已吸潮,如果这种药粉是喷粉用的就表明质量不好;如果仍旧是松散的细粉,表明是好的喷粉药剂。

2. 可湿性粉剂

(1)外观　可湿性粉剂的外观应为很细的疏松粉末,无团块。

(2)湿润性　用一只大口的玻璃瓶,里面装上水,然后用小勺轻轻地从上面把一勺可湿性粉剂倒在水面上,2 min以后,如果能够全部湿透并且逐渐沉下的,就是润湿性好的可湿性粉剂;如果药粉还是漂在水面上,那就是润湿性差的药剂。用这种方法也可以区别出哪一种是可湿性粉剂,哪一种是粉剂。

(3)悬浮性　把上面测过湿润性的玻璃瓶口堵好,来回振摇30次,然后放置10 min,看一看。如果药液仍然是浑浊的,瓶底沉下的药粉不多时,就是悬浮性比较好的可湿性粉剂;如果有一多半都已沉下或者药液已经澄清,悬浮性能就不好;若全部药粉都已沉到瓶底时,就是悬浮性很差的可湿性粉剂;如果药剂凝成一团也说明不是好的可湿性粉剂。

3. 乳油

(1)外观 先观察药瓶里的乳油是不是已经分层,再看一看是不是已经浑浊,有没有结晶析出来,凡是不分层、不浑浊又没有结晶的乳油都是好的乳油。而有分层、浑浊或有结晶析出来的乳油就是已经变质的。

(2)乳化性 把一份体积的乳油倒进19份体积的水里,混合以后摇30下,然后静置半个小时,观察有没有油状物或膏状物浮在水面上,再看一看底部有没有沉淀物,如果都没有,就表明该药剂的乳化力很好;如果出现明显的沉淀物,或者水面有浮油、乳膏就是乳化性能差的乳油。

4. 悬浮剂

悬浮剂应为略带黏稠的、可流动的悬浮液,其黏度非常小,均匀。若因长时间存放出现分层,经手摇动可恢复均匀状态的,仍可视为合格产品。如果不能重新变成均匀的悬浮液,底部的沉淀物摇不起来,悬浮性能就不好。

5. 熏蒸剂

熏蒸用的片剂如呈粉末状,表明已失效。

6. 水剂

水剂应为均相液体,无沉淀或悬浮物,加水稀释后一般不出现混浊沉淀。

7. 颗粒剂

颗粒剂产品应粗细均匀,不应含有过多粉末。

任务考核

考核内容	考核标准	分值	得分	考核人
熟悉常用农药类型与品种的训练	完成任务且无差错的小组每人计满分,完不成任务少一种扣1分,归错一种则扣2分	30分		教师
比较农药毒性的大小	20个农药品种的毒性归类记录正确	10分		组内互评
常见农药剂型的观察	观察所供各种农药剂型的形态	5分		个人自评
从农药标签及包装上鉴别真假	观察所供各种农药的标签及包装,有没有"问题"农药	15分		教师
农药质量的简易鉴别	以小组为单位,对所分配的三种农药剂型,选用合适的方法进行质量鉴别	30分		教师
团队协作	小组成员间团结协作,无安全事故	5分		组内互评
方法能力	工作认真,操作熟练	5分		组内互评

工作任务2　农药的科学使用

任务提要

通过教材知识传授、观看视频、网络查询、文献查阅以及讨论分析等方法，掌握农药使用的各种方法、合理用药的原则、农药的稀释计算、安全用药、病虫抗药性的产生等知识；通过到实训室及设施基地实训，能够根据生产实际选择合适的用药方法，能够根据说明书会配制各种农药，并且在使用农药时能够做到安全、合理、防止抗药性的产生。

知识准备

一、农药的使用方法

农药的品种繁多，加工剂型也多种多样，同时防治对象的危害部位、危害方式、环境条件等也各不相同，因此，农药的使用方法也随之多种多样。常见的有：

1.喷雾

喷雾是借助于喷雾器械将药液均匀地喷布于防治对象及被保护的寄主植物上，是目前生产上应用最广泛的一种方法。适合于喷雾的剂型有乳油、可湿性粉剂、可溶性粉剂、胶悬剂等。在进行喷雾时，雾滴大小会影响防治效果，喷雾时要求均匀周到，最好不要选择中午，以免发生药害和人体中毒。

(1)常量喷雾　药械常为手动或电动喷雾器，每667 m^2喷洒药液量超过40 L，多为50～75 L，农药以水稀释，药液浓度小于1 000 mg/kg，雾滴中值直径为400～1 000 μm，是一种针对性喷雾法。适宜于水源丰富的地区防治植物基部病虫和用于土壤处理防除杂草，对叶面病虫也有较好的防效，但雾滴容易发生弹跳现象而滚落叶面，农药的流失较多，以致引起土壤和水源污染。

(2)低容量喷雾　药械常为机动弥雾机，是利用高速气流把药液喷散成雾状。以水稀释，药液浓度在0.8%～3%，每667 m^2喷洒药液量2.5～12.5 L，雾滴中值直径为150～250 μm，是一种针对性喷雾和飘移性喷雾相结合的喷雾方式，可以避免大雾滴所产生的弹跳滚落现象，且雾滴在植株间的分散性好，能达到防治病虫的有效雾滴覆盖密度标准。并通过植物对农药的内吸传导、渗透以及植物本身的呼吸、蒸腾、生理吐水等功能，使农药起到再分布的作用。低容量喷雾适用于防治农作物叶面病虫害。具有防治效果好、节省农药的优点，但不宜用于化学除草。由于农药使用浓度较高，高毒农药不能采用这种喷雾方法。

(3)超低容量喷雾　常用超低容量喷雾器，以油或水为载体，药液浓度达10%～60%，每667m^2喷液量0.15～0.5 L，雾滴中值直径为15～75 μm，也是一种飘移积累性喷雾。适用于少水地区，防治暴发性病虫害，不能用于农田化学除草。具有工效高、节省农药、防治及时、不用水的优点，但操作技术严格、雾滴受气流影响大，施用不当会产生药害。

2. 喷粉

喷粉是利用喷粉器械产生的风力，将粉剂均匀地喷布在目标植物上的施药方法。此法最适于干旱缺水地区使用。适于喷粉的剂型为粉剂。此法的缺点是用药量大，粉剂粘附性差，效果不如同药剂的乳油和可湿性粉剂好，而且易被风吹失和雨水冲刷，污染环境。因此，喷粉时，宜在早晚叶面有露水或雨后叶面潮湿且无风条件下进行，使粉剂易于在叶面沉积附着，以提高防治效果。

3. 土壤处理

是将药粉用细土、细沙、炉灰等混合均匀，撒施于地面，然后进行耧耙翻耕等，主要用于防治地下害虫或某一时期在地面活动的昆虫。如用5%辛硫磷颗粒剂1份与细土50份拌匀，制成毒土。

4. 拌种、浸种或浸苗、闷种

拌种是指在播种前用一定量的药粉或药液与种子搅拌均匀，用以防治种子传染的病害和地下害虫。拌种用的药量，一般为种子重量的0.2%～0.5%。

浸种或浸苗是指将种子或幼苗浸泡在一定浓度的药液里，用以消灭种子幼苗所带的病菌或虫体。

闷种是把种子摊在地上，把稀释好的药液均匀地喷洒在种子上，并搅拌均匀，然后堆起重闷并用麻袋等物覆盖，经一昼夜后，晾干即可。

5. 毒饵、毒谷

利用害虫喜食的饵料与农药混合制成，引诱害虫前来取食，产生胃毒作用将害虫毒杀而死。常用的饵料有麦麸、米糠、豆饼、花生饼、玉米芯、菜叶等。饵料与敌百虫、辛硫磷等胃毒剂混合均匀，撒布在害虫活动的场所。主要用于防治蝼蛄、地老虎、蟋蟀等地下害虫，毒谷是用谷子、高粱、玉米等谷物作饵料，煮至半熟有一定香味时，取出晾干，拌上胃毒剂，然后与种子同播或撒施于地面。

6. 熏蒸

熏蒸是利用有毒气体来杀死害虫或病菌的方法，一般应在密闭条件下进行。主要用于防治温室大棚、仓库、蛀干害虫和种苗上的病虫。例如用磷化锌毒签熏杀天牛幼虫、用氯化苦熏蒸棚内土壤等。

熏烟法是应用烟剂农药，将农药点燃后产生浓烟弥散于空气中，起到防治病虫害的作用。主要用于防治温室、大棚、仓库等密闭场所的病虫害。

7. 涂抹、毒笔、根区撒施

涂抹是指利用内吸性杀虫剂在植物幼嫩部分直接涂药，或将树干刮去老皮露出韧皮部后涂药，让药液随植物体运输到各个部位。此法又称内吸涂环法。如在石楠上涂40%氧乐果5倍液，用于防治绣线菊蚜，效果显著。

毒笔是采用触杀性强的拟除虫菊酯类农药为主剂，与石膏、滑石粉等加工制成的粉笔状毒笔。用于防治具有上、下树习性的幼虫。毒笔的简单制法是：用2.5%的溴氰菊酯乳油按1∶99与柴油混合，然后将粉笔在此油液中浸渍，晾干即可。药效可持续20 d左右。

根区施药是利用内吸性药剂埋于植物根系周围。通过根系吸收运输到树体全身，当害虫取食时使其中毒死亡。如用3%呋喃丹颗粒剂埋施于根部，可防治多种刺吸式口器的害虫。

8. 注射法、打孔法

用注射机或兽用注射器将内吸性药剂注入树干内部，使其在树体内传导运输而杀死害虫。一般将药剂稀释2～3倍，可用于防治天牛、木蠹蛾等。

打孔法是用木钻、铁钎等利器在树干基部向下打一个45°角的孔，深约5 cm，然后将5～10 mL的药液注入孔内，再用泥封口，药剂浓度一般稀释2～5倍。

9. 其他方法

如泼浇法、点心法、插毒签法、毒纸毒杀等。

总之，农药的使用方法很多，在使用农药时可根据药剂的性能及病虫害的特点灵活运用。例如，防治地下害虫或危害地面作物基部的害虫，应选择毒饵法；防治种子或幼苗带菌，可用浸种浸苗法；防治温室、塑料大棚等密闭环境中生长的作物病虫害，可选用熏蒸、熏烟法等。

二、农药的合理使用

农药的合理使用就是要求贯彻"经济、安全、有效"的原则，从综合治理的角度出发，运用生态学的观点来使用农药。在生产中应注意做好以下几点：

1. 正确选药

各种药剂都有一定的性能及防治范围，即使是广谱性药剂也不可能对所有的病害或虫害都有效。因此，在施药前应根据实际情况选择合适的药剂品种，切实做到对症下药，避免盲目用药。

2. 适时用药

在调查研究和预测预报的基础上，掌握病虫害的发生发展规律，抓住有利时机用药。既可节约用药，又能提高防治效果，而且不易发生药害。如一般药剂防治害虫时，应在初龄幼虫期，此时幼虫集中，体小，抗药力弱，施药防治最为适宜。药剂防治病害时，一定要用在植物发病之前或发病早期，尤其需要指出保护性杀菌剂必须在病原物接触侵入植物体前使用，除此之外，还要考虑气候条件及物候期。

农药的施用一般选在晴天的早上或傍晚，切忌在阴雨或大风天气喷洒农药。

3. 适量用药

施用农药时，应根据用量标准来实施，如规定的浓度、单位面积用量等，不可因防治病虫心切而任意提高浓度、加大用药量或增加使用次数。否则，不仅会浪费农药，增加成本，而且还易使植物产生药害，甚至造成人畜中毒。另外，在用药前，还应搞清农药的规格，即有效成分的含量，然后再确定用药量。如常用的杀菌剂福星，其规格有10%乳油与40%乳油，若10%乳油稀释2 000～2 500倍使用，40%乳油则需稀释8 000～10 000倍。

4. 保证施药质量

农药的各种剂型都有其特定的使用器械和方法，因此施药时应当根据农药的剂型和病虫、草、鼠害的种类及为害的部位，选择正确的施药方法和器械，以保证药剂均匀分布在作物或有害生物的表面，达到科学、高效的防治效果。

5. 交互用药

长期使用一种农药防治某种害虫或病菌，易使害虫或病菌产生抗药性，降低防治效果，病虫害越治难度越大。这是因为一种农药在同一种病虫上反复使用一段时间后，药效会明显降低，为了提高防治效果，不得不增加施药浓度、用量和次数，这样反而更加重了抗药性的发展。因此应尽可能地轮回用药，所用农药品种也应尽量选用不同作用机制的类型。

6. 混合用药

将2种或2种以上的对病虫害具有不同作用机制的农药混合使用，以达到同时兼治几种病虫、提高防治效果、扩大防治范围、节省劳力的目的。如灭多威与菊酯类混用、有机磷制剂与拟除虫菊酯混用、甲霜灵与代森锰锌混用等。农药之间能否混用，主要取决于农药本身的化学性质。农药混合后它们之间应不产生化学和物理变化，才可以混用。

三、农药的稀释计算

(一)药剂浓度表示法

目前，我国在生产上常用的药剂浓度表示法有倍数法、百分比浓度(%)和百万分浓度(摩尔浓度法)。

倍数法是指药液(药粉)中稀释剂(水或填料)的用量为原药剂用量的多少倍，或者是药剂稀释多少倍的表示法。通常有内比法和外比法2种配法：

用于稀释100倍(含100倍)以下时用内比法，即稀释时要扣除原药剂所占的1份。如稀释10倍液，即用原药剂1份加水9份。

用于稀释100倍以上时用外比法，计算稀释量时不扣除原药剂所占的1份。如稀释1 000倍液，即可用原药剂1份加水1 000份。

百分比浓度(%)是指100份药剂中含有多少份药剂的有效成分。百分浓度又分为重量百分浓度和容量百分浓度。固体与固体之间或固体与液体之间，常用重量百分浓度，液体与液体之间常用容量百分浓度。

百万分浓度(摩尔浓度)法是指100万份农药中，有效成分所占的份数，符号是ppm(或微克/毫升；毫克/升；克/立方米 等)。

(二)浓度表示法之间的换算

百分浓度与百万分浓度之间的换算：百万分浓度(ppm)＝10 000×百分浓度

倍数法与百分浓度之间的换算：百分浓度(%)＝(原药剂浓度/稀释倍数)

(三)农药的稀释计算

1. 按有效成分的计算

通用公式：原药剂浓度×原药剂重量＝稀释药剂浓度×稀释药剂重量

(1)求稀释剂重量

①计算100倍以下时：

$$稀释剂重量=\frac{原药剂重量\times(原药剂浓度-稀释药剂浓度)}{稀释药剂浓度}$$

例：用40%福美砷可湿性粉剂10 kg，配成2%稀释液，需加水多少？

计算：10×(40%～2%)÷2%＝190(kg)

②计算 100 倍以上时：

$$稀释剂重量=\frac{原药剂重量\times原药剂浓度}{稀释药剂浓度}$$

例：用 100 mL 80%敌敌畏乳油稀释成 0.05% 浓度，需加水多少？

计算：100×80%÷0.05%÷1 000＝160(kg)

(2)求用药量

$$原药剂重量=\frac{稀释药剂重量\times稀释药剂浓度}{原药剂浓度}$$

例：要配制 0.5%氧乐果药液 1 000 mL，求 40%氧乐果乳油用量。

计算：1 000×0.5%÷40%＝12.5(mL)

2.根据稀释倍数计算

(1)计算 100 倍以下时：

稀释药剂重＝原药剂重量×稀释倍数－原药剂重量

例：用 40%氧乐果乳油 10 mL 加水稀释成 50 倍药液，求稀释液重量。

计算：10×50－10＝490(mL)

(2)计算 100 倍以上时：

稀释药剂重＝原药剂重量×稀释倍数

例：用 80% 敌敌畏乳油 10 mL 加水稀释成 1 500 倍药液，求稀释液重量。

计算：10×1 500÷1 000＝15(kg)

(四)课堂练习题

1.用 2%阿维菌素乳油稀释 2 000 倍灌根防治茄子根结线虫(茄株密度为 3 000 株 / 667 m^2)。问：(1)一喷雾器水(15 kg)应对多少药？(2)若每棵植株浇灌 300 g 药液，400 m^2 的大棚一次需用 2%阿维菌素乳油多少克？

2.用乙磷铝·锰锌与普力克混合喷雾防治黄瓜霜霉病，标签上的推荐用量分别是：70% 乙磷·锰锌可湿性粉剂稀释 500 倍，72.2%普力克水剂75 g/667 m^2，问：一喷雾器水(15 kg)应对多少药？

四、农药的安全使用

使用农药防治植物病虫害，要做到对人、畜、天敌、植物及其他有益生物的安全。

(一)解决农药毒性的途径

现代农药发展方向应该是高效、低毒、低残留、与环境相容性好。那么，如何解决农药的毒性问题呢？

1.禁止使用毒性问题比较严重的农药老品种

我国已先后停产禁用的农药品种有：剧毒的氟乙酰钠、氟乙酰胺、毒鼠强、狄氏剂、艾氏剂、内吸磷；高毒及有环境毒性问题的有机汞杀菌剂、无机砷杀虫剂、甲胺磷、对硫磷、甲基对硫磷、久效磷、磷胺；高残留的六六六、滴滴涕、毒杀芬；慢性毒性的二溴乙烷和除草醚（三致）、二溴氯丙烷（致突变、致癌、致男性不育）、敌枯双、2,4,5-涕、三环锡（致畸）、杀虫脒（致癌）。

限用作物或场所的有：甲拌磷、治螟磷、棉安磷、异丙磷、硫丹、水胺硫磷、氧乐果、甲基异柳磷、地虫硫磷、灭多威、克百威、涕灭威、磷化铝、磷化钙、氯化苦、溴甲烷、丁酰肼、磷化锌等。

2.科学用药，避开农药的毒性

(1)遵守农药的限用范围，禁止在蔬菜、果树、茶叶中草药材上使用的农药有：甲拌磷、甲基异柳磷、克百威、灭线磷、苯线磷等。

(2)遵守农药的安全间隔期，农药的安全间隔期是指最后一次施药距作物收获的间隔期。我国已制订出常用农药在主要作物上施用的安全间隔期。如果作物的生长后期发生了病虫害，防治时要选用安全间隔较短的农药，不要乱用药。

(3)遵守农药的使用方法，甲拌磷、克百威、涕灭威等，只准做种子、土壤处理，不可茎叶喷雾。

(4)严格遵守农药操作规程。

(5)推广使用高效、低毒、低残留、与环境相容性好的农药。

(二)预防人畜中毒的措施

(1)施药人员应身体健康，经过培训，具备一定植保知识。年老、体弱人员、儿童及孕期、哺乳期妇女不能施药。

(2)检查施药药械是否完好。喷雾器中的药液不要装得太满，以免药液溢漏，污染皮肤和防护衣物；施药场所应备有足够的水、清洗剂、急救药箱、修理工具等。

(3)穿戴防护用品。如手套、口罩、防护服等，防止农药进入眼睛、接触皮肤或吸入体内。施药结束后，应立即脱下防护用品，装入事先准备好的塑料袋中。带回后立即清洗2～3遍，晾干存放。

(4)注意施药时的安全。下雨、大风天气、高温时不要施药；要始终处于上风位置施药，不要逆风施药；施药期间不准进食、饮水、吸烟；不要用嘴去吹堵塞的喷头，应用牙签、草杆或水来疏通。施药人员每天喷药时间一般不得超过6 h。使用背负式机动药械，要两人轮换操作。

(5)掌握中毒急救知识。如农药溅入眼睛内或皮肤上，及时用大量清水冲洗；如出现头痛、恶心、呕吐等中毒症状，应立即停止作业，脱掉污染衣服，携农药标签到最近的医院就诊。

(6)正确清洗施药器械。施药药械每次用后要洗净，不要在河流、小溪、井边冲洗，以免污染水源。农药废弃包装物严禁作为它用，不能乱丢，要集中存放，妥善处理。

(三)农药对植物的药害

1.药害

药害是指用药不当对植物造成的伤害。各种农药（杀菌剂、杀虫剂、杀线虫剂、除草剂、植物生长调节剂等）、化学肥料如使用浓度过高，或用量过大，或使用时期不适宜，均可对植物造成化学伤害。植物药害可以按照发生的时间快慢可分为：

(1)急性药害　是指用药几小时内或几天内出现药害的现象。表现是:叶片出现斑点、失绿、黄化等;果实变褐、表面出现药斑;根系发育不良或形成黑根、鸡爪根等,严重时造成落叶、落花、落果,甚至全株死亡。施用无机的铜、硫杀菌剂和有机砷类杀菌剂容易引起急性药害。

(2)慢性药害　是指用药后药害现象出现的相对缓慢。表现是:植株矮化、生长发育受阻、开花结果延迟、落花落果增多、产量和品质下降等。

(3)二次药害　一般多为除草剂,对当前茬没有什么影响,对下茬有抑制作用。

2. 药害发生的原因

作物发生药害的原因很多,可从以下几个方面来分析:

(1)药剂种类选择不当。如波尔多液含铜离子浓度较高,多用于果园,蔬菜、花卉由于组织幼嫩,易产生药害。

(2)部分植物对某些农药品种过敏。如碧桃、寿桃、樱花等对敌敌畏敏感,桃、梅类对乐果敏感,桃、李类对波尔多液敏感等。

(3)在植物敏感期用药。如各种花卉的开花期是对农药最敏感的时期之一,用药宜慎重。

(4)高温、雾重及相对湿度较高时易产生药害。温度高时,植物吸收药剂及蒸腾较快,使药剂很快在叶尖、叶缘集中过多而产生药害;雾重、湿度大时,药滴分布不均匀也易出现药害。

(5)浓度高、用量大。为克服病虫害之抗性等原因而随意加大浓度、用量,易产生药害。

因此,在使用农药前,必须综合分析,全面考虑,既要防治病虫,又避免植物产生药害。

3. 药害发生后的补救措施

植物发生药害后,常用的补救措施有以下几种:

(1)清水(或略带碱性水)冲洗。根据用药方式,如根际施药或叶面施药的不同,分别采用清水冲洗根部或叶面淋洗的方法,去除残留农药。

(2)加强肥水管理。例如迅速增施速效肥,使受害植株尽快恢复健康,消除或减轻药害造成的影响。

(3)药物中和。腐殖酸钠3 000倍液会使白化的叶片逐渐转绿,400～500 倍的米醋液能中和石硫合剂,乐果、对硫磷等发生药害时,可喷用 200 倍的硼砂液,0.5%～1%石灰水可解除波尔多液、硫酸铜药害。

(4)药物调节。施用抗逆或解毒药剂及合适的植物生长调节剂,如解害康、天达 2116、害休等。

(5)去除药害较严重的部位。

(四)安全用药、保护天敌

由于大量地、不合理地使用广谱性农药,造成天敌大量死亡,破坏了生态平衡,导致某些有害生物的再猖獗和原来的一些次要的有害生物的大发生,因此,保护和利用天敌,不但可以持续、有效地控制有害生物的发生和危害,而且可以减少用药,降低污染。那么,究竟该如何保护天敌呢?

(1)选用隐蔽式用药方法,如拌种、处理土壤、点心、涂茎、注射法等施药方法,将药剂施在害虫发生部位或植株局部,可避免大面积施药对天敌造成的伤害。

(2)选用选择性强的农药,如抗蚜威、矿物油乳剂、石硫合剂、松碱合剂、苏云金杆菌、白僵菌、楝素、灭幼脲、抑太保、烟碱、吡虫啉类、吡丙醚、噻嗪酮等。

(3)选用残效期短的农药,如辛硫磷、敌敌畏等。

(4)避开天敌繁殖期用药。掌握有害生物与天敌的种类和发生情况,避免在天敌的盛发期和敏感期施药。

五、病虫抗药性的产生及预防

(一)概念

在一个地区长期连续使用一种农药防治同一种病、虫,往往药效明显减退,甚至无效,这就是病虫产生了抗药性。

近70年来,产生抗药性的害虫种类已达600余种,病菌发生抗药性的种类也有数十种之多。特别是一些菊酯类杀虫剂和内吸性杀菌剂,连续使用数年,防治效果大幅度降低。

某些病虫产生抗药性后,可能会伴随着下列现象的出现,值得我们在生产中注意或应用。交互抗性是指有些生物对一种农药产生抗性后,对另一种或几种毒害机理相同的农药也能产生抗性。负交互抗性是指昆虫对一种杀虫剂产生抗性后,反而对另一种杀虫剂表现特别敏感的现象。如对敌百虫产生抗性的菜青虫对辛硫磷特别敏感。

(二)抗药性形成的原因

(1)抗药性是有害生物长期对外来有毒化学物质选择适应的结果。同一病虫的种群中,少数耐药能力大(敏感性差)的个体,接触到一定剂量的药剂仍能存活下来,经过反复多次的选择,就慢慢产生抵抗药剂的能力。再经过多次的繁殖,将抗药能力遗传给后代,就形成了抗性种群。

(2)代谢解毒能力的增加是害虫产生抗药性的重要原因。当药剂达到害虫的作用部位前,昆虫体内的多功能氧化酶能迅速降解多种有毒化合物,代谢为无毒化合物。

(3)病虫生理生育的特性,促进病虫抗药性的形成。那些年发生代数多、繁殖快的害虫,如蚜虫、红蜘蛛等,一年可繁殖几代甚至几十代,容易产生抗药性。

(4)由于害虫的龄期增大,害虫体内的脂肪量增多。增加了对进入体内药剂的抵抗力。害虫表皮穿透性和渗透性的降低也是形成抗药性的原因之一。其他还有如基因的变化,药剂作用部位的变化,适应酶的形成等的因素,都能促进病虫草对药剂抗药性的迅速形成。

(三)抗药性的预防措施

1.交替用药

轮换使用作用机制不同的农药品种,是延缓有害生物产生抗药性的有效方法之一。例如杀虫剂中有机磷制剂、拟除虫菊酯类制剂、有机氮制剂、生物制剂等几大类,其作用机制都不同,可轮换使用;杀菌剂一般接触性杀菌剂如代森类、无机硫制剂类、铜制剂类都不大容易引起抗药性,是较好的可轮换用药。需要注意的是一般内吸杀菌剂如苯并咪唑杀菌剂(多菌灵、托布津等)及抗生素类杀菌剂等,比较容易引起抗药性。

2.混合用药

为减缓抗药性的发生速度,采用两种作用方式和机制不同的药剂混合使用,如灭多威与菊酯类混用;双硫灭多威与氨基甲酸酯、有机磷混用;有机磷制剂与拟除虫菊酯混用;瑞毒霉与代森锰锌混用。混配的农药同样也不能工期单一使用,也须轮换用药,否则也会引起抗药性产生。

3. 间断用药

已产生抗药性的药,在一段时间内停止使用,抗药性现象可能逐渐减退,甚至消失。如过去防治棉蚜使用的内吸磷、对硫磷等引起蚜虫的抗药性,经过一段时间停止使用后,抗药性基本消失,药剂的毒力仍可恢复。

4. 加用增效剂

增效剂本身对防治对象一般无毒效,在一些种类的农药中加入一定量的增效剂,可以使药剂表现明显的增效作用。

5. 讲究用药技术,提高防治质量

要严格控制用药的数量、浓度和次数,掌握用药的时机,当病虫害一旦发生,就要尽快用药,治早、治好。如果等到害虫繁殖几代,数量多了,打一次压不下去,连续打几次药或增加用药剂量,并不能收到好的效果,害虫反而容易产生抗药性。滥施、多施药剂,只能在时间上、空间上造成高的选择压力,有利于病虫抗药性的发展。

6. 实行综合防治

单用化学药剂防治农业病虫害,不但会使病虫产生抗药性,而且也会把大量的天敌毒死,使病虫更猖獗起来。应根据其生活的特性分别选用农业防治、生物防治和药剂防治,并使之密切配合,有机协调,有效地控制病虫的危害。

任务实施

一、实施条件

(1)实施场所　多媒体实训室、实训基地。

(2)仪器与用具　量杯或量筒、麦麸(或米糠、豆饼等)、细土、细沙(或固体肥料)、蔬菜种子、水、手套、口罩、记录本等。

(3)用具与药品　敌百虫、辛硫磷、吡虫啉、阿维菌素、苏云金杆菌、白僵菌、印楝素、灭幼脲、扑虱灵、代森锰锌、百菌清、可杀得、粉锈宁、甲霜灵、苯醚甲环唑、普力克、疫霉灵、甲基硫菌灵、农用链霉素、杀毒矾、多菌灵等。

(4)其他　教材、相关图书、PPT、视频、影像资料、网上资源等。

二、实施方案

1. 农药的稀释计算训练

每小组对教师指定的两种农药进行稀释计算,明确药剂的稀释倍数、每 667 m^2 的用药量,以及每喷雾器水(15 kg)应对多少药。

2. 农药配制与使用方法的训练

(1)工作任务　通过小组抽签或教师指定,各小组完成下列某一项工作任务,并相互参观、介绍、评价工作任务完成情况。①制作 2 kg 毒饵并施用。②制作 2 kg 毒土并施用。③药剂拌 5 kg 种子。④药剂灌根 20 棵植株。

(2)农药配制要求 农药配制应采用“二次法”进行操作:用水稀释的农药,先用少量水将农药制剂稀释成“母液”,然后再将“母液”进一步稀释至所需要的浓度。用固体载体稀释的农药,应先用少量稀释载体(细土、细沙、固体肥料等)将农药制剂均匀稀释成“母粉”,然后再进一步稀释至所需要的用量。

(3)注意事项 准确量取农药,量具应专用,使用后要清洗。量取农药后,封闭原农药包装并将其安全贮存。配制现混现用的农药,应按照农药标签上的规定或在教师的指导下进行操作。

(4)写好用药档案记录 每次施药应记录天气状况、作物种类、天敌状况、用药时间、药剂品种、防治对象、用药量、对水量、喷洒药液量、施用面积、防治效果、安全性。

3. 药害实验

每小组在 2～4 棵健康植株上设计并实施一个药害对比试验,并尝试恢复,通过观察、记录,写出总结报告。

任务考核

考核内容	考核标准	分值	得分	考核人
农药稀释计算的训练	计算方法合理,结果正确	30 分		教师
农药配制与使用方法的训练	准备充分,操作熟练、无差错,写好用药档案记录	30 分		组间互评
药害实验	设计合理,药害明显,恢复有成效,总结报告规范	30 分		教师
团队协作	小组成员间团结协作,任务完成顺利	5 分		组内互评
方法能力	工作认真,态度端正	5 分		组内互评

工作任务 3 设施内常用药械的使用

任务提要

了解电动喷雾器与烟雾机的工作原理、使用特点与构造,通过在设施内实际操作作业,学会使用与维护方法,并能对常见故障进行排除。

知识准备

用于化学防治植物病虫害的植保机械一般分为喷雾器、弥雾机、超低容量喷雾机、喷粉机和烟雾机等。其中,根据动力方式不同,又分为手动式、机动式、机引式和航空防治机械等。下面就我国目前在设施内使用最广泛的电动喷雾器与烟雾机做以介绍。

一、电动喷雾器

(一)使用特点

电动喷雾器以蓄电池作为能源,驱动微型电机带动离心泵加压,使药液通过管子、喷杆、喷头均匀喷雾。具有操作简单、使用方便快捷、压力大、雾化好、喷雾均匀、使用成本低等优点,充电一次只需 4～6 h、可连续工作 5～8 h,比普通手压喷雾器提高工作效率 2～3 倍,使用时只需轻轻按下电源开关就可达到您理想的效果。是喷雾器理想的更新换代产品。除用在设施内,也可以用于大田作物、公共场所以及养殖场的消毒防疫等作业。

(二)操作规程

(1)安装　把输出药管接上手柄、喷杆、喷头(注意每个接口必须加防水皮垫)。

(2)充电　充电时必须使用本机的配套充电器。先把充电器输出插头入药桶上的充电孔,再把充电器插在 220 V的电源上.充电器亮红灯表示正在充电,充电器绿灯亮,说明插孔没插好,需插牢靠(若插牢靠后仍亮绿灯,说明电瓶电量足,不需要充电)。一般充电时间为 8～12 h,每次使用完毕即充满电存放。如果喷雾器长时间不用,2 个月充一次电,可以延长电瓶的使用寿命。

(3)加药　有草的水,粉剂农药,应先在一容器内溶解,静止 1～2 min,经滤网将药液沉淀的杂质倒掉,以防堵塞水泵(沉淀的杂物大多是滑石粉和细陶土,没有防治效果)。

其他操作规程可参照背负式喷雾器。

(三)故障排除(表 2-6)

表 2-6　电动喷雾器故障排除

故障	故障原因	排除方法
交界处漏水	接头未拧紧或垫圈损坏	拧紧接头更换垫圈
压力不足泵不出水	电瓶充电不足或泵头内阀芯膜片损坏或点击前后轴承间隙磨损过大	充电时,更换泵头内的 4 个阀座阀芯或更换电机
充不进电	电瓶或充电器损坏	更换充电器或电瓶
隔膜泵噪声大泵不出水	电机定位板或泵头与电机链接的两个螺丝松动	拆下泵头拧紧电机定位板上的两个螺丝,再安上泵头拧紧泵头与电机的两个链接螺丝
点击出现异常响声	水泵内进杂物,水泵叶轮摩擦泵边	拆下水泵检查清理杂物
喷雾器压力不足	电瓶电量不足,水泵密封损坏	充电式,更换水密封
雾化不良	喷头内有杂物	清除杂物

(四)注意事项

(1)严禁使用不同品牌喷雾器的充电器进行充电,离心泵电动喷雾器严禁无水空转。

(2)严禁将整机浸入水中,以免发生电瓶爆炸和电器损坏事件。

(3)严禁放在易燃易爆物品、有水或潮湿的地方进行充电。

(4)严禁把充电器放进水中或潮湿的药液桶内(电子元件沾水必被损坏)。

(5)用完后应用清水把桶内的残留药液洗净,并打开电源开关将水泵、管壁及喷杆、喷头内的残留药液冲净,将余水清除放置阴凉干燥处,以免受潮损坏电机、电池等其他零部件。

(6)停用时应充满电,每 2 个月充电 1 次。新电瓶放空电 15 d 内不充电电瓶即报废。

二、烟雾机

烟雾机也称烟雾打药机,属于便携式农业机械。烟雾机分触发式烟雾机、热力烟雾机、脉冲式烟雾机、燃气烟雾机,燃油烟雾机等。下面以目前最先进的脉冲式烟雾机为例做以介绍。

(一)工作原理

脉冲式烟雾机是以脉冲式喷气发动机为动力,利用其尾气的热能和动能把油性药物汽化后喷出成烟雾状而达到良好防治病虫害效果的新型超低容量喷雾设备工作原理可概括为,采用火箭动力原理,是一种以平衡增压式化油器为动力源施放烟雾的机械:用打气筒打气→给油箱压力→汽油进入化油器雾化→雾化的汽油在燃烧室爆炸→加热护管→爆炸的热量使药液形成烟雾。

(二)使用特点

脉冲式烟雾机可以把药物和肥料制成烟雾状,有极好的穿透性和弥漫性,附着性好,抗雨水冲刷强,操作方便,用水量少,可大幅度减少药液用量,工作效率高,杀虫灭菌效果好,防治高度大于 15 m,施药效率达 20~50 个667 m^2/h。但烟雾机价格高,药物(尤其是粉剂类药物)易受高温影响发生变性而丧失药效。需要注意的是国家要求烟雾机要拥有 3C 认证,以保障用户的质量安全。

(三)操作规程

(1)接通电源之前,检查烟雾机的油桶里是否加入了烟雾油,油箱不能完全加满,8 成满左右即可。

(2)仔细核对电源电压与烟雾机额定电压相符。

(3)电源应接在有地线的电源上。

(4)连接不同控制器(根据不同型号的烟雾机,控制方法分 512 控台控制、有线控制、无线遥控控制、多重控制),可实现不同控制功能。

(5)将电源开关打开(电源开关指示灯亮),烟机处于工作状态。

(6)机器启动后先调试好工作油门，运行 30 s 左右后，预热稳定，指示灯亮，打开控制器开关，实现烟雾喷射(烟雾机第一次工作时，可能烟雾会较小或喷出少量水气，属正常情况)。

(7)如果药剂为液体，设施内用量一般 80～100 g/667 m^2，加水 1～2 kg。用药量太大会影响作物的光合作用甚至造成叶片下垂。如果为粉剂农药，药箱最多加 500 g 左右。以防过多造成喷嘴堵塞熄火。

(8)施药时喷口不能直对作物，保持在 1 m 左右，以防产生药害。

(四)维护

(1)冬季因为天冷容易造成单向阀膜片的粘连，从而导致药箱无法正常供压。把单向阀膜片重新整理翻个或者重新换一个即可。单向阀膜片加了密封垫后只要能够转动就能正常供压。

(2)供油少或者机器不稳定快熄火时或者工作结束时一定先关闭药液阀再停机，否则容易造成药液倒流，点火棒和喷管口容易产生积炭。打粉剂农药多也容易产生积炭，导致点火不良。及时清理积碳包括点火棒、喷管口、燃烧室喉管连接处。

(3)喷管口和点火棒积碳的及时清理，每日工作结束药路管路的及时清洗。维护保养的好机器使用寿命长，性能稳定。

(4)工作期间加注汽油时，要待机器冷却 5～10 min 后加漏斗正确加油，或者加挡板把燃烧室和邮箱隔开加油，否则机器过热汽油挥发导致燃烧。

(5)启动时如果没有爆破声说明启动太猛导致呛油，可以按住点火开关打开油箱盖打气来排除燃烧掉多余的油，即可正常启动工作。

(6)添加烟油必须小心，防止烟油流入机器，在移动运输前，一定要倒出桶内烟油并且擦干任何液体。

(五)故障排除

烟雾机最常见的故障是在使用一段时间后喷雾小或不喷雾，排除方法是：

(1)检查气路管道有无破裂和漏气，单向阀内是否有杂质堵塞，若回气就要清洗或更换单向阀(单向阀失灵能造成药箱内压力减少或无压力，药液无法排除)。

(2)检查化油器膜片是否损坏(化油器膜片是紧贴底座的)，如果损坏，这时应更换。

(3)检查喷管和护管内外是否积炭过多，用清理杆将其清理干净、药桶盖是否盖严(若漏气没有压力就不出药液)。如药液粉质过多，应适当多加水稀释，粉质药需二次稀释后才能喷洒，药液过稠或稀释不完全易造成喷药颗粒大损伤作物。(一般 500 g 粉剂药需 4～5 kg 水稀释)。

(4)检查药路是否堵塞，应及时清理，用铁条清理喷药管。

(5)检查通往药桶的气路单向阀是否有杂质进入，若双向通气就应更换，再按上即可启动(安装单向阀时不要装反)。

任务实施

一、实施条件

(1)实施场所　多媒体实训室、实训基地。

(2)仪器与用具　电动喷雾器、脉冲式烟雾机等常用药械。螺丝刀、钳子等常用工具数套、工作服、手套、口罩等。

(3)用具与药品　常用农药数种。

(4)其他　相关图书、教材、PPT、视频、影像资料、网上资源等。

二、实施方案

1.药械种类识别

通过各种学习途径,了解常见农用药械的种类及其用途与特点。

2.电动喷雾器操作训练

(1)观察电动喷雾器主要由哪几部分组成,它与背负式喷雾器外观上的差别在哪儿。

(2)讨论给电动喷雾器充电时应注意哪些问题。

(3)以小组为单位,每位同学都轮流实际操作或演练一遍喷雾作业。

(4)若电动喷雾器出现问题,请进行故障排除。

3.烟雾机操作训练

(1)脉冲式烟雾机实现烟雾喷射需要哪些程序?在教师的指导下,每位同学都轮流实际操作或演练一遍烟雾喷射作业。

(2)观察脉冲式烟雾机的工作效率,比电动喷雾器的工作效率可提高多少倍?

(3)烟雾机在使用一段时间后喷雾小或不喷雾的原因有哪些?

任务考核

考核内容	考核标准	分值	得分	考核人
常用药械种类识别	对常用的各种药械认识,并能说出其使用特点	30分		组内互评
电动喷雾器操作训练	准备充分,操作熟练、无差错	30分		教师
烟雾机操作训练	准备充分,操作熟练、无差错	30分		教师
团队协作	小组成员间团结协作,任务完成顺利	5分		组内互评
方法能力	工作认真,态度端正	5分		组内互评

工作任务4　常用杀虫、杀螨、杀线虫剂的应用

任务提要

通过教材知识传授、网络与文献查阅以及讨论分析等方法，掌握杀虫剂的主要类型，认识杀虫、杀螨、杀线虫剂中一些常用的品种。通过实训室及设施基地里的演练、操作，对那些常用的优质品种能够并记住其名称，明确其防治对象，学会使用方法。

知识准备

一、杀虫剂

(一)有机磷类杀虫剂

有机磷杀虫剂具有药效较高，杀虫谱广，品种多，作用方式多样，毒性差别大，多数遇碱易分解等特点，杀虫机理是抑制胆碱酯酶活性，使害虫中毒。

1. 敌敌畏(DDVP)

具有触杀、熏蒸和胃毒作用，残效期1～2 d。对人畜中毒。对鳞翅目、膜翅目、同翅目、双翅目、半翅目等害虫均有良好的防治效果，击倒迅速。常见加工剂型有50%、80%乳油。用50%乳油1 000～1 500倍或80%乳油2 000～3 000倍液喷雾可防治花卉上的蚜虫、蛾蝶幼虫、介壳虫若虫及花木上的粉虱等，樱花及桃类花木忌用；温室、大棚内可用于熏蒸杀虫，具体用量为0.26～0.30 g/m^3。

2. 敌百虫

对害虫有很强的胃毒作用，兼有触杀作用，对植物有渗透性，但无内吸传导作用。在弱碱性溶液内可变成敌敌畏，但不稳定，很快分解失效。毒性低、防治范围广。主要用于防治菜青虫、小菜蛾等咀嚼式口器害虫。常见剂型有90%固体敌百虫、80%可溶性粉剂。一般使用浓度为90%固体敌百虫或80%敌百虫可溶性粉剂稀释500～800倍液喷雾。

3. 辛硫磷(肟硫磷、倍腈松)

具触杀和胃毒作用。对人畜低毒。可用于防治鳞翅目幼虫及蚜、螨、蚧等。常见剂型有3%、5%颗粒剂，25%微胶囊剂，50%、75%乳油。一般使用浓度为50%乳油1 000～1 500倍液喷雾。5%颗粒剂每公顷30 kg防治地下害虫。

4. 乙酰甲胺磷(杀虫灵、高灭磷、杀虫磷)

具胃毒、触杀和内吸作用。能防治咀嚼式口器、刺吸口器害虫和螨类。是缓效型杀虫剂，后效作用强。对人畜低毒。常见剂型有30%、40%、50%乳油，5%粉剂，25%、50%、70%可湿

性粉剂。一般使用浓度为30%乳油稀释300～600倍或40%乳油稀释400～800倍喷雾。

5. 马拉硫磷(马拉松、4049、马拉赛昂)

触杀、熏蒸，无内吸。进入虫体内被氧化，而进入温血动物体内则被水解。对人畜低毒，残效期短，对刺吸式、咀嚼式口器的害虫都有效。常用剂型有45%、70%乳油，25%油剂。防治菜青虫、菜蚜、黄条跳甲等，用45%乳油1 000倍液喷雾。

(二)沙蚕毒类杀虫剂

胃毒和触杀作用强，多数有内吸作用，并兼有一定的熏蒸和杀卵作用，有的具有拒食和驱避作用。阻滞神经突在中枢神经系统中的传导，使昆虫麻痹、瘫痪拒食死亡。可用于对有机磷、氨基甲酸酯类杀虫剂产生抗性的害虫。击倒力强，持效期长，一般可达7～10 d。毒性较小。但对家蚕毒力强。遇碱易分解。

1. 杀虫双

具较强的内吸、触杀及胃毒作用，并有一定的熏蒸作用。对于鳞翅目幼虫、蓟马等效果好。对人畜中毒。常见剂型有25%水剂，3%、5%颗粒剂。一般使用浓度为25%水剂3 kg/hm^2，对水750～900 kg喷雾。

2. 杀螟丹(巴丹、派丹、沙蚕胺)

具较强触杀、胃毒作用，并兼有一定的熏蒸、内吸作用，能杀卵。中毒。对鳞翅目、鞘翅目、同翅目害虫效果好。50%可溶性粉剂稀释2 000倍喷雾。

(三)氨基甲酸酯类杀虫剂

多具胃毒和触杀作用，有的还有内吸传导作用。杀虫谱较窄，对叶蝉、飞虱、部分鳞翅目幼虫和一些对有机磷产生抗性的害虫有高效，而对螨类、蚧类的毒力很低。多属负温度系数类药剂，低温时仍有较好的药效。抑制乙酰胆碱酯酶，使害虫中毒、麻痹以至死亡。多低毒，但也有高毒品种如呋喃丹、涕灭威。价格偏高。

1. 仲丁威(巴沙、扑杀威)

强内吸，且具胃毒、熏蒸和杀卵作用。杀虫迅速，残效期短。低毒。对叶蝉、飞虱有特效。剂型有25%乳油、3%粉剂等。25%乳油稀释3 000～5 000倍液喷雾。

2. 抗蚜威(辟蚜雾)

具触杀、熏蒸和渗透叶面作用。中毒。能防治对有机磷杀虫剂产生抗性的蚜虫。药效迅速，残效期短，对作物安全，对天敌毒性低。是综合防治蚜虫较理想的药剂。剂型有50%可湿性粉剂、10%烟剂、5%颗粒剂。50%可湿性粉剂每公顷150～270 g对水450～900 L喷雾。

(四)拟除虫菊酯类杀虫剂

拟除虫菊酯类杀虫剂具有高效、用量少，广谱、低毒、低残留，刺激作物增产等优点。但也有价格高，多无内吸和熏蒸作用，害虫易产生抗药性等缺点。

1. 氯菊酯(二氯苯醚菊酯、除虫精)

具有触杀作用。兼有胃毒和杀卵作用，但无内吸性。杀虫谱广，对害虫击倒快，残效长，杀虫毒力比一般有机磷高约10倍。可防治130多种害虫，对鳞翅目幼虫有特效，但对钻蛀性害虫、螨类、蚧类效果差。对人畜低毒。常见剂型为10%乳油，一般使用浓度为1 000～2 000倍液喷雾。

2. 氰戊菊酯(中西杀灭菊酯、速灭杀丁)

具强触杀作用，有一定的胃毒和拒食作用。效果迅速，击倒力强。对人畜中毒。对鱼、蜜蜂高毒。可用于防治鳞翅目、半翅目、双翅目的幼虫。常见剂型为20%乳油，每公顷用300～600 mL对水喷雾。

3. 顺式氰戊菊酯(来福灵)

具强触杀作用，有一定的胃毒和拒食作用。效果迅速，击倒力强。对人畜中毒。对鱼、蜜蜂高毒。可用于防治鳞翅目、半翅目、双翅目的幼虫。常见剂型为5%乳油。一般使用浓度为5%乳油稀释2 000～5 000倍喷雾。

4. 三氟氯氰菊酯(功夫、功夫菊酯)

具强触杀作用，并具胃毒和驱避作用，速效，杀虫谱广。对鳞翅目、半翅目、鞘翅目、膜翅目等害虫均有良好的防治效果。对人畜中毒。常见剂型有2.5%乳油。一般使用浓度为2.5%乳油稀释3 000～5 000倍喷雾。

(五)新烟碱类杀虫剂

新烟碱类杀虫剂是模拟烟碱(尼古丁)化学结构式人工合成的一类新型有机杀虫剂。具有高效、广谱及良好的根部内吸性、触杀和胃毒作用，且毒性低，对环境安全，与其他类杀虫剂无交互抗性。可有效防治同翅目、鞘翅目、双翅目和鳞翅目等害虫，既可用于茎叶处理，也可用于土壤、种子处理。吡虫啉、啶虫脒已经在生产上大量应用，呋虫胺(呋啶胺)、烯啶虫胺、氯噻啉、噻虫啉、噻虫嗪正在步入市场。

1. 吡虫啉(咪蚜胺、一遍净、蚜虱净)

具触杀、内吸、胃毒作用。低毒、低残留，超高效，不易产生抗性。速效性好(药后1 d即有较高的防效)，残留期长(达25 d左右)。药效和温度呈正相关。主要用于防治刺吸式口器害虫。对蚜虫、叶蝉、粉虱、蓟马等效果好。特别适于种子处理。剂型有10%、15%可湿性粉剂，10%乳油。防治蚜虫，每1 kg种子用药1 g(有效成分)处理；叶面喷雾时，10%可湿性粉剂用150 g/hm^2。

2. 啶虫脒(比虫清)

具有触杀、胃毒和较强的渗透作用，杀虫速效，用量少、活性高、杀虫谱广、持效期长达20 d左右，对环境相容性好等。对人畜低毒，对天敌杀伤力小，可广泛用于防治果树、蔬菜上各种刺吸式口器害虫。对抗性蚜虫效果非常良好；用颗粒剂做土壤处理，可防治地下害虫。剂型有3%、5%乳油及可湿性粉剂，3%微乳剂等。防治蔬菜上的蚜虫可用3%乳油稀释1 000～1 500倍药液喷雾。

3. 烯啶虫胺

具有低毒、高效、残效期长和卓越的内吸、渗透作用等特点。可有效防治蚜虫、粉虱、叶蝉和蓟马等多种刺吸口器害虫。剂型有50%可溶粒剂、10%可溶粒剂；防治蔬菜烟粉虱、白粉虱。用10%可溶性液剂稀释2 000～3 000倍均匀喷雾，温室内使用时，要将周围的墙壁及棚膜喷上药剂。

(六)特异性杀虫剂

特异性杀虫剂又叫昆虫生长调节剂，杀虫特点是使害虫的发育、行为、习性、繁殖等受到阻碍或抑制，从而达到控制为害的目的。对人、畜安全，选择性高，不会杀伤天敌，害虫不易产生抗药性，不污染环境。近年来，化学不育剂、昆虫保幼激素类似物和几丁质合成抑制剂发展很快，已经有大量应用于生产的品种。

1. 灭幼脲(灭幼脲三号、苏脲一号)

广谱特异性杀虫剂，属几丁质合成抑制剂。具胃毒和触杀作用，迟效，一般药后 3～4 d 药效明显。对人畜低毒。对天敌安全，对鳞翅目幼虫有良好的防治效果，常见剂型有 25%、50% 胶悬剂。一般使用浓度为 50%胶悬剂加水稀释 1 000～2 500 倍，每公顷施药量 120～150 g 有效成分。在幼虫 3 龄前用药效果最好，持效期 15～20 d。

2. 除虫脲(灭幼脲 1 号、伏虫脲、敌虫灵)

有胃毒和触杀作用，通过抑制害虫的几丁质合成而干扰角质精层的形成，对咀嚼式口器害虫各发育阶段都敏感。剂型有 5%、20%除虫脲悬浮剂。5%悬浮剂 1 000～1 500 倍稀释液，可防治菜青虫、小菜蛾、甜菜夜蛾、斜纹夜蛾等。

3. 噻嗪酮(扑虱灵、优乐得)

使害虫死于脱皮期，并能减少成虫产卵，阻止卵孵化。作用缓慢，低毒。对某些鞘翅目和半翅目的害虫及害螨，具有持久的杀幼虫或幼螨的活性。对于粉虱、叶蝉及介壳虫类防治效果好。25%可湿性粉剂稀释 1 500～2 000 倍液喷雾。

4. 伏虫脲(农梦特)

属几丁质合成抑制剂，对鳞翅目害虫毒性强，表现在卵的孵化、幼虫蜕皮、成虫的羽化受阻而发挥杀虫效果，特别是幼龄时效果好。对蚜虫、叶蝉等刺吸口器害虫无效。对人畜低毒。常见剂型有 5%乳油。一般使用浓度为 5%乳油稀释 1 000～2 000 倍液喷雾。

5. 吡蚜酮(吡嗪酮)

属三嗪酮类杀虫剂。作用方式独特，不对昆虫产生直接毒性，但是昆虫一旦接触到该药剂，就立即停止取食。对刺吸式口器害虫特别是蚜虫、白粉虱、黑尾叶蝉有独特的防治效果，可用于多种抗性品系害虫的防治。选择性高，低毒。制剂有 25%可湿性粉剂、50%水分散粒剂。防治果树桃蚜、苹果蚜，用 50%水分散粒剂配成 2 500～5 000倍液喷雾。

(七)生物源杀虫剂

用生物或其代谢产物制成的杀虫剂。常分为：植物源杀虫剂，即用天然植物制成的杀虫剂，如印楝素、硫酸烟碱、川楝素、茴蒿素、狼毒素、苦参碱等；动物源杀虫剂，即从动物体内提出的有毒物质制成的杀虫剂，如斑蝥素等；微生物源杀虫剂，即用微生物或其代谢产物制成的杀虫剂，如阿维菌素、白僵菌、苏云金杆菌、核多角体病毒等。

1. 印楝素

拒食、忌避、毒杀、传导。高效，无抗性。低毒，易降解、无残留。广谱，主要用于防治鳞翅目、同翅目、鞘翅目等害虫。0.3%乳油 800～1 500 mL 对水 750 L 喷雾。

信息链接

印楝素的发现

20世纪60年代，一位德国植物学家在印度进行生物考察时巧遇了一场蝗灾，一群蝗虫铺天盖地地压向一片作物，顷刻间，被蚕食得荡然无存，但印楝树却安然无恙。后经研究分析，印楝树的种子、树叶及树皮中，含有一种物质——印楝素。

2.苦参碱(苦参素)

一种低毒、低残留、环保型农药。具有杀虫活性、杀菌活性、调节植物生长功能等多种功能。对蔬菜刺吸式口器昆虫蚜虫、鳞翅目昆虫菜青虫、茶毛虫、小菜蛾，以及茶小绿叶蝉、白粉虱等害虫有明显的防治效果。剂型有1%苦参碱醇溶液，0.2%苦参碱等。防治菜青虫在幼虫处于2～3龄时每667 m^2用0.3%苦参碱水剂500～700 mL，加水40～50 kg进行喷雾。

3.藜芦碱

无残留、无污染、对作物安全。高效，无抗药性。持效期7～14 d。广谱，防治刺吸式害虫及菜青虫等。10～25 g/667m^2，对水600～800倍喷雾。

4.阿维菌素(爱福丁、爱螨力克等)

大环内酯抗生素类杀虫杀螨杀线虫剂。是灰色链霉菌素的发酵代谢产物。触杀、胃毒。高效，渗透力强。持效期10～15 d。安全、无污染。抑制神经传导。广谱，防治鳞、双、同、鞘翅目等及螨、线虫。1.8%乳油等。治虫3 000～4 000倍液；治线虫，土壤处理1 mL/m^2。

信息链接

阿维菌素的诞生

1975年，日本北里研究所在土壤中发现1菌株，其发酵液有很高的驱肠道寄生虫的活性。美国默克公司1976年从该菌株分离出物质，命名阿维菌素。1981年商品化，作为兽药投放市场获得巨大成功。1985年又作为农药投入市场。我国从20世纪80年代末开始研究，1996年登记了第一个阿维菌素原药，到目前为止我国占全球80%以上产量，是真正的生产、消费大国。阿维菌素的发现及其应用是继青霉素科学对人类的又一巨大贡献，对全世界的农牧业生产起到了巨大的促进作用。

5.甲维盐(甲胺基阿维菌素苯甲酸盐)

是从发酵产品阿维菌素B1开始合成的一种新型高效半合成抗生素杀虫剂。低毒，无残留，无公害。具强烈的触杀、胃毒、内吸、内渗、熏蒸、驱避作用。击倒快、持效期长、展着性好、耐雨水冲刷。超高效。对鳞翅目昆虫的幼虫和其他许多害虫及螨类的活性极高。每667 m^2用30～45 mL对水喷雾或1 000～2 000倍液喷雾。

6.苏云金杆菌(苏云金芽孢杆菌、Bt)

是一种细菌性杀虫剂，杀虫的有效成分是细菌及其产生的毒素。原药为黄褐色固体，属低毒杀虫剂。可用于防治直翅目、鞘翅目、双翅目、膜翅目，特别是鳞翅目的多种害虫。常见剂型有可湿性粉剂(100 亿活芽/g)、Bt 乳剂(100 亿活孢子/mL)。如用 100 亿孢子/g 的菌粉对水稀释 2 000 倍喷雾,可防治多种鳞翅目幼虫。30℃以上施药效果最好。不能与杀菌剂混用。

7. 白僵菌

是一种真菌性杀虫剂,无环境污染,害虫不易产生抗性,可用于防治鳞翅目、同翅目、膜翅目、直翅目等害虫。对人、畜及环境安全,对蚕感染力很强。常见的剂型为粉剂(每 1 g 菌粉含有孢子 50 亿～70 亿个)及 1.0%、0.6%和 1.8%乳油。一般使用浓度为:菌粉稀释 50～60 倍喷雾。

8. 核多角体病毒

是一种病毒杀虫剂,具有胃毒作用。对人畜、天敌、植物及环境安全,害虫不易产生抗性,不耐高湿,易被紫外线照射失活,作用较慢。适于防治鳞翅目害虫。常见的剂型为粉剂、可湿性粉剂。在害虫产卵盛期每公顷用(3～45)$\times 10^{11}$个核多角体病毒对水喷雾。

二、杀螨剂

按照我国生产 A 级绿色食品的标准,卡死克和速螨酮属于低毒性杀虫杀螨剂,可在绿色食品蔬菜生产中与其他杀螨剂交替使用。双甲脒、克螨特、尼索朗、浏阳霉素四种杀螨剂为限制性使用品种。

1. 卡死克

具有胃毒和触杀作用,低毒。抑制昆虫表皮几丁质合成。作用缓慢,药后 10 d 显药效,对天敌安全。对叶螨属和全爪螨属幼、若螨有效,也能防治鳞翅目、鞘翅目等害虫。剂型:5%乳油。防治茄子红蜘蛛用 1 000～2 000 倍液喷雾。

2. 哒螨酮(哒螨灵、速螨酮、灭螨灵、扫螨净)

具触杀和胃毒作用,高效、广谱,可杀螨各个发育阶段,残效长达 30 d 以上。对人畜中毒。常见剂型有 20%可湿性粉剂、15%乳油。一般使用方法为 20%可湿性粉剂稀释 2 000～4 000 倍喷雾,在害螨大发生时(6～7 月份)喷洒此药。除杀螨外,对飞虱、叶蝉、蚜虫、蓟马等害虫防效甚好。但该药也杀伤天敌,一年最好只用一次。

3. 噻螨酮(尼索朗)

具强杀卵、幼螨、若螨作用。药效迟缓,一般施药后 7 d 才显高效。残效达 50 d 左右。属低毒杀螨剂。常见剂型有 5%乳油、5%可湿性粉剂。一般使用浓度为 5%乳油稀释 1 500～2 000 倍液,叶均 2～3 头螨时喷雾。

4. 苯螨特(西斗星、杀螨特、西螨特)

主要为触杀作用,速效性、残效性强。低毒。可作用于螨虫的各个阶段,对成螨、螨卵均有效。10%乳油稀释 1 000～2 000 倍液喷雾。

5. 克螨特(丙炔螨特)

具有触杀、胃毒作用,无内吸作用。对成螨、若螨有效,杀卵效果差。对人畜低毒,对鱼类高毒。常见剂型为 73%乳油。一般使用浓度为 73%乳油稀释 2 000～3 000倍液喷雾。

6. 华光霉素(日光霉素、尼柯霉素)

抗生素类杀螨剂。高效、低毒、低残留,对植物无药害,对天敌安全。杀螨并防治多种真菌病害。2.5%可湿性粉剂稀释 600～1 000 倍液喷雾。

三、杀线虫剂

(一)熏蒸性杀线虫剂

熏蒸性杀线虫剂主要用于土壤处理防治植物病原线虫。一般在播种或移栽前10～20 d撒施或沟施,施后覆土或用地膜覆盖,1～2周后松土通气,然后播种或移栽。作物生育期施用容易造成药害。土壤质地、温度、湿度等因素对该类杀线虫剂药效影响很大。

1.威百亩(维巴姆、保丰收、线克)

硫代异硫氰酸甲酯类杀线虫剂。易在土壤及其他基质中扩散,是土壤消毒剂,具熏蒸作用,低毒。兼杀菌、除草。剂型有30%和48%水剂。播种前土壤处理,30%水剂37.5～75 kg/hm^2,沟施。

2.棉隆(必速灭)

在土壤中易扩散。低毒。广谱,并兼治土壤真菌、地下害虫及杂草。不会在植物体内残留,但对鱼毒性较高,且易污染地下水。制剂有98%～100%必速灭微粒剂。沙质土每公顷用73.5～88.2 kg药,黏质土每公顷施用88.2～102.9 kg。撒施与沟施均可,深度为20 cm左右,施药后立即盖土,可洒水封闭或覆盖塑料薄膜,经过10～15 d再松土通气,然后播种。

(二)非熏蒸性杀线虫剂

非熏蒸性杀线虫剂并非直接杀死线虫,而是起麻醉的作用,影响线虫的取食、发育和繁殖行为,延迟线虫对作物的侵入及危害峰期。非熏蒸性杀线虫剂处理后,虽然线虫密度没有明显下降,但是增产显著。目前使用的非熏蒸性杀线虫剂都具有一定的内吸性,只针对危害植物的线虫而不影响不危害植物的肉食性线虫,所以也称为选择性杀线虫剂。这类杀线虫剂在有效剂量下对作物较安全,在作物播种期和生长期均可使用。

1.苯线磷(克线磷)

具有触杀、内吸性的杀线虫剂。在植物体内可输导,亦可借助雨水或灌溉进入植物根层。半衰期为30 d左右。高毒。10%颗粒剂分别在播种、定植时或生长期,每公顷30～60 kg,沟施、穴施,亦可随灌水随施药,对蓟马、白粉虱等害虫均有良好的防治效果。

2.硫线磷(克线丹)

有机磷类触杀性杀虫、杀线虫剂。无熏蒸作用。在土壤中半衰期为40～60 d。低残留,高毒。在酸性溶液中稳定,在强碱性水溶液中很快降解。低温下使用易产生药害。防治多种花卉的根结线虫等,对蛴螬、金针虫等亦有良好的兼治效果。制剂有10%颗粒剂。每公顷用22.5～45 kg,蔬菜播种时或生长期使用,采用沟施、穴施或撒施。

(三)生物性杀线虫剂

淡紫拟青霉

属于内寄生性真菌,孢子萌发后,所产生的菌丝可穿透线虫的卵壳、幼虫及雌性成虫体壁,破坏其正常生理代谢,从而导致病原线虫死亡。具有高效、光谱、长效、安全、无污染、无残留等特点,可明显减轻多种作物根结线虫、胞囊线虫、茎线虫等植物线虫病的危害。按种子量的

1%进行拌种后，堆捂 2～3 h，阴干即可播种。也可穴施，施在种子或种苗根系附近，0.5～1 kg/667 m^2。注意勿与化学杀菌剂混合施用。

任务实施

一、实施条件

(1)实施场所　多媒体实训室、设施基地。

(2)仪器与用具　喷雾器、水、手套、口罩等。

(3)药品　敌敌畏、敌百虫、辛硫磷、乙酰甲胺磷、毒死蜱、仲丁威、抗蚜威、甲萘威、氯菊酯、氰戊菊酯、顺式氰戊菊酯、三氟氯氰菊酯、吡虫啉、灭幼脲、除虫脲、噻嗪酮、伏虫脲、定虫隆、吡蚜酮、印楝素、苦参碱、阿维菌素、甲维盐、苏云金杆菌、白僵菌、核多角体病毒、卡死克、哒螨灵、噻螨酮、棉隆、苯线磷等。

(4)其他　教材、相关图书、PPT、视频、影像资料、网上资源等。

二、实施方案

农药的种类繁多，一种农药不仅有通用名，往往还有多个商品名，怎样才能尽快地熟悉它们并记住名字？一是要强化记忆，例如大声读出每种农药的名字来，并且多读几遍；二是要重复记忆，即过一段时间再复习、熟悉一遍；三是要善于归纳总结，例如氨基甲酸酯类杀虫剂与杀菌剂的通用名，最后一个字往往都是“威”；四是要多接触，你用过了或接触过了的农药，记忆就深刻。以下的训练有助于同学们对各种(类)农药的熟悉与记忆。

1. 熟悉常用杀虫、杀螨、杀线虫剂类型与品种的训练

(1)杀虫剂类农药名称接力　全班按学号或座次顺序，每位同学分别说出一种杀虫剂或杀螨剂或杀线虫剂的通用名称。

(2)杀虫剂类农药归类　以小组为单位，将教师备好的常用的 30 个杀虫剂类农药品种 4 min 内归类于有机磷类、沙蚕毒类、氨基甲酸酯类、拟除虫菊酯类、新烟碱类、特异性类、生物源类、杀螨剂类、杀线虫剂类。

2. 杀虫剂类销售情境模拟表演

学习情境设计：农药店(或设施植物生产基地)。讲台当作柜台，附近摆设多种杀虫剂、杀螨剂及杀线虫剂。

工作任务设计：俩同学一组，自由组合，一位扮演购买农药者，一位扮演农药零售商或经销商或生产商。

购买者应：叙述明白防治对象的种类或形态特征或为害状、习性以及作物种类与防治面积等；对销售者推荐的农药有关问题进行咨询。

销售者应：讲解清楚推荐农药的类别、价格、特点(毒性、残效期等)、主要作用方式、用药量(浓度、次数)、施药器械与方法、注意事项等。

老师与其他同学打分并点评，结果填入表 2-7。

表 2-7　杀虫(杀螨、杀线虫)剂销售情境模拟表演打分表

打分人姓名＿＿＿＿＿＿

编号	扮演角色	姓名	知识掌握程度(15 分)	角色扮演好坏(10 分)	配合默契程度(5 分)	总分
1	购买者					
2	销售者					
3	购买者					
4	销售者					

3. 药剂防治实验

通过小组抽签或教师指定，各小组完成下列某一项工作任务，并相互参观、介绍、评价工作任务完成情况。

(1)防治蚜虫的药剂筛选与防治效果比较。

(2)防治菜青虫的药剂筛选与防治效果比较。

(3)防治害螨的药剂筛选与防治效果比较。

(4)防治线虫病害的药剂筛选与防治效果比较。

防治该种(类)害虫(病害)的药剂可以用哪些？本组用哪几种药剂做的实验？选用哪种施药方式？各种药剂的用药量(或浓度)是多少？哪些药剂防治效果比较好？记录实验过程，得出实验结论，小组提出验收申请后，老师和全班同学实地验收、评判。

任务考核

考核内容	考核标准	分值	得分	考核人
杀虫剂类农药名称接力	药剂名重复者判错，间隔超过半分钟以上者判错，说商品名者得 3 分	5 分		教师
杀虫剂类农药归类	完成任务且无差错的小组每人计满分，完不成任务少一种扣 1 分，归错一种则扣 2 分	30 分		教师
常用杀虫、杀螨、杀线虫剂销售情境模拟表演	根据农药销售情境模拟表演打分表的成绩	30 分		教师学生
药剂防治实验	选择与选用的药剂正确，实验场地合适，实验过程记录详细、规范，实验结论合理	25 分		师生共评
团队协作	小组成员间团结协作，任务完成顺利	5 分		组内互评
方法能力	工作认真，操作熟练	5 分		组内互评

工作任务5 常用杀菌剂的应用

任务提要

通过教材知识传授、网络与文献查阅以及讨论分析等方法,掌握杀菌剂的主要类型,认识杀真菌、杀细菌及病毒抑制剂剂中一些常用的品种。通过实训室及设施基地里的演练、操作,对那些常用的优质品种能够并记住其名称,明确其防治对象,学会使用方法。

知识准备

一、保护性杀菌剂

绝大多数无机杀菌剂和部分有机合成杀菌剂因无内吸作用,主要用于发病前或发病初期以保护植物免遭病院物的侵染。

(一)无机杀菌剂

以天然矿物加工成的具有杀菌作用的无机物。其特点是无渗透与内吸作用,多为保护剂,用量较高,对作物安全性较差。

1.波尔多液

是用硫酸铜、生石灰和水配成的天蓝色胶状悬液,呈碱性,有效成分是碱式硫酸铜。较耐雨水冲刷,具有杀菌谱广、持效期长、病菌不会产生抗性、对人和畜低毒等特点,广泛用于防治蔬菜、果树、花卉等的多种病害的预防。波尔多液有多种配比(表2-8),使用时可根据植物对铜或石灰的忍受力及防治对象选择配制。对于易受石灰药害的植物,可用石灰半量式,如葡萄上可用1:0.5:(160～200)的配比。波尔多液不宜在桃、李、杏、梅上使用,以免发生铜药害。

表2-8 波尔多液原料配合比例

配合式	硫酸铜	生石灰	水	备注
石灰少量式	1	0.25～0.4	100～200	如用熟石灰,用量应增加30%左右
石灰半量式	1	0.5	100～200	
等量式	1	1	100～200	
石灰多量式	1	1.5	100～200	
石灰倍量式	1	2	100～200	
石灰三倍式	1	3	100～200	

信息链接

波尔多液的发明

1878 年，名为“霉叶病”的植物病毒狂扫盛产葡萄的法国波尔多城，许多葡萄园很快变得枝叶凋零，面临危机。园主们心急如焚，却无计可施。

一位细心的大学植物学教授米拉德却发现了怪事，公路旁的葡萄树郁郁葱葱，丝毫未受到霉叶病的伤害。经过观察发现这些葡萄树从叶到茎都洒了一些蓝白相间的东西，经打听，是园主为防馋嘴的过路人偷吃而洒的“毒药”，由熟石灰与硫酸铜溶液混合配制而成。于是米拉德进行了试验，发现这的确是对付霉叶病的好农药，于 1885 年公之于众，并推荐用来对抗“霉叶病”。从此，波尔多地区又变成了“葡萄园世界”。同时这种农药以“波尔多液”命名，广泛流传于世界。

2. 石硫合剂（石灰硫黄合剂）

石硫合剂是用生石灰、硫黄和水煮制成的红褐色透明液体，有臭鸡蛋气味，呈强碱性，有效成分为多硫化钙，溶于水，易被空气中的氧气和二氧化碳分解，游离出硫和少量硫化氢。因此，必须贮存在密闭容器中，或在液面上加一层油，以防止氧化。

石硫合剂是一种良好的杀菌剂，也可杀虫杀螨。一般只用作喷雾，休眠季节可用 3～5 波美度。植物生长期可用 0.1～0.3 波美度。石硫合剂现已工厂化生产，常见剂型有 29%水剂，20%膏剂，30%、40%固体及 45%结晶。

3. 氧化亚铜（铜大师）

保护性为主，兼有治疗作用，广谱。具极强的粘附性，很耐雨水冲刷。单价铜离子含量高，施用量少。对人畜及天敌安全，不污染环境。剂型有 56%水分散微粒剂，86.2%可湿性粉剂。56%水分散微粒剂稀释 500～1 000 倍液喷雾。

4. 氢氧化铜（可杀得、丰护安）

广谱性保护剂，通过释放铜离子覆盖在植物体表面，防止病菌侵入。耐雨水冲刷，低毒。要在发病之前和发病初期使用。适于防治多种真菌及细菌性病害，对植物生长有刺激作用。剂型有 77%可湿性粉剂，61.4%干悬浮剂。防治早疫病、晚疫病，甜辣椒疫病、炭疽病，一般用 77%可杀得可湿性粉剂 500～800 倍液喷雾。苹果、梨开花期、幼果期及桃、李等禁用。

（二）非内吸性有机合成杀菌剂

该类杀菌剂多无内吸性或内吸性较弱，在植物体内不传导，主要用于预防，因而第一次施药时期至关重要，药液是否均匀影响药效，广谱，不易产生抗性。

1. 代森锰锌（大生、大生富、新万生、山德生）

是一种优良的广谱、保护性杀菌剂，低毒。不易产生抗性。对多菌灵产生抗性的病害有良效。为植物提供锌，增强抗病力。主治番茄早疫病、马铃薯晚疫病等。常见剂型有 25%悬浮剂、70%可湿性粉剂、70%胶干粉。25%悬浮剂 1 000～1 500 倍液喷雾。

2. 百菌清（达科宁、达科灵）

广谱性保护剂，对于霜霉病、疫病、炭疽病、灰霉病、锈病、白粉病及各种叶斑病有较好的防治效果。对人畜低毒。常见剂型有50%与75%可湿性粉剂、10%油剂、5%与25%颗粒剂、2.5%与10%及30%烟剂、40%达科宁悬浮剂。一般使用75%可湿性粉剂稀释500～800倍液喷雾,40%达科宁悬浮剂稀释500～1 200倍液喷雾。

3. 速克灵(腐霉利)

接触型保护性杀菌剂,具弱内吸性。具保护、治疗双重作用。低毒。对灰霉病、菌核病等防效好。剂型有50%可湿性粉剂、30%颗粒熏蒸剂等。50%可湿性粉1 000～2 000倍喷雾。

4. 扑海因(异菌脲)

保护、治疗。低毒。对核盘菌、灰霉菌特效。对丛梗孢霉、交链孢霉和小菌核菌也有效。50%可湿性粉剂、25%悬浮剂。50%可湿性粉剂1 000～1 500倍喷雾。

5. 咯菌腈(氟咯菌腈)

为触杀性非内吸苯吡咯类悬浮种衣剂或种子处理剂。高效广谱,对子囊菌、担子菌、半知菌等许多病原菌引起的种传和土传病害有非常好的防效。与其他已知的杀菌剂没有交互抗性。在种子萌芽时,咯菌腈可被少量吸收,从而可以控制种子和颖果内部的病菌;同时咯菌腈对作物根部提供长期的保护。咯菌腈对作物种子安全,耐受性好,包衣种子可直接播种,在适当贮存条件下也可放至下一个播种季节播种。

二、内吸性杀菌剂

内吸性杀菌剂是指能通过植物叶、茎、根部吸收进入植物体,在植物体内输导至作用部位的杀菌剂。此类杀菌剂大都属于有机合成杀菌剂,因而又叫内吸性有机合成杀菌剂。内吸性杀菌剂本身或其代谢物可抑制已侵染的病原菌生长发育和保护植物免受病原菌重复侵染,在植物发病后施药有治疗作用。

(一)甾醇生物合成抑制剂

甾醇是真菌细胞膜的重要组成物,影响甾醇生物合成的杀菌剂则会使菌体细胞膜的功能受到破坏,最终导致细胞死亡。该类药剂向顶性传导强,有明显的熏蒸作用,广谱,高效,药效期长。

1. 三唑酮(粉锈宁、百里通)

高效、内吸杀菌剂。对人畜低毒。对白粉病、锈病有特效,具有广谱、用量低、残效长的特点,并能被植物各部位吸收传导,具有预防和治疗作用。常见剂型有15%、25%可湿性粉剂,20%乳油。一般使用15%粉锈宁可湿性粉剂稀释700～1 500倍喷雾每隔15 d喷药1次,共喷2～3次。10%烟雾剂在温室内用。

2. 苯醚甲环唑(恶醚唑、世高)

内吸杀菌剂,治疗效果好、持效期长。低毒。广谱,可用于防治叶斑病、炭疽病、早疫病、白粉病、锈病等。剂型为10%水分散粒剂。稀释6 000～8 000倍喷雾。

3. 氟硅唑(福星、农星)

广谱性内吸杀菌剂,对子囊菌、担子菌、半知菌有效,对卵菌无效,主要用于防治白粉病、锈病、叶斑病。对人畜低毒。常见剂型有10%乳油和40%乳油。一般使用40%乳油稀释

8 000～10 000 倍喷雾。

4. 嘧霉胺(施佳乐)

内吸、熏蒸，药效快、稳定。对常用的非苯胺基嘧啶类杀菌剂已产生抗药性的灰霉病菌有效。40%悬浮剂，每公顷 375～1 425 mL 对水喷雾。

5. 烯酰吗啉(安克)

高效、内吸、无公害，集保护、治疗于一体。专一杀卵菌纲真菌，在孢子囊梗和卵孢子的形成阶段尤为敏感。用于防治霜霉病、疫病、苗期猝倒病等。常见剂型有 50%可湿性粉剂、10%水乳剂、69%烯酰吗啉-锰锌可湿粉剂等。一般每 667 m^2 使用 35～50 g 有效成分的药剂，对水 30～60 L 喷雾。

(二)酰胺类杀菌剂

该类杀菌剂兼有保护、治疗、铲除之功效。专治霜霉目真菌。由于作用位点单一，故病原菌易产生抗性。

瑞毒霉(甲霜灵、雷多米尔)

具内吸和触杀作用，在植物体内能双向传导，耐雨水冲刷，残效为 10～14 d，是一种高效、安全、低毒的杀菌剂。对霜霉病、疫霉病、腐霉病有特效，对其他真菌和细菌病害无效。常见剂型有 25%可湿性粉剂、40%乳剂、35%粉剂、5%颗粒剂。一般使用 25%可湿性粉剂 500～800 倍液喷雾；或用 5%颗粒剂每公顷 20～40 kg 做土壤处理。

(三)氨基甲酸酯类杀菌剂

开发于 20 世纪80～90 年代，是一类具有内吸性、高效、低毒的杀菌剂。

1. 霜霉威(普力克、霜霉威盐酸盐)

低毒。对于腐霉病、霜霉病、疫病有特效。常见剂型有 72.2%、66.5%水剂。一般使用 72.2%水剂稀释 600～1 000 倍叶面喷雾，或稀释 400～600 倍浇灌苗床、土壤，用以防治霜霉病。

2. 乙霉威(万霉灵)

内吸性好，具保护和治疗作用，药效高，持效期长。主要用于防治灰霉病。与多菌灵具有负交互抗性。常见剂型有 50%可湿性粉剂、65%克得灵可湿性粉剂。一般使用 50%可湿性粉剂 600～800 倍喷雾。

(四)有机磷杀菌剂

该类杀菌剂多内吸，药效高，用途广、易分解，低残留。不同类型间存在负交互抗性。

1. 乙磷铝(疫霉灵、霜疫净、三乙磷酸铝)

强内吸，双向传导。兼有保护和治疗作用。主治鞭毛菌。常见剂型有 30%胶悬剂，40%、80%可湿性粉剂，90%可溶性粉剂。防治各种蔬菜霜霉病，一般使用 40%可湿性粉剂 200 倍喷雾。

2. 甲基立枯磷(利克菌、立枯灭)

内吸，低毒，吸附作用强，不易流失。安全间隔期 10 d。广谱，防治多种土传病害。50%可湿性粉剂，常见剂型有10%、20%粉剂，20%乳油，25%胶悬剂。不能和碱性药剂混用，防治蔬菜苗期立枯病，发病初期喷淋20%乳油1 200倍液2～3 kg/m^2。

(五)苯并咪唑类杀菌剂

该类杀菌剂具内吸并向顶输导性能，故以喷雾为主要施药方式，也可用于拌种或土壤处理，杀菌谱广，除卵菌外，对葡萄孢菌、镰刀菌、核盘菌、轮枝孢菌、丝核菌等效果也较好，但多种病原菌对其已产生抗药性。

1. 多菌灵(棉萎灵、苯并咪唑44号)

高效、低毒、内吸性杀菌剂，具治疗和保护作用。广谱，对多种作物由真菌(如半知菌、多子囊菌)引起的病害有防治效果。常见剂型有25%与50%可湿性粉剂。防治枯萎病，用50%可湿性粉剂500倍灌根，每株灌药0.3～0.5 kg。安全间隔期15 d。

2. 甲基硫菌灵(甲基托布津)

广谱性内吸杀菌剂，对多种植物病害有预防和治疗作用。残效期5～7 d。常见剂型有50%、70%可湿性粉剂，40%胶悬剂。一般使用浓度为50%的可湿性粉剂稀释500倍或70%的可湿性粉剂稀释1 000倍。可与多种药剂混用，但不能与铜制剂混用。

(六)嘧啶胺类杀菌剂

能抑制病菌甲硫氨酸的生物合成和细胞壁降解酶的分泌，从而影响病菌侵入寄主植物。同三唑类、咪唑类、吗啉类、二羧酰亚类、苯基吡咯类杀菌剂无交互抗性，对敏感或抗性病原菌均有优异的活性。

嘧菌胺(嘧菌环胺)

具有保护、治疗、叶片穿透及根部内吸活性。叶面喷雾或种子处理，对作物安全、无药害。主要用于防治灰霉病、白粉病、黑星病等。叶面喷雾剂量(按有效成分计算)为150～750 g/hm^2，种子处理剂量(按有效成分计算)为5 g/100 kg种子。

(七)甲氧基丙烯酸酯类杀菌剂

是一类极具发展潜力和市场活力的新型农用杀菌剂。具有保护、治疗、铲除、渗透、内吸、易降解等优点。但易产生抗性，因而限制了使用次数。

1. 嘧菌酯(阿米西达)

以源于蘑菇的天然抗生素为模板，人工仿生合成。具保护、治疗和铲除三重功效。药效强，对人畜、地下水安全。在土壤中很快被分解为CO_2。杀菌谱广，为目前世界上第一个能对四大致病真菌(子囊菌、担子菌、半知菌和卵菌类)均有效的新型杀菌剂。剂型为25%悬浮剂。每公顷1 000～2 400 mL对水750～900 L喷雾。

2. 肟菌酯

具有高效、广谱、保护、治疗、铲除、渗透、内吸活性 、耐雨水冲刷、持效期长等特性。对几乎所有真菌病害如白粉病、锈病、颖枯病、网斑病、霜霉病等均有良好的活性。对作物安全，对环境安全。制剂有12.5%乳油、45%可湿性粉剂等。50～140 g/hm^2 (按有效成分计算)即可有效地防治果树、蔬菜各类病害。

3. 醚菌酯(翠贝)

不仅具有广谱的杀菌活性,同时兼具有良好的保护和治疗作用。与其他常用的杀菌剂无交互抗性,且比常规杀菌剂持效期长。具有高度的选择性,对作物、人畜及有益生物安全,对环境基本无污染。对半知菌、子囊菌、担子菌、卵菌纲等真菌引起的多种病害如白粉病、梨黑星病等具有很好的活性。防治豆类蔬菜的白粉病、使用250 g/L悬浮剂1 000～1 200倍液,或50%水分散粒剂2 000～2 500倍液均匀喷雾。

三、生物源杀菌剂

1. 绿帝(绿蒂)

为仿银杏提取液的无公害农药,对人畜、天敌及环境安全。具有触杀、熏蒸作用,活性极高,具有很强的杀菌与抑菌作用。适用于绿色食品的生产和开发,对蔬菜、果树、草莓等作物的主要病害如灰霉病、白粉病、轮纹病、干腐病、黑星病、纹枯病等防效显著。在温室、大棚中使用效果好。剂型为10%乳油、20%可湿性粉剂。20%可湿性粉剂600～1 000倍液喷雾。

2. 木霉菌(特立克、灭菌灵、生菌散)

真菌杀菌剂。杀菌、重寄生、溶菌、毒性蛋白、竞争,安全,无残留,不污染环境。不易产生抗性。保护、治疗,持效期长。广谱。防治猝倒、立枯、根腐、白绢、疫病、叶霉、灰霉、霜霉等。2亿活孢子/g可湿性粉剂600～1 500倍灌根或喷雾。

3. 多粘类芽孢杆菌(康地蕾得)

是由华东理工大学研发的,国际上第一个以多粘类芽孢杆菌为生防菌株的生物农药。对多种植物病原菌具有拮抗作用,特别对青枯病有着良好的防治效果。通过灌根或喷施可有效防治植物细菌性和真菌性土传病害;对植物具有明显的促生长、增产作用。

4. 农抗120(抗霉菌素120、120农用抗生素)

是我国自主研制的嘧啶核苷类抗生素,具有高效、广谱、内吸强、缓抗性、无残留、毒性低等优点。对西瓜、蔬菜枯萎病、白粉病、炭疽病、苹果腐烂病等均有防治效果。剂型为2%、4%水剂。可用于喷雾、拌种、灌根、涂抹,用2%水剂150～200倍液或4%水剂300～400倍液喷雾。

5. 春雷霉素(春日霉素、加瑞农)

强内吸选择性抗生素类杀菌剂。对防治西瓜细菌性角斑病,桃树流胶病,疮痂病,穿孔病等病害有特效。豆类上使用要慎重。2%水剂,6%、4%、2%可湿性粉剂。

四、杀细菌剂

防治细菌性病害的农药叫作杀细菌剂。从登记情况看,市场杀细菌剂的单剂主要有氢氧化铜(可杀得)、氧化亚铜(铜大师)、氧氯化铜(王铜)、噻菌铜(龙克菌)、琥胶肥酸铜(DT)、壬菌铜(金莱克)、络氨铜(胶氨铜)、松脂酸铜(绿乳铜)、喹啉铜、噻枯唑(叶枯唑)、水合霉素(盐酸土霉素)、宁南霉素(菌克毒克)、农用硫酸链霉素、中生菌素(克菌康)、氯溴异氰尿酸(消菌灵)、三氯异氰尿酸(强氯精)、多粘类芽孢杆菌(康地蕾得),其他如春雷霉素、克菌壮、金核霉素、新植霉素、多抗霉素、噻菌锌、噻森铜、噻菌茂(青枯灵)等。

1.噻菌铜(龙克菌)

具内吸和保护治疗作用。高效、低毒、安全。对细菌性病害有特效,对于真菌性病害也有良好的防治效果。20%悬浮剂500~700倍液喷雾。

2.松脂酸铜

是一种高效、低毒、广谱的新型铜制剂,持效期长,有预防保护和治疗双重作用。可用于防治多种真菌和细菌所引起的常见植物病害,对蔬菜有明显的刺激生长作用,可与其他杀菌剂交替。安全间隔期7~10 d。不能与强酸、碱性农药和化肥混用;对铜离子敏感作物要慎用。12%乳油一般作物使用1 000~1 500倍液喷雾,对为害根或根茎部的病害可采用1 000倍液于发病初期灌根,每株灌药液0.25~0.3 kg。

3.农用硫酸链霉素(硫酸链霉素、链霉素)

是一种高效、低毒、低残留抗生素制剂,有内吸作用,抗菌谱广,可防治多种植物细菌和真菌性病害。常见剂型有72%可溶性粉剂、泡腾片、15%~20%可湿性粉剂。主要用于喷雾,也可作灌根和浸种消毒等,一般72%可溶性粉剂稀释5 000~7 000倍液叶面喷雾。

4.噻枯唑(叶枯唑、叶枯宁、敌枯宁)

我国1984年自主创制的噻唑类新型杀菌剂。高效、低毒、低残留,持效期长,内吸性强、抗雨水冲刷,药效稳定,对作物无药害,对人畜安全。对细菌病害有较好的防效。20%可湿性粉剂每667 m^2用100~150 g,对水40~50 kg喷雾。

五、病毒抑制剂

1.植病灵

由三十烷醇、十二烷基硫酸钠和硫酸铜混合而成。新型的多功能抗病毒农药。将植物病毒病的化学钝化治疗与植物生长物质的调控结合起来,干扰、消除病毒侵染、复制。活性强、用量小、无公害、使用方便。防治番茄、烟草病毒病,1.5%乳剂施50~75 g/667m^2。

2.83增抗剂(混合脂肪酸、NS-增抗剂)

植物源农药。植物抗病毒诱导剂。对植物有激素活性,可提高植物体的抗性;广谱,对病毒有钝化作用。无毒、无公害、无污染、无残留。10%水乳剂100倍液喷雾。

3.嘧肽霉素(博联生物菌素、胞嘧啶核苷肽)

属胞嘧啶核苷类新型抗病毒农用抗生素、杀菌剂,对人畜无刺激,无"三致"作用。对各类病毒病有明显的防治效果。4%水剂,200~300倍喷雾、灌根。

4.菇类蛋白多糖(抗毒剂1号、抗毒丰)

微生物源药剂。含蛋白多糖、氨基酸、微量元素等。防治TMV、CMV等,并促进植物生长。0.5%水剂。250~300倍液喷雾、灌根、浸种、浸根。

5.吗啉胍·乙铜(吗啉胍·铜、盐酸吗啉胍·铜、病毒A、毒克星)

是盐酸吗啉胍与乙酸铜复配的混剂。广谱,低毒。防治花叶病毒、蕨叶病毒、条斑病毒等。20%可湿性粉剂400~600倍液喷雾。

任务实施

一、实施条件

(1)实施场所　多媒体实训室、设施基地。

(2)仪器与用具　喷雾器、水、手套、口罩等。

(3)药品　石硫合剂、氢氧化铜、代森锰锌、百菌清、速克灵、扑海因、三唑酮、苯醚甲环唑、氟硅唑、嘧霉胺、烯酰吗啉、瑞毒霉、霜霉威、乙霉威、乙磷铝、多菌灵、甲基硫菌灵、嘧菌胺、嘧菌酯、醚菌酯、木霉菌、多粘类芽孢杆菌、农用硫酸链霉素、松脂酸铜、农抗 120、春雷霉素、噻枯唑、83 增抗剂、嘧肽霉素、菇类蛋白多糖等。

(4)其他　教材、相关图书、PPT、影像资料、网上资源等。

二、实施方案

1.波尔多液的配制与石硫合剂的熬制

(1)波尔多液配制方法　先根据生产需要,确定波尔多液的配制浓度,按表 2-8 波尔多液原料配合比例,称(量)取各原料。然后按用水量一半溶化硫酸铜,另一半溶化生石灰,待完全溶化后,再将两者同时缓慢倒入备用的容器中,不断搅拌;也可用 10%～20% 的水溶化生石灰,80%～90% 的水溶化硫酸铜,待其充分溶化后,将硫酸铜溶液缓慢倒入石灰乳中,边倒边搅拌使两液混合均匀即可,此法配成的波尔多液质量好,胶体性能强,不易沉淀。要注意切不可将石灰乳倒入硫酸铜溶液中,否则已发生沉淀,影响药效。

(2)石硫合剂的熬制方法　取优质生石灰 1 份、细硫黄粉 2 份、水 10～15 份。熬制时,须选用生铁锅。首先将生石灰、硫黄粉和水按比例称好备用。把称好的生石灰放入锅内,用少量水化开,调成糊状再用少量水配成石灰乳。去除杂质后兑入足量水(即 1 份石灰对 10～15 份水),加热煮沸,将硫黄粉用少量水调成糊状,慢慢加入石灰乳中,搅拌均匀后,猛火熬煮。至沸腾后 40 min 左右,待药液呈红褐色、渣子变黄绿色时停火,冷却后用纱窗布滤出渣子,即为石硫合剂原液。

2.熟悉常用杀菌剂类型与品种的训练

以小组为单位,将教师备好的常用的 30 个农药品种 4 min 内归类于无机杀菌剂类、非内吸性有机合成类、甾醇生物合成抑制剂、酰胺类、氨基甲酸酯类、有机磷类、苯并咪唑类、嘧啶胺类、甲氧基丙烯酸酯类、生物源类、杀细菌剂类、病毒抑制剂类。

3.杀菌剂销售情境模拟表演

可参照上一工作任务中"常用杀虫、杀螨、杀线虫剂销售情境模拟表演"实施。

4.药剂防治实验

通过小组抽签或教师指定,各小组完成下列某一项工作任务,并相互参观、介绍、评价工作任务完成情况。

(1)防治霜霉病的药剂筛选与防治效果比较。

(2)防治灰霉病的药剂筛选与防治效果比较。

(3)防治白粉病的药剂筛选与防治效果比较。

(4)防治细菌性病害的药剂筛选与防治效果比较。

(5)防治病毒病害的药剂筛选与防治效果比较。

防治该种(类)病害的药剂可以用哪些?本组用哪几种药剂做的实验?选用哪种施药方式?各种药剂的用药量(或浓度)是多少?哪些药剂防治效果比较好?记录实验过程,得出实验结论,小组提出验收申请后,老师和全班同学实地验收、评判。

任务考核

考核内容	考核标准	分值	得分	考核人
波尔多液、石硫合剂的配制(或熬制)	各小组配制(或熬制)方法正确,产品的颜色及气味典型	20分		组间互评
常用杀菌剂类型与品种的熟悉训练	完成任务且无差错的小组每人计满分,完不成任务少一种扣1分,归错一种则扣2分	20分		教师
杀菌剂销售情境模拟表演	根据杀菌剂销售情境模拟表演打分表的成绩	30分		师生共评
杀菌剂防治实验	选择与选用的药剂正确,实验场地合适,实验过程记录详细、规范,实验结论合理	20分		师生共评
团队协作	小组成员间团结协作,任务完成顺利	5分		组内互评
方法能力	工作认真,操作熟练	5分		组内互评

模块三　设施植物病虫害诊断与防治

项目一

蔬菜病虫害的诊断与防治

项目目标

依据设施蔬菜生产上常见病害症状表现及在设施中的发病特点和病原物观察，能够对病害做出正确诊断，根据其发病规律制订出合理的综合防治方案并实施；依据设施蔬菜生产上常见害虫形态特征与为害状，能够识别出害虫种类，根据其发生规律制订出合理的综合防治方案并实施。

项目案例

番茄"卷叶歪头"的罪魁祸首

2010 年 7 月初，山西左云县兴隆沟村的 212 个番茄大棚，基本上都出现了番茄卷叶、歪头的症状。菜农们四处"求医"，但由于没找出真正病因，防治均无效果。7 月 17 日中国农科院蔬菜花卉研究所的专家专程来到该村进行现场诊断。

该村大棚以种植番茄为主，有的大棚同时栽培了番茄、茄子和黄瓜 2 或 3 种蔬菜。据观察，番茄植株下部叶片卷曲比较严重，而上部较轻，发病严重的植株出现"歪头"现象，其他未发现异常。

首先排除了侵染性病害的可能，因为在棚中均未发现中心病株，对病叶镜检也未找到病原菌。然后，又排除了药害的可能性。因为番茄、茄子和黄瓜同栽的大棚里，番茄和茄子均发病，而黄瓜正常。如果是药害，黄瓜属于敏感植物，应先受害。

那么，会不会是温度的原因？众所周知，如果温度超过 38℃，番茄和茄子的生长会受到明显的影响，而黄瓜可以耐受 40℃以上的温度，通过深入观察，在所有大棚的通风口处，番茄"卷叶歪头"现象较轻，而在大棚的中央症状严重；有趣的是，在一个前期被风刮开的大棚内，番茄植株长势正常。由此他们推断该病很可能是高温造成的。再查一查当地的气象资料得知，2010 年 7 月初左云县出现了近一周的高温天气，日最高气温达到 34～35℃，棚内的温度会更高些，这更进一步证明了高温障碍是引起该病的罪魁祸首。

事后，菜农们及时地做好通风和遮阳等降温措施，半个月后番茄生长良好，已经没有"卷叶歪头"的现象。

工作任务1 葫芦科蔬菜病害的诊断与防治

任务提要

通过到葫芦科蔬菜设施基地现场教学，认识所见到的葫芦科蔬菜病害的症状，学会现场诊断方法，对不能确诊的病害，再到实训室进行病原诊断。能根据某种病害发病规律制订合理的综合防治方案并实施、检验。对设施内未发生的葫芦科蔬菜主要病害，通过教材与网络查询、多媒体教学、露地蔬菜现场教学、观察标本等方法进行学习。

知识准备

一、苗期病害

(一)猝倒病

蔬菜幼苗猝倒病俗称“卡脖子”、“小脚瘟”等。各地普遍发生，是早春蔬菜育苗时苗床上为害最重的病害。主要危害番茄、辣椒、茄子、黄瓜、莴苣、芹菜、甘蓝和洋葱等蔬菜幼苗。发病后常造成幼苗成片死亡，重者甚至毁床。

1.症状识别

播种后种子未萌发或刚发芽就受病菌侵染，造成腐烂死亡称为烂种。幼苗未出土时发病，胚茎和子叶腐烂称为死苗。出土不久的幼苗最易发病，病苗在茎基部初呈水浸状，而后变为黄褐色，迅速扩展后病部缢缩呈线状。由于病势发展迅速，在幼苗子叶尚绿色未凋萎之前，幼苗即倒伏，故称之为“猝倒”。在子叶下发病的成为“卡脖子”。在苗床上发病，最初多是零星发病，形成发病中心，迅速向四周扩展，最后引起成片倒苗。在苗床湿度高时，病苗或附近土壤表面长出一层白色棉絮状菌丝。

2.病原识别

病原为瓜果腐霉菌(图3-1)，属鞭毛菌亚门腐霉属。菌丝无色、无隔膜。菌丝体发达，呈白色棉絮状。无性繁殖是从菌丝顶端或中间产生孢囊梗和孢子囊，孢子囊呈姜瓣状，成熟时顶端膨大形成球形泡囊，泡囊内形成若干游动孢子。游动孢子肾形，有两根鞭毛。有性繁殖产生卵孢子，球形，壁厚，表面光滑。该病菌侵染果实可引起绵腐病。

3.发病规律

病菌以卵孢子随病残体在土壤中越冬，借灌溉水、雨水传播，从幼苗茎基部侵入，引起幼苗发病。湿度大时，病苗上产生孢子进行再侵染。猝倒病发生与土壤温湿度关系密切。病菌10～30℃均能活动，土温15～16℃时病菌繁殖很快。苗床土壤高湿极易诱发此病，灌水后积水窝或苗床棚顶滴水处，往往最先出现发病中心。播种过密，管理粗放，遇有连阴雨天，光照不足，幼苗长势弱，均会诱发猝倒病发生。

4. 防治方法

(1)苗床土壤消毒　选用无病新土做床土，沿用旧苗床时，床土要消毒。播前用50%多菌灵可湿性粉剂、或25%甲霜灵可湿性粉剂、或50%硫菌灵可湿性粉剂8～10 g/m²，加细潮土15 kg拌匀配成药土，播种时用1/3药土垫床，2/3药土覆种。

(2)加强苗床管理　厩肥要充分腐熟，并撒施均匀。做好保温工作，并适时通风换气。催芽不宜过长，播种不要过密。根据不同苗对湿度的要求，调节苗床湿度。出苗后应避免床土湿度过大，严格控制浇水，注意通风透光，并应适当放风炼苗，培育壮苗，增强抗病性。

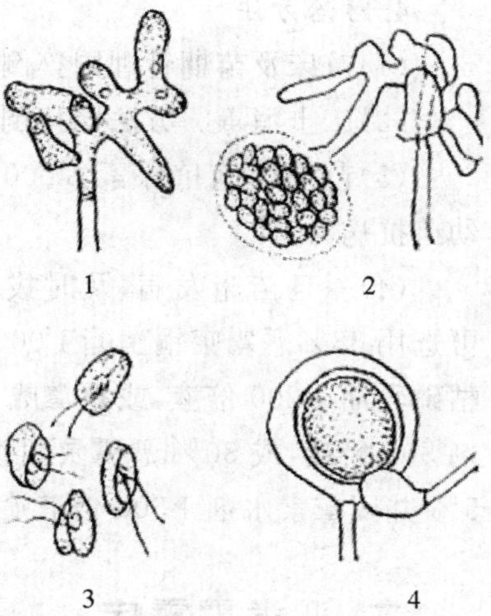

图3-1　瓜果腐霉菌

1.孢子囊　2.孢子囊萌发形成泡囊　3.游动孢子　4.卵孢子

(3)药剂喷雾　一旦苗床发病，应及时把病菌及附近病土清除，然后喷药防治。可选用72.2%霜霉威盐酸盐水剂600～800倍液，或25%甲霜灵可湿性粉剂800倍液，或38%恶霜·嘧铜菌酯1 000倍液，或58%甲霜·锰锌可湿性粉剂600倍液，或30%恶霉灵可湿性粉剂800倍液，或70%代森锰锌可湿性粉剂500倍液。每7～10 d喷1次，连续喷2～3次。

(二)立枯病

立枯病俗称“霉根”、“立苗死”，各地普遍发生，主要为害茄子、黄瓜、辣椒、番茄幼苗，也为害菜豆、白菜、甘蓝、莴苣等。

1. 症状识别

受害幼苗茎基部产生椭圆形暗褐色病斑，发病初期幼苗白天叶片萎蔫，夜间恢复。随着病害的进展，病斑逐渐凹陷，病斑扩大绕茎一周时，则病部表现收缩、干枯，病苗呈萎蔫状，逐渐死亡。枯死病苗多立而不倒伏，故称之为立枯病。湿度大时，发病部位产生淡褐色蛛丝状霉层，即病菌的菌丝体。

2. 病原识别

病原为立枯丝核菌，属半知菌亚门丝核菌属真菌(图3-2)。菌丝有隔膜，初无色，老熟时呈浅褐色或黄褐色。菌丝分枝处往往成直角，分枝基部多缢缩。老熟菌丝常呈一连串的桶形细胞，并可交织成黑褐色菌核。

3. 发病规律

病菌以菌丝体或菌核随病残体在土壤中越冬，可在土壤中腐生存活2～3年。在适宜条件下，病菌由幼苗伤口或表皮直接侵入幼茎或根部而引起发病。通过雨水、灌溉水、苗床土壤中水的流动传播，农具以及带菌粪肥也能传播。床温高、湿度大利于发病，播种过密，光照不足等条件也有利于立枯病的发生。

4. 防治方法

(1)苗床及苗期管理同猝倒病。

(2)床土消毒。方法同猝倒病的床土消毒。

(3)苗期喷施植保素 8 000～9 000 倍液,可增强幼苗抗病力。

(4)一旦苗床发病,及时拔除病苗,病用药防治。可选用 38% 恶霜嘧铜菌酯 1 000 倍液,或 20% 甲基立枯磷乳油 1 200 倍液,或霜霉威 72% 盐酸盐可溶性水剂 500 倍液,或 30% 恶霉灵可湿性粉剂 800 倍液,或 5% 井冈霉素水剂 1 500 倍液喷雾。

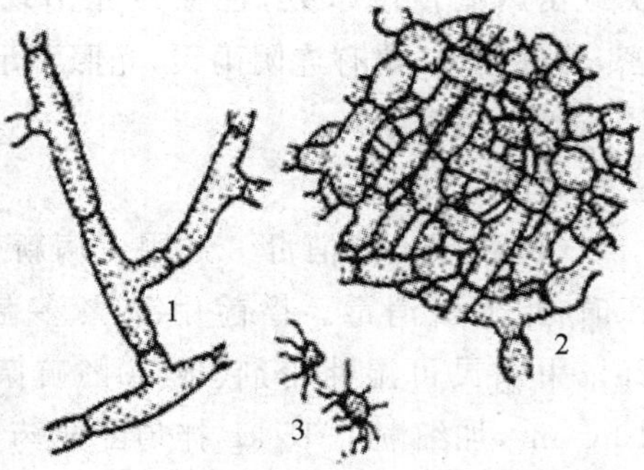

图 3-2 丝核菌属
1. 直角状分枝的菌丝
2. 菌丝纠结的菌组织 3. 菌核

二、瓜类霜霉病

俗称跑马干,是瓜类生产中最常见最重要的病害之一。发病特点是来势猛,发病快,常给菜农带来严重损失。此病仅危害黄瓜、甜瓜、南瓜、冬瓜、丝瓜、苦瓜等瓜类蔬菜。

1. 症状识别

以黄瓜受害重。主要危害叶片,幼苗期,成株期均可受害。幼苗染病子叶有不均匀的褪绿黄化斑驳,后呈不规则的枯黄斑,严重时整个子叶变黄干枯。成株期染病,初期叶背有水渍状病斑,叶面症状不明显。后叶面出现黄绿、黄色病斑,病斑扩展受叶脉限制而呈多角形。后期病斑褐色,但病斑边缘仍呈黄绿色。潮湿环境下,叶背病部密生灰黑色霉层,干燥时霉层消失。严重的病斑连片,易破裂,叶片枯死。潮湿时其他瓜类霜霉病叶背病部霉层颜色为:丝瓜、葫芦紫黑色;甜瓜灰紫色;金瓜淡灰色;冬瓜灰白色;南瓜淡灰白色;苦瓜、洋丝瓜白色。

2. 病原识别

由古巴假霜霉菌侵染所致。病菌的孢子囊梗无色,单生或 2～4 根束生,从气孔伸出,上部呈 3～5 次锐角分枝,分枝末端着生一个孢子囊;孢子囊卵形或柠檬形,顶端具乳状突起,单胞,淡褐色。孢子囊可萌发长出芽管,或孢子囊释放出游动孢子,变为圆形休止孢子,萌发芽管,侵入寄主。卵孢子球形,黄色,表面有瘤状突起。

3. 发病规律

病菌在保护地内越冬,在北方,病菌是从温室传到大棚,又传到春季露地黄瓜上,再传到秋季露地黄瓜上,最后又传回到温室黄瓜上。通过气流和雨水传播。气温 16～20℃,叶面结露或有水膜是霜霉病侵染的必要条件。气温 20～26℃,空气相对湿度 85% 以上,是霜霉病菌生长的最适条件。因此,气温忽高忽低,昼夜温差大,加上多雾、有露、阴雨及田间棚室湿度大时易引发病害流行。

4. 防治方法

(1)选用抗病品种。

(2)加强管理。定植时选用无病壮苗,高垄地膜栽培。灌溉采取滴灌或膜下暗灌,生育前期切忌大水漫灌,要小水勤灌,且要在晴天上午进行。

(3)高温闷棚杀菌。一般在中午密闭温室、大棚 2 h 左右,使植株上部温度达到 44～46℃,

可杀死棚内的霜霉菌，每隔 7 d 进行 1 次。

(4)生态防治。晴天上午尽快使棚室内温度升到 25～30℃，最高不超过 33℃，湿度降到 75%以下，开始通风，放风口逐渐加大，下午温度降到 22～25℃，湿度降到 70%左右。夜间温度控制在 12～16℃，湿度控制在 83%以下，叶面不结露。

(5)药剂防治。发病初期可用72.2%普力克水剂 800 倍液，或 58%甲霜灵锰锌可湿性粉剂 500 倍液，或 72%杜邦克露 600 倍液，或 69%烯酰吗啉·锰锌可湿性粉剂 800～1 000 倍液等药剂交替喷雾防治，视病情每 7～10 d 1 次，连续 2～3 次。也可每 667 m^2 棚室用 45%百菌清烟剂 250 g 分放在 4～5 个点，点燃闷棚，傍晚施烟密闭棚室熏烟一夜，翌晨通风，隔 7 d 熏烟 1 次，连续 3 次。也可喷撒 5%百菌清粉尘剂，或 5%加瑞农粉尘剂，或 10%防霉灵粉尘剂，每 667 m^2 用药 1 kg，每 10 d 喷 1 次。

三、瓜类白粉病

白粉病是保护地瓜类蔬菜较常见的一种病害，在瓜类蔬菜生长后期发病较重，造成叶片干枯甚至提前拉秧。

1.症状识别

瓜类白粉病在整个生育期均可发生，主要为害叶片，偶尔也为害茎蔓和叶柄。初期在叶片正面或背面、叶柄及幼茎上产生近圆形的白色小粉斑，逐渐扩展成圆形白色粉斑，继续向四周扩展后形成边缘不明显连片白粉，严重时白粉可布满整个叶片，使叶片逐渐变黄萎蔫，干枯卷缩。生长后期或秋季，白粉转为灰白色，并在期间长出许多黑褐色小粒点。

2.病原识别

瓜类白粉病病原一种为葫芦科白粉菌，属子囊菌亚门白粉菌属；另一种为瓜类单囊壳，属子囊菌亚门单丝壳属(图 3-3)。分生孢子梗不分枝，顶端串生分生孢子，分生孢子椭圆形，单孢无色。闭囊壳球形、暗褐色，其上着生丝状附属丝。葫芦科白粉菌的闭囊壳内有多个子囊，子囊内多有 2 个子囊孢子；瓜类单囊壳的闭囊壳内有 1 个子囊，子囊内有 8 个子囊孢子，两种病菌为专性寄生菌，寄主范围广泛，除为害葫芦科蔬菜外，还可为害月季、向日葵和蒲公英等，引起相似的症状。

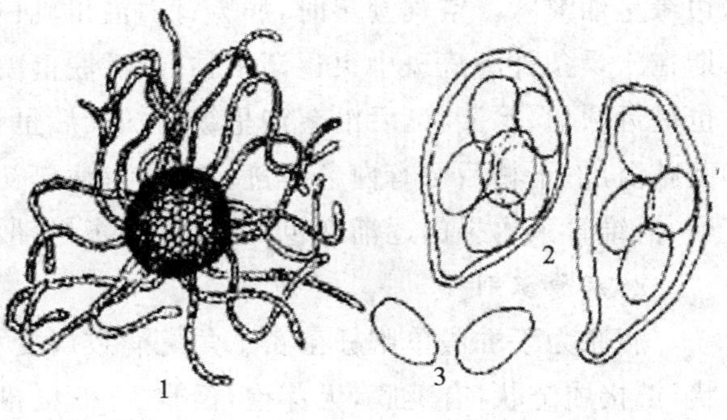

图 3-3　白粉菌

1.闭囊壳　2.子囊　3.子囊孢子

3.发病规律

在周年种植瓜类的南方地区和北方温室内，病菌主要以菌丝和分生孢子在病株上越冬。病害可周年发生，翌年可产生子囊孢子或分生孢子引起初侵染，条件适宜时，病部产生分生孢子，通过气流传播，进行多次再侵染。病害的发生与流行与气候条件、栽培管理，尤其是品种关系密切。病菌喜温湿，耐干燥，温度在 16～24℃和较高湿度条件下利于病害发生流行。保护地一般比露地发生早而重。

4. 防治方法

(1)选用抗病品种。一般抗霜霉病的品种也抗白粉病。

(2)加强栽培管理。合理施肥，防止植株徒长和脱肥早衰。加强田间通风透光，降低湿度。

(3)棚室消毒。温室定植或育苗前翻地后，用硫黄粉 2.5 kg/667 m^2 拌入 1 倍量的干锯末，点燃熏烟 24 h，7～10 d 后育苗或定植。

(4)药剂防治。①熏烟法：棚室内植株结瓜后发病前可用 45% 百菌清烟剂 200～300 g/667 m^2 熏蒸，傍晚时分将药剂分散在几个地方点燃，密闭熏蒸 12 h，可兼治瓜类其他病害。②喷雾法：发病初期可选用 40% 氟硅唑乳油 6 000～8 000 倍液，或 25% 吡唑醚菌酯乳油 20～40 mL/667 m^2，或 40% 多硫悬浮剂 500 倍液，或 40% 氟硅唑乳油 6 000～8 000 倍液，或 25% 三唑酮可湿性粉剂 2 000～3 000 倍液，或 25% 丙环唑乳油 3 000～4 000倍液，或 25% 戊唑醇水乳剂 2 500～3 000 倍液，或 10% 苯醚甲环唑水分散粒剂 1 500 倍液喷雾。

四、瓜类细菌性角斑病

细菌性角斑病是保护地葫芦科蔬菜普遍发生的病害之一，并常易与霜霉病混淆导致错用农药而造成较大损失。黄瓜、西瓜、西葫芦等葫芦科蔬菜均可发生此病，这里以黄瓜细菌性角斑病为例介绍。

1. 症状识别

黄瓜细菌性角斑病在黄瓜幼苗期、成株期均可发病，主要危害叶片、叶柄、卷须和果实，以成株期叶片受害最重。幼苗子叶上产生圆形或卵圆形、稍凹陷病斑，后病斑扩大呈黄褐色。成株期叶片发病，初产生油渍状褪绿小斑点，逐渐扩展，形成多角形灰褐或黄褐色病斑，叶背病斑边缘呈油渍状。空气潮湿时，病斑背面溢出乳白色菌脓，干后变成白色粉末或一层白色膜。后期在干燥条件下病斑中央逐渐干枯，最后脱落变成孔洞或病斑边缘开裂。茎蔓上的病斑初期也呈近圆形、水渍状，后沿茎沟呈纵向扩展后呈长圆形、短条状浅灰色病斑，湿度大时也有白色菌脓溢出，干枯后留有白色痕迹。瓜条上病斑初为水浸状、圆形或不规则形，并可向表皮下扩展，沿维管束的果肉逐渐变色，病瓜后期腐烂，散发臭味。潮湿时，病部溢出污白色菌脓。

2. 病原识别

病原为丁香假单胞杆菌黄瓜角斑病致病变种，属细菌薄壁菌门假单胞杆菌属。菌体短杆状，链接成链状，有荚膜，无芽孢，极生 1～5 根鞭毛，革兰氏染色阴性。

3. 发病规律

病菌可附着在病残体上在土壤中越冬或在种子内越冬。在棚室中靠棚膜滴水、露水滴落及叶缘吐水滴落溅飞病菌来传播昆虫、农事操作及工具也能传播。病菌从气孔、水孔、皮孔等自然孔口或伤口侵入。温度在 20～28℃，空气相对湿度 75%以上，发病迅速。在低温高湿和棚室内结露时间长时，病害发生重且易流行。连阴雨天、种植过密、通风不良及偏施氮肥也会有较高的发病率。

4. 防治方法

(1)选用抗病品种。如津研 6 号、2 号，长春密刺等。

(2)种子处理。用 55℃温水浸种 20 min，再用清水浸种 3 h 后催芽播种。也可用 72% 硫酸链霉素可溶性粉剂1 000倍液浸种1.5 h,浸种后洗净晾干。

(3)加强栽培管理。培育无病壮苗,保护地适时放风降湿,发病后控制浇水,露地采用高垄覆膜栽培,及时清除病残叶。

(4)药剂防治。发病初期及时喷药防治,可选用72%硫酸链霉素可溶性粉剂3 000~4 000 倍液,或新植霉素4 000倍液,或50%氯溴异氰尿酸可溶性粉剂1 000~1 500倍液,或喷50%琥胶肥酸铜可湿性粉剂500倍液,或60%琥·乙磷铝可湿性粉剂500倍液,或14%络氨铜水剂300倍液,或50%甲霜铜可湿性粉剂600倍液喷雾。

五、瓜类生理性病害

(一)幼苗沤根

1.症状识别

整个苗期均能发生沤根病,发病时根部不发或很少发新根和不定根,根皮变为锈褐色,逐渐腐烂、干朽,并导致地上部生长受抑制,植株生长缓慢,叶片发黄,叶缘焦枯,病苗萎蔫,容易拔起。严重时可造成幼苗成片枯死。

2.病原识别

为生理性病害,主要原因是苗床土温过低(12℃以下),且持续时间过长所致。

3.发病规律

育苗期间温度低于12℃以下,且持续时间较长,加之浇水过量或遇连阴雨天、光照不足,致使幼苗根系在土壤低温、过湿以及缺氧状态下,呼吸作用受阻,不能正常发育。上述条件持续时间过长,超过了幼苗耐受的限度,即可发生沤根病。

4.防治方法

(1)选床及育苗。选透气性良好的壤土地做苗床,苗床床土应疏松、平整,播种时一次打足底水,以后要适当控水。早春育苗时地温偏低,可采用地热线育苗。

(2)加强苗床管理。控制好苗床温湿度,床温白天20~25℃,夜间15℃,不能低于12℃。避免低温高湿,准确掌握通风时间和通风量。幼苗发生轻微沤根后,应立即控制浇水,及时松土散湿,提高地温,促使病苗尽快发新根。

(3)塑料薄膜保护。育苗床发生轻微沤根时,要抓住晴天中午,延长通风时间。也可将生石灰分散放入育苗床小拱棚内,充分吸潮以后进行更换。

(二)黄瓜花打顶

黄瓜花打顶也叫黄瓜龙头紧聚,是保护地黄瓜早春生产经常遇到的问题。

1.症状识别

黄瓜植株生长停滞,龙头紧聚;生长点不再生长和伸长,顶端小叶片密集,在很短的时间内形成雌雄花相间的花簇,黄瓜形成自封顶,即“花打顶”,如顶端出现小瓜纽,俗称“瓜打顶”;植株不再有新叶和新梢长出,中下部叶片浓绿、表面多皱缩和突起,呈现核桃纹状。

2.发病原因

黄瓜花打顶是一种生理病害,低温是导致此病的主要原因。

3.发病规律

黄瓜花打顶发生的主要原因是温度偏低，尤其是土温偏低导致黄瓜根系发育受阻、吸收能力变弱，光合产物少。其次是昼夜温差大，夜间向新生部位输送营养量小，植株营养生长受到限制，生殖生长超过营养生长。此外，高温干旱、低温高湿、营养不良、缺肥早衰、土壤长期阴湿而沤根，都会出现花打顶。

4.防治方法

(1)提高保护地内温度，生长期间气温不得低于13℃，地温不低于15℃；寒冷季节做好防寒保温。

(2)施足腐熟粪肥，追肥要均匀，避免肥料施用不当烧伤根系。

(3)定植后及时中耕，反复松土，提高地温增加土壤通透性，促进根系发育，多发新根。操作过程中应尽量减少对根系的损伤。

(4)适时适度灌水，避免大水漫灌引起降温沤根；尽量采用起垄地膜覆盖栽培和膜下暗灌。

(5)尽量延长日照时间，覆盖温室的草苫应早揭晚盖，有条件的可采用灯光照明。

(6)对已出现龙头紧聚的植株，应提高温度，适量灌水暂不追肥，适量摘掉些雌花，喷布喷施宝12 000倍液促进其生长。

(三)黄瓜化瓜

黄瓜生产中经常产生化瓜，特别是春茬温室黄瓜化瓜较多，影响产量。

1.症状识别

刚坐下的瓜钮或正在发育中的小瓜条，生长停止，由瓜尖至全瓜逐渐变黄干瘪，最后干枯，俗称为“化瓜”。

2.发病原因

化瓜主要是光照不足或各器官争夺养分造成的。

3.发病规律

春季气温较低，连续阴雨，光照不足，刚坐下的瓜钮或生长中的小瓜条得不到所需要的营养物质而停止生长引起化瓜；温度偏高，如白天气温高于32℃，夜间高于18℃，正常光合作用受阻，造成小瓜条缺少营养而化瓜；水分充足，植株徒长，养分被新生茎叶争夺，也容易出现化瓜；密度过大，肥水供应不足，地下根系竞争养分，地上茎叶竞争空间，通风透光降低也会导致化瓜；坐瓜多、棚内二氧化碳浓度偏低，霜霉病、白粉病、白粉虱等病虫为害也可导致化瓜。

4.防治方法

(1)瓜钮过密时，适当疏瓜。

(2)在温室内增施二氧化碳气肥，可解决由二氧化碳不足引起的化瓜。

(3)加强肥水管理。在根瓜坐住之前，不要施速效氮肥。缓苗后若植株生长正常应蹲苗，直到根瓜长至手指粗时再浇水和叶面喷肥，并及时通风排湿。

(4)增加光照，使用透光率高的无滴膜。尽量早揭、晚盖草苫。保持膜面清洁。晚上用日光灯等光源进行人工补光。

(5)加强通风、换气，把温度控制在适合黄瓜正常生长发育的范围内，并适当控制灌水。

(6)加强病虫害防治。

(四)黄瓜畸形瓜和苦味瓜

黄瓜畸形瓜和苦味瓜在棚室生产上时常出现，畸形瓜影响瓜条商品性状，苦味瓜影响黄瓜口感，重时不能食用。

1.症状识别

常见畸形瓜有弯瓜、尖嘴瓜、大肚子瓜和蜂腰瓜。弯瓜，即瓜条向一侧弯曲，严重时呈“C”字形；尖嘴瓜就是瓜条顶部尖细，而瓜身和瓜柄正常；大肚子瓜则是瓜条顶部粗大，其他部位正常；蜂腰瓜则是中间一处或几处细、两头粗，像细腰蜂状。

2.发病原因

主要是不适宜的温湿度、光照不足及营养失调所致。

3.发病规律

弯瓜是绑蔓时不注意，使瓜条下部担在了茎蔓与架材的交接处不能下垂，形成机械性弯瓜，另外叶片光合产物不能顺利的输入果实中，也能形成弯瓜。尖嘴瓜是由于黄瓜未经授粉，单性结实，加之植株长势弱，或因温湿光照条件不好，植株光合作用降低所致。大肚子瓜是雌花授粉不充分，授粉的先端膨大，营养不足或水分不均匀时造成的。蜂腰瓜是子房发育不良，或植株营养不良，或植株营养水分状况时好时坏，使同化物质积累不均匀所致，缺硼也会形成蜂腰瓜。苦味瓜是由于苦味素在瓜条中积累过多引起的，氮肥过多或磷钾不足，特别是氮肥突然过量，很容易出现苦味瓜。温度长期低于13℃，植株养分和水分吸收受到抑制，或持续长时间30℃以上高温，使植株同化能力减弱，消耗过多，或营养失调都会出现苦味瓜。

4.防治方法

(1)提倡营养钵和嫁接育苗，培育壮苗。

(2)机械性弯瓜，消除阻挡因素，使瓜条下垂即可。

(3)加强温湿度、光照及水分管理。夜间温度控制在13℃以上，白天最高气温不要持续在30℃以上；湿度不要过高或过低；采用无滴棚膜。

(4)采取配方施肥，N、P、K按5∶2∶6比例施用。结果期可喷施1%～2%磷酸二氢钾或喷施宝，每毫升加水12 kg叶面喷施。

六、葫芦科蔬菜其他病害(表3-1)

表3-1　葫芦科蔬菜其他病害

病名	症状及病原	发病规律	防治方法
西瓜炭疽病	叶斑初为圆形或不规则形，紫褐色，有同心轮纹，扩大后呈不规则形，干燥时易破碎穿孔，潮湿时产生粉红色黏稠物。果实病斑圆或长圆形，水浸状，褐色凹陷，常龟裂，湿度大时产生粉红色黏状物。 刺盘孢属，属半知菌亚门。	以菌丝体随病残体在土壤中越冬，种子也可带菌。借气流、雨水、灌溉水及农事活动传播。适温条件下，相对湿度越高，发病越重，氮肥施用过多，排水不良，密度过大，通风不良，发病严重。	种子处理；合理轮作；加强栽培管理；百菌清烟熏法；炭疽福美或抑霉唑或咪鲜胺或苯噻氰喷雾。

续表 3-1

病 名	症状及病原	发病规律	防治方法
黄瓜黑星病	叶斑近圆形，淡黄色或深绿色，后期星状开裂并穿孔，边缘有黄色晕圈。果实被害，病部褐色、疮痂状凹陷，并流出半透明的胶状物，病部表面霉层灰色。 瓜疮痂枝孢霉，为半知菌亚门真菌。	以菌丝体在土壤、架材或以分生孢子在种子表面越冬。借助气流、雨水和棚膜滴水等传播。低温高湿是发病的重要条件，保护地在 15～20℃，空气湿度 86%～100%，结露时间 12 h 以上，严重发生。	选用抗病品种及无病株上留种；温水浸种或多菌灵拌种；移栽前 10 d 用硫黄粉熏棚；调控棚室内温湿度；用异菌脲或氟硅唑或咪鲜胺或嘧菌酯等喷雾。
黄瓜靶斑病	叶斑圆形或不规则形，叶正面粗糙不平，边缘褐色，中央灰白色、半透明，有一明显的眼状靶心，湿度大时有稀疏灰黑色霉状物，呈环状。 棒孢菌，为半知菌亚门真菌。	以分生孢子或菌丝体随病残体在土中越冬，借气流或雨水飞溅、棚膜露珠等传播。温暖、高湿，过于密植，大水漫灌，光照不足，管理粗放有利于发病。	加强栽培管理；及时清除病叶、病蔓；注意通风排湿，调控棚室内温湿度；增加光照；用氟硅唑或嘧菌酯等喷雾。
西葫芦灰霉病	植株地上各部均可受害，幼瓜受害最重。病菌多从开败后的雌花侵入，花和幼瓜的蒂部呈水浸状，逐渐软化，表面生灰色霉层，果实腐烂，有时长出黑色菌核。 灰葡萄孢，属半知菌亚门真菌。	以菌核或菌丝体随病残体在土壤中越冬。分生孢子借气流、流水和农事操作传播，花器侵入。低温高湿、栽植过密、放风不及时、偏施氮肥、植株生长衰弱易发病。	及时摘除残花；蘸花药中加入 1% 的腐霉利；用腐霉利或灰霉灵熏烟；用咪鲜胺或菌核净或嘧霉胺喷雾。

任务实施

一、实施条件

(1)实施场所　葫芦科蔬菜设施基地、多媒体实训室。

(2)仪器与用具　光学显微镜、玻片、扩大镜、镊子、小剪刀、解剖刀及记载用具等。

(3)药剂与药械　各种杀菌剂、烟雾机、喷雾器等。

(4)其他　教材、PPT、视频、影像资料、相关图书、网上资源等。

二、实施方案

1. 寻找教学现场

在教师准备好教学现场的前提下，引导学生在课前以小组为单位到葫芦科蔬菜大棚、温室或者露地葫芦科蔬菜生产基地，寻找症状典型的 1 种或数种发病植株(或地段)，以备本工作任务的实施。

2. 葫芦科蔬菜病害诊断

根据葫芦科蔬菜病株在设施或田园里的分布规律和对栽培管理措施的了解，结合病害症状，对照教材或参考读物，先判断是否发生了病害？再诊断出是哪类病害？能否诊断出是哪种病害？同时采集发病标本保存拍摄照片，以为后期检验防治效果做对照。

3. 病原物观察

如果是由真菌、线虫或细菌引起的病害，则将采集的样本带到实训室进行镜检，以进一步确诊病害。同时，拍出病原物的电子显微照片交给老师核查。

4. 发病规律观察

观察病害在设施或田园里的发病特点，查阅资料并讨论、分析该病害发生的原因以及影响该病害发生的因素。

5. 综合防治实践

对于侵染性病害，每小组选取一种，讨论制订综合防治方案。其中的化学防治，应明确用药品种、施药方法、施药面积或株数、药剂浓度或剂量、施药次数、施药间隔期等，经教师准许后实施。同时，还可以选择实施其他一些易于近期操作而见效快的防治措施，如摘除病叶、调控棚室内温湿度、消灭传毒介体等。

对于生理性病害，各小组经集体讨论，针对某种病害的发病原因，找出一些相应的补救措施进行操作。

经过观察，有了较为明显的防治效果（一般在防治 1 周后），则小组提出验收申请，请老师和全班同学集体验收、考核。

任务考核

考核内容	考核标准	分值	得分	考核人
寻找教学现场	找到的病害症状典型、病害种类多	20 分		教师
病害诊断与病原物观察	病害诊断准确	30 分		教师
综合防治实践	防治方法正确，操作熟练，防治效果明显	40 分		教师 学生
团队协作	小组成员间团结协作	5 分		组内互评
职业素质	责任心强，学习主动、认真、方法多样	5 分		组内互评

工作任务 2　茄科蔬菜病害的诊断与防治

任务提要

通过到茄科蔬菜设施基地现场教学，认识所见到的茄科蔬菜病害的症状，学会现场诊断方法，对不能确诊的病害，再到实训室进行病原诊断。能根据某种病害发病规律制订合理的综合防治方案并实施、检验。对设施内未发生的茄科蔬菜主要病害，通过教材与网络查询、多媒体教学、露地蔬菜现场教学、观察标本等方法进行学习。

知识准备

一、茄科蔬菜灰霉病

灰霉病是一种寄主范围很广的病害。不仅危害茄科蔬菜，瓜类、豆类、葱蒜类以及多种叶菜类蔬菜均可受害。我国北方每年的晚秋至翌春保护地及南方的冬季(包括保护地及露地)往往受到灰霉病的危害。目前已成为蔬菜上最为主要的病害之一。

1.症状识别

茄科蔬菜地上部的叶、花、茎、果实均可受害。

番茄叶片发病多从叶尖开始，病斑呈“V”字形向内扩展，初呈水渍状，边缘不规则，后呈浅褐色到黄褐色，具深浅相间的轮纹。病叶干枯后在高湿条件下产生灰褐色霉层；病枝易折断，也可形成霉层。果实发病后，青果近果蒂、果柄或果脐处首先显症，病变部果皮灰白色水渍状软腐，病斑迅速发展成不规则形大斑，并产生灰褐色霉层，严重时可致果实畸形。

茄子受害后，在幼果顶部及其附近产生水浸状褐色病斑，扩大后呈暗褐色，凹陷腐烂，并产生灰色霉层。叶片染病产生圆形或椭圆形褐色坏死斑，湿度大时病斑上密布灰色霉层。

辣椒受害，叶片初期褪色变黄，并产生灰白色霉层，后期整叶腐烂。果实病部灰白色软腐，后期在被害果、花托、果柄上长出灰色霉状物。

2.病原识别

引起灰霉病的病原属半知菌亚门葡萄孢属(图 3-4)，主要有 3 个种：灰葡萄孢、葱鳞葡萄孢和葱腐葡萄孢，以灰葡萄孢的寄主范围最广。灰葡萄孢的无性时期菌丝体白色，有隔膜，分生孢子梗丛生，分生孢子簇生于顶端，圆形或倒卵形，表面光滑，无色，孢子聚集时呈淡褐色。菌核黑色，扁平，呈不规则形。

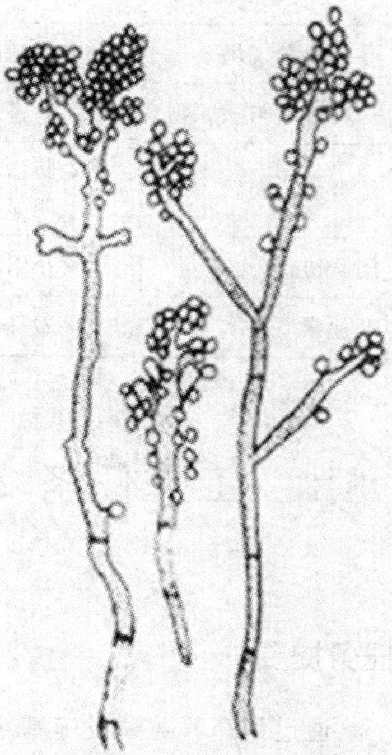

图 3-4　灰葡萄菌

分生孢子梗与分生孢子

3.发病规律

病菌主要以菌丝体及分生孢子随病残体在土壤中越夏或越冬，环境适宜时从寄主伤口或衰老器官侵入致病。田间病株产生的大量分生孢子借气流、雨水、露滴和人事活动进行传播。温暖潮湿有利于发病。寡照，温度在 20℃左右，空气相对湿度 90%以上和植株表面结露时有利于发病。北方地区春季多雨雪或阴天，寒流次数多，致使棚室内温度偏低和高湿环境，易引起病害流行。偏施氮肥，植株密度过大，浇水过量，放风不及时，植株生长衰弱等都易诱发本病发生。

4.防治方法

(1)选用抗病品种。西红柿选用毛粉 802、L402 等，茄子选用北京六叶茄、西安紫茄等，辣椒选用湘研 10 号、中椒

10 号等优良抗病品种。

(2)加强栽培管理。采用小高畦地膜栽培和滴灌、暗灌浇水。合理密植,定植后及时摘除病叶、病果、病花,并带出深埋。结果后增施磷、钾肥,收获后要及时清洁田园。

(3)加强温度控制和通风管理。晴天上午应晚点通风,使棚室内温度迅速上升至 30℃左右,再放顶风。白天温度应控制在 20～25℃,夜间保持在 15～17℃。

(4)药剂防治。发病初期可选用以下施药方式:①烟雾法:用 10% 速克灵烟剂或 45%百菌清烟剂 250 g/667 m^2,或 15% 腐霉利烟剂 200 g/667 m^2密闭熏烟 12 h。②粉尘法:傍晚喷洒 10%灭克粉尘剂,或 10%杀霉灵粉尘剂 1 kg/667 m^2,10 d 后再喷 1 次,可连续使用或与其他防治方法交替使用 2～3 次。③喷雾法:可选用 50%速克灵可湿性粉剂 2 000 倍液,或 50% 腐霉利可湿性粉剂 1 500 倍液,或 50% 异菌脲可湿性粉剂 1 000～1 500 倍液,或 65% 抗霉威可湿性粉剂 1 000～1 500 倍液,或 40% 多·硫悬浮剂 600 倍液,或 50% 甲基硫菌灵可湿性粉剂 500 倍液,隔 7～10 d 1 次,连续喷 2～3 次。要注意交替用药,以防产生抗药性。

二、茄科蔬菜病毒病

茄科蔬菜病毒病在日光温室和大棚中发生比较普遍,在植株生长发育的中后期尤为严重,造成很大减产,是保护地蔬菜的重要病害之一。

1. 症状识别

主要表现三种症状:

(1)花叶型　叶片出现黄绿相间或深浅相间的斑驳,幼苗表现萎缩,新叶小,叶脉透明,叶细长狭窄,扭曲畸形,成株矮缩,果实小,品质差,呈花脸状。

(2)蕨叶型　有的植株叶片细小似蕨叶状,有的叶片向上略微卷曲呈管状,或植株矮小、分枝极多、呈丛枝状;有的叶片严重皱缩,果实为畸形果等。

(3)条斑型　辣椒花蕾变褐色,嫩叶变黑色枯死,只留下叉状枯枝,称顶枯病;或在茎秆上产生褐色坏死条斑。番茄叶片成云纹或茶褐色斑点,叶脉发生坏死。茎秆上初为暗绿色凹陷条斑,后发展成黑褐色。病果果面表现为暗褐色稍凹陷条形或不规则形病斑,畸形,病果易脱落。

2. 病原识别

引起茄科蔬菜病毒病的毒原有多种,主要有烟草花叶病毒(TMV)、黄瓜花叶病毒(CMV)、烟草卷叶病毒(TLCV)、苜蓿花叶病毒(AMV)和番茄斑萎病毒(TSWV)等。

3. 发病规律

各种病毒具有不同的特性,例如,烟草花叶病毒可在多种植物上越冬,种子也可带毒,成为初侵染源。靠汁液接触传染,从寄主微伤口侵入。土壤中病残体、田间越冬寄主残体、田间杂草等都可成为该病的初侵染源。黄瓜花叶病毒寄生范围很广泛,主要靠蚜虫传染,汁液也可传染。此外,田间各项农事操作都可以成为病毒的传播途径。高温、干旱、植株生长不良、重茬、防治蚜虫不及时等都利于病害的发生。保护地昼夜温差小,通风不良也利于病害发生。

4. 防治方法

(1)选用抗病品种。辣椒可选中椒 2 号、中椒 4 号、中椒 5 号、辽椒 4 号、沈椒 2 号、吉林 3

号、鲁椒3号等。番茄可选鲁番茄3号、佳粉10号、毛粉802、早丰、早魁等。

(2)合理轮作。与非茄科蔬菜实行2年以上轮作。

(3)加强田间管理。彻底铲除田间杂草和周围越冬存活的蔬菜老根。温室内施足底肥，定植前深翻土壤，注意氮、磷、钾的配合使用，培育壮苗。

(4)防治害虫。棚室覆盖防虫网，以防止有翅蚜虫和粉虱迁入传毒，也可用黄板诱蚜或用银灰色薄膜驱蚜，防止其进一步传毒。

(5)种子消毒。播前将种子用清水浸种3～4 h，再放入10%磷酸三钠溶液中浸泡30 min，捞出后用清水冲净再催芽播种。

(6)药剂喷雾。发病前或发病初可用20%吗啉胍·乙铜可湿性粉剂1 000倍液，或复方磺胺甲噁唑粉3 000倍液，或2%氨基寡糖水剂300倍液，或1.8%辛菌胺醋酸盐水剂1 000～1 500倍液，或1.5%植病灵乳剂800～1 000倍液喷雾，每隔7～10 d喷1次，连续喷2～3次。

三、茄科蔬菜根结线虫病

根结线虫病是茄科蔬菜的一个毁灭性病害，发病严重时全田枯死。受害寄主除茄科蔬菜外，也可侵染瓜类、胡萝卜等。

1.症状识别

主要发生在侧根和须根上，发病初期，根部肿大，上部叶片黄化，中午温度高时叶片易萎蔫。发病中后期，植株矮化、黄化，叶片萎蔫枯黄，开花不良，结果小而少，严重时全株枯死。根结线虫侵染后，形成大小不等的串珠状瘤或小根结，其表面粗糙，易龟裂，解剖根结，在镜下检查病部组织，有乳白色小线虫。

2.病原识别

病原为南方根结线虫，属植物寄生线虫。成虫雌雄异形，幼虫呈细长蠕虫状。雄成虫线状，尾端钝圆，无色透明，长1.0～1.5 mm，宽0.03～0.04 mm；雌成虫梨形，乳白色，长0.44～1.59 mm，宽0.26～0.81 mm。每头可产卵300～800粒，多埋藏于寄主组织内。

3.发病规律

以成虫或卵在病组织内越冬，也可以幼虫在土壤中越冬，病土和病肥成为主要侵染来源。第二年幼虫由新生根尖直接侵入，形成田间初侵染，后不断进行再侵染。在一个生长季节里根结线虫可繁殖3～5代，在27℃时完成1代需25～30 d，在保护地内可终年繁殖。主要通过病土、病苗和灌溉水传播。多在土壤5～30 cm处生存，发育适温25～30℃，幼虫遇10℃低温即失去生活能力，48～60℃经10 min死亡，在土中存活1年，2年即全部死亡。种植茄科蔬菜连作时间越长，发病越重。

4.防治方法

(1)农业措施防治。选择无病原线虫土壤培育净苗；清洁田园；收获后灌水，抑制线虫的繁殖；与大葱、大蒜、韭菜等蔬菜实行3年以上轮作。

(2)高温灭杀。大型连栋温室休闲时可进行蒸汽消毒，20 cm土温60℃，保持30 min。或利用夏季高温季节，每667 m^2施碳铵500 kg，深翻，起垄，灌水，覆白色地膜，保持40 d（若不揭大棚膜，保持 20 d 左右)，可有效杀灭各虫态线虫。

(3)土壤处理。在播种或定植前 15 d，穴施 10% 粒满库颗粒剂 5 kg/667 m^2，或用 10% 克线丹颗粒剂 4～6 kg/667 m^2，或 35% 威百亩水剂 10～15 kg/667 m^2，对水 10～15 L，在病田内开沟(沟深 20 cm 左右)浇施，覆土盖严，15 d 后耕翻，再播种或移栽。也可用 10% 噻唑膦颗粒剂 10～15 kg/667 m^2，加 20 kg 细干土充分拌匀后，均匀撒施于畦面上，再与畦面 20 cm 表土层的土壤充分混匀，当天定植。

(4)药剂灌根。成株期发病可用 2.5% 阿维菌素乳油 2 000 倍液，或 48%氯吡硫磷乳油 1 500 倍液，或 50%辛硫磷乳油 1 000～1 500 倍液灌根。

四、茄科蔬菜疫病

疫病是茄科类蔬菜的主要病害之一，苗期、成株期均可感染。主要危害叶、茎、果实，是茄科类蔬菜生产上的毁灭性病害。

1.症状识别

(1)番茄晚疫病　幼苗发病叶片出现暗绿色水浸状病斑，基部水渍状缢缩，植株萎蔫或倒伏。成株染病叶片病斑褐色、近圆形或不规则形，干燥时病斑干枯，青白色，易破。高湿时，叶背病、健部交界处长出白霉，整个叶腐烂，并可蔓延到叶柄和主茎。茎秆上病斑黑褐色，稍凹陷，边缘不清晰。果实染病主要发生在青果上，病斑初呈油浸状暗绿色，后变成暗褐色至棕褐色，病斑呈不规则云纹状，稍凹陷，边缘明显。病果初期较硬，湿度大时迅速腐烂并长出少量白霉。

(2)茄子绵疫病　主要为害果实、叶片、茎秆。近地面果实先发病，初期表现为水渍状圆形凹陷病斑，并迅速扩大，可遍及整个果实，果肉变黑褐色腐烂，易脱落。湿度大时，病部表面长出浓厚的白色棉絮状霉层。天气干燥时病果也可失水成僵果挂在枝头。茎部受害，呈水渍状暗绿色或紫褐色病斑，病部缢缩，发病重的，上部枝叶萎蔫下垂，湿度大时上生稀疏白霉。叶片上病斑水渍状，褐色，近圆形或不规则形，上生明显的轮纹，潮湿时病斑上生稀疏白霉。幼苗被害引起猝倒。

(3)辣椒疫病　苗期和成株期均可感病。幼苗发病时，在茎基部出现水浸状暗绿色软腐、苗倒伏。叶片病斑暗绿色、病健分界明显，扩展快。湿度大时病部可见到白霉。茎染病多发于茎基部，初为暗绿色水渍状斑渐转为褐色条斑，病部以上枝叶逐渐枯萎，病茎易折倒。果实病斑呈暗绿色水浸状，软腐，褐色。湿度大时，病果表面密生白色霉状物。病果可脱落，也可失水干燥成暗绿色僵果挂在枝上。

2.病原识别

病原为鞭毛菌亚门真菌 2 种致病疫霉菌引起(图 3-5)。*Phytophthora capsici* Leonian 孢子梗直，无或有分枝，顶生孢子囊。孢子囊近圆形或卵圆形，顶端有一明显乳头状突起。卵孢子淡黄色、圆形。可致辣椒疫病、茄子绵疫病；*Phytophthora infestans* Mont. 孢子囊梗细长，分枝上有结节状膨大处，侧生或顶生孢子囊，孢子囊单胞，无色，卵形或柠檬形。可引起番茄和马铃薯晚疫病。

3.发病规律

辣椒疫霉菌以卵孢子、厚垣孢子在病残体、土壤、粪肥或种子中越冬。番茄晚疫病菌主要在冬季棚室内番茄及马铃薯块中越冬，或随病残体在土壤中越冬。病菌借气流或浇水传播引起发病，病部产生的菌丝和孢子囊随气流传播进行再侵染。温湿度适宜的条件下，经10多天即可流行。温度25～30℃，空气相对湿度85%以上利于发病。茄科蔬菜在常年连作、地势低洼、土质黏重、平畦栽培、大水漫灌、氮肥过多、磷钾肥和微量元素不足、施用未腐熟的有机肥等条件下易发病。

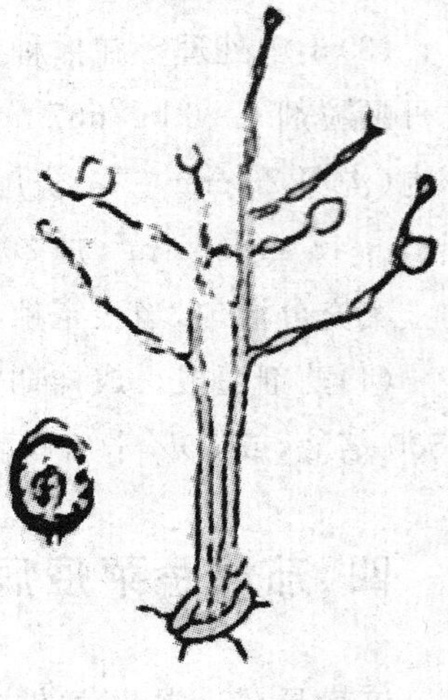

图3-5　疫霉菌孢囊梗和孢子囊

4.防治方法

(1)选用抗病品种。辣椒可选中椒6号、中椒7号、中椒10号、辽椒12号等品种。

(2)合理轮作。与豆类、瓜类或葱蒜类实行3年轮作。

(3)加强栽培管理。合理施肥，追肥要氮、磷、钾配合施用，避免偏施氮肥；及时放风，降低湿度；发现病株及时拔除，并在病穴上撒上石灰粉消毒；收获后及时清洁田园。

(4)种子消毒。将预浸过的种子用55℃的温水烫种15 min，或用72.2%霜霉威水剂600倍液浸种15 min，洗干净后播种或催芽。

(5)药剂防治。①烟雾或粉尘法：可于傍晚施用45%百菌清烟剂200～250 g/667 m^2，或5%百菌清粉尘剂，1 kg/667 m^2，隔9 d 1次。②喷雾法：发病初期及时拔出病株并喷药防治，可选用72.2%霜霉威水剂600～700倍液，或64%噁霜·锰锌可湿性粉剂500倍液，或25%嘧菌酯悬浮剂1 000～1 500倍液，或70%乙膦铝锰锌可湿性粉剂500倍液，或1%申嗪霉素悬浮剂30～60 g/667 m^2，或72%霜脲·锰锌可湿性粉剂600～800倍液，或10%氰双唑悬浮剂1 500倍液，或687.5 g/L氟吡菌胺·霜霉悬浮剂60～75 g/667 m^2对水喷雾。连喷2～3次，每7～10 d喷1次。

五、番茄叶霉病

1.症状识别

在番茄的叶、茎、花、果实上，都会出现症状，但主要发生在叶片上。发病时先从中、下部叶片开始，向上部叶片发展。初期在叶片正面出现边缘不清晰的微黄色褪绿斑，而后在叶片背面对应位置长出灰白色后转为紫灰色的致密的绒状霉层。条件适宜时，叶面病斑上也长有同样的霉层。发病严重时，叶片上布满病斑并连片，叶片卷曲、干枯。

2.病原识别

病原菌是褐孢霉，异名黄枝孢霉，属半知菌亚门。分生孢子梗多为丛生，有1～10个隔膜，呈褐色。大部分分生孢子细胞上部一侧较大，其上生有次生孢子。次生孢子梗则多呈长椭圆形。分生孢子常为链式串生。

3.发病规律

以附着在种子表面和侵入种皮内的菌丝及残存和附着在病残体、架材和土壤中的菌丝与孢子越冬。在冬暖大棚栽培的番茄植株上可周年为害。气流传播,从叶片气孔侵入,引起番茄发病,后在病斑上产生分生孢子进行再侵染,扩大危害。高湿是叶霉病发生的重要条件,气温在22℃左右,相对湿度达90%以上病害易流行。叶表有水露、阴雨天光照不足、定植过密、通风排湿不及时均易诱发叶霉病发生。

4.防治方法

(1)选用抗病品种。如鲁粉2号、鲁番茄4号、毛粉802、百利、辽粉杂3号、中杂7号、双抗2号、沈粉3号以及佳粉系列品种等。

(2)种子消毒。用52℃温水浸种30 min。

(3)苗床及设施消毒。育苗床要换用无病新土。使用旧床,要在播种前用50%多菌灵可性粉剂500倍液,或45%代森铵可湿性粉剂300倍液喷洒土壤消毒。连年发病的温室、大棚,在定植前要进行环境消毒,即密闭棚室后按每100 m^3空间用硫黄0.25 kg,锯末0.5 kg,混匀后分几堆点燃熏烟一夜。

(4)加强管理。发病重的温室、大棚最好能与非茄科蔬菜进行2～3年轮作。栽培管理的防病重点是控制温、湿度,增加光照,预防高湿低温。

(5)高温焖棚。选择晴天中午时间,给以2 h左右的30～36℃高温处理,然后及时通风降温。

(6)药剂防治。发病初期需及时喷洒25%阿米西达悬浮剂2 000倍液,或50%凯泽水分散剂1 500倍液,或96%恶霉灵3 000倍液,或60%防霉宝超微粉剂600倍等药液,或2%武夷霉素水剂100～150倍液,或40%福星乳油8 000～10 000倍液,或40%百可得可湿性粉剂3 000倍液,或40%新星乳油9 000倍液,或叶霉杀星1 200～1 600倍液,以上药液交替使用,每7～10 d喷1次,连续喷洒2～3次。也可用40%百菌清烟剂300 g/667 m^2熏烟。或用10%敌托粉尘或7%叶霉净粉尘喷粉。

六、生理性病害

(一)辣椒日灼病

辣椒日灼病又称辣椒日烧病,是一种生理性病害,在设施辣椒生产上时有发生,对产量和品质都造成一定影响。

1.症状识别

主要发生在果实上,果实向阳面太阳直射部位呈灰白色,革质状,病部表皮变薄,组织坏死。后期常因腐生菌寄生,病部长出黑色霉层或软化腐烂。

2.发病原因

辣椒日灼病为生理性病害,被太阳光直射的部位温度过高,细胞被灼伤死亡。

3.发病规律

栽植过稀、管理粗放,肥水不足,导致植株叶片面积不够而引发日灼病;辣椒遭受病虫为害造成大量落叶,使果实暴露在阳光下,易导致病害发生;天气过度干热,土壤缺水,棚室内空气湿度小,都会加重病害的发生。

4. 防治方法

(1)合理密植。栽植密度要合理,最好每穴双株,避免植株生长到高温季节仍不能“封垄”,使果实暴露在强烈的阳光之下。

(2)加强肥水管理。施用过磷酸钙作底肥,适时灌溉,促进植株枝叶繁茂。

(3)遮光防雨。高温季节中午前后或降雨期间及时盖棚膜遮蔽阳光和雨水,减少发病。有条件的采用遮阳网覆盖栽培。

(4)防治病虫害。及时防治病虫害,防止植株因病虫而早期落叶,减轻日灼果发生。

(二)番茄脐腐病

番茄脐腐病又称蒂腐病、顶腐病,俗称“黑膏药”,是保护地番茄常见病害之一。果实发病,直接影响产量和品质。

1. 症状识别

幼果发病,一般果实长到核桃大时,脐部出现水浸状、暗绿色斑点,后逐渐扩大,果实顶部形成凹陷、褐色或黑褐色大斑,病斑直径 1～2 cm,严重时扩展到小半个果实。干燥时病部为革质,潮湿条件下,病部会有腐生真菌寄生而表面产生粉红色、黑色或白色霉层。果实往往长不大,发硬,提早变红。

2. 发病原因

番茄脐腐病为生理性病害,主要原因是水分供应失调和缺钙。

3. 发病规律

果实膨大期水分供应不足、干旱或忽旱忽湿,或根系吸水分受阻,由于蒸腾作用消耗大量水分,特别是脐部的水分被叶片夺走时,造成果实内部水分失调,果实的生长发育受阻,果肉坏死,形成脐腐。或果实缺钙,使脐部细胞生理紊乱,失去控制水分的能力而引起脐腐病的发生。

4. 防治方法

(1)土壤施钙。棚室内土壤缺钙或土壤偏酸,可增施硫酸钙或石灰。

(2)合理施肥。增施有机肥,避免偏施氮肥。追肥主要施用氮钾肥,可在第 1～3 穗果膨大期分别追施 3 次。

(3)根外追肥。番茄坐果后至迅速膨大前是吸收钙的关键时期,可适量进行根外追肥,可喷洒 1%的过磷酸钙溶液、绿芬威 3 号 1 000～1 500 倍液,或 0.5% 氯化钙加 5 mg/kg 萘乙酸溶液、0.1%硝酸钙、1.8%复硝酚钠水剂 6 000 倍液。从初花期开始,隔 10～15 d 喷 1 次,连续喷洒 2～3 次。

(三)番茄裂果病

番茄裂果是一种常见的危害番茄果实的生理性病害,容易发生在果实的转色期。保护地、露地栽培均可危害。果实产生裂痕后,使果实降低或失去商品价值。

1. 症状识别

根据发生的部位和形态,可分为 3 种:一是放射状裂果,它以果蒂为中心呈放射状,一般裂口较深;二是环状裂果,以果蒂为圆心,呈环状浅裂;三是条状裂果,即在果顶部位呈不规则的条状裂口。裂果发生以后，果实品质下降，病菌易侵入，以致腐烂。

2. 发病原因

一是由于畸形花所致；二是由于在果实发育后期或转色期遇到强光照射，高温干旱，特别是久旱后灌大水，容易导致果皮生长与果肉组织的膨大速度不同步，膨压增大而出现裂果；三是使用植物生长调节剂浓度过大，水肥跟不上，引起生理失调而产生裂果；四是摘心过早，造成养分集中供应到果实而造成裂果。

3. 发病规律

从栽培类型来说，夏天露地栽培的番茄和秋季塑料薄膜温室栽培的番茄裂果发生较多。高温干燥时期也易发生。果实发育后期或转色期遇夏季高温、烈日、干旱和暴雨等天气（特别是阵雨和暴雨），果皮生长和果肉组织膨大不一致时，膨压增大，出现裂果。冬季寒冷，保护地栽培棚室内昼夜温差太大，亦可导致裂果。番茄裂果还与品种特性有关。

偏施氮肥、土壤忽干忽湿、雨后积水、整株摘叶过度、温度调控不当等的田块发生严重。年度间夏季高温、烈日、干旱和暴雨等天气多的年份发病重。

4. 防治方法

(1)选择抗裂品种，一般选择果皮厚的中小型品种。

(2)育苗期，特别是花芽分化期温度不要过高或者过低，白天温度保持在 22～24℃，夜间温度保持在 15～17℃，夜温不能长期低于 8℃。

(3)防止强光直射在果皮上。在秋延晚和春提早栽培后期时，不要过早打掉底部叶，可起到为果实遮阴作用。

(4)防止土壤过干或过湿，保持土壤相对湿度在 80% 左右。

(5)增施有机肥和质量好的生物肥，改善土壤结构，为根系的生长提供良好的环境。叶面应经常补充钙、硼等微量元素。

(6)正确使用植物生长调节剂，在使用激素喷花时，浓度不易过大，要针对品种、温度合理确定使用浓度。

(7)整枝打杈要适度，保持植株有茂盛的叶片，加强植株体内多余水分的蒸腾，避免养分集中供应果实造成裂果。

(四)番茄生理性卷叶

1. 症状识别

无论是在保护地还是露地，番茄常发生不同症状的生理性卷叶现象。从整个植株看，轻者仅下部或中、下部叶片卷曲；重者整株卷叶。从叶片卷曲程度来看，轻者仅叶缘稍微向上卷，重者卷成筒状，同时叶片变厚、变脆、变硬。轻度的卷叶会使番茄果实变小，严重卷叶会导致坐果率降低，果实畸形，品质下降，产量锐减。

2. 发病原因

番茄卷叶除个别品种受遗传因素影响外（丽春番茄，自然卷叶是其品种特性），通常是由不良环境条件和管理措施不当造成的，需要根据具体情况具体分析。

(1)整枝、摘心不当引起卷叶。如果整枝过早或摘心过重，不仅植株地上部分生长不好，叶面积减小，还会影响地下部的生长，根量少，质量差，制约水分和养分的吸收和供给，从而影响叶片的正常生长和发育，诱发卷叶。

(2)高温、强光、生理干旱引起卷叶。番茄叶片大而多，蒸腾作用旺盛，在高温、强光条件下，番茄的吸水弥补不了蒸腾损失，造成植株体内水分亏缺，致使番茄叶片萎蔫卷曲。这种情况多发生在果实膨大期，尤其在土壤缺水或植株受伤、根系受损时，番茄卷叶会严重发生。此外，遇高温天气时，为防治温室、大棚番茄病害，过于降低湿度，致使空气干燥，土壤缺水，或干旱后大量灌水，造成水分供应不均衡，也会引发生理性卷叶。

(3)营养失调引起卷叶。肥料施用不当，氮肥施用过多，或缺乏铁、锰等微量元素，植株体内养分失去平衡，引起代谢功能紊乱，也会引起番茄卷叶。

(4)其他原因引起卷叶。激素使用不当，误将激素使用在叶片和生长点上；或激素浓度过高，改变了植株的代谢功能，使番茄叶片卷曲，果实畸形或开裂。保护地栽培的番茄遇连阴雨或长期低温寡照而后暴晴，会引起番茄失水卷叶；另外，通风过急，临时辅助生火加温产生烟尘，污水灌溉等都会引起卷叶。

3. 防治方法

(1)整枝、摘心。适时适度进行植株调整，侧芽长度应超过 5 cm 后方可打掉。摘心宜早，宜轻。在最后一穗果上方留 2 片叶摘心。

(2)加强温光调控。保护地番茄在高温时，要及时放风，放风量要逐渐加大，不要过急。干燥造成卷叶时可在田间喷水或浇水。在高温季节，可利用遮阳网及其他遮光降温措施栽培番茄。棚室栽培时注意通风换气，避免通风不良。临时性生火加温时，应选用优质燃料，防止火道漏烟。

(3)加强水肥管理。在番茄生长季节，应保持土壤含水量在 80% 左右。避免在高温的中午浇水。根据番茄的需肥特点，进行测土配方施肥或施用茄果专用肥。避免生长调节剂污染叶片和生长点。

(4)促进根系发育。培育壮苗，精细整地，适时定植，及时中耕，提高土壤温度。

七、茄科蔬菜其他病害(表 3-2)

表 3-2 茄科蔬菜其他病害

病名	症状及病原	发病规律	防治方法
番茄早疫病	叶面病斑近圆形灰褐色，四周有黄色晕圈；果实病斑为深褐色，稍凹陷。各处病斑上常具同心轮纹，温暖潮湿时产生黑色绒毛状霉层。 茄链格孢菌，属半知菌亚门。	在种子及病残体上越冬，靠雨水、气流传播，从叶片气孔、伤口或直接侵入。多发生在高温高湿天气。连作、基肥不足、密度过大的地块发病重。	选用抗病品种；合理轮作；加强田间管理；种子消毒；熏烟或喷粉；喷雾可用异菌脲或春雷·王铜；茎部发病可用异菌脲涂茎。

续表 3-2

病名	症状及病原	发病规律	防治方法
茄子褐纹病	叶片病斑中央灰白或浅褐色，边缘暗绿色，上生轮纹状黑色小点。果实病斑大、浅褐色凹陷，并有轮纹状小黑点，后期腐烂脱落或干缩成僵果。 茄褐纹拟茎点霉菌，属半知菌亚门。	病菌随病残体在土壤中或种子上越冬。分生孢子靠气流、水、昆虫和田间操作等传播。高温高湿、不合理灌溉、通风不及时、连作及过量施肥等都易引起发病。	选用抗病品种；药液浸种；床土消毒；加强栽培管理，及时摘除病果；熏烟法用百菌清烟剂；喷雾法可用春雷·王铜或乙磷铝·锰锌等。
番茄青枯病	初期病株白天萎蔫，傍晚恢复。数日后萎蔫不再恢复而死亡。茎部发病呈褐色斑块，茎的中下部表皮粗糙，常产生不定根。剖开病茎，维管束变褐色，横切后用手挤压有白色菌脓溢出。 青枯假单胞菌，属细菌。	病菌主要随病残体在田间越冬，随灌溉水和农事操作传播，伤口侵入。土壤温度高、湿度大，番茄连作、偏施氮肥、缺钾肥以及根部损伤均有利于发病。	选用抗病品种并种子消毒；.调节酸度使土壤呈微碱性；注意氮、磷、钾肥的合理搭配，适当增施氮肥和钾肥；药剂防治病初用硫酸链霉素或春雷·王铜或青枯灵或氢氧化铜浇灌。
辣椒炭疽病	黑点炭疽病为长圆形或不规则形褐色凹陷斑，有同心轮纹，小黑粒较大，色较深；黑色炭疽病为中央灰白边缘褐色的圆形斑，上生小黑粒；红色炭疽病为圆形黄褐色凹陷斑，轮生橙红色小粒。 辣椒炭疽菌，属半知菌亚门。	病菌随病残体在土壤中越冬，也可在种子上越冬，伤口侵入，随风、雨、昆虫、农事操作等传播。棚室温度高、湿度大，种植过密，通风不良，氮肥施用过多，日灼病发生较重时病害发生重。	选用抗病品种；及时清理病残体；种子消毒；硫黄·甲硫灵或春雷·王铜或嘧菌酯或苯醚甲环唑或炭疽福美喷雾。
茄子黄萎病	叶片从植株一边向全株发展。病初，叶缘及叶脉间褪绿变黄，逐渐发展至半边或整个叶片发黄。后期病叶由黄变褐，严重时仅剩茎秆或心叶，整株枯死。剖检病部可见维管束变褐。 大丽花轮枝孢菌，属半知菌亚门。	以菌丝体、厚垣孢子和拟菌核随病残体在土壤或种子上越冬。靠气流、流水、人畜及农具传播。一般气温低，定植时根部伤口愈合慢，利于病菌侵入。地势低洼、施用未腐熟的有机肥、偏施氮肥都有利于发病。	选用抗病品种；温水浸种；.床土消毒；合理轮作；嫁接防治；定植前用申嗪霉素处理土壤；发病初期用菌毒清或双效灵或络氨铜或甲基硫菌灵灌根。
辣椒根腐病	病株茎基部及根部皮层变褐湿腐，植株地上部萎蔫、枯黄，病部逐渐缢缩、腐烂，皮层易剥离露出暗褐色木质部。 腐皮镰孢菌，属半知菌亚门。	病菌以菌丝体、厚垣孢子或菌核在土壤及病残体上越冬。分生孢子借雨水和灌溉水传播，从根部伤口侵入。温暖高湿，棚膜有水滴，管理不善伤根，连作发病重。	床土消毒；与非茄科、瓜类蔬菜轮作；加强田间管理；恶霉灵或青枯灵或甲基硫菌灵灌根或喷洒土表及植株茎基部。

续表 3-2

病名	症状及病原	发病规律	防治方法
茄子白绢病	主要为害茎基部。病部初呈褐色腐烂,并产生白色具光泽的绢丝状菌丝体及黄褐色油菜籽状的小菌核,严重时叶柄、叶片凋萎,最后干枯脱落或整株枯死。 齐整小核菌,属半知菌亚门。	以菌核或菌丝体在土壤中越冬,高温及时晴时雨利于菌核萌发。连作地、酸性土或沙性地发病重。	拔除中心病株并对病穴及周围土壤消毒处理;病株用甲基立枯磷乳油或三唑酮喷洒地面、灌穴或淋施。

任务实施

一、实施条件

(1)实施场所　茄科蔬菜设施基地、多媒体实训室。

(2)仪器与用具　扩大镜、光学显微镜、载玻片、盖玻片、镊子、挑针、小剪刀、解剖刀及记载用具等。

(3)药剂与药械　各种杀菌剂、烟雾机、喷雾器等。

(4)其他　PPT、视频、影像资料、教材、茄科蔬菜病害图册、网上资源等。

二、实施方案

1.寻找教学现场

课前以小组为单位到茄科蔬菜生产基地,寻找典型症状发病植株或地段,为本工作任务的实施做准备。

2.茄科蔬菜病害诊断

向温室大棚或田地管理者了解栽培管理情况,观察茄科蔬菜不正常植株的症状表现,判断是否发生了病害。再对照教材或参考书籍等,诊断是哪类病害,能否诊断出是哪种病害。同时采集发病标本,拍摄植物病害照片,为后期检验防治效果做对照,也为病害诊断积累资料。

3.病原物观察

将采集到的标本带到实训室进行镜检,以进一步确诊病害。疑似真菌、细菌病害又没有病征的,可保湿培养后再镜检。

4.综合防治实践

每小组选取一种侵染性病害,讨论制订综合防治方案。其中的化学防治,应明确用药品种、施药方法、施药面积或株数、药剂浓度或剂量、施药次数、施药间隔期等,经教师准许后实施。同时,还可以选择实施其他一些易于近期操作而见效快的防治措施,如摘除病叶、调控棚室内温湿度、消灭传毒介体等。

对于生理性病害,各小组经集体讨论,针对某种病害的发病原因,找出一些相应的补救措施进行操作。

经过观察，有了较为明显的防治效果(一般在防治1周后)，则小组提出验收申请，请老师和全班同学集体验收、考核。

任务考核

考核内容	考核标准	分值	得分	考核人
寻找教学现场	找到的病害症状典型、病害种类多	20分		教师
病害诊断与病原物观察	病害诊断准确	30分		教师
综合防治实践	防治方法正确，操作熟练，防治效果明显	40分		师生共评
团队协作	小组成员间团结协作	5分		组内互评
职业素质	责任心强，学习主动、认真、方法多样	5分		组内互评

工作任务3　豆科蔬菜病害的诊断与防治

任务提要

通过到豆科蔬菜设施基地现场教学，认识所见到的豆科蔬菜病害的症状，学会现场诊断方法，对不能确诊的病害，再到实训室进行病原诊断。能根据某种病害发病规律制订合理的综合防治方案并实施、检验。对设施内未发生的豆科蔬菜主要病害，通过教材与网络查询、多媒体教学、露地蔬菜现场教学、观察标本等方法进行学习。

知识准备

一、豆类锈病

锈病是棚室豆类生产中发生普遍而重要的病害，严重时全田植株枯黄，中下部叶片大量脱落，采收期缩短，对产量和品质造成很大影响。

1. *症状识别*

豆类锈病主要为害叶片，严重时也可为害茎和荚。病叶初期在叶背面产生黄色小凸起斑点，后变锈褐色，以后隆起，呈小脓疱病斑，后扩大成红褐色的夏孢子堆，病斑破裂散出红褐色粉末，即夏孢子。叶片正面现褪绿斑点。后期在叶柄、茎蔓、豆荚及叶片上长出黑褐色疱斑，表皮破裂，散出黑褐色粉末，即冬孢子。发病严重时，植株提早枯死。

此外，在豆类叶片上有时产生圆形黄绿色的小斑点，其中央部分密生稍突起的黄色小粒点，即病菌的性孢子器；并在其相对应的叶背产生黄白色粗绒状物，即病菌的锈孢子器。性孢子器和锈孢子器在豆类蔬菜上不常见。

2. 病原识别

豆类锈病为担子菌亚门真菌，菜豆锈病为单胞锈菌属(图 3-6)的疣顶单胞锈菌；豇豆锈病为豇豆单胞锈菌；蚕豆锈病为蚕豆单胞锈菌；豌豆锈病为豌豆单胞锈菌。病菌夏孢子都为单胞，椭圆形、卵形或球形，黄褐色或淡褐色，表面有细刺；冬孢子为单胞、短椭圆形，顶端有乳突，下端有长柄，像蝌蚪，黄褐色，表面光滑。

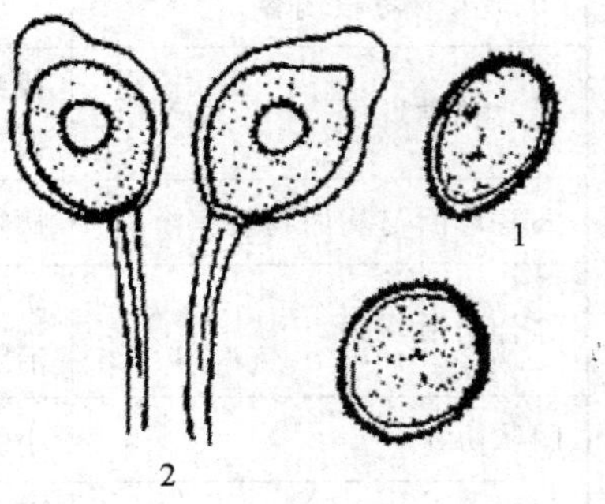

图 3-6　单胞锈菌属

1. 冬孢子　2. 夏孢子

3. 发病规律

在北方病菌以冬孢子随病残体在土壤中越冬，借气流、流水、农事活动传播。病原菌发育适温为 15～24℃，温室内湿度大，起雾、结露是诱发豆类锈病的主要环境因素。此外，种植过密，通风不良，灌水过大，低洼积水，氮肥施用过多，连年种植时发病重。

4. 防治方法

(1)选用抗病品种。在菜豆中，矮生种比蔓生种较抗病；在蔓生种中，“细花”比“中花”和“大花”较抗病。

(2)加强栽培管理。加强肥水管理，适当密植，棚室栽培尤应注意通风降温。采取切实有效措施降低棚内湿度，适当增施磷钾肥提高植株抗性。采收后立即清除并集中烧毁病株残体，减少菌源。

(3)药剂防治。①熏烟法或粉尘法：阴雨天用 25% 百菌清烟剂 300～400 g/667 m^2 密闭熏烟 12 h；或用 5% 万霉灵粉尘剂 1 kg/667 m^2 喷粉，5～7 d 喷 1 次，连续 2～3 次。②喷雾法：发病初期可选用 25% 三环唑乳油 2 000 倍液，或 10% 苯醚甲环唑水分散颗粒剂 1 500～2 000 倍液，或 70% 代森锰锌可湿性粉剂 1 000 倍液加 15% 三唑酮可湿性粉剂 2 000 倍液，或 20% 硫黄·三唑铜悬浮剂 1 000 倍液，或 25% 丙环唑乳油 4 000 倍液。7～15 d 喷 1 次，连续喷 2～3 次。

二、豆类炭疽病

炭疽病是保护地菜豆生产上常发性病害，棚室内高湿温凉环境发生为害重，严重影响菜豆的产量和品质，且豆荚在贮藏期间仍可继续受害。

1. 症状识别

主要为害叶片及豆荚。幼苗子叶病斑近圆形，红褐色或暗褐色，并呈凹陷溃烂状。主茎下部产生凹陷锈色长条斑，严重时幼苗死亡。真叶受害，病斑多在叶背面的叶脉上呈三角形或多角形扩展，黑褐色，后扩展至全叶，萎蔫。豆荚染病，初生褐色小点，后扩大形成褐色至黑褐色圆形或椭圆病斑，边缘明显，有红褐色或紫红色晕圈，稍凹陷。潮湿时病斑表面产生浅粉色黏稠状物。茎上病斑红褐色，圆形或椭圆形，凹陷，外周有黑色轮纹，龟裂。

2.病原识别

病原为半知菌亚门菜豆刺盘孢(图 3-7)。病菌分生孢子盘黑色，初埋生于寄主表皮下，后期露出，其上密生无色、短杆状分生孢子梗。分生孢子无色、卵形至圆柱状、单胞，直或稍弯曲。

图 3-7 刺盘孢菌

3.发病规律

以菌丝体潜伏在种子内或附着在种子表面越冬，成为翌年初侵染来源。播种带菌种子，可引起幼苗染病。病斑上分生孢子借气流、水流及昆虫传播。在温度 17～20℃、相对湿度 100% 条件下利于发病。温度低于 13℃，高于 27℃，相对湿度在 90% 以下时很少发病。棚室内温凉，湿度大，栽植密度过大，通风不良，连作种植易发此病。

4.防治方法

(1)选用抗病品种。棚室内可选用哈菜豆 8 号、双丰 1 号、碧龙 1 号、芸丰等。

(2)种子处理。播种前用 45℃ 温水浸种 10 min，或用 40% 福尔马林 200 倍液浸种 30 min，浸后清水洗净晾干播种。

(3)合理轮作。与非豆科蔬菜实行 2～3 年轮作。

(4)架材消毒。用 50% 的代森铵水剂 800～1 000 倍液对旧架材消毒。

(5)药剂防治。发病初期选用 25% 咪鲜胺乳油 1 000 倍液，或 77% 氢氧化铜可湿性粉剂 500～800 倍液，或 47% 春雷·王铜可湿性粉剂 600～800 倍液，或 25% 嘧菌酯悬浮剂 1 000～1 500 倍液，或 10% 苯醚甲环唑水分散粒剂 1 500 倍液，或 70% 代森锰锌可湿性粉剂 500 倍液，或 80% 炭疽福美可湿性粉剂 800 倍液喷雾。也可用 45% 百菌清烟剂 250～300 g/667 m^2 密闭 12 h 熏烟防治。

三、菜豆细菌性疫病

菜豆细菌性疫病又叫火烧病、叶烧病，国内各产区普遍发生，长江流域以南发病较重，北方以秋棚菜豆发病普遍。

1.症状识别

细菌性疫病主要侵染叶、茎蔓、豆荚和种子。幼苗染病，子叶呈红褐色溃疡状。成株叶片染病始于叶尖或叶缘，初生暗绿色油浸状小斑点，后逐渐扩大成不规则形，病斑变褐色，病组织变薄半透明状，病斑周围有黄色晕圈，干燥时易破裂穿孔。严重时病斑连片、干枯，似火烧状。茎上染病，呈红褐色条斑，稍凹陷，绕茎一周后，致上部茎叶枯萎。豆荚染病，初生暗绿色油浸状小斑，扩大后呈不规则形褐色斑，严重时豆荚皱缩褪色，致种子受病甚至腐烂。潮湿时病部有黄色菌脓溢出。

2. 病原识别

病原为野油菜黄单胞菌，菜豆疫病致病型，属细菌(图 3-8)。菌体短杆状，极生单根鞭毛，有荚膜，革兰氏染色反应阴性。人工培养产生圆形的黄色菌落。

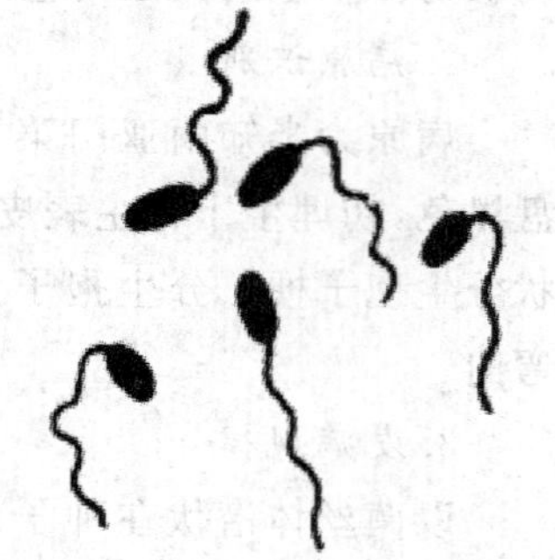

图 3-8 病原细菌

3. 发病规律

病菌主要在种子上越冬，也可随病残体在土壤中越冬。种子内病菌可存活 2～3 年。播种带菌种子，幼苗长出后即发病，病部产生的菌脓借气流、灌溉水或昆虫等传播，从寄主的水孔、气孔及伤口等处侵入，并在寄主输导组织内扩展，以后迅速蔓延到植株各部。气温 24～32℃、植株表面有水滴是发病的重要条件。棚室通风不良，温度高、湿度大，栽培管理不当，肥力不足或偏施氮肥，都会导致病害加重。

4. 防治方法

(1)无病田留种和种子消毒。用 72% 硫酸链霉素可溶性粉剂 500 倍液浸种 24 h。

(2)合理轮作。与非豆科蔬菜实行 2～3 年轮作。

(3)加强栽培管理。选用蔓生品种应及早插架绑蔓，注意通风降湿，及时中耕除草和灭虫。发病初期及时摘除下部叶片，收获后及时清除病残体。

(4)药剂防治。发病初期选用 72% 硫酸链霉素 3 000～4 000 倍液，或新植霉素 4 000 倍液，或 14% 络氨铜水剂 300 倍液，或 50% 琥胶肥酸铜可湿性粉剂 500 倍液，或 47% 春雷·王铜可湿性粉剂 600～800 倍液，或 77% 氢氧化铜可湿性粉剂 500 倍液喷雾。

四、菜豆菌核病

菌核病在菜豆生产上普遍发生，是早春和冬季棚室菜豆栽培的重要病害，一旦发生，对后期产量损失影响较大。本病还为害茄果类、叶菜类、瓜类等多种蔬菜。

1. 症状识别

该病多始于植株近地面茎基部或第一分枝处，初呈水渍状，后逐渐变为灰白色，病部皮层组织腐烂或发干崩裂，呈纤维状。棚室内湿度大时，病部表面产生白色棉絮状菌丝，菌丝下部生有鼠粪状黑色菌核，在茎基部病组织内也可见到黑色菌核。严重时可使茎蔓萎蔫枯死。

2. 病原识别

病原为核盘菌，属子囊菌亚门(图 3-9)。菌丝较粗壮，无色，有分隔，无性繁殖不产生孢子，后期产生颗粒状谷粒大小的菌核。菌核萌发产生圆盘状或喇叭口形子囊盘，淡红褐色。子囊圆筒形，子囊孢子椭圆形或梭形。

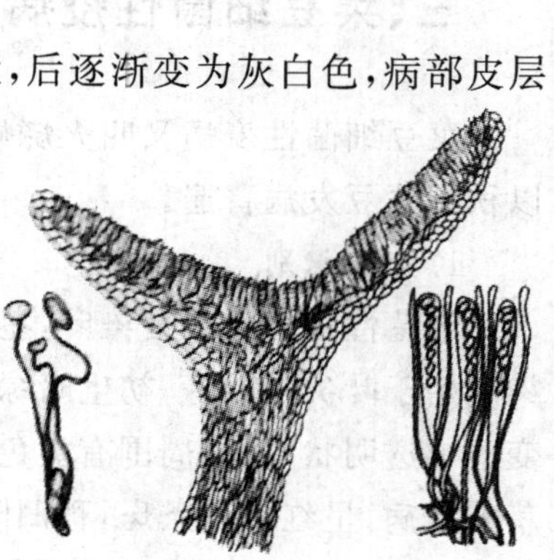

图 3-9 核盘菌

1. 菌核萌发 2. 子囊盘剖面 3. 子囊、子囊孢子及侧丝

3. 发病规律

病菌以菌核在病残体、土壤、肥料中或混在种子中越

冬。越冬菌核在适宜条件下萌发产生子囊盘，盘上子囊成熟时弹射出子囊孢子，借气流传播。发病后病部菌丝扩大蔓延，使病部腐烂。菜豆菌核病多在开花后期发生，病菌喜低温、高湿，因而菜豆开花后，如棚室内温度在15～20℃，高湿度则利于菌核病的发生，连作发病重。

4. 防治方法

(1)选用无病种子或种子处理。混有菌核的种子，播前可用10%食盐水汰除菌核，再用清水洗净后播种。

(2)深翻土壤，合理施肥灌溉。收获后及时清除病残体。

(3)熏烟或粉尘法。可用45%百菌清烟剂或10%腐霉利烟剂250 g/667 m^2 密闭熏烟12 h；也可于傍晚喷洒10%氟吗啉粉尘剂，或5%百菌清粉尘剂，或6.5%甲硫·霉威粉尘剂1 kg/667 m^2，10 d后再喷1次。

(4)药剂喷雾。发病初期可选用50%腐霉利可湿性粉剂2 000倍液，或40%菌核净可湿性粉剂1 000～1 200倍液，或30%菌核利可湿性粉剂1 000倍液，或50%乙烯菌核利可湿性粉剂1 000倍液，或50%异菌脲可湿性粉剂600～800倍液，或25%咪鲜胺乳油1 000～1 500倍液，或77%氢氧化铜可湿性粉剂500～800倍液，或47%春雷·王铜可湿性粉剂600～800倍液，或25%嘧菌酯悬浮剂1 000～1 500倍液，或30%苯噻氰乳油1 000倍液喷雾。

五、豆科蔬菜其他病害(表3-3)

表3-3　豆科蔬菜其他病害

病名	症状及病原	发病规律	防治方法
豇豆煤霉病	病初叶片正、反面产生紫褐色斑点，扩展后呈近圆形或不规则形红褐色病斑。湿度大时，病斑表面密生灰黑色煤烟状霉层。 菜豆假尾孢菌，属半知菌亚门。	以菌丝体随病残体在田间越冬。分生孢子借气流和浇水传播，进行多次再侵染。高温高湿利于发病，植株生长不良、连作地发病重。	选用抗病品；轮作；加强栽培管理，重点控制好温湿度；腐霉利或氢氧化铜或春雷·王铜或嘧菌酯喷雾。
豇豆花叶病	苗期受害，嫩叶出现花叶、明脉、褪绿和畸形，新生叶脉浓绿部分突出，成为疣状。成株叶片黄绿浓淡相间的花斑、扭曲、畸形。 病原为多种毒源，主要为豇豆蚜传花叶病毒。	病毒在设施栽培的豆科蔬菜上、田间宿根寄主植物上越冬；带毒种子是主要侵染来源，带毒种子可远距离传播。田间主要由蚜虫传播。	选用抗病品种；采用无病种子；加强田间管理；喷施磷酸二氢钾，增强抗病能力；病初用吗啉胍·乙铜或植病灵喷雾。
豇豆褐斑病	叶片病斑圆形或不规则形，红褐色，病健交界明显。后期病斑中部变黄，密生黑色小粒点。严重时，病斑密布，叶片枯黄、卷曲或脱落。 菜豆壳针孢菌，属半知菌亚门。	病菌以菌丝体或分生孢子器在病残体上越冬。借气流和雨水传播，再侵染频繁。高温高湿，光照不足，管理粗放，肥料不足，植株长势弱，连作发病重。	合理密植；及时清除病残体；施足基肥；加强温湿度管理；合理轮作；腐霉利或氢氧化铜或春雷·王铜或噁霜·锰锌喷雾。

续表 3-3

病名	症状及病原	发病规律	防治方法
菜豆角斑病	叶片病斑多角形、黄褐色至深褐色，病斑背面有灰黑色刺毛状霉层。豆荚病斑深褐色不规则稍凹陷，病部表面也生黑色刺毛状霉层。 灰拟棒束孢菌，属半知菌亚门。	以菌丝体和分生孢子在病残体上越冬，种子也可带菌。经气流、雨水、灌溉水等传播，从伤口或直接穿透表皮侵入，再侵染频繁。高温、高湿，叶面有水滴，管理粗放，连作地块发病重。	选无病株留种；种子处理；轮作；咪鲜胺或春雷·王铜或噁霜·锰锌或琥·乙磷铝喷雾。
蚕豆赤斑病	叶片病斑圆形或椭圆形，中央赤褐色稍凹陷，边缘深褐色稍隆起。茎或叶柄染病为赤褐色条斑，表皮易破裂。剖开枯死茎部，可见黑色扁平的菌核。 蚕豆葡萄孢盘菌，属子囊菌亚门。	主要以菌核随病残体在土中越冬或越夏，在温湿度适宜时菌核萌发，产生分生孢子，借气流传播。温度20～25℃，湿度大，管理粗放，偏施氮肥，连作，植株表面有水膜发病重。	种植抗病品种；加强栽培管理；病初用多·硫悬浮剂或代森锰锌或腐霉利喷雾。

任务实施

一、实施条件

(1)实施场所　豆科蔬菜设施基地、多媒体实训室。

(2)仪器与用具　光学显微镜、玻片、扩大镜、镊子、小剪刀、解剖刀及记载用具等。

(3)药剂与药械　各种杀菌剂、烟雾机、喷雾器等。

(4)其他　PPT、视频、影像资料、教材、相关图书、网上资源等。

二、实施方案

1. 寻找教学现场

课前以小组为单位到豆科蔬菜设施基地，寻找症状典型的发病植株或地段，为工作任务的实施做准备。

2. 豆科蔬菜病害诊断

向温室大棚或田地管理者了解栽培管理情况，观察豆科蔬菜不正常植株的症状表现，判断是否发生了病害。再对照教材或参考书籍等，诊断是哪类病害，能否诊断出是哪种病害。并采集病害标本，拍摄病害照片。

3. 病原物观察

对田间症状观察不能确诊的病害，将其标本带到实训室进行镜检，以进一步确诊病害。疑似真菌、细菌病害又没有病征的，可保湿培养后再镜检。镜检过程中要拍摄病原物的电子显微照片交给老师核查。

4. 综合防治实践

对于侵染性病害，每小组选取一种，讨论制订综合防治方案。其中的化学防治，应明确用药品种、施药方法、施药面积或株数、药剂浓度或剂量、施药次数、施药间隔期等，经教师准许后实施。同时，还可以选择实施其他一些易于近期操作而见效快的防治措施，如摘除病叶、调控棚室内温湿度、消灭传毒介体等。

对于生理性病害，各小组经集体讨论，针对某种病害的发病原因，找出一些相应的补救措施进行操作。

经过观察，有了较为明显的防治效果（一般在防治1周后），则小组提出验收申请，请老师和全班同学集体验收、考核。

任务考核

考核内容	考核标准	分值	得分	考核人
寻找教学现场	找到的病害症状典型、病害种类多	20分		教师
病害诊断与病原物观察	病害诊断准确	30分		教师
综合防治实践	防治方法正确，操作熟练，防治效果明显	40分		师生共评
团队协作	小组成员间团结协作好	5分		组内互评
职业素质	责任心强，学习主动、认真、方法多样	5分		组内互评

工作任务4　十字花科蔬菜病害的诊断与防治

任务提要

通过到十字花科蔬菜设施基地现场教学，认识所见到的十字花科蔬菜病害的症状，学会现场诊断方法，对不能确诊的病害，再到实训室进行病原诊断。能根据某种病害发病规律制订合理的综合防治方案并实施、检验。对设施内未发生的十字花科蔬菜主要病害，通过教材与网络查询、多媒体教学、露地蔬菜现场教学、观察标本等方法进行学习。

知识准备

一、十字花科蔬菜软腐病

软腐病又称腐烂病或烂疙瘩，是十字花科蔬菜中发生和受害最严重的病害之一，除为害甘蓝、油菜、萝卜和花椰菜等十字花科蔬菜外，还可侵染番茄、辣椒、洋葱、胡萝卜和马铃薯等多种蔬菜。常在生长中后期造成烂株，北方的大白菜在窖藏期可造成烂窖。

1. 症状识别

大白菜软腐病莲座末期开始发病，病初茎基部出现水渍状微黄色病斑，白天植株外叶萎蔫下垂，傍晚恢复，后期萎蔫病叶不再恢复，病部逐渐扩大呈淡黄色或黄褐色腐烂，表现出脱帮、烂疙瘩、酱桶等症状，有臭味。天气干燥时，腐烂的病叶可迅速失水而呈薄纸状。

青菜、油菜、菜心等普通白菜软腐病，主要为害叶片、柔嫩多汁组织及茎或根部，初呈水浸状或水浸半透明，后变褐软化腐烂，有的从茎基部或肥厚叶柄处发病，致全株萎蔫；菜心多自切口处软腐，轻则不再抽出新菜薹，重的整株软化腐败，病部渗出鼻涕状料液，散出臭味。甘蓝发病与白菜症状相似。

萝卜发病主要危害根茎、叶柄或叶片。根部染病常始于根尖，初呈褐色水浸状软腐，后逐渐向上蔓延，使心部软腐溃烂成一团。叶柄或叶片染病，亦呈水浸状软腐，病健部界限分明，常有褐色汁液渗出，致整个萝卜变软腐。有时心髓部溃烂或仅剩空壳。

2. 病原识别

病原为胡萝卜欧氏杆菌胡萝卜致病变种，属细菌薄壁菌门欧氏杆菌属（图 3-10）。菌体短杆状，周生鞭毛，无荚膜，不产生芽孢，革兰氏染色反应阴性。

3. 发病规律

病菌主要在带病种株和病残组织上越冬，春季靠雨水、灌溉水、施肥和昆虫传播，从伤口和生理裂口侵入寄主。低温、多湿影响伤口愈合能力，因而白菜包心期遇低温、多雨发病重，久旱突降大雨、连作、地势低洼、排水不良、土壤黏重、田间管理粗放、地下害虫为害严重伤口多发病重。

4. 防治方法

(1)选用抗病品种。青帮品种或疏心直筒形品种抗病性较强。

(2)合理轮作。与葱蒜类蔬菜轮作，避免与茄科和葫芦科蔬菜轮作。

(3)加强栽培管理。高畦或起垄栽培，降低株间湿度。及时清除病株，并用石灰消毒病穴，减少菌源。加强害虫的防治，减少虫伤。

(4)药剂防治。发病初期可选用 72% 硫酸链霉素可湿性粉剂 3 000～4 000 倍液，或新植霉素 4 000 倍液，或 1.8%

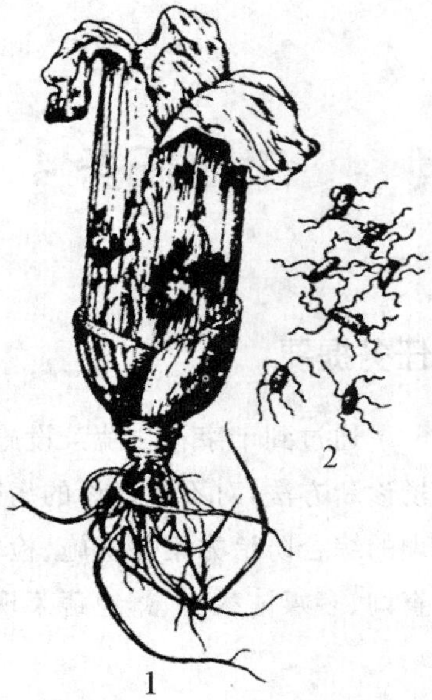

图 3-10　白菜软腐病

1. 病株　2. 病原细菌

辛菌胺醋酸盐水剂 1 000～1 500 倍液，或 50% 琥胶肥酸铜可湿性粉剂 700 倍液，或 47% 春雷·王铜可湿性粉剂 800～1 000 倍液，或 14% 络氨铜水剂 300 倍液，或 30% 氧氯化铜悬浮液 800 倍液喷雾。每 7～10 d 喷 1 次，连续防治 2～3 次。

二、十字花科蔬菜霜霉病

霜霉病是各地普遍发生的一类病害，主要为害植物叶片和地上幼嫩部分。棚室栽培多发生在春秋季，若防治不及时，病情很快蔓延，造成很大损失。该病除为害十字花科植物外，也为害葫芦科、大葱、菠菜、莴苣等蔬菜。

1. 症状识别

白菜：叶片受害病斑初呈水渍状、黄褐色，后逐渐扩大，常受叶脉限制而成多角形，潮湿时病斑背面长出霉状物。随着病情的加重叶片变黄干枯。

甘蓝和花椰菜：叶片初生褪绿斑点、扩展后因受叶脉限制而成多角形或不规则形病斑、黑色或紫色，稍凹陷。潮湿时，病斑背面长出白色霉层。严重时病斑连片、叶片干枯。

萝卜：叶片、茎部、种株、种荚等部位均可受害。病叶初生水浸状、不规则的褪绿斑点，很快扩大成多角形或不规则形的黄褐色病斑，叶背面病斑较为明显，湿度大时，长出白色霉层。严重时，病斑连片，叶片变黄、干枯。

2. 病原识别

病原为寄生霜霉菌，属鞭毛菌亚门霜霉属真菌（图 3-11）。孢囊梗无色、无隔，二叉状分枝，顶端的小梗尖细，向内弯曲，略呈钳状，其上着生孢子囊。孢子囊无色，单胞，近圆形。卵孢子近球形，黄色或黄褐色，表面光滑或有皱纹。

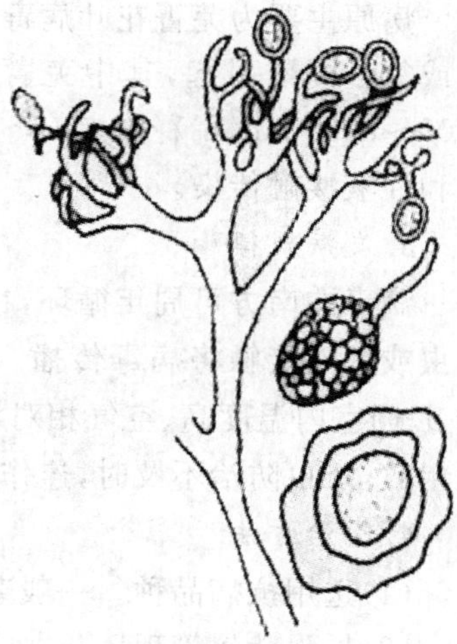

图 3-11 霜霉属

孢囊梗、孢子囊及卵孢子

3. 发病规律

病菌主要以卵孢子在土壤中越冬，也可在种子表面或随病残体混杂在种子中越冬，也可以菌丝体在留种株上越冬。田间通过风、雨传播，田间病害蔓延较快，环境适宜时 3～4 d 即可发病，再侵染频繁。高温多湿，昼夜温差大，秋季多雨，病害易流行。连作地、低洼地，种植密度过大，管理粗放，田间郁蔽通风不良，基肥不足或过量单施无机氮肥，植株长势衰弱，病害易发生。

4. 防治方法

(1)选用抗病品种。如结球白菜可选用津绿 55、津绿 75、北京 80 号、北京 106 号等。

(2)种子消毒。用种子重量 0.3% 的 25% 瑞毒霉或种子重量 0.4% 的 70% 乙磷铝·锰锌可湿性粉剂拌种。

(3)合理轮作。与非十字花科蔬菜实行 2～3 年轮作。

(4)加强栽培管理。适时排灌，避免田间小气候湿度过大。施足基肥，实行配方施肥；棚室温度超过 25℃ 时应及时通风排湿。重病株要及时摘除病叶，收获后清除病残体。

(5)药剂防治。①喷雾法:在病害发生前或发病初期可选用69% 锰锌·烯酰可湿性粉剂600~700 倍液,或64%噁霜·锰锌可湿性粉剂400~500 倍液,或25% 吡唑醚菌酯乳油20~40 mL/667 m^2,或72.2% 霜霉威水剂600~800 倍液,或58% 瑞毒霉锰锌可湿性粉剂600 倍液喷雾。②熏烟法:用10% 速克灵或45% 百菌清烟剂,250 g/667 m^2密闭熏烟12 h。

三、十字花科蔬菜病毒病

病毒病在十字花科蔬菜栽培中发生普遍,且为害严重,发病率一般为10%~30%,严重的高达70% 以上,对十字花科蔬菜产量和品质都有很大影响,白菜型油菜受害尤重。

1.症状识别

白菜病毒病以苗期发病为主,幼苗发病,心叶初期产生明脉,渐变为浓淡相间的花叶。病叶皱缩、变脆、扭曲畸形,生长缓慢。成株期发病,叶片皱缩、花叶,有的叶背的叶脉上产生褐色坏死斑点,叶柄扭曲,不能包心。发病较晚的轻病株,只在植株一侧或半边呈现皱缩畸形,或轻微皱缩花叶,结球小而不实,内层叶片产生许多褐色小点。菜种株受害,新叶明脉或花叶,老叶生斑坏死,抽薹缓慢,花梗短而弯曲,畸形,重者花梗未抽出即死亡。

甘蓝受害后,幼苗叶片上生褪绿圆斑,后期呈浓淡相间的斑驳花叶,老叶背面有黑色的坏死斑。病株发育迟缓,结球较迟且疏松。开花期间叶片上表现明显的斑驳。萝卜、小白菜、油菜、花椰菜病毒病症状与白菜相近。

2.病原识别

病原主要为芜菁花叶病毒(TuMV)、黄瓜花叶病毒(CMV)和烟草花叶病毒(TMV)。单独或复合侵染引起,其中芜菁花叶病毒是主要病原,病毒粒体线状,大小(12~13) nm × (700~800) nm,稀释限点 $(5\sim2)\times10^{-4}$,体外存活期1~7 d,钝化温度55~65℃,主要通过蚜虫和汁液接触传染。

3.发病规律

病毒在南方可周年循环,在北方主要在留种株或多年生宿根植物及杂草上越冬。主要由蚜虫或汁液接触将病毒传播。传播病毒的蚜虫主要有萝卜蚜、桃蚜、甘蓝蚜等。潜预期5~10 d。棚室内温度高、空气相对湿度小,利于病毒的增殖和蚜虫的繁殖、活动,病害发生重。管理粗放,蚜虫防治不及时,连作等利于病毒病的发生。

4.防治方法

(1)选用抗病品种。一般杂交品种比普通品种抗病性强,青帮品种比白帮品种抗病性强。

(2)加强栽培管理。与非十字花科蔬菜轮作,及时间苗,淘汰病弱苗。苗期勿缺水,合理灌溉,控制好棚室内温湿度。

(3)及时防治蚜虫。棚室内可采用黄板诱蚜或银灰色薄膜避蚜,或采用防虫网。

(4)药剂防治。发病初期用20% 吗啉胍·乙铜可湿性粉剂500 倍液,或1.5% 植病灵乳剂1 000 倍液喷雾,每10 d 喷1 次,连喷2~3 次。最好配合施用叶面肥,增强植株抗病能力。

四、十字花科蔬菜黑斑病

黑斑病又称黑霉病,各地普遍发生,是棚室十字花科蔬菜栽培的主要病害,近年有加重趋势，降低产量的同时还降低产品的食用性和商品价值。

1. 症状识别

黑斑病主要为害叶片，也为害叶柄、茎、花梗和种荚。发病多从外叶开始，被害叶片产生灰褐色圆形病斑，外有黄色晕圈，中间有明显的同心轮纹。发病严重时，病斑连成片，使叶片穿孔或枯死。天气潮湿时病斑上产生黑色霉层。通常白菜上病斑较小，花椰菜和甘蓝上病斑较大。叶柄、茎部和花梗上的病斑暗褐色、梭形、稍凹陷，天气潮湿时病斑上也产生黑霉。种荚发病，荚小而弯曲，籽粒不饱满。

2. 病原识别

病原为芸苔链格孢和芸薹生链格孢属半知菌亚门链格孢属真菌（图 3-12）。两种病菌的分生孢子形态相似，长条形或倒棍棒形或手雷形，棕褐色，有 3～10 个横隔膜和为数不等的纵隔膜，上端有较长的嘴孢，单生或串生。

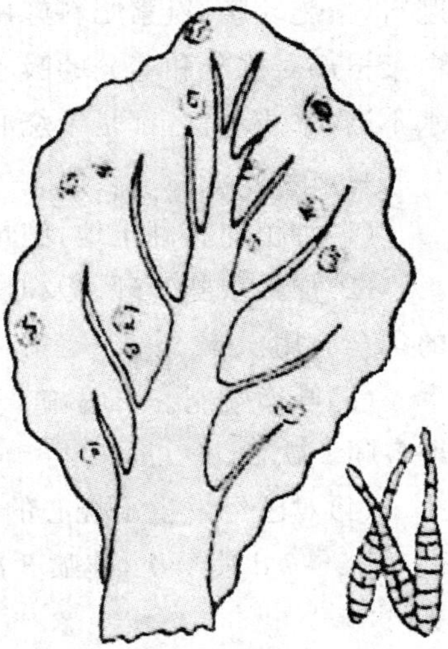

1　　2

图 3-12　白菜黑斑病

1. 病状　2. 分生孢子

3. 发病规律

病菌以菌丝体及分生孢子在田间病株、病残体、采种株上越冬，或以分生孢子在种子表面越冬，成为田间初侵染来源。条件适宜时病菌萌发侵染白菜、菜心等春菜，再传播至夏菜、秋菜和棚室内的十字花科蔬菜上。分生孢子借风、雨传播，从气孔或直接穿透表皮侵入，再侵染频繁。棚室内湿度大，温度在 20℃ 以下时适于病害的发生发展（甘蓝黑斑病要求较高的温度为 25～31℃）。

4. 防治方法

（1）选用抗病品种及种子处理。因地制宜选用当地抗病品种，小白菜如中矮抗 2 号、4 号、6 号等；用 50℃温水浸种 25 min，晒干后播种，或用种子质量 0.3% 的 50% 异菌脲可湿性粉剂拌种。

（2）合理轮作。与非十字花科蔬菜轮作。

（3）加强栽培管理。合理施肥，施足底肥，增施磷、钾、锌肥，提高植株抗病力。高畦栽培，及时排水，控制田间湿度。及时清除病残体，减少菌源。

（4）药剂防治。发病初期选用 50% 腐霉利可湿性粉剂 600～700 倍液，或 25% 咪鲜胺乳油 1 000 倍液，或 50% 异菌脲可湿性粉剂 1 500 倍液，或 64% 噁霜·锰锌可湿性粉剂 500 倍液。或 80% 代森锰锌可湿性粉剂 600 倍液，或 47% 春雷·王铜可湿性粉剂 600～800 倍液，或 58% 甲霜·锰锌可湿性粉剂 500 倍液喷雾，每隔 7～10 d 喷 1 次，共喷 2～3 次。

五、白菜干烧心

白菜干烧心也称夹皮烂，在某些地区发生普遍。病株外观上无异常，但内部球叶变质，不能食用，给消费者造成很大损失。

1.症状识别

莲座期开始发病,但主要发生在包心期后。结球初期叶缘呈水浸状向外反卷,后变黄色半透明至黄褐色焦枯。结球后外表无异常,剥开菜球时看到内部的个别叶片叶面变干、黄化,叶肉呈干纸状。

2.发病原因

白菜干烧心是生理性病害,主要原因是土壤缺少水溶性钙和土壤缺少活性锰。

3.发病规律

大白菜土壤中缺少水溶性钙,是发生干烧心的直接原因。此外,施肥不当,连年施用化学肥料,偏施硫胺,氮素肥料施用过多,有机肥施用过少,致使土壤理化性状改变,土壤板结,影响白菜根部对水分和养分的吸收,从而引发干烧心;土壤溶液浓度过高,天气干旱,土地盐碱或灌水不当、水质不良,都是干烧心发生的诱因。土壤中缺少活性锰也是诱发干烧心的主要原因。

4.防治方法

(1)种植前深翻土地,施足基肥,增加土壤通透性。

(2)加强水肥管理。及时、适量灌水,严防苗期和莲座期干旱。避免偏施氮肥,注意磷钾肥的配合施用。

(3)叶面喷肥。可喷施0.7%硫酸锰溶液450 g/667 m^2,对水50 kg,在苗期、莲座期、包心期各喷1次。

(4)对已经发生干烧心的地块,要及时灌水,并喷施1%过磷酸钙溶液,或0.7%硫酸锰溶液,每5～7 d喷1次,连喷3次,并精心管理,可减轻病害的发生。

六、十字花科蔬菜其他病害(表3-4)

表3-4 十字花科蔬菜其他病害

病名	症状及病原	发病规律	防治方法
白菜黑腐病	多从叶缘或叶尖开始,向内形成"V"字形黄褐色病斑,病斑边缘淡黄色。病菌沿叶脉发展形成网状褐脉或黑脉。根部受害,维管束变黑、腐烂,形成黑色空心的干腐。 野油菜单黄胞杆菌,属细菌。	在种子或随病残体在土壤、粪肥中越冬,借灌溉水、棚膜滴水、农事操作和昆虫传播,伤口和自然孔口侵入。棚室内高温高湿,与十字花科蔬菜连作、偏施氮肥易发病。	选用抗病品种;种子处理;合理轮作;加强栽培管理;药剂防治可用春雷·王铜可或硫酸链霉素或新植霉素喷雾。
大白菜白斑病	叶片病斑边缘绿色,中央灰白色。湿度大时,病斑背面产生浅灰色霉状物。严重时,病斑连片,呈半透明状,稍凹陷易破裂,致叶片枯死。 白斑小尾孢菌,属半知菌亚门。	以菌丝体或菌丝块附着在病叶上越冬,或以分生孢子在种子上越冬。病部分生孢子借气流和流水传播。气温偏低,昼夜温差大,基肥不足,种植过密易发病。	选用抗病品种;药剂拌种;合理轮作;加强栽培管理;药剂喷雾可选用咪鲜胺或异菌脲或春雷·王铜或甲霜·锰锌。

续表 3-4

病 名	症状及病原	发病规律	防治方法
油菜白锈病	叶面病斑圆形、黄绿色，背面为白色隆起的圆形或近圆形小疱斑，很像粘上的白瓷点，破裂后散出白色粉末。 白锈菌，属鞭毛菌亚门。	以卵孢子在病残体或种子中越夏，冬季以菌丝和孢子囊堆在病叶上越冬。孢子囊借气流传播，土质黏重，浇水过多，昼夜温差大，连作利于发病。	选用抗病品种；种子处理；合理轮作；加强栽培管理，重点控制好棚室内温湿度；普力克或甲霜灵锰锌或乙磷铝·锰锌喷雾。
大白菜根肿病	病株生长迟缓、矮小、外叶萎蔫，叶色变淡，根部有大小不等的不规则形肿瘤。瘤面初期光滑，后变得粗糙进而龟裂。 芸薹根肿菌，属鞭毛菌亚门。	以休眠孢子囊随病根在土壤中越冬，田间通过雨水、灌溉水、昆虫、农具等传播，从白菜幼根或根毛侵入。土壤偏酸，连茬种植，施肥不合理，管理粗放等利于此病发生。	与非十字花科蔬菜轮作；施用腐熟的有机肥；酸性土壤适量施用石灰，调至微碱性；加强田间管理；药剂拌种；五氯硝基苯或硫菌灵等灌根。
大白菜褐斑病	叶片发病呈圆形或近圆形小斑点，水渍状，扩大后成为多角形或不规则浅黄白色斑，有的病斑受叶脉限制，边缘呈现突起的褐色环带。 芸苔生尾孢菌，属半知菌亚门。	病菌以菌丝块随病残体在土壤中越冬，也可在种子上越冬。田间分生孢子借气流传播，进行再侵染。高温高湿、管理粗放、重茬、偏施氮肥发病重。	选用抗病品种；种子消毒；合理轮作；施足基肥，勿偏施氮肥；控制好棚室内温湿度；合理灌溉；炭疽福美或咪鲜胺或异菌脲或春雷·王铜喷雾。

任务实施

一、实施条件

(1)实施场所　十字花科蔬菜设施基地、多媒体实训室。

(2)仪器与用具　扩大镜、光学显微镜、载玻片、盖玻片、镊子、挑针、小剪刀、解剖刀及记载用具等。

(3)药剂与药械　各种杀菌剂、烟雾机、喷雾器等。

(4)其他　教材、PPT、视频、影像资料、十字花科蔬菜病害图册、网上资源等。

二、实施方案

1. 寻找教学现场

课前以小组为单位到十字花科蔬菜设施基地，寻找症状典型的发病植株，为本工作任务的实施做准备。

2. 十字花科蔬菜病害诊断

向温室大棚或田地管理者了解栽培管理情况，观察十字花科蔬菜不正常植株的症状表现，判断是否发生了病害。再对照教材或参考书等，诊断是哪类病害，能否诊断出是哪种病害。同时采集发病标本，拍摄植物病害照片，为后期检验防治效果做对照，也为病害诊断积累资料。

3. 病原物观察

对田间观察不能确诊的病害，将采集到的标本带到实训室进行镜检。疑似真菌、细菌病害又没有病征的，可保湿培养后再镜检。

4. 发病规律观察

观察病害在设施内的发病特点，查阅资料并讨论、分析该病害发生的原因以及影响该病害发生的因素。

5. 综合防治实践

对于侵染性病害，每小组选取一种，讨论制订综合防治方案。其中的化学防治，应明确用药品种、施药方法、施药面积或株数、药剂浓度或剂量、施药次数、施药间隔期等，经教师准许后实施。同时，还可以选择实施其他一些易于近期操作而见效快的防治措施，如摘除病叶、调控棚室内温湿度、消灭传毒介体等。

对于生理性病害，各小组经集体讨论，针对某种病害的发病原因，找出一些相应的补救措施进行操作。

经过观察，有了较为明显的防治效果（一般在防治 1 周后），则小组提出验收申请，请老师和全班同学集体验收、考核。

6. 病害症状观察

田间没发生的十字花科病害，可观察教师准备的标本和多媒体图片。小组合作完成表 3-5 十字花科蔬菜病害特征观察。

表 3-5　十字花科蔬菜病害特征观察

病害名称	寄主名称	发病部位	病状特点	病征特点
白菜软腐病				
白菜黑斑病				
白菜白斑病				
油菜白锈病				
白菜干烧心				
白菜霜霉病				
萝卜病毒病				
白菜黑腐病				
白菜根肿病				

任务考核

考核内容	考核标准	分值	得分	考核人
寻找教学现场	找到的病害症状典型、病害种类多	10分		教师
田间病害诊断与室内病原物观察	病害诊断正确；拍摄的病害症状典型、病原物电子显微照片清晰	40分		教师
病害特征描述	表3-5中所列各项描述准确	10分		组内互评
综合防治实践	制订的防治方案合理、可行，并能结合生产实际	30分		教师
团队协作与职业素质	在任务实施过程中积极参与，团结协作，学习主动、认真	10分		组内互评

工作任务5　杂类蔬菜主要病害的诊断与防治

任务提要

通过到芹菜、韭菜、葱、姜等蔬菜设施基地现场教学，认识所见到的病害症状，学会现场诊断方法，对不能确诊的病害，再到实训室进行病原诊断。能根据某种病害发病规律制订合理的综合防治方案并实施、检验。对设施内未发生的主要病害种类，通过教材与网络查询、多媒体教学、露地蔬菜现场教学、观察标本等方法进行学习。

知识准备

一、芹菜斑枯病

芹菜斑枯病又名芹菜晚疫病、叶枯病，俗称“火龙”，是保护地芹菜生产上的重要病害，发生普遍而又严重，对产量和品质都有很大影响，在贮藏期病害仍能发展。

1.症状识别

主要危害叶片，也能危害叶柄和茎。多从植株下部叶片开始发病，逐渐向上部叶片发展。叶片上病斑初为淡褐色油渍状小斑点，扩大后，病斑外缘黄褐色，中间黄白色至灰白色，边缘明显，病斑上有许多黑色小粒点（分生孢子器），病斑外常有一圈黄色晕环。严重时叶片上病斑密布、连片，叶片枯黄，植株中下部叶片变褐色干枯。叶柄和茎部发病，病斑褐色、梭形，稍凹陷，散生黑色小粒点。

2.病原识别

病原为半知菌亚门壳针孢属(图 3-13)。分生孢子器球形、埋生于表皮组织下,前者小,后者大,遇水后孔口溢出分生孢子。分生孢子无色透明、丝状,直或稍弯曲,具 0～7 个横隔膜。

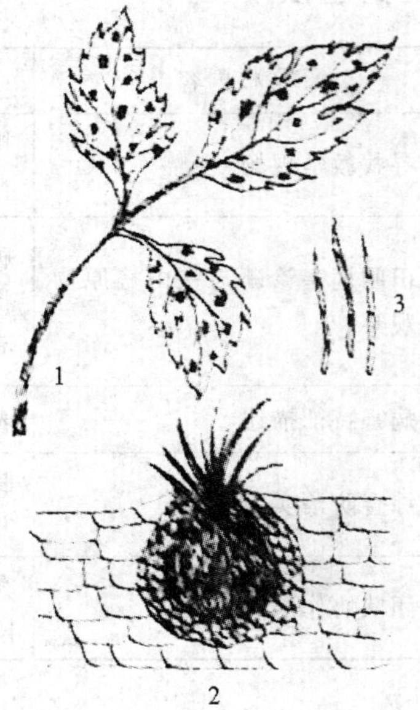

图 3-13　芹菜斑枯病

1.病状　2.分生孢子器

3.分生孢子

3.发病规律

病菌主要以菌丝体潜伏在种皮内或附着在种子上越冬,也可在病残体和采种株上越冬。播种带菌种子使幼苗染病,病部产生的分生孢子借气流、灌溉水、农具及农事操作等传播,从气孔或直接穿透表皮侵入。病斑上产生分生孢子器和分生孢子,进行重复侵染。病菌发育的适温为 20～25℃,相对湿度 85%～90%,植株表面有水滴是病害发生的主要条件。棚室内昼夜温差大,或温度忽高忽低,土壤肥力不足,浇水不及时,田间管理粗放,植株长势弱,病害可加剧发生。

4.防治方法

(1)选用抗病品种。因地制宜选用抗病品种,如美国西芹、津南冬芹、津南夏芹等。

(2)使用无病种子及种子消毒。种子消毒可用 48℃温水浸种 30 min。

(3)加强田间管理。施足基肥,合理密植,及时间苗除草,避免大水漫灌,注意控制温湿度,减少温差结露。发病初期及时清除病叶。

(4)药剂防治。①熏烟法:用 10% 速克灵烟剂或 45% 百菌清烟剂 250 g/667 m^2,密闭 12 h,隔 10 d 熏 1 次。②粉尘法:傍晚喷撒 10% 灭克粉尘剂或 5% 百菌清粉尘剂 1 kg/667 m^2,10 d 后再喷 1 次,可连续使用或与其他防治方法交替使用 2～3 次。③喷雾法:发病初期摘除病叶,及时喷药防治,可选用 40% 氟硅唑乳油 8 000～10 000 倍液,或 1.8% 辛菌胺醋酸盐水剂 1 000～1 500 倍液,或 77% 氢氧化铜微粒剂 500 倍液,或 25% 咪鲜胺乳油 1 000 倍液,或 70% 甲基硫菌灵可湿性粉剂 600 倍液,或 64% 噁霜·锰锌可湿性粉剂 500 倍液喷雾。每隔 7～10 d 喷 1 次,连续喷 2～ 3 次。

二、葱紫斑病

葱紫斑病又称黑斑病,全国各地均有发生,在东北等地区为害较严重。此病菌除为害葱外,还为害洋葱、韭菜、蒜等百合科蔬菜。

1.症状识别

主要危害叶片和花梗。病斑椭圆形至纺锤形,长径 1～5 cm 或更长,紫褐色,斑面出现明显同心轮纹。湿度大时,病部长出黑灰色霉状物。当病斑扩展时,数个病斑汇合成长条状大斑,使受病叶片和花梗变黄枯死或倒折。采种株染病,种子皱缩不饱满,发芽率低。

2. 病原识别

病原为半知菌亚门葱链格孢菌(图 3-14)。分生孢子梗单生或数根丛生,淡褐色,有隔,上生一个分生孢子。分生孢子长棍棒状,褐色,具横膈膜 5~15 个,纵隔膜 1~6 个,嘴孢较长。

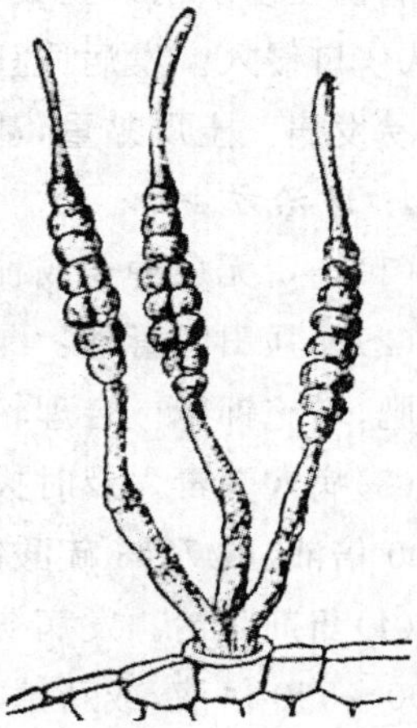

图 3-14　葱链格孢分生孢子梗及分生孢子

3. 发病规律

在南方温暖地区,病菌分生孢子无越冬现象,在北方以菌丝体在寄主内或随病残体在土壤中越冬,翌年条件合适时,产生分生孢子,通过气流或雨水传播,经气孔或伤口侵入,也可直接穿透寄主表皮侵入,潜育期 1~4 d。病部产生的分生孢子可重复再侵染。发病的适温是 25~27℃,低于 12℃ 则不发病。病菌萌发和侵入需要有雨水或露水,保护地温暖、湿度大,昼夜温差大,植株表面有水滴发病重。连作、浇水过多、基肥不足、营养缺乏、生长不良、葱蓟马为害严重的地块发病重。

4. 防治方法

(1)选用抗病品种及种子消毒。抗病品种如三叶齐(辽宁营口)、气煞风(山东章丘)、项城分葱(河南项城)等。播前种子消毒,用 40~45℃ 温水浸泡 1.5 h。

(2)合理轮作。重病地与非葱类实行 2 年以上的轮作。

(3)加强栽培管理。施足基肥,增施磷、钾肥;生长季及时拔除病株或摘除病叶、病花梗,收获后清除田间病残体,深耕翻土;适时通风,控制好棚室内温湿度。

(4)防治害虫。及时防治葱蓟马,减少伤口,减轻病害的发生。

(5)药剂防治。发病初期可选用 50% 异菌脲可湿性粉剂 1 500 倍液,或 40% 氟硅唑乳油 8 000~10 000 倍液,或 1.8% 辛菌胺醋酸盐水剂 1 000~1 500 倍液,或 50% 腐霉利可湿性粉剂 600~700 倍液,或 47% 春雷·王铜可湿性粉剂 600~800 倍液,或 58% 甲霜·锰锌可湿性粉剂 500 倍液喷雾,每隔 7~10 d 喷 1 次,连续喷 2~3 次。

三、姜瘟病

姜瘟病又称腐烂病或青枯病,是生姜生产上最为严重的一种病害,发病后一般减产 20%~30%,重者达 60%~80%,甚至绝产。

1. 症状识别

主要危害根茎和姜块。大多在近地面的茎基部和地下根茎上半部先发病。病部初为水渍状,黄褐色,失去光泽,软化腐烂,仅留外皮。腐烂组织内变为白色黏稠汁液,具恶臭气味。茎部染病,呈暗紫色,内部组织变褐腐烂,叶片凋萎,叶色枯褐色,边缘卷曲,最后死亡。姜块染病初呈水渍状、黄褐色,并逐渐软化腐烂,指压有污白色汁液,有臭味。

2. 病原识别

病原为青枯假单胞杆菌。菌体短杆状单细胞,两端圆,单生或双生,大小(0.9~2.0) μm ×(0.5~0.8) μm,极生鞭毛 1~3 根。革兰氏染色阴性。可侵染 50 多个科的数百种植物。

3.发病规律

病菌在姜块内或土壤中越冬，带菌姜种是主要初侵染源，病菌靠地面流水及地下害虫传播，从伤口侵入。发病适宜温度20～30℃，最适pH为6.6。棚室内温度高、湿度大，土温变化剧烈易发病。土质黏重，基肥不足，偏施氮肥，多年连作，管理不善发病重。

4. 防治方法

(1)选留无病种姜或种姜药剂消毒。消毒药剂可用链霉素500 mg/kg浸种48 h。

(2)加强田间管理。深沟高垅栽植，加强田间排水。合理施肥，姜田增施硅肥作基肥，勿偏施氮肥，增施钾肥。合理轮作。及时清洁田园。

(3)病穴消毒。及时拔出病株，并用50%琥胶肥酸铜可湿性粉剂500倍液，或23%络铵铜500倍液，或72%硫酸链霉素可溶性粉剂800倍液浇灌病穴，每穴200 mL以上。

(4)药剂防治。发病初期选用72%硫酸链霉素可湿性粉剂3 000～4 000倍液，或细菌必清300～500倍液，或新植霉素4 000倍液，或1.8%辛菌胺醋酸盐水剂1 000～1 500倍液，或50%琥胶肥酸铜可湿性粉剂700倍液，或14%络氨铜水剂300倍液，或30%氧氯化铜悬浮液800倍液喷茎基部或穴灌。每7～10 d喷1次，连续防治2～3次。

四、韭菜疫病

疫病是韭菜生产上的主要病害，露地和保护地均可发病，各菜区普遍发生，可致假茎、鳞茎和根腐烂，植株成片死亡。除为害韭菜外，还可为害葱类和大蒜等蔬菜。

1.症状识别

叶片、花薹感病多从下部开始，初呈暗绿色水浸状病斑，当病斑蔓延扩展到叶片的一半时，病部缢缩，全叶变黄、下垂、软腐，潮湿时，病部产生灰白色霉状物。假茎受害，呈水浸状浅褐色软腐，叶鞘容易脱落，湿度大时，也产生灰白色霉层。鳞茎被害时茎盘部呈水浸状浅褐色软腐，纵切鳞茎内部组织呈浅褐色，影响植株养分贮存，生长受到抑制，新生叶片纤弱。根部受害呈褐色腐烂，根毛减少，植株生长停止或枯死。

2.病原识别

病原为烟草疫霉，属鞭毛菌亚门。孢子囊单生，卵形或长椭圆形，卵孢子球形，淡黄或金黄色，厚垣孢子淡黄色圆球形。除侵染韭菜外，也可侵染葱类及大蒜类。

3.发病规律

病菌主要以卵孢子及厚垣孢子随病残体在土壤中越冬，翌年条件适宜时，产生孢子囊和游动孢子，借风雨或流水传播，可重复侵染。病菌喜高温高湿环境，在气温25～32℃，空气相对湿度95%以上、韭叶上有水滴时易发病。密度过大、偏施氮肥、植株徒长、收割次数过多、棚室通风不良及连作田块发病重。

4.防治方法

(1)合理轮作。与非葱蒜类蔬菜实行3年轮作。

(2)加强栽培管理。培育健壮植株，剔除病苗，注意养根，收获后及时追肥，促植株生长健壮；施足基肥，合理追肥；及时放风降湿，避免棚室内出现高温高湿的环境。

(3)清洁田园。

(4)药剂防治。①熏烟或粉尘法:用45%百菌清烟剂200~250 g/667 m^2,或5%百菌清粉尘剂1 kg/667 m^2,密闭12 h,隔7~10 d 1次,连用2~3次。②喷雾或蘸根:发病初期用70%乙磷·锰锌可湿性粉剂500倍液,或77%氢氧化铜悬浮剂800~1 000倍液,或72%霜脲锰锌可湿性粉剂600~800倍液,或64%噁霜·锰锌可湿性粉剂500倍液,或25%甲霜灵可湿性粉剂600~1 000倍液喷雾,隔7~10 d喷1次,连用2~3次。或在栽植时用上述药液蘸韭菜根进行倒栽,也有较好的防病效果。

任务实施

一、实施条件

(1)实施场所　设施基地中芹菜、韭菜、葱、姜等菜地、多媒体实训室。

(2)仪器与用具　扩大镜、光学显微镜、载玻片、盖玻片、镊子、挑针、小剪刀、解剖刀及记载用具等。

(3)药剂与药械　各种杀菌剂、烟雾机、喷雾器等。

(4)其他　教材、PPT、影像资料、芹菜、韭菜、葱、姜等病害图册等。

二、实施方案

1.寻找教学现场

课前以小组为单位到种植芹菜、韭菜、葱、姜等蔬菜的温室大棚或露地,寻找典型症状发病植株或地段,为后面工作任务的实施做准备。

2.芹菜、韭菜、葱、姜等蔬菜病害诊断

观察芹菜、韭菜、葱、姜等蔬菜不正常植株的症状表现,判断是否发生了病害。再对照教材或参考书籍、图册等,诊断是哪类病害,能否诊断出是哪种病害?同时采集病害标本或拍摄病害照片,为后期检验防治效果做对照,也为病害诊断积累资料。

3.病原物观察

各小组将采集到的标本带到实训室进行镜检,以进一步确诊病害。疑似真菌、细菌病害又没有病征的,可保湿培养后再镜检。

4.发病规律观察

观察病害在设施内的发病特点,查阅资料并讨论、分析该病害发生的原因以及影响该病害发生的因素。

5.综合防治实践

每小组选取一种侵染性病害,讨论制订综合防治方案。其中的化学防治,应明确用药品种、施药方法、施药面积或株数、药剂浓度或剂量、施药次数、施药间隔期等,经教师准许后实施。同时,还可以选择实施其他一些易于近期操作而见效快的防治措施,如摘除病叶、调控棚室内温湿度、消灭传毒介体等。经过观察,有了较为明显的防治效果(一般在防治1周后),则小组提出验收申请,请老师和全班同学集体验收、考核。

任务考核

考核内容	考核标准	分值	得分	考核人
寻找教学现场	找到的病害症状典型、病害种类多	20 分		教师
病害诊断与病原物观察	病害诊断准确	30 分		教师
综合防治实践	防治方法正确，操作熟练，防治效果明显	40 分		师生共评
团队协作	小组成员间团结协作好	5 分		组内互评
职业素质	责任心强，学习主动、认真、方法多样	5 分		组内互评

工作任务 6　蔬菜食叶害虫识别与防治

任务提要

通过到设施蔬菜基地现场教学，从形态特征和为害状上能够识别所见到的蔬菜食叶害虫，根据其发生规律，制订合理的综合防治方案并实施、检验。对设施蔬菜上未发生的重要食叶害虫种类，通过教材与网络查询、多媒体教学、露地蔬菜现场教学、观察标本等方法进行学习。

知识准备

一、蛾、蝶类

（一）菜粉蝶

菜粉蝶又名菜白蝶、白粉蝶，幼虫称菜青虫，属鳞翅目粉蝶科，全国各地均有分布。主要寄主为十字花科、菊科、旋花科等 9 科植物，其中主要为害十字花科蔬菜，尤以芥蓝、甘蓝、花椰菜等受害比较严重。

1. 为害状识别

主要以幼虫咬食寄主叶片，2 龄前仅啃食叶肉，留下一层透明表皮，3 龄后食量增大，将叶片咬成孔洞或缺刻，严重时叶片全部被吃光，只残留粗叶脉和叶柄，造成绝产。菜青虫边取食边排出粪便污染。

2. 形态识别（图 3-15）

成虫：体长 12～20 mm，翅展 41～55 mm，体黑色，胸部密被白色及灰黑色长毛，前后翅均为粉白色。雌虫前翅顶角有1个大三角形黑斑，中室外侧有2个黑色圆斑，前后并列。后翅前缘有1个黑斑，翅展开时与前翅后方的黑斑相连接。雄虫前翅仅有1个显著的黑斑。

卵：竖立呈瓶状，长径1 mm，短径0.4 mm，初产时淡黄色，后变为橙黄色，表面有纵横列的隆起纹，相互交叉成长方形的网状格。

幼虫：共5龄，老熟幼虫体长28～35 mm。体圆筒形，灰黄色至青绿色，中段较肥大，背部有一条不明显的断续黄色纵线。每腹节各有4～5条横皱纹，各节气门线上有2个黄斑，其中一个为环状，围绕着气门。

蛹：长18～21 mm，纺锤形，体色有绿色、淡褐色、灰黄色等，随环境而变化。头端有一突起，体背有条纵脊，在胸部及腹部第2、3节上特高，成角状突起，体背和腰间用丝粘绕在寄主上。

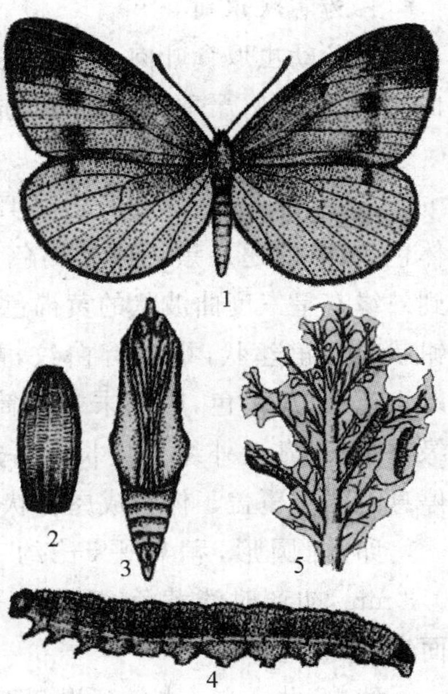

图3-15　菜粉蝶

1.成虫　2.卵　3.蛹

4.幼虫　5.为害状

3.发生规律

内蒙古、辽宁、河北一年发生3～5代，南方地区一年发生5～9代。以滞育蛹在菜地附近的墙缝、树干、风障、枯草和残株落叶等荫蔽处越冬。翌年春甘蓝等春菜露地定植后越冬蛹陆续羽化为成虫。发育最适温度20～25℃，相对湿度76%左右。成虫以晴天日照强的中午前后活动最盛。在蜜源植物和产卵寄主之间频繁飞翔，进行取食、交配、产卵活动。幼虫共5龄，3龄前多在叶背为害，3龄后转至叶面蚕食，4～5龄幼虫的取食量占整个幼虫期取食量的97%。

4.防治方法

(1)清洁棚室。十字花科蔬菜收获后，及时清除棚室残株老叶。

(2)利用天敌昆虫防治。已知天敌在70种以上，如卵期的广赤眼蜂、幼虫期的微红绒茧蜂、蛹期的凤蝶金小峰、广大腿小蜂等。捕食性天敌有胡蜂、隐翅虫、猎蝽、黄蜂、花蝽、步甲、草蛉、瓢虫、蜘蛛等。

(3)药剂防治。低龄幼虫发生初期喷施药剂。在傍晚喷洒苏芸金杆菌800～1 000倍液。或用50%丁醚脲可湿性粉剂2 000倍液，20%抑食肼可湿性粉剂600倍液，10%氰氯菊酯乳油1 500倍液，或50%辛硫磷乳油1 000倍液，或20%杀灭菊酯2 000～3 000倍液，或21%增效氰马乳油4 000倍液，或90%敌百虫晶体1 000倍液等喷雾。

(二)小菜蛾

小菜蛾又称菜蛾、方块蛾、小青虫、两头尖等，属鳞翅目菜蛾科，是世界性蔬菜重要害虫。在国内各地广泛分布。主要为害甘蓝、紫甘蓝、青花菜、薹菜、芥菜、花椰菜、白菜、油菜、萝卜等十字花科蔬菜，还可危害番茄、马铃薯、姜、葱、洋葱等。

1. 为害状识别

初龄幼虫取食叶肉，留下表皮，在菜叶上形成透明斑即“开天窗”，3～4 龄幼虫蚕食叶片形成孔洞和缺刻，严重时叶片被吃成网状，受害幼苗死亡，成株成片枯死。

2. 形态识别(图 3-16)

成虫：体长 6～7 mm，翅展 12～16 mm，雄虫体色较深，前翅灰黑色或赭褐色，翅后缘从翅基到外缘有呈三度曲波状的黄褐色带，腹部末端圆钳状。触角丝状，褐色有白纹，静止时向前伸。雌虫色淡，灰褐色，腹部末端圆筒形。雌雄前翅缘毛均长，靠近外缘处更长。后翅均为银灰色。停息时两翅覆盖于体背成屋脊状。

卵：椭圆形，稍扁平，长约 0.5 mm，宽约 0.3 mm，初产时淡黄色，后变为黄绿色，卵壳表面光滑，有光泽。

幼虫：共 4 龄，体色深褐色至绿色。末龄幼虫体长 10～12 mm，纺锤形，体节明显。头部黄褐色，前胸背板上两个“U”字形纹，腹足趾钩单序缺环，臀足向后超过腹部末端。

蛹：长 5～8 mm，黄绿色至灰褐色，肛门周缘有钩刺 3 对，腹末有小钩 4 对。

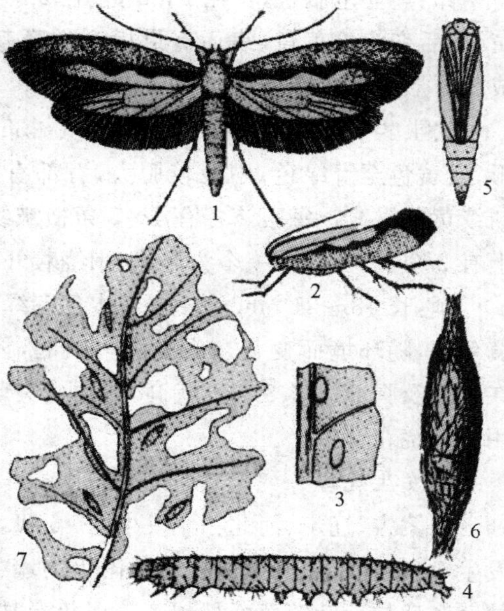

图 3-16　小菜蛾

1. 成虫　2. 成虫静止状态　3. 产在叶上的卵　4. 幼虫　5. 蛹　6. 茧　7. 被害叶

3. 发生规律

在东北地区年发生 2～4 代，以蛹在残株落叶、杂草丛中越冬。保护地内以幼虫和成虫越冬。成虫昼伏夜出，有趋光性，以 19～23 时是扑灯的高峰期。成虫羽化后很快即能交配，交配的雌蛾当晚即产卵，每头雌虫平均产卵 200 余粒，多的可达约 600 粒，卵散产。世代重叠现象严重。小菜蛾发育最适温度为 20～30℃。潮湿多雨对其发育不利。在适宜条件下，卵期 3～11 d，幼虫期 12～27 d，蛹期 8～14 d。

4. 防治方法

(1)轮作倒茬。与非十字花科蔬菜进行轮作。

(2)清洁棚室。收获后，及时处理残株败叶，消灭大量虫源。

(3)黑光灯诱杀。在成虫发生期，每晚 7～11 时放置黑光灯诱杀。

(4)用性诱剂诱杀。可挂性诱器诱捕，或用铁丝穿吊诱芯悬挂在水盆水面上方 1 cm 处，水中加适量洗衣粉，每只诱芯诱蛾半径可达 100 m，有效诱蛾期 1 个月以上。

(5)药剂防治。用 Bt 乳剂 600 倍液、灭幼脲 700 倍液、15% 阿维辛乳油 1 500 倍液喷雾进行防治。注意交替使用或混合配用，以减缓抗药性的产生。

(三)甜菜夜蛾

甜菜夜蛾俗称白菜褐夜蛾、贪夜蛾、玉米叶夜蛾等，属于鳞翅目夜蛾科，是一种世界性分布、间歇性大发生的以危害蔬菜为主的杂食性害虫。可为害大葱、甘蓝、白菜、胡萝卜、芦笋、蕹菜、苋菜、辣椒、豇豆、花椰菜、茄子、番茄等170多种蔬菜和作物。

1. 为害状识别

一般以食叶为主，危害大葱、辣椒时钻入葱管和辣椒内取食。初孵幼虫群集叶背取食叶肉，吐丝结网，留下表皮，受害部位呈网状半透明的窗斑，3龄后分散为害，将叶片吃成孔洞或缺刻，严重时吃光叶片仅剩叶脉和叶柄，整个植株死亡，造成缺苗断垄，甚至毁种。4龄后幼虫开始大量取食，蚕食叶片，啃食花瓣，蛀食茎秆及果荚。大龄幼虫钻蛀甜椒、番茄果实后，造成落果、烂果。

2. 形态识别（图3-17）

成虫：体长8～14 mm，翅展26 mm，头胸有黑点，体灰褐色。前翅中央近前缘外方有肾形斑1个，内方有环形斑1个，外缘线由一列黑色三角形斑组成。后翅白色，翅脉及缘线黑褐色。

卵：圆球形，白色，成块产于叶面或叶背，8～100粒不等，排1～3层，卵粒表面有放射状的隆起线，外覆雌蛾脱落的白色绒毛。

幼虫：共5龄，末龄幼虫体长约22～27 mm。体色变化很大，有绿色、暗绿色、黄褐色、褐色至黑褐色，腹部气门下线为明显的黄白色纵带，有时带粉红色，直达腹部末端，不弯到臀足上，区别于老熟甘蓝夜蛾幼虫纵带直通到臀足上。各节气门后上方有一明显的白点。

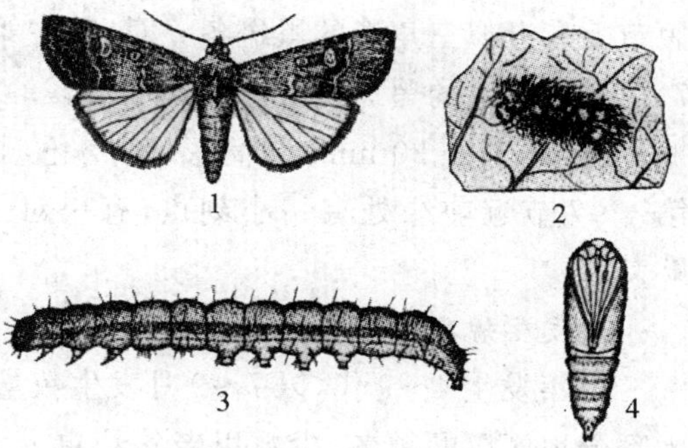

图3-17 甜菜夜蛾

1. 成虫 2. 卵块 3. 幼虫 4. 蛹

蛹：体长约12 mm，黄褐色，中胸气门显著外突。臀棘上有刚毛2根。

3. 发生规律

从北往南年发生大约3～7代。世代重叠。长江以北地区以蛹在土室内越冬，华南地区无明显越冬现象，可终年繁殖为害。成虫昼伏夜出，白天隐藏在杂草、土块、土缝、枯枝落叶的浓荫处，夜间活动最盛，趋光性强而趋化性弱，卵多产于叶背面、叶柄部或杂草上，上覆白色绒毛。老熟幼虫入土，吐丝筑室化蛹，深度约0.5～3 cm。也可在植株基部隐蔽处化蛹。各虫态耐高温能力强，抗寒能力不强。在温度25℃时，卵期、幼虫期、蛹期分别为3 d、18 d和8.5 d。一般7～9月是为害盛期，在7～8月，降水量少，湿度小，有利于大发生。

（四）斜纹夜蛾

斜纹夜蛾又称莲纹夜蛾、莲纹夜盗蛾等，属鳞翅目夜蛾科。世界性害虫，全国各地均有分布。寄主主要包括甘蓝、白菜、花椰菜等十字花科蔬菜，茄科、葫芦科、豆科蔬菜、芋、藕、薄荷、葱、韭菜、菠菜等蔬菜。

1. 为害状识别

主要以幼虫为害全株。小龄时群集叶背啃食，2龄后逐渐分散取食叶肉，4龄后进入暴食期，5～6龄幼虫占总食量的90%。幼虫咬食叶片、花、花蕾及果实，食叶成孔洞或缺刻，严重时可将全田蔬菜吃成光杆。在甘蓝、白菜上可蛀入叶球、心叶，并排泄粪便，造成污染和腐烂，使蔬菜失去商品价值。

2. 形态识别(图 3-18)

成虫：体长 14～20 mm 左右，翅展 35～46 mm，体暗褐色，胸部背面有白色丛毛，前翅灰褐色，花纹多，内横线和外横线白色、呈波浪状、中间有明显的白色斜阔带纹，所以称斜纹夜蛾。

卵：扁平半球状，初产黄白色，后变为暗灰色，块状粘合在一起，上覆黄褐色绒毛。

幼虫：35～47 mm，体色多变，从中胸到第 9 腹节上有近似三角形的黑斑各一对，其中第 1、第 7、第 8 腹节上的黑斑最大。腹足 4 对。

蛹：长 15～20 mm，圆筒形，红褐色，腹背面第 4～7 节近前缘处有一小刻点，有一对强大的臀刺。

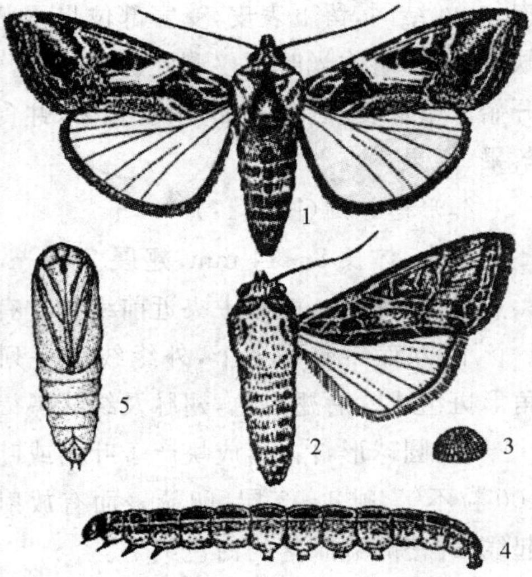

图 3-18 斜纹夜蛾

1.雄成虫 2.雌成虫 3.卵 4.幼虫 5.蛹

3. 发生规律

一年发生 4～9 代，以 7～9 月发生数量最多。大部分地区以蛹越冬，少数以老熟幼虫入土室越冬。在华南地区无滞育现象，终年繁殖。成虫昼伏夜出。白天隐藏在植株茂密处、土壤、杂草丛中，夜晚活动，以 8～12 时为盛。成虫对黑光灯有较强的趋性。喜食糖酒醋等发酵物及取食花蜜作补充营养。雌成虫产卵前期 1～3 d，卵多产在叶片背面。每雌能产 3～5 个卵块，每卵块有卵数十粒至百粒。卵期在日平均温度为 22.4℃为 5～12 d，25.5℃为 3～4 d，28.3℃为 2～3 d。是一种喜温性而又耐高温的间歇猖獗危害的害虫。各虫态的发育适温度为 28～30℃，但在高温下(33～40℃)，生活也基本正常。抗寒力很弱。

4. 夜蛾类防治方法

(1)加强棚室管理。在蛹期结合农事中耕除草、冬灌、深翻土壤。及时铲除田边杂草。在产卵盛期结合棚室管理，早晨、傍晚人工捕捉大龄幼虫，挤抹卵块。

(2)在成虫始盛期，设置黑光灯、高压汞灯及频振式杀虫灯诱杀成虫。利用成虫的趋化性，采用糖醋液诱杀。

(3)利用天敌。利用捕食性天敌蜘蛛、寄生性天敌赤眼蜂、螟蛉绒茧蜂等防治。人工释放赤眼蜂时，放蜂点 90～120 个/hm^2，每次释放 30 000～45 000 头，持续 2～3 次。在幼虫钻入叶球前喷洒苏云金杆菌制剂。

(4)药剂防治。在 2 龄以前是用药防治的最佳时期。选择上午 8 时以前，或下午 6 时以后害虫正在菜叶表面活动时用药效果最佳，用 2% 甲氨基阿维菌素微囊悬浮剂 20 000 倍液、30% 虫螨腈悬浮剂 8 000 倍液、20% 氟苯虫酰胺水分散粒剂 1 500 倍液、5% 氟啶脲乳油 1 500 倍液、20% 虫酰肼悬浮剂 3 750 倍液喷雾。每 7～10 d 喷 1 次，连喷 2～3 次。

二、甲虫类

以取食蔬菜叶片为主的鞘翅目食叶害虫主要有大猿叶甲、小猿叶甲、黄曲条跳甲、黄宽条跳甲、黄狭条跳甲、黄足黄守瓜、黑足黄守瓜、马铃薯瓢虫、茄二十八星瓢虫等。

(一)黄曲条跳甲

黄曲条跳甲又名菜蚤子、地蹦子等,属于鞘翅目叶甲科,全国各地均有分布,主要为害十字花科蔬菜,包括白菜、油菜、萝卜、芥菜、菜花,也可为害茄果类、瓜类和豆类蔬菜。

1.为害状识别

成虫主要食叶,为害嫩叶成稠密小孔,刚出土幼苗受害可成片枯死,也为害花蕾、嫩荚。幼虫蛀食根皮,咬断须根,影响齐苗,严重的致叶丛发黄枯死。成幼虫还可造成伤口,传播软腐病。

2.形态识别(图 3-19)

成虫:体长约 2 mm,椭圆形,黑色有光泽。前胸背板及鞘翅上有许多纵行排列的刻点,鞘翅中央有一黄色曲条,中间窄,两头宽。后足腿节膨大,善跳,胫节和跗节黄褐色。

卵:长 0.3 mm,淡黄色,椭圆形,半透明。

幼虫:共 3 龄,老熟幼虫长约 4 mm,长圆筒形,头部和前胸背板及臀板淡褐色,胸腹部乳白色,各体节均有突起的毛瘤。

蛹:长约 2 mm,椭圆形,乳白色。

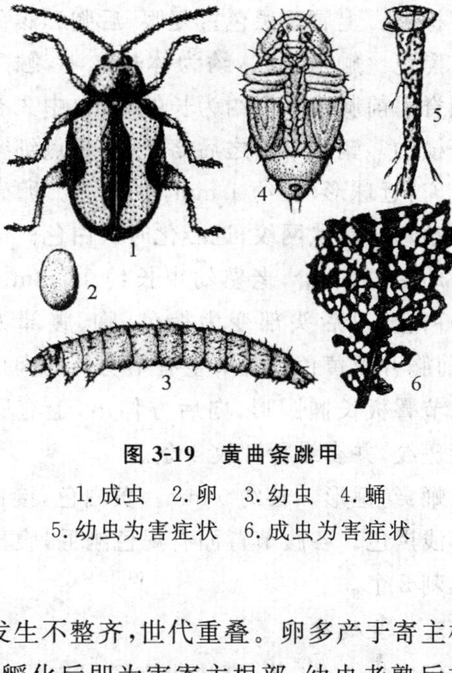

图 3-19　黄曲条跳甲

1.成虫　2.卵　3.幼虫　4.蛹
5.幼虫为害症状　6.成虫为害症状

3.发生规律

年发生 4～8 代,以成虫在菜叶反面或残枝落叶及杂草中潜伏越冬。翌春气温达 10℃以上开始活动、取食,达 20℃ 时食量大增。春秋季发生较重,秋季重于春季,湿度高的田块重于湿度低的田块。成虫善跳跃,高温时还能飞翔,以中午前后活动最盛。有趋光性。产卵期达 30～45 d,发生不整齐,世代重叠。卵多产于寄主根际附近表土层及须根上,每雌平均产卵 200 多粒,幼虫孵化后即为害寄主根部,幼虫老熟后在土中做土室化蛹。

4.防治方法

(1)合理轮作。与非十字花科蔬菜轮作,可减轻为害。

(2)加强栽培管理。前茬收获后及时翻耕晒土,可消灭土壤中的幼虫及部分蛹。清除田间残株落叶,铲除杂草,消灭越冬场所。

(3)用黑光灯诱杀成虫。

(4)药剂防治。移苗时用 90% 敌百虫晶体 1 000 倍液浸根灭虫。发现幼虫为害根部,可选用90%敌百虫晶体1 000倍液，或50%辛硫磷乳油1 500～2 000倍液灌根；幼苗出土后，若发现成虫，应立即喷药防治。可选用2.5%鱼藤酮乳油500～800倍液，或5%氯氰菊酯乳油1 000～1 500倍液，或20%甲氰菊酯乳油3 000～4 000倍液，或50%敌敌畏乳油1 500～2 000倍液。

(二)黄守瓜

黄守瓜俗称萤火虫，属鞘翅目叶甲科萤叶甲亚科昆虫，是瓜类蔬菜重要害虫之一。在中国分布广泛，大部分省区均有记载。主要危害瓜类，尤喜南瓜、西瓜、黄瓜等。

1. 为害状识别

成虫、幼虫均可为害。成虫主要为害瓜苗的叶、嫩茎、花和果实。成虫咬食叶片成环形或半环形缺刻，严重时呈网状，还能咬断瓜苗，为害花和果实。幼虫在土中为害根部，低龄幼虫为害细根，3龄以上为害主根。剥食根皮或蛀入根内形成隧道，使植株枯萎。也能蛀入贴地的瓜果内为害，引起腐烂。

2. 形态识别(图3-20)

成虫：体长9 mm。全体橙黄或橙红色，有时略带棕色。上唇栗黑色。复眼、后胸和腹部腹面均呈黑色。触角丝状，约为体长之半，触角间隆起似脊。前胸背板宽约为长的2倍，中央有1弯曲深横沟。鞘翅中部之后略膨阔，刻点细密。

卵：近球形，长约1 mm，淡黄色。卵壳背面有六角形蜂窝状网纹，近孵化时灰白色。

幼虫：共3龄，老熟幼虫长约12 mm。初孵时为白色，以后头部变为棕色，胸、腹部为黄白色，前胸背板黄色。各节生有不明显的肉瘤。腹部末节臀板长椭圆形，向后方伸出，上有圆圈状褐色斑纹，并有纵行凹纹4条。

蛹：纺锤形。长约9 mm。黄白色，接近羽化时为浅黑色。各腹节背面有褐色刚毛，腹部末端有粗刺2个。

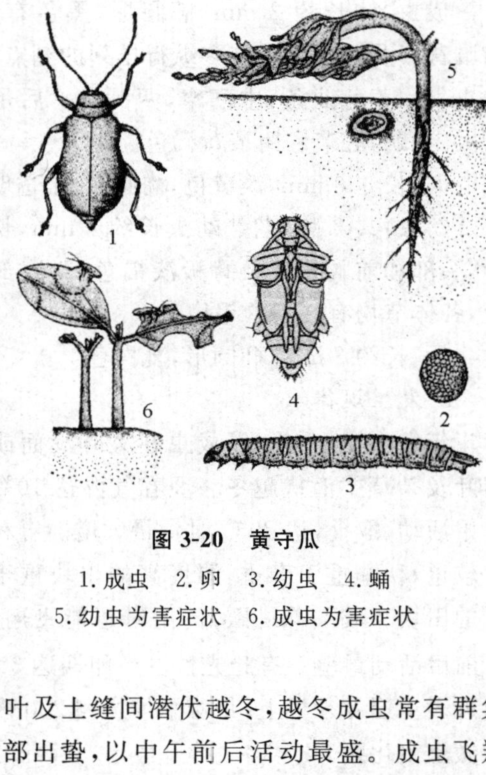

图3-20　黄守瓜

1. 成虫　2. 卵　3. 幼虫　4. 蛹
5. 幼虫为害症状　6. 成虫为害症状

3. 发生规律

年发生1～4代，以成虫在避风向阳的杂草、落叶及土缝间潜伏越冬，越冬成虫常有群集性。当土温达6℃时越冬成虫开始活动，10℃后全部出蛰，以中午前后活动最盛。成虫飞翔力较强，有假死性和趋黄色习性。喜温喜湿，耐热怕寒，喜在湿润表土中产卵，湿度越高产卵越多，每在降雨之后即大量产卵，卵散产或成堆。相对湿度在75%以下卵不能孵化。老熟幼虫在被害根际附近筑土室化蛹。

4. 防治方法

(1)改造产卵环境。植株长至4～5片叶以前，可在植株周围撒施石灰粉、草木灰等不利于产卵的物质或撒入锯末、稻糠、谷糠等物，引诱成虫在远离幼根处产卵，以减轻幼根受害程度。

(2)消灭越冬虫源。对低地周围的秋冬寄主和场所，要铲除杂草、清理落叶，铲平土缝等工作，尤其是背风向阳的地方。

(3)捕捉成虫。清晨成虫活动力差，借此机会进行人工捉拿。同时，可利用其假死性用药水盆捕捉，也可取得良好的效果。

(4)药剂防治。防治幼虫可选用10%氯氰菊酯1 000～1 500倍液或10%高效氯氰菊酯5 000倍液等，于中午喷施土表和田边杂草。成虫发生期，可用15%哒螨灵微乳剂4 000倍液、或5%氯氰菊酯乳油2 000倍液、10%溴氰虫酰胺可分散油悬浮剂18 000倍液喷雾。

(三)马铃薯瓢虫

又名二十八星瓢虫，属于鞘翅目瓢甲科。各地都有发生，尤其是北方地区发生为重。寄主主要为茄子、辣椒、马铃薯、豆类、瓜类、白菜等。

1. 为害状识别

成虫、幼虫在叶背剥食叶肉，仅留表皮，呈栅栏状或网状，后变为锈色斑痕，导致叶片枯干，轻者影响光合作用，严重时呈孔洞或只留叶脉，造成植株死亡。果实被啃食处常常破裂、组织变僵；粗糙、有苦味，不能食用。

2. 形态识别(图3-21)

成虫：体长7～8 mm，半球形，赤褐色，体背密生短毛。头部无斑或中央有2个相连的黑斑，复眼黑色。每鞘翅上有6个基斑及8个变斑，两鞘翅共28个黑斑。

卵：纺锤形，长约1.4 mm，初产时鲜黄色，后变黄褐色，卵块中卵粒排列较松散。

幼虫：共4龄，老熟幼虫体长9 mm，黄色，纺锤形，背面隆起，体背各节有黑色枝刺，枝刺基部有淡黑色环状纹。

蛹：长6 mm，扁平椭圆形，黄白色，背面有稀疏细毛及黑色斑纹，尾端包被着幼虫末次蜕的皮壳。

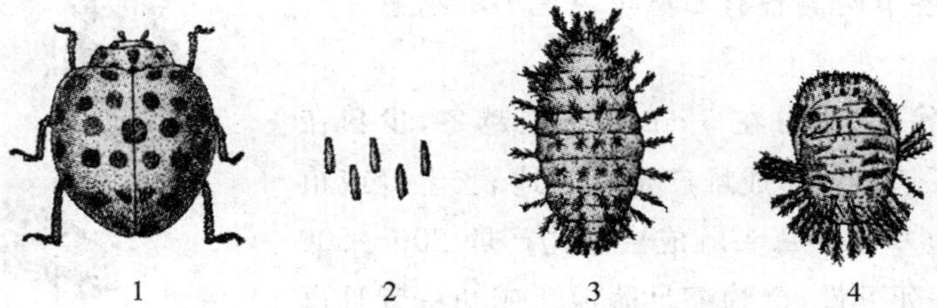

图3-21　马铃薯瓢虫

1. 成虫　2. 卵　3. 幼虫　4. 蛹

3. 发生规律

东北、华北、山东等地每年发生2代，江苏发生3代。以成虫在发生地附近的背风向阳的各种缝隙或隐蔽处群集越冬，树缝、树洞、石洞、篱笆下也都是良好的越冬场所。越冬成虫一般在日平均气温达16℃以上时即开始活动，20℃则进入活动盛期，初活动成虫，不飞翔，只在附近杂草上取食，5～6 d后才开始飞翔到马铃薯田间。成虫产卵于叶背，有假死性，可分泌有特殊臭味的黄色液体，老熟的幼虫在原株的叶背、茎或附近杂草上化蛹。

影响马铃薯瓢虫发生的最重要因素是夏季高温，28℃以上卵即使孵化也不能发育至成虫，该虫对马铃薯有较强的依赖性，成虫不取食马铃薯，便不能正常的发育和繁殖，幼虫也如此。

4. 防治方法

(1)清洁棚室。及时清除棚室内外的杂草和残株，降低越冬虫源基数。

(2)人工防治。根据成虫的假死性，可以折打植株，捕捉成虫；用人工摘除叶背上的卵块和植株上的蛹，并集中杀灭。

(3)药剂防治。应掌握在幼虫分散之前用药。可选用2.5%溴氰菊酯乳油、20%氰戊菊酯、40%菊马乳油等均3 000倍液，21%灭杀毙乳油6 000倍液喷雾。

(四)大猿叶甲

大猿叶甲又名文猿叶甲、乌壳虫、白菜掌叶甲、弯腰虫，幼虫又叫肉虫，属鞘翅目叶甲科。国内除西藏、新疆外，各省区均有发生。可以为害十字花科蔬菜、油菜、甜菜等。

1. 为害状识别

以成、幼虫食叶为害，多群集为害，致叶片呈孔洞或缺刻，严重时将叶片食成筛网状，只留叶脉及虫粪污染，造成蔬菜减产，降低食用品质。

2. 形态识别(图3-22)

成虫：体长4.7～5.2 mm，蓝黑色，略具金属光泽，椭圆形，头部刻点粗且密，前胸背板拱凸，宽约为长的2倍。小盾片三角形，光亮无刻点，鞘翅中间隆起，翅端尤为明显，腹部末端略尖。前胸背板及鞘翅上有刻点，后翅发达能飞翔。

卵：长椭圆形，1.5 mm×0.6 mm，鲜黄色，表面光滑。

幼虫：共4龄，老熟幼虫体长7.2 mm，头黑色有光泽，体灰黑带黄色。胸、腹灰黄色，各体节有大小不等的黑色肉瘤20个左右，排成2横列，以气门下线及基线上的肉瘤最明显。

蛹：长约6.5 mm，黄褐色，半球形。前胸背部中央有一条浅纵沟，腹部各节两侧各有1丛黑色短小的刚毛。

3. 发生规律

年发生2～8代，以成虫在5 cm表土层越冬，少数在枯叶、土缝、石块下越冬。卵成堆产于根际地表、土缝或植株心叶，每堆20粒左右。每头雌成虫平均产卵200～500粒。成幼虫均有假死习性，受惊缩足落地。成幼虫皆日夜群聚取食菜叶。成虫寿命平均达3个月。春季发生的成虫，夏初气温达26.3℃以上，即潜入土中或草丛阴凉处越夏，夏眠期达3个月左右，至8～9月气温降到27℃左右，又陆续出土危害。卵发育历期3～6 d；幼虫期约20 d，蛹期约11 d。每年4～5月和9～10月为两次发生高峰期，秋季受害更重一些。

4. 防治方法

(1)清洁棚室。清除棚室残株败叶，铲除杂草，消灭部分越冬虫源及减少早春害虫的食料。

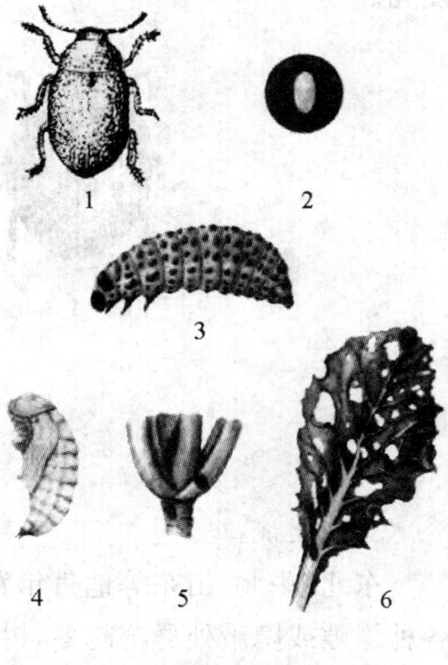

图3-22 大猿叶甲

1. 成虫 2. 卵 3. 幼虫 4. 蛹 5. 产在叶上的卵块 6. 白菜叶被害状

(2)人工捕杀。利用其假死性，进行敲打菜株，集中捕杀。

(3)药剂喷雾。在成虫、幼虫始盛期，可选用5%锐劲特悬浮剂2 000倍液，或2.5%敌杀死乳油3 000倍液，或5%氯氰菊酯乳油3 000～4 000倍液，或90%晶体敌百虫1 000倍液喷雾。

任务实施

一、实施条件

(1)实施场所　蔬菜设施基地、多媒体实训室。

(2)仪器与用具　体视显微镜、解剖刀、镊子、酒精瓶、捕虫网、三角纸、毒瓶、各种杀虫剂、烟雾机、喷雾器、记载用具等。

(3)标本与材料　菜粉蝶、小菜蛾、甜菜夜蛾、斜纹夜蛾、黄条跳甲、黄守瓜、马铃薯瓢虫、猿叶甲等各虫态永久标本及破坏性(浸渍、针插)标本。

(4)其他　教材、PPT、视频、影像资料、相关图书、网上资源等。

二、实施方案

1. 寻找教学现场

在教师准备好教学现场的前提下，引导学生在课前以小组为单位到蔬菜大棚、温室或者露地蔬菜生产基地，寻找菜粉蝶、小菜蛾、斜纹夜蛾、甜菜夜蛾、黄条跳甲、黄守瓜、马铃薯瓢虫、大猿叶甲等害虫的发生场所，以备本工作任务的实施。

2. 蔬菜食叶害虫识别

对所找的食叶害虫进行认真、细致地观察其形态特征与为害状，然后对照教材或参考读物查询是哪一种或哪一类。能否在周围发现其他虫态？可否观察到这种害虫的一些重要习性？如小菜蛾幼虫活泼，受惊扰时可扭曲身体后退，或吐丝下垂，待惊动后再爬至叶上；马铃薯瓢虫、黄守瓜成虫有假死性；大猿叶甲成幼虫均有假死习性；黄曲条跳甲成虫善跳跃，中午前后活动最盛等。可否利用这些习性进行防治？同时给害虫及为害状进行拍照，采集害虫各虫态的标本，以为后期检验防治效果做对照。

3. 综合防治实践

经小组查阅教材等相关文献和集体讨论后，从备用的杀虫剂中选出1～2种，制订某种害虫的防治方案(施药方法、施药面积、药剂浓度或剂量、施药次数、施药间隔期等)，然后施药防治或用其他方法防治，调查防效。经过观察，有较为明显地防治效果后(一般在防治1周后)，小组提出验收申请，请老师和全班同学集体验收、考核。

4. 蔬菜食叶害虫观察

对基地内未发生的其他蔬菜食叶害虫，通过标本观察、多媒体教学、观看视频、查阅教材等方法，认识重要蔬菜食叶害虫的种类及其主要形态特征，并了解其发生发展规律，学会蔬菜上各类食叶害虫的综合防治方法。

任务考核

考核内容	考核标准	分值	得分	考核人
寻找教学现场	找到的害虫种类较多	20分		组内互评
蔬菜食叶害虫识别	观察细致,害虫识别准确	20分		教师
综合防治实践	防治方法正确,操作熟练,防治效果明显	20分		师生共评
蔬菜食叶害虫观察	观察细致,认识的种类较多	30分		教师
团队协作	小组成员间团结协作	5分		组内互评
职业素质	责任心强,学习主动、认真、方法多样	5分		组内互评

工作任务7　蔬菜吸汁害虫识别与防治

任务提要

通过到设施蔬菜基地现场教学,从形态特征和为害状上能够识别所见到的蔬菜吸汁害虫,根据其发生规律,制订合理的综合防治方案并实施、检验。对设施蔬菜上未发生的吸汁害虫重要的种类,通过教材与网络查询、多媒体教学、露地蔬菜现场教学、观察标本等方法进行学习。

知识准备

蔬菜吸汁害虫主要有桃蚜、萝卜蚜、甘蓝蚜、瓜蚜、豆蚜、温室白粉虱、烟粉虱、葱蓟马、大青叶蝉、桃叶蝉、斑须蝽象、茶色蝽、菜蝽、朱砂叶螨等。这里仅介绍一些重要种类。

一、粉虱类

为害蔬菜的粉虱主要是温室白粉虱和烟粉虱等,这里以温室白粉虱为例介绍。

温室白粉虱属同翅目粉虱科。该虫在全国均有分布,可为害黄瓜、番茄、青椒、甘蓝、花椰菜、菜豆、茄子、白菜、魔芋、芹菜等各种蔬菜。

1. 为害状识别

以成虫和若虫吸食植物汁液,被害叶片褪绿、变黄、萎蔫,甚至全株枯死。此外,由于其繁殖力强,繁殖速度快,种群数量庞大,群聚为害,并分泌大量蜜液,严重污染叶片和果实,往往引起煤污病的大发生,使蔬菜失去商品价值。白粉虱还能传播一些病毒病。

2. 形态识别(图 3-23)

成虫:体长 1～1.5 mm,淡黄色。翅面覆盖白蜡粉,停息时双翅在体上合成屋脊状,翅端半圆状遮住整个腹部。刺吸式口器,复眼暗红色。雌虫腹部肥大,雄虫腹部较细小。

卵:长约 0.2 mm,侧面观长椭圆形,基部有卵柄,从叶背的气孔插入植物组织中。初产时覆有蜡粉,淡绿色,而后渐变褐色,孵化前呈黑色。

若虫:长椭圆形,淡绿色或黄绿色,足和触角退化,紧贴在叶片上生活,4 龄若虫又称伪蛹,黄褐色,初期体扁平,逐渐加厚呈蛋糕状,中央高,体背有长短不齐的蜡丝,体侧有刺。

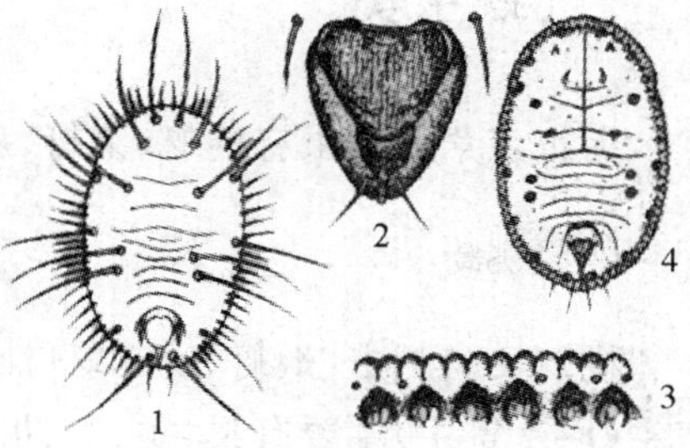

图 3-23 温室白粉虱

1. 若虫 2. 管状孔及第 8 节刺毛位置 3. 外缘锯齿及分泌突起 4. 蛹

3. 发生规律

在北方,温室一年可生 10 余代,各世代有重叠现象,冬季在室外不能存活,各虫态在温室越冬并继续危害。成虫活动的最适温度为 25～30℃,温度高至 40℃时,卵和幼虫大量死亡,成虫活动能力明显下降;白粉虱繁殖的适温为 18～21℃,在 24℃时各虫态发育日期为卵期 7 d,1 龄若虫 5 d,2 龄若虫 2 d,3 龄若虫 3 d,伪蛹 8 d,成虫期 15～57 d。成虫羽化后 1～3 d 开始交配产卵,平均每次产卵 140 粒左右,也可孤雌生殖,后代均为雄性。成虫有趋嫩性,随植株生长不断追逐顶部嫩叶产卵。白粉虱的种群数量,由春至秋持续发展,夏季的高温多雨抑制作用不明显,到秋季数量达高峰,集中危害瓜类、豆类和茄果类蔬菜。在北方由于温室和露地蔬菜生产紧密衔接和相互交替,可使白粉虱周年发生。

4. 防治方法

(1)低温冷冻。利用晚秋、深冬、早春倒茬的时机,清除棚室内的残枝落叶,解开塑料薄膜,利用零下低温冷冻 3 d,冻死棚内的成虫和若虫。

(2)避免栽培寄主植物。在棚室附近避免栽植黄瓜、番茄、茄子、菜豆等粉虱喜食的蔬菜,提倡种植白粉虱不喜食的蔬菜,以减少虫源。

(3)培育"无虫苗"。育苗时把苗床和生产温室分开,育苗前将苗房进行彻底熏蒸消毒,清除杂草、残株,并在通风口增设尼龙纱或防虫网等,控制外来虫源的入侵。

(4)人工释放天敌。丽蚜小蜂、中华草蛉和蜡蚧轮枝菌等天敌可防治白粉虱。当蔬菜平均每株白粉虱成虫在 0.5 头以下时,每隔 2 周连续 3 次释放丽蚜小蜂,每株共 15 头,可控制白粉虱发生为害。

(5)黄板诱杀。在发生初期,将黄板涂机油挂于蔬菜植株行间,诱杀成虫。

(6)药剂防治。在虫口密度较低时的早期施用,可选用 25% 噻嗪酮可湿性粉剂 1 000～1 500 倍液、10% 联苯菊酯乳油 2 000 倍液、2.5% 溴氰菊酯乳油 2 000 倍液、20%氰戊菊酯乳油 2 000 倍液、2.5% 三氟氯氰菊酯乳油 3 000 倍液,每隔 7～10 d 喷雾 1 次,连续防治 3 次。

二、蚜虫类

为害蔬菜的蚜虫有桃蚜、菜蚜、瓜蚜和甘蓝蚜等。属同翅目蚜科。各地均有发生。

(一)桃蚜

桃蚜又名腻虫、烟蚜、桃赤蚜、油汉。寄主植物约有74科285种，桃蚜营转主寄生生活，冬寄主(原生寄主)主要有梨、桃、李、梅、樱桃等蔷薇科果树等；夏寄主(次生寄主)主要有白菜、甘蓝、萝卜、芥菜、芸苔、芜菁、甜椒、辣椒、菠菜等。

1. 为害状识别

以成蚜和若蚜群集在菜叶和嫩茎上刺吸汁液，使叶片卷缩变形，植株生长不良和萎缩，严重时全株枯死，分泌蜜露影响光合作用，引发煤污病，污染蔬菜，同时传播多种病毒病，直接影响蔬菜、果品等的食用品质，并造成大量减产。

2. 形态识别

(1)成虫

有翅雌蚜：体长2 mm。头部和胸部黑色，额瘤向内倾斜，触角黑色，腹部颜色多变，第4～6节背中融合为一块大斑，第8节背中有一对小突起。腹管较长，端部黑色，尾片黑色，较腹管短。翅无色透明，翅痣灰黄或青黄色。

有翅雄蚜：体长1.5～1.8 mm，基本特征同有翅雌蚜，主要区别是腹背黑斑较大。

无翅孤雌蚜：体长约2.6 mm，宽1.1 mm，近卵圆形，无蜡粉，体色绿色、黄色、樱红色、红褐色等，腹管长筒形，尾片黑褐色，圆锥形，近端部1/3收缩。

(2)卵：椭圆形，长0.5～0.7 mm，初为橙黄色，后变成漆黑色而有光泽。

(3)若虫：共4龄，体型、体色与无翅成蚜相似，个体较小，尾片不明显，有翅若蚜3龄起翅芽明显，体型较无翅若蚜略显瘦长。

3. 发生规律

北方年发生10～20代，是一种转移型蚜虫。在一年中有越冬寄主和夏季寄主(侨居寄主)。生活史较复杂，在我国北方主要有下面几种情况：①终年在桃树上危害，不转移，以卵越冬。②以卵在桃树上越冬，2月下旬至3月中旬越冬卵孵化，危害一段时间，5月中旬大量产生有翅蚜飞向露地蔬菜，10月产生有翅蚜飞回桃树，产生雌蚜与从大白菜上飞来的有翅雄蚜，交配产卵越冬。③在冬季日光温室中继续繁殖危害。在露地春秋两季危害。桃蚜在不同年份发生量不同，主要受雨量、气温等气候因子所影响。一般气温适中(16～22℃)，降雨是蚜虫发生的限制因素。

(二)菜蚜

菜蚜又名萝卜蚜、菜缢管蚜。属同翅目蚜科。常与桃蚜混合发生。国内各地均有发生，主要危害白菜、萝卜、芥菜、青菜、甘蓝、花椰菜、芜菁等十字科蔬菜，偏嗜白菜及芥菜。

1. 为害状识别

在蔬菜叶背或留种株的嫩梢嫩叶上为害，造成节间变短、弯曲，幼叶向下畸形卷缩，使植株矮小,影响包心或结球,造成减产;留种菜受害不能正常抽薹、开花和结籽。同时传播病毒病,造成的危害远远大于蚜害本身。

2. 形态识别(图 3-24)

有翅胎生雌蚜:体长 1.6～2.1 mm,长椭圆形。头、胸部黑色,腹部黄绿色至绿色,薄被蜡粉。腹管前各节两侧有黑斑。翅透明,翅脉黑褐色。腹管淡黑,较短,圆筒形,尾片圆锥形,灰黑色。

无翅胎生雌蚜:体长 1.8 mm,卵圆形。黄绿至黑绿色,被薄粉。表皮粗糙,有菱形网纹。触角较体短,约为体长的 2/3。胸部各节中央有一黑色横纹,并散生小黑点。腹管和尾片与有翅蚜相似。

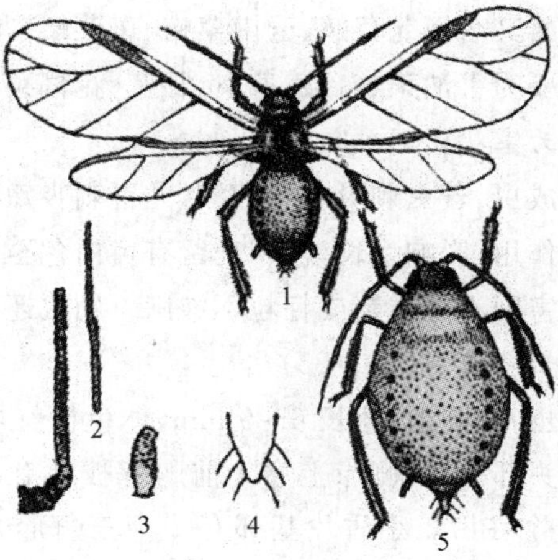

图 3-24 菜蚜

有翅孤雌胎生蚜:1. 成蚜 2. 触角 3. 腹管 4. 尾片
无翅孤雌胎生蚜:5. 成蚜

3. 发生规律

北方地区年发生 10 余代,南方地区年发生 30～40 代。温暖地区或在温室内以无翅胎生雌蚜繁殖,终年为害。长江以北地区在蔬菜上产卵越冬,翌春 3～4 月孵化为干母,在越冬寄主上繁殖几代后产生有翅蚜,向其他蔬菜上转移,扩大为害,无转主习性。到晚秋部分产生有性蚜,交配产卵越冬。气温 9.3℃时发育历期 17.5 d。此外,对有毛的十字花科蔬菜有选择性。

4. 蚜虫类防治方法

(1)消灭虫源。在冬前、冬季及春季对大棚及周围菜地、附近枯草,要在约定时间同时用药,避免有翅蚜向棚室内迁入。

(2)银膜驱蚜。用银灰色薄膜代替普通地膜覆盖,然后再定植或播种。

(3)黄板诱蚜。把黄板悬挂在蔬菜行间,高于蔬菜 0.5 m 左右。黄板诱满蚜后要及时更换。

(4)设置防虫网。可用防虫网将整个大棚网住,或者在通风口设置防虫网,可以防止外源的瓜蚜迁飞入大棚内。目前生产上推荐使用的防虫网的适宜目数为 24～30 目。

(5)释放天敌。蚜虫的天敌有瓢虫、食蚜蝇、草蛉、烟蚜茧蜂、菜蚜茧蜂、蜘蛛、寄生菌等,可从室外移入设施内。

(6)药剂防治。①喷雾:喷施 50% 吡蚜酮可湿性粉剂 3 000～4 000 倍液,或 50% 吡虫琳可湿性粉剂 3 000～4 000 倍液,或 50% 灭蚜松乳油 2 500 倍液,或 2.5% 溴氰菊酯乳油 2 000～3 000 倍液,或 4.5% 高效氯氰菊酯 3 000～3 500 倍液等进行防治。②烟剂熏蒸:每 667 m^2 大棚用 10% 杀瓜蚜烟雾剂 0.5kg,或用 10% 氰戊菊酯烟雾剂 0.5 kg,平均分成 4～5 堆,摆放在田埂上,傍晚覆盖草苫后用暗火点燃,施药后人退出温室,关好门,次日早晨通风后再进入温室。③喷粉:于傍晚密闭棚室,每 667 m^2 用灭蚜粉尘剂 1 kg,用手摇喷粉器喷施。在大棚内,施药者站在中间走道的一端,退行喷粉。每分钟转动喷粉器手柄 30 圈,把喷粉管对准蔬菜上空,左右匀速摆动喷粉,不可对准蔬菜喷,也不许进入行间喷。

三、蝽类

为害蔬菜的蝽类主要有菜蝽、斑须蝽等，这里以菜蝽为例介绍。

菜蝽又名河北菜蝽、云南菜蝽、斑菜蝽、花菜蝽、姬菜蝽。属半翅目蝽科，全国各地均有分布。主要为害油菜、白菜、萝卜、甘蓝、花椰菜、芥菜等十字花科植物及亚麻。

1. 为害状识别

以成虫、若虫刺吸蔬菜汁液，尤喜刺吸嫩芽、嫩茎、嫩叶、花蕾和幼荚。其唾液对植物组织有破坏作用，影响生长，被害处留有黄白色至黑褐色斑点。幼苗子叶期受害则萎蔫甚至枯死；花期受害则不能结荚或籽粒不饱满。幼虫还可传播十字花科软腐病。

2. 形态识别(图 3-25)

成虫：椭圆形，体长 6～9 mm，体色橙红或橙黄，有黑色斑纹。头部黑色，侧缘上卷。前胸背板上有 6 块黑斑，2 个在前，4 个在后。小盾片基部有 1 个三角形大黑斑，近端部两侧各有 1 个较小黑斑，小盾片橙红色部分成“Y”字形，交会处缢缩。翅革片具橙黄或橙红色曲纹，在翅外缘形成 2 黑斑；膜片黑色，具白边。足黄黑相间。腹部腹面黄白色，具 4 纵列黑斑。

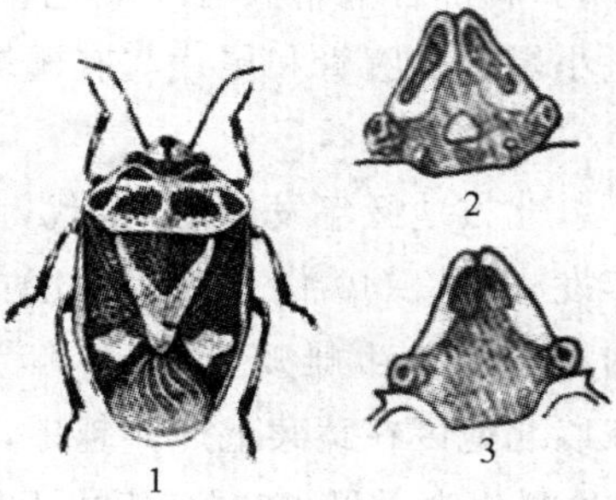

图 3-25　菜蝽

1. 成虫　2,3. 头部色斑变化

卵：鼓形，初为白色，后变灰白色，孵化前灰黑色。

若虫：共 5 龄。无翅，外形与成虫相似，虫体与翅芽均有黑色与橙红色斑纹。

3. 发生规律

年发生 2～3 代，以成虫在棚室、枯枝落叶、树皮、石块下、土缝或枯草中越冬。5～9 月是主要危害期。成虫中午活跃，善飞，早晚不太活动，一般早晨露水未干时，多集中在植株上部交配。成虫有假死性，受惊后缩足坠地，有时也振翅飞离。越冬代成虫寿命近 300 d。雌虫产卵于叶背，每雌产卵 100～300 粒。初孵若虫群集，随着龄期增大逐渐分散，大龄若虫适应性和耐饥饿力强。

4. 防治方法

(1)加强棚室管理。摘除卵块、清洁棚室、秋耕冬翻，减少虫源。

(2)药剂防治。在若虫未分散之前低龄若虫期较好。4.5% 高效氯氰菊酯乳油 1 000 倍液，或 2.5% 高效氯氟氰菊酯水乳剂 1 000 倍液，或 2.5% 溴氰菊酯乳油 1 000 倍液等喷雾。

四、螨类

蔬菜上发生的螨类主要有：茶黄螨(侧多食跗线螨、茶半跗线螨、茶嫩叶螨、嫩叶螨)、截形叶螨(棉红蜘蛛、棉叶螨)、朱砂叶螨、二斑叶螨等。这里以朱砂叶螨为例介绍。

朱砂叶螨又名红叶螨、棉红蜘蛛。属蛛形纲真螨目叶螨科，是一种广泛分布于世界温带的农林大害虫，在中国各地均有发生。可为害的植物有 32 科 113 种，其中蔬菜 18 种，主要有茄、辣椒、西瓜、豆类、葱和苋菜。

1. 为害状识别

以成若螨在叶背吸取汁液。蔬菜叶片受害后，叶面初现灰白色小点，后形成枯黄色细斑，严重时全叶干枯脱落，缩短结果期，影响产量。

2. 形态识别(图 3-26)

(1)成虫

雌成螨：体长 0.42～0.52 mm，宽约 0.3 mm，椭圆形。体红至紫红色，在身体两侧各具一倒“山”字形黑斑，体末端圆。

雄成螨：体长 0.4 mm，菱形，一般为红色或锈红色，也有浓绿色或橙黄色，足 4 对。

(2)卵　近球形，直径 0.13 mm，初产乳白色，后期呈乳黄色，孵化前呈微红色。

(3)幼螨和若螨　卵孵化后为 1 龄，3 对足，2 龄后称为若螨(2 龄称前期若螨、3 龄称后期若螨)，4 对足。雄螨一生只蜕 1 次皮。幼螨黄色，圆形，长 0.15 mm，透明，若螨体长 0.2 mm，前期体色淡，雌性后期体色变红。

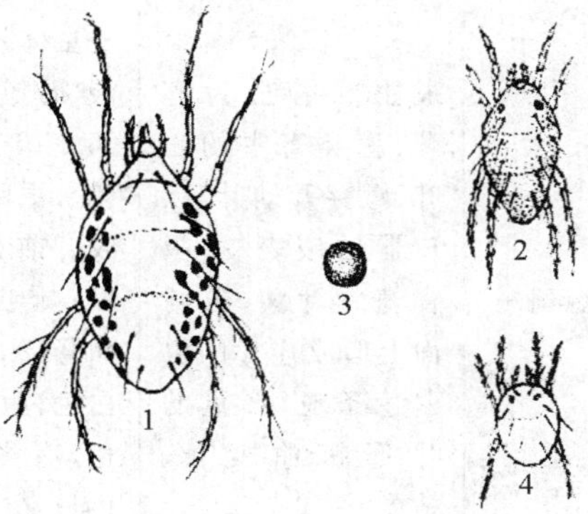

图 3-26　朱砂叶螨

1. 雌成虫　2. 雄成虫　3. 卵　4. 幼螨

3. 发生规律

在北方地区年发生 12～15 代，南方地区年发生 20 代左右。以授精的雌成螨在土块下、杂草根际、落叶中或树皮裂缝内群集越冬。最适发育温度 20～25℃，最适发育相对湿度 76% 左右。幼螨和前期若螨不甚活动。后期若螨则活泼贪食，有向上爬的习性。先为害下部叶片，而后向上蔓延。繁殖数量过多时，常在叶端群集成团，滚落地面，被风刮走，向四周爬行扩散。干旱年份易于大发生。但温度达 30℃ 以上和相对湿度超过 70% 时，不利其繁殖，暴雨有抑制作用。

4. 防治方法

(1)加强棚室管理。清除棚室内外的杂草及枯枝落叶，耕整土地以消灭越冬虫源。合理灌溉和施肥，促进植株健壮生长，增强抗虫能力，及时喷药。

(2)保护利用天敌。朱砂叶螨的天敌有卵期的广赤眼蜂，幼虫期的菜粉蝶绒茧蜂、蛹期的蝶蛹金小蜂，广大腿小蜂等。捕食性天敌有胡蜂、隐翅虫、猎蝽、黄蜂、花蝽、步甲、草蛉、蜘蛛、长毛钝绥螨、德氏钝绥螨、异绒螨、塔六点蓟马和深点食螨瓢虫等，有条件的地方可保护或引进释放。当田间的益害比为 1∶(10～15) 时，一般在 6～7 d 后，害螨将下降 90% 以上。

(3)药剂防治。加强田间害螨监测，在点片发生阶段注意防治。用 50% 丁醚脲可湿性粉剂 2 000 倍液、20% 抑食肼可湿性粉剂 1 000 倍液、0.65% 茴蒿素水剂 400～500 倍液喷雾。

五、其他蔬菜吸汁害虫(表 3-6)

表 3-6 其他蔬菜吸汁害虫

害虫	为害状	形态特征	发生规律	防治方法
葱蓟马	成虫和若虫为害葱、蒜类寄主的心叶、嫩芽及幼叶,以口器钻破表皮,吸食植物汁液,致叶面上形成连片的银白色条斑,严重的叶部扭曲变黄、枯萎。	成虫体长 1.2～1.4 mm,淡褐色。雌虫腹部第 2～8 背板前缘线黑褐色。中胸背板布满横线纹。前翅前缘缨毛 49 根;雄虫短翅或无翅。卵肾形,长 0.29 mm,乳白色;后期卵圆形,黄白色,有光泽。若虫淡黄色,4 龄,触角 6 节,复眼赤色。	年发生 7～12 代,华南最多可达 20 代。成虫在葱、蒜叶鞘内侧、土块、土缝及枯枝落叶间越冬。白天多在叶背为害。6 月中旬是为害严重期,7 月后进入高温季节,数量急剧下降。成虫产卵于叶片组织里。若虫有畏光性。高温、高湿不利于蓟马的危害。	清除田间枯枝残叶,减少越冬基数;在若虫发生为害盛期及时喷洒 10% 吡虫啉可湿性粉剂 2 500 倍液、48% 毒死蜱乳油 1 300 倍液,防治 2～3 次。
小绿叶蝉	成虫和若虫吸食汁液,被害叶初现黄白色斑点,渐扩成片,严重时全叶苍白早落。	成虫体长 3～4 mm,黄绿至绿色,头部有“山”形白纹。前翅绿色半透明,后翅无色透明。卵长约 0.8 mm,香蕉形,头端略大,浅黄绿色,后期出现 1 对红色眼点。若虫除翅尚未形成外,体形和体色与成虫相似。	年生 4～6 代,以成虫在落叶、杂草或低矮绿色植物中越冬。完成 1 个世代 40～50 d。世代重叠明显。成、若虫喜白天活动,在叶背刺吸汁液或栖息。成虫善跳,可借风力扩散,15～25℃ 适宜发育,28℃ 以上及连阴雨天气虫口密度下降。	清除落叶及杂草;及时喷叶蝉散或速灭威、抗蚜威、吡虫啉等。

任务实施

一、实施条件

(1)实施场所　蔬菜设施基地、多媒体实训室。

(2)仪器与用具　体视显微镜、解剖刀、镊子、酒精瓶、捕虫网、三角纸、毒瓶、各种杀虫剂、烟雾机、喷雾器、记载用具等。

(3)标本与材料　桃蚜、萝卜蚜、甘蓝蚜、瓜蚜、豆蚜、温室白粉虱、烟粉虱、瓜蓟马、葱蓟马、大青叶蝉、桃叶蝉、斑须椿象、茶色蝽、菜蝽、朱砂叶螨等各虫态永久标本及破坏性(浸渍、针插)标本。

(4)其他　PPT、视频、影像资料、教材、相关图书、网上资源等。

二、实施方案

1. 寻找教学现场

在教师准备好教学现场的前提下，引导学生在课前以小组为单位到蔬菜大棚、温室或者露地蔬菜生产基地，寻找蔬菜吸汁害虫的蔬菜植株，以备本工作任务的实施。

2. 蔬菜吸汁害虫识别

对所找的蔬菜吸汁害虫进行认真、细致地观察其形态特征与为害状，然后对照教材或参考读物查询是哪一种或哪一类。能否在周围发现其他虫态？可否观察到这种害虫的一些重要习性？如温室白粉虱产卵有趋嫩性；斑须蝽成虫及若虫有恶臭；葱蓟马成虫活泼等。同时给害虫的为害状进行拍照，采集害虫各虫态的标本，以为后期检验防治效果做对照。

3. 综合防治实践

经小组查阅教材等相关文献和集体讨论后，从备用的各种杀虫剂中选出 1～2 种，制订防治方案（施药方法、施药面积、药剂浓度或剂量、施药次数、施药间隔期等），然后施药防治或用其他方法防治，调查防效。经过观察，有了较为明显地防治效果了（一般在防治一周后），则小组提出验收申请，请老师和全班同学集体验收、考核。

4. 蔬菜吸汁害虫观察

对基地内未发生的其他蔬菜吸汁害虫，通过标本观察、多媒体课件、观看视频、查阅教材等方法，认识重要蔬菜吸汁害虫的种类及其主要形态特征，并了解其发生发展规律，掌握各类地下蔬菜吸汁害虫的综合防治方法。

任务考核

考核内容	考核标准	分值	得分	考核人
寻找教学现场	找到的害虫种类较多	20 分		组内互评
蔬菜吸汁害虫识别	观察细致，害虫识别准确	20 分		教师
综合防治实践	防治方法正确，操作熟练，防治效果明显	20 分		师生共评
蔬菜吸汁害虫观察	观察细致，认识的种类较多	30 分		教师
团队协作	小组成员间团结协作	5 分		组内互评
职业素质	责任心强，学习主动、认真、方法多样	5 分		组内互评

工作任务8　蔬菜钻蛀害虫识别与防治

任务提要

通过到设施蔬菜基地现场教学，从形态特征和为害状上能够识别所见到的蔬菜钻蛀害虫，根据其发生规律，制订合理的综合防治方案并实施、检验。对设施蔬菜上未发生的重要钻蛀害虫种类，通过教材与网络查询、多媒体教学、露地蔬菜现场教学、观察标本等方法进行学习。

知识准备

一、潜叶蝇类

为害蔬菜的潜叶蝇类有美洲斑潜蝇、南美斑潜蝇、豌豆潜叶蝇、菠菜潜叶蝇等，这里以美洲斑潜蝇为例介绍。

美洲斑潜蝇又名蔬菜斑潜蝇、蛇形斑潜蝇等，属双翅目潜蝇科斑潜蝇属。除青海、西藏和黑龙江以外均有不同程度的发生，尤其是我国的热带、亚热带和温带地区。可为害多种蔬菜，其中以黄瓜、菜豆、番茄、白菜、油菜、芹菜、茼蒿、生菜等受害最重。

1. 为害状识别

以幼虫和成虫危害叶片，幼虫取食叶片正面叶肉，形成先细后宽的蛇形弯曲或蛇形盘绕虫道，其内有交替排列整齐的黑色虫粪，老虫道后期呈棕色的干斑块区，一般1虫1道，1头老熟幼虫1 d可潜食3 cm左右。雌成虫刺伤叶片取食和产卵，受害叶片逐渐萎蔫，上下表皮分离、枯落，最后全株死亡。

2. 形态识别(图3-27)

成虫：体长1.3～2.3mm，浅灰黑色，额鲜黄色，侧额上部分色深，甚至黑色。中胸背板亮黑色，并有1个黄黑色亮点。翅长1.3～1.7 mm，足基节和腿节鲜黄色，胫节、跗节暗褐色，前足黄褐色、后足黑褐色。雌虫体比雄虫大。

卵：大小(0.2～0.3) mm×(0.1～0.15)mm，米色，半透明；后期淡黄绿色，水渍状长椭圆形。

幼虫：蛆状。初期淡黄色，老熟幼虫黄橙色，体长3 mm。身体椭圆形，后气门呈圆锥状突起，顶端三分叉，各具1个开口。

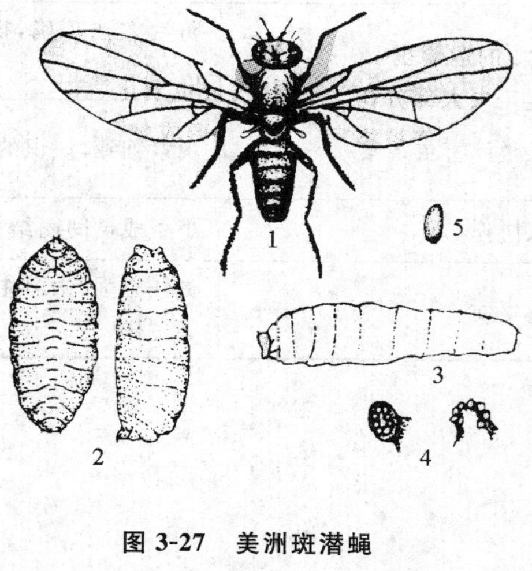

图3-27　美洲斑潜蝇

1. 成虫　2. 蛹　3. 幼虫　4. 产在寄主上的卵　5. 卵

蛹：长 1.7～2.3 mm，宽 0.5～0.75 mm。椭圆形，多为橙黄色，腹面稍扁平，后气门突与幼虫相同。

3. 发生规律

夏季 2～4 周完成 1 个世代，冬季 6～8 周完成 1 个世代。成虫具有趋光、趋绿和趋化性，对黄色趋性更强。成虫有较弱的飞翔能力。成虫吸取植株叶片汁液；卵产于植物叶片叶肉中；老龄幼虫咬破隧道的上表皮爬出道外在叶片上或落入土壤中化蛹。主要随寄主植物的叶片、茎蔓、甚至鲜切花的调运而传播。

4. 防治方法

(1)清洁棚室。在发生高峰时，摘除带虫叶片销毁。收获后彻底清除残株落叶。

(2)深翻土壤。起垄开沟，将蛹埋入土壤下层，使其不能羽化出土，以降低虫口基数。

(3)黄板诱杀。依据其趋黄习性，利用黄板诱杀。

(4)释放天敌昆虫。在棚内释放寄生蜂，包括姬小蜂、反领茧蜂、潜蝇茧蜂等，这三种寄生蜂对斑潜蝇寄生率较高。

(5)套种轮作。把斑潜蝇嗜好的瓜类、茄果类、豆类与其不为害的蔬菜进行套种或轮作。

(6)采用灭蝇纸诱杀成虫。在成虫始盛期至盛末期，每 667 m^2 设置 15 个诱杀点，每个点放置 1 张诱蝇纸诱杀成虫，3～4 d 更换 1 次。

(7)药剂防治。在受害作物某叶片有幼虫 5 头时，掌握在幼虫 2 龄前(虫道很小时)，用 1.8% 阿维菌素乳油 2 000～2 500倍液、1% 增效 7051 生物杀虫素 2 000 倍液喷雾。

二、蛀果类

(一)棉铃虫

棉铃虫又名棉铃实夜蛾、钻心虫等，属鳞翅目夜蛾科昆虫。世界性农业害虫，全国各地均有发生。主要为害蔬菜类为番茄、辣椒、茄子、豆角等。

1. 为害状识别

以幼虫蛀食蕾、花、果为主，也为害嫩茎、叶和芽。花蕾受害时，变成黄绿色，2～3 d后脱落。幼果常被吃空或引起腐烂而脱落，成果蛀孔大多在蒂部，致使雨水、病菌流入引起腐烂、脱落，造成减产。

2. 形态识别(图 3-28)

成虫：体长 15～20 mm，翅展 30～40 mm，灰褐色、黄褐色、红褐色等。复眼球形，绿色。前翅呈波状，中央近前缘有一褐色环形纹，中央一褐点。其外侧有一肾形纹，中央有一深褐色肾形斑；肾纹外

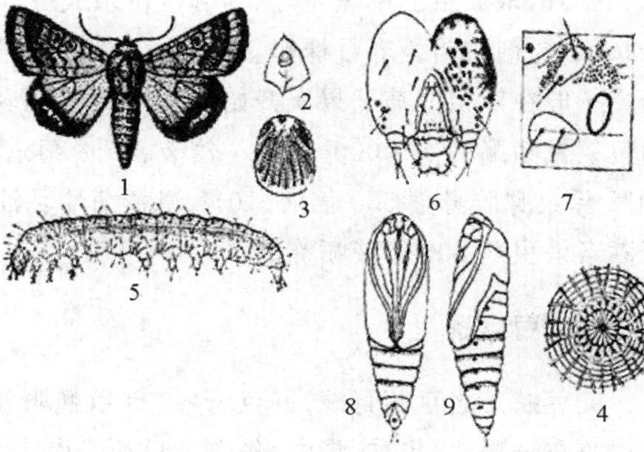

图 3-28 棉铃虫

1. 成虫 2. 卵 3. 卵放大 4. 卵顶部花冠放大 5. 幼虫 6. 幼虫头部正面 7. 幼虫前胸侧面 8. 蛹腹面 9. 蛹侧面

侧为褐色宽横带，端区各脉间有黑点。后翅黄白色或淡褐色，翅脉棕色，端部有一褐色横带，横带中央有2个相连的白斑，后翅前端中部有一褐色月牙形斑纹。

卵：直径约0.5 mm，半球形，初为乳白色，孵化前灰色，将孵化时有紫色斑，具纵横隆起网纹。

幼虫：一般6龄，有时也有5龄。老熟幼虫体长40～50 mm。体色差异较大，有绿色、淡绿色、黄白色、淡红色4种类型，绿色型和淡红色型常见。头部黄褐色，有褐色网纹，背线、亚背线和气门上线呈深色纵线，气门白色。两根前胸刚毛连线与前胸气门下端相切或相交。体表布满褐色和灰色长而尖的小刺。腹部第1、2、5节各有2个毛突。

蛹：长17～21 mm，黄褐色，纺锤形。绿色至黄褐色，近羽化时呈黑褐色，有光泽。第5～7腹节的点刻稀而粗，均半圆形。腹端圆形，臀棘2根。气门围孔呈筒状，突起较高。

3. 发生规律

由北向南年发生3～7代。以蛹在寄主植物根际附近土壤中越冬。翌年气温上升至15℃以上时，越冬蛹开始羽化。成虫交配和产卵多在夜间进行，交配后2～3 d开始产卵，卵散产于茄科蔬菜的嫩梢、嫩叶、茎上，每头雌虫产卵100～200粒，产卵期7～13 d。成虫白天栖息于叶背或阴凉处，飞翔力强，有趋光性；产卵适温23℃以上，20℃以下很少产卵，具有趋嫩性。幼虫发育以25～28℃和相对湿度75%～90%最为适宜。在北方以湿度对幼虫发育的影响更显著，当月雨量在100 mm以上，相对湿度60%以上时，为害较重；当降雨量在200 mm、相对湿度70%以上，则为害严重。但雨水过多，土壤板结，不利于幼虫入土化蛹并会提高蛹的死亡率。此外，暴雨可冲刷棉铃虫卵，亦有抑制作用。

4. 防治方法

(1)加强棚室管理。翻耕土地，浇水淹地。产卵盛期，摘除虫卵烧毁。

(2)利用天敌。卵寄生天敌有拟澳洲赤眼蜂、玉米螟赤眼蜂等。幼虫寄生天敌有齿唇姬蜂、方室姬蜂、瘦姬蜂、螟蛉绒茧蜂、红尾寄生蝇等。捕食性天敌有草蛉、螳螂、长脚黄蜂、小花蝽、蜘蛛等。

(3)诱杀成虫。用黑光灯、杨柳枝诱杀成虫。

(4)药剂防治。当百株卵量达20～30粒时即应开始用药，如百株幼虫超过5头，应继续用药。一般在辣椒或茄子果实开始膨大时开始用药，每周1次，连续防治3～4次。可用4.5%高效氯氰菊酯乳油3 000～3 500倍液、40%菊杀乳油3 000倍液、5%氟啶脲乳油1 500倍液、20%除虫脲胶悬剂500倍液、10%溴氟菊酯乳油1 000倍液、20%氰戊菊酯乳油2 000倍液、茴蒿素杀虫剂500倍液喷雾。

(二)豆荚螟

豇豆螟又名豆荚野螟、豇豆野螟、豇豆蛀野螟、豆野螟、豆螟蛾、大豆螟蛾，属鳞翅目螟蛾科。分布于华北、华东、华中、华南、四川、云南。主要为害豇豆、大豆、绿豆、扁豆及刺槐、葛藤等豆科植物。

1. 为害状识别

为害主要是以幼虫为主，蛀食为害对象是豆科作物花器、果荚、籽粒以及嫩芽为主。幼虫蛀食花蕾造成落花、落蕾。3～5龄幼虫蛀食豆荚，早期造成落荚，后期豆荚产生蛀孔、蛀孔内外堆积粪便并引起腐烂、降低产量和品质。幼虫对叶子的为害是能吐丝卷叶，在内蚕食叶片；最后还能蛀害嫩茎和取食花瓣。

2.形态识别

成虫：雌雄体色呈棕灰色，体长 13～16 mm，展翅宽 23～24 mm。雌雄成虫前翅前缘上黄色，自外缘向内有大、中、小透明斑各 1 块；后翅1/3处被深褐色条纹分开，外缘暗褐色宽带，其余为透明或白色，有若干波纹斑。触角灰褐色，长 10～11 mm。雄虫尾部具有灰黑色毛簇，下覆有一对黄白色抱握器。雌虫腹部肥大，呈圆筒状，末端平齐，用手挤压可见第 9、10 腹节伸出。

卵：大小 0.65 mm×0.45 mm，呈扁椭圆形，初产时无色透明，孵化前呈红褐色，上有五角形和六角形的网状花纹。

幼虫：初孵体色呈淡黄色，体长 1～1.5 mm，头壳淡褐色。老熟后体色呈红褐色，体长 13～15 mm，头壳暗褐色。前胸背板褐色，中、后胸背板有 6 个黑褐色毛片，前列 4 个具有 2 根刚毛，后列 2 个无刚毛；腹部各节背面具有毛片 6 个。

蛹：长 11～13 mm，宽 2.5 mm；初化蛹时为淡黄绿色，羽化前淡黄褐色至深黄褐色。

3.发生规律

东北、华北地区 1 年发生 2～4 代；长江中下游及华中地区 1 年发生 4～5 代；华南沿海 1 年发生 6～9 代左右，且无明显越冬现象。在北方地区以老熟幼虫在土表隐蔽处、浅土层内、豇豆支架中结茧化蛹越冬，也有南方迁飞来的，每年 6～10 月是为害盛期。成虫有弱趋光性，白天隐蔽在植株叶片背面或下部的叶丛中，夜间出来活动。成虫昼夜均可羽化，但 80% 的成虫暗期羽化，羽化后 1～3 d 开始产卵，卵散产于嫩荚、花蕾和叶柄上，偶尔也产在叶片、豆荚上。初孵幼虫很快钻入幼荚、花蕾、花器为害，被害花蕾、幼荚不久会同幼虫一起掉落。

喜中温高湿，但对温度适应范围广，7～31℃都能发育，且 14～32℃内随温度的升高卵、幼虫、蛹的发育历期缩短；高发的适宜相对湿度为 80%～85%。

4.防治方法

(1)消灭虫源。与非豆科作物轮作 1～2 年；及时清除落花、落荚，摘除被害的卷叶、虫蛀花蕾和虫蛀荚，以减少虫源。

(2)黑光灯诱杀成虫。

(3)利用天敌。捕食性天敌包括蜘蛛、捕食蝽、瓢虫。寄生性天敌有寄生于蛹的凹头小蜂、卵寄生蜂、幼虫寄生蜂以及寄生于幼虫的微孢子虫。

(4)药剂防治。可在豆类植株盛花期喷药，或孵卵盛期喷施第 1 次药，隔 7 d 再喷 1 次，连续喷 3～4 次。一般宜在清晨 8 时前豆类植物花瓣开放时喷药，喷洒重点部位是花蕾、花和嫩荚，落地的花荚也要喷药。药剂可选用 2.5% 氯氰菊酯乳油 2 000～4 000 倍液、25% 菊乐合剂 2 000～4 000 倍液等。

三、根蛆类

(一)根蛆

根蛆又名灰地种蝇、菜蛆、地蛆、种蛆等，属双翅目花蝇科，为世界性害虫，全国各地均有发生，主要为害白菜、甘蓝、葱、瓜类等蔬菜。

1. 为害状识别

以幼虫在土中为害播下的蔬菜种子，取食胚乳或子叶，引起种芽畸形、腐烂而不能出苗；钻食蔬菜根部，引起根茎腐烂或全株枯死。

2. 形态识别(图 3-29)

成虫：体长 4～6 mm。雄蝇稍小，体色暗黄或暗褐色，两复眼几乎相连，触角黑色，胸部背面具黑纵纹 3 条，静止时，两翅在背面迭起后盖住腹部末端。后足胫节内下方具 1 列稠密末端弯曲的短毛；腹部背面中央具黑纵纹 1 条，各腹节间有 1 黑色横纹。雌蝇灰色至黄色，两复眼间距为头宽 1/3；后足胫节无雄蝇的特征，中足胫节外上方具刚毛 1 根；腹背中央纵纹不明显。

卵：长约 1 mm，长椭圆形，稍弯，乳白色，表面具网纹。

幼虫：蛆形，老熟幼虫体长 7～8 mm，乳白而稍带浅黄色；尾节具肉质突起 7 对，1～2 对等高，5～6 对等长。

蛹：长 4～5 mm，红褐或黄褐色，椭圆形，腹末 7 对突起。

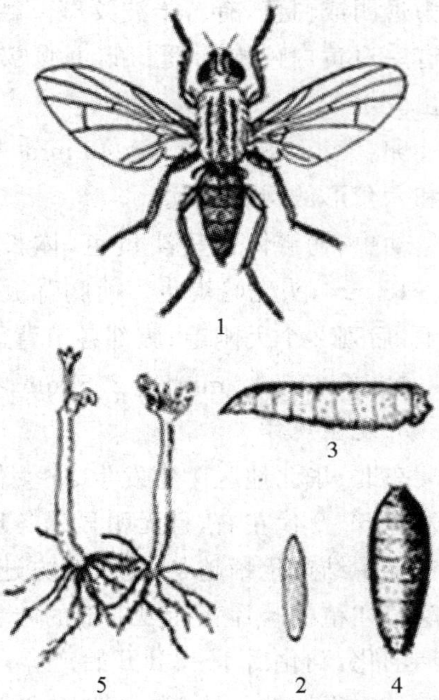

图 3-29　根蛆

1. 雌成虫　2. 卵　3. 幼虫

4. 蛹　5. 菜豆被害状

3. 发生规律

年发生 2～6 代，北方以蛹在土中越冬，南方长江流域冬季可见各虫态。种蝇在 25℃ 以上，完成 1 代 19 d，均温 17℃ 需时 42 d，均温 12～13℃ 则需 51.6 d，产卵前期初夏 30～40 d，晚秋 40～60 d，35℃以上 70% 卵不能孵化，幼虫、蛹死亡，故夏季种蝇少见。种蝇喜白天活动，以晴天中午前后最活跃，对未腐熟的粪肥及发酵饼肥有很强趋性，幼虫多在表土下或幼茎内活动。没有灭虫的大棚内，可以各种虫态越冬并连续为害，无滞育现象。

4. 防治方法

(1)合理施肥。施用充分腐熟的有机肥，防止成虫产卵。

(2)糖醋液诱蝇。诱蝇器用大碗，先放少量锯末，然后倒入诱剂加盖，每天在成蝇活动时开盖，及时检查诱杀数量，并注意添补诱杀剂，当诱器内数量突增或雌雄比近 1∶1时，即为成虫盛期，应立即防治。

(3)药剂防治。①地面喷雾：在成虫发生期，地面喷施 2.5% 溴氰菊酯 3 000 倍液、20% 蛆虫净乳油 2 000 倍液，隔 7 d 喷 1 次，连续防治 2～3 次。当地蛆已钻入幼苗根部时，可用 50% 辛硫磷乳油灌根。②处理土壤：用 50% 辛硫磷乳油每 667 m^2 用 200～250 g，加水 10 倍，喷于 25～30 kg 细土上拌匀成毒土，顺垄条施，随后浅锄或以同样用量的毒土撒于种沟或地面，随即耕翻，或混入厩肥中施用，或结合灌水施入。③处理种子：用种子重量 0.3% 的 80% 敌百虫粉剂拌种，能兼治金针虫和蝼蛄等地下害虫。

(二)韭蛆

韭蛆指危害韭菜的双翅目眼蕈蚊科幼虫。北方菜区危害严重,南方菜区也有发生。

1.为害状识别

春、秋两季为害严重。幼虫先为害韭株叶鞘、幼茎及芽,然后把茎咬断蛀入,向根茎下部为害,致使韭叶枯黄而死,重者鳞茎腐烂,整墩死亡。

2.形态识别

成虫:为小型蚊子,体长2～4.5 mm,黑褐色,头小,复眼发达、左右相接。触角丝状共16节。胸部背面隆起,足细长,腹部圆筒形,雌虫末端细而尖,雄虫末端有1对抱握器。

卵:长0.24 mm,椭圆形,乳白色。

幼虫:体细长,6～7 mm,体乳白色,头黑色,无足。

蛹:裸蛹,黄白色,羽化前灰黑色。

3.发生规律

在保护地可全年发生危害。在露地菜田一年发生4～6代,世代重叠。以幼虫在韭菜鳞茎内或韭根周围3～4 cm表土层内以休眠态越冬,翌年3月下旬开始化蛹,4月初至5月中旬羽化并交尾产卵,成虫产卵于韭株基部及周围的土缝内或土块下,幼虫孵化后分散为害。黏土地比砂土地发生量少。

4.防治方法

(1)进行冬灌、春灌,消灭幼虫,灌水时可加农药毒杀效果佳。

(2)药剂防治:成虫羽化盛期喷灭杀毙6 000倍液,20%氰戊菊酯3 000倍液,或75%辛硫磷1 000倍液等药剂,均可杀灭成虫。上午9～10时施药效果较好。在幼虫为害盛期,发现韭株叶尖开始发黄变软,并逐渐向地面倒伏时,用75%辛硫磷乳油500倍液,或40%乐果800倍液灌根防治。

任务实施

一、实施条件

(1)实施场所　蔬菜设施基地、多媒体实训室。

(2)仪器与用具　体视显微镜、解剖刀、镊子、酒精瓶、捕虫网、三角纸、毒瓶、各种杀虫剂、烟雾机、喷雾器、记载用具等。

(3)标本与材料　桃蚜、美洲斑潜蝇、南美斑潜蝇、豌豆潜叶蝇、菠菜潜叶蝇、棉铃虫、烟青虫、豆荚野螟、根蛆等各虫态永久标本及破坏性(浸渍、针插)标本。

(4)其他　教材、PPT、影像资料、相关图书、网上资源等。

二、实施方案

1.寻找教学现场

在教师准备好教学现场的前提下,引导学生在课前以小组为单位到蔬菜大棚、温室或者露地蔬菜生产基地，寻找发生蔬菜钻蛀害虫的植株或地段，以备本工作任务的实施。

2. 蔬菜钻蛀害虫识别

对所找的钻蛀害虫认真、细致地观察其形态特征与为害状，然后对照教材或参考读物查询到是哪一种或哪一类。能否在周围发现其他虫态？可否观察到这种害虫的一些重要习性？如美洲斑潜蝇成虫有趋黄习性，棉铃虫成虫产卵具有趋嫩性。根蛆成虫对未腐熟的粪肥及发酵饼肥有很强趋性，它们的幼虫都有钻蛀习性等。可否利用这些习性进行防治？同时给害虫的为害状进行拍照，采集害虫各虫态的标本，以为后期检验防治效果做对照。

3. 综合防治实践

经小组查阅教材等相关文献和集体讨论后，从备用的各种杀虫剂中选出1～2种，制订防治方案（施药方法、施药面积、药剂浓度或剂量、施药次数、施药间隔期等），然后施药防治或用其他方法防治，调查防效。经过观察，有了较为明显地防治效果（一般在防治1周后），则小组提出验收申请，请老师和全班同学集体验收、考核。

4. 蔬菜钻蛀害虫观察

对基地内未发生的其他蔬菜钻蛀害虫，通过标本观察、多媒体课件、观看视频、查阅教材等方法，认识重要蔬菜钻蛀害虫的种类及其主要形态特征，并了解其发生发展规律，掌握蔬菜上各类钻蛀害虫的综合防治方法。

任务考核

考核内容	考核标准	分值	得分	考核人
寻找教学现场	找到的害虫种类较多	20分		组内互评
蔬菜钻蛀害虫识别	观察细致，害虫识别准确	20分		教师
综合防治实践	防治方法正确，操作熟练，防治效果明显	20分		师生共评
蔬菜钻蛀害虫观察	观察细致，认识的种类较多	30分		教师
团队协作	小组成员间团结协作	5分		组内互评
职业素质	责任心强，学习主动、认真、方法多样	5分		组内互评

工作任务9　地下害虫的识别与防治

任务提要

通过到设施基地现场教学，从形态特征和为害状上能够识别所见到的地下害虫，根据其发生规律，制订合理的综合防治方案并实施、检验。对设施内未发生的重要地下害虫种类，通过教材与网络查询、多媒体教学、露地蔬菜现场教学、观察标本等方法进行学习。

知识准备

地下害虫种类很多，包括地老虎、蛴螬、蝼蛄、金针虫、根蛆、根蚜、根象甲、根叶甲、根天牛、蟋蟀等。其寄主种类复杂，多在春、秋两季为害，主要为害作物的种子、地下部及近地面的根茎部。现选择其中的主要种类谈谈地下害虫的识别与防治。

一、蝼蛄

蝼蛄俗名拉拉蛄、土狗、地拉蛄。属直翅目蝼蛄科。我国的蝼蛄主要包括华北蝼蛄、东方蝼蛄、台湾蝼蛄和普通蝼蛄。华北蝼蛄又称单刺蝼蛄，主要分布在北方各地；东方蝼蛄，在我国各地均有分布，南方为害较重；台湾蝼蛄发生于台湾、广东、广西；普通蝼蛄仅分布在新疆。蔬菜生产中发生的蝼蛄主要有华北蝼蛄和东方蝼蛄。

1. 为害状识别

蝼蛄为多食性害虫，食性复杂，喜食新播的种子，咬食作物根部，或将幼苗根、茎部咬断，使幼苗枯死，受害的根部呈乱麻状，对蔬菜苗床和移栽后的菜苗为害尤为严重。由于蝼蛄通常栖息于地下，潜行土中形成隧道，使幼苗根部透风和土壤分离，造成幼苗因失水干枯致死，缺苗断垄，严重的甚至毁种。

2. 形态识别

(1)华北蝼蛄(图 3-30)

成虫：身体肥大，体长 39～66 mm。身体黄褐色，全身密布黄褐色细毛；前胸背板暗褐色，中央有一心形暗红色斑点。前翅黄褐色，长 14～16 mm，后翅长 30～35 mm；腹部圆筒形，有 7 条褐色横线，背面黑褐色，腹面黄褐色；足黄褐色，前足发达，中后足细小，后足胫节背侧内缘有棘 1 个或消失。

卵：椭圆形，初产时为黄白色，渐变为黄褐色，孵化前为深灰色；初产时长 1.6～1.8 mm，宽 1.3～1.4 mm；孵化前长 2.4～3 mm，宽 1.5～1.7 mm。

若虫：与成虫体形相似，但翅不发达，仅有翅芽。初孵若虫体长 3.6～4 mm，乳白色，仅复眼淡红色，以后颜色逐渐加深，头部变为淡黑色，前胸背板黄白色；2 龄以后变为黄褐色，5、6 龄以后基本与成虫同色，末龄若虫体长 36～40 mm。

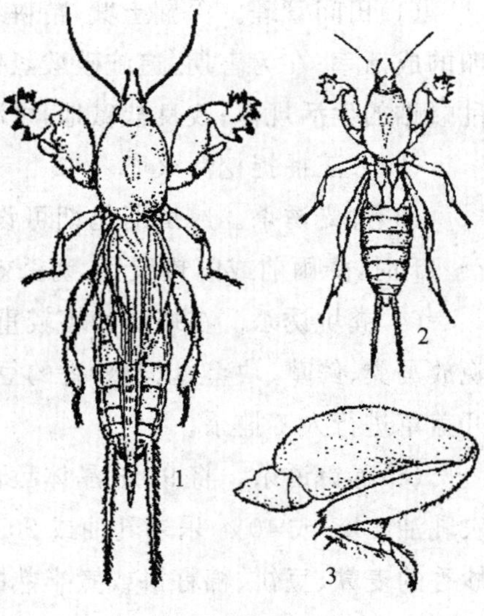

图 3-30　华北蝼蛄

1. 成虫　2. 若虫　3. 成虫后足

(2)东方蝼蛄(图 3-31)

成虫：东方蝼蛄体长为 29～35 mm，灰褐色，全身密被细毛，头圆锥形，触角丝状，前胸背板卵圆形，腹部近纺锤形，腹末具有 1 对尾须。前足为开掘足，腿节下缘平直，后足胫节背面内侧具有 3～4 个刺。

卵：椭圆形，初产时长 2.8 mm，宽 1.5 mm；孵化前 4 mm，宽 2.3 mm；最初为乳白色，渐变为黄褐色，孵化前为暗紫色。

若虫：与成虫体形相似，但翅仅有翅芽。初孵若虫体长约 4 mm，头、胸细，腹部肥大，乳白色，后渐变灰褐色，腹部淡黄色。2～3 龄后体色接近成虫。老龄时体长约 25 mm。

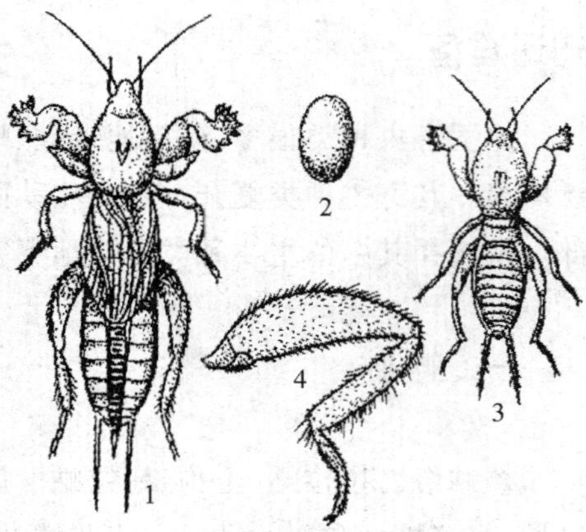

图 3-31　东方蝼蛄

1. 成虫　2. 卵　3. 若虫　4. 成虫后足

3. 发生规律

北方地区华北蝼蛄 2～3 年发生 1 代，以成虫或若虫在地下越冬。4 月以后，旬平均气温 12℃以上时，蝼蛄出窝活动，5 月上旬至 6 月中旬是蝼蛄最活跃的时期，也是第一次为害的高峰期。当旬平均气温 12℃以上时转入地下，成虫开始产卵，6～8 月为产卵盛期。9 月份旬平均气温下降到 18℃左右时，再次上升到地表，形成第二次为害高峰，10 月以后，旬平均气温下降到 8℃以下陆续钻入深层土中越冬。蝼蛄昼伏夜出，以夜间 9～11 时活动最盛，特别在气温高、湿度大、闷热的夜晚。蝼蛄具趋光性，并对香甜物质具有强烈趋性。蝼蛄具有趋湿性，成、若虫均喜松软潮湿的壤土或沙壤土，20 cm 表土层含水量 20%以上最适宜，小于 15%时活动减弱。

4. 防治方法

(1)田间管理。深翻土壤、精耕细作干扰和破坏蝼蛄生存的环境；施用腐熟的有机肥，减少卵的成活率；在为害期，追施碳酸氢铵等化肥，气味对蝼蛄有一定驱避作用；合理进行灌溉，扰乱蝼蛄的生活规律；改良盐碱地，可减轻为害。

(2)人工捕捉挖窝灭卵。

(3)灯光诱杀。成虫羽化期可设置白炽灯、日光灯、高压汞灯等诱杀成虫，开灯时间晚上 7～11 时，降雨前或闷热天气，诱杀效果更明显。

(4)粪坑诱杀。在蝼蛄为害较重的地块，每隔 5～20 m，挖 40 cm 见方、30 cm 深的坑，于傍晚放马粪、鲜草、块茎，以及炒香的豆饼、麦麸等饵料，上面盖青草，可诱集蝼蛄，第二天清晨移开盖草进行人工捕杀。

(5)毒饵诱杀。将 90% 晶体敌百虫 1 kg 用 60～70℃适量温水溶解成药液，或 50% 二嗪农乳油 1 kg 或 40% 乐果乳油或 90% 敌百虫原药用 10 倍热水稀释，再按 1∶(10～30) 比例与炒香的麦麸、豆饼、棉籽饼或煮半熟的秕谷等拌匀，拌时可加适量水，拌潮为宜，制成毒饵，用量 45～75 kg/hm^2，于傍晚成小堆分散施入田间，也可在播种时将毒饵施入播种沟中。

(6)毒土杀虫。用 50% 辛硫磷乳油，按药∶水∶土比例为 1∶15∶150 配制毒土，在成虫盛发期顺垄撒施，用量 225 kg/hm^2。

(7)药剂浇灌。用 50% 敌敌畏或 40% 乐果乳油 1 000 倍液浇灌，毒杀土中为害的蝼蛄。

二、蛴螬

蛴螬别名白土蚕、核桃虫，是金龟甲的幼虫，属鞘翅目金龟总科昆虫幼虫的总称。危害多种植物和蔬菜。我国发生较为普遍的种类有东北大黑鳃金龟、暗黑鳃金龟、铜绿丽金龟等。

1. 为害状识别

蛴螬为害主要是春、秋两季最重。蛴螬咬食幼根、幼苗、嫩茎，断口形状为刀切状或端口整齐，使作物失去营养枯萎而死，全株凋零，手易拔出，最终造成缺苗断垄。蛴螬危害植株造成枯黄而死时，它又转移到别的植株继续危害。蛴螬啃食块根、块茎形成粗浅虫疤。此外，因蛴螬造成的伤口还可诱发病害。

2. 形态识别

(1)东北大黑鳃金龟

成虫：长椭圆形，体长 16～23 mm、宽 8～12 mm，黑色或黑褐色，有光泽。胸、腹部生有黄色长毛，前胸背板宽为长的两倍，前缘钝角、后缘角几乎成直角。每鞘翅 3 条隆线。前足胫节外侧 3 齿，中后足胫节末端 2 距。臀节外露，背板向腹下包卷。雄虫末节腹面中央具有三角形凹陷，雌虫具有棱形隆起骨片。

卵：初为椭圆形，乳白色略带黄绿色光泽，长约 2.5 mm，宽约 1.5 mm；后期近球形，白色有光泽，长约 2.7 mm，宽约 2.2 mm。

幼虫：3 龄幼虫体长 35～45 mm，头宽 4.9～5.3 mm。头部前顶毛每侧 3 根，内唇端感区刺多为 14～16 根。肛孔呈三射裂缝状，前方着生扁而尖端成钩状的刚毛，并向前延伸到肛腹片后部 1/3 处。

蛹：体长 21～23 mm，宽 11～12 mm，椭圆形。初期为黄白色，后变为黄褐色至红褐色。尾节三角形，具突起 1 对，呈钝角向后叉开。

(2)暗黑鳃金龟(图 3-32)

成虫：体长 17～22 mm，宽 9～11.5 mm。黑色或黑褐色，无光泽。前胸背板前缘长有褐色长毛。鞘翅两侧缘平行，纵肋不明显。前足胫节外齿 3 个。腹部臀节背板不向腹面包卷。

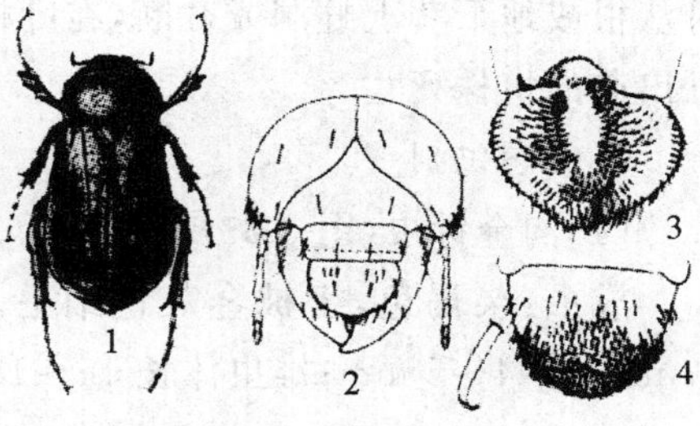

图 3-32　暗黑鳃金龟

1. 成虫　2. 幼虫头部
3. 幼虫内唇　4. 幼虫肛腹板

卵：初为椭圆形，后期为圆形。长 2.5～2.7 mm，宽 1.5～2.2 mm。

幼虫：体长 35～45 mm，头宽 5.6～6.1 mm。与大黑鳃金龟形态近似。不同之处在于前顶刚毛每侧 1 根，幼虫体无光泽。

蛹：体长 20～25 mm，宽 10～12 mm。尾节三角形，尾角呈钝角叉开。

3. 发生规律

蛴螬年发生代数因种类、地域而异。一般一年 1 代，或 2～3 年 1 代，长者 5～6 年 1 代。成虫交配后 10～15 d 产卵，产在松软湿润的土壤内，每头雌虫可产卵 100 粒左右。蛴螬一般白天藏在土中，晚上 8～9 时进行取食、活动。蛴螬有假死性和负趋光性，并对未腐熟的粪肥有趋性。当10 cm土温达5℃时开始上升土表，13～18℃时活动最盛，23℃以上则往深土中移动，至秋季土温下降到其活动适宜范围时，再移向土壤上层。

4. 防治方法

(1)加强田间管理。施用的农家肥应充分腐熟。施用碳酸氢铵、腐殖酸铵、氨水、氨化磷酸钙等化肥，所散发的氨气对蛴螬等地下害虫具有驱避作用。

(2)利用天敌。蛴螬有时可被大的寄生蜂寄生。细菌 *Bacillus* 属的几个种可感染蛴螬，通常称为“奶化病”。

(3)人工捕杀。定植后发现小苗被害可挖出土中的幼虫；利用成虫的假死性，在其停落的作物上捕捉或振落捕杀。可利用蛴螬的食性，进行食物诱捕；也可设置黑光灯诱杀成虫。还可捕获不同性别或信息素的成虫作为诱饵，也可直接用性诱剂来诱捕。

(4)药剂防治。①药剂拌种：以50%辛硫磷乳油为例拌种，辛硫磷、水、种子的比例为1∶50∶600。②毒土防治：毒土是用50%辛硫磷乳油每667 m^2 200～250 g，加水10倍喷于25～30 kg细土上拌匀制成。毒土顺垄条施、撒于种沟或地面，随即耕翻或混入厩肥中施用。③药剂灌根：在蛴螬发生较重的地块可以药液灌根，用80%敌百虫可溶性粉剂和25%西维因可湿性粉剂各800倍液灌根，每株150～250 g。

三、金针虫

金针虫又名铁丝虫、铁条虫、蛘虫，是叩头虫的幼虫，属鞘翅目叩甲科昆虫幼虫的总称。中国的主要种类有沟金针虫、细胸金针虫、褐纹金针虫、宽背金针虫等。

1. 为害状识别

金针虫咬食刚播下的种子，食害胚乳使其不能发芽。已发芽的种子，金针虫可以取食其幼芽。已出苗植株，金针虫可为害须根、主根和茎的地下部分，使幼苗枯死。在生长期间，金针虫可从根或地下茎上蛀洞或截断，在叶柄基部蛀洞或蛀入嫩心。上述为害会造成缺苗断垄，甚至已出苗的植株死亡。

2. 形态识别

(1)沟金针虫(图3-33)

成虫：栗褐色，密被金灰色细毛。头扁平，头顶三角形凹陷，密布刻点。雌虫体长14～17 mm，宽4～5 mm；雄虫体长14～18 mm，宽约3.5 mm。雄虫体细长，雌虫体扁平。雌虫前胸发达，前窄后宽，正中部有极细小的纵沟，背面呈半球形隆起，雄虫触角丝状12节，长可达鞘翅末端，鞘翅上的纵沟较明显，足细长，有后翅。

图3-33 沟金针虫

1. 雄成虫 2. 雌成虫 3. 卵 4. 幼虫 5. 蛹

卵：乳白色，椭圆形。长约0.7 mm，宽约0.6 mm。

幼虫：初孵时乳白色，头及尾部略带黄色，后渐变黄色。雌成虫体长14～17 mm，宽4.5 mm，较扁平；雄成虫长14～18 mm，宽约

3.5 mm；老熟幼虫体长 20～30 mm，细长筒形略扁，体节宽大于长。体金黄色，体壁坚硬光滑，具有黄色细毛。头部扁平，前头及口器暗褐色，上唇呈三叉状突起，胸、腹部背面中央呈一条细纵沟。尾端分叉，并稍向上弯曲，各叉内侧有 1 个小齿。

蛹：乳白色，长纺锤形。雌蛹长 16～22 mm，宽约 4.5 mm；雄蛹长 15～19 mm，宽约 3.5 mm。

(2)细胸金针虫

成虫：体长 8～9 mm，宽约 2.5 mm。体形细长扁平，头、胸部黑褐色，鞘翅、触角和足红褐色。触角红褐色，细短。前胸背板长稍大于宽，略呈圆形。鞘翅狭长，末端趋尖，每翅具 9 行纵列点刻。

幼虫：体长 23 mm，宽约 1.3 mm；体淡黄色、圆筒形，有光泽。尾节圆锥形，不分叉，背面近前缘两侧各有一个褐色圆斑，其后方有 4 条褐色纵纹。

3. 发生规律

沟金针虫在北方 3～4 年完成 1 代，幼虫期长，老熟幼虫于 8 月下旬到 16～20 cm 深的土层内作室化蛹，蛹期 12～20 d，成虫羽化后在原蛹室越冬，翌春开始活动，4～5 月为活动盛期，成虫在夜晚活动、交配，产卵于 3～7 cm 深的土层中，卵期 35 d，成虫具有假死性。

细胸金针虫，主要以幼虫在土壤中越冬，翌春平均气温在 0℃左右时开始活动，4～5 月 10 cm 土温达 7～13℃ 为害最重，成虫期较长，有世代重叠现象。

土壤温度主要影响金针虫的活动和为害，一般土壤温度达到 10℃时成、幼虫开始活动，土温 10～15℃时为害最为严重，土温高于 20℃或低于 10℃时幼虫到深土层越夏或越冬。土壤湿度主要影响金针虫种类的分布和发生量，沟金针虫和宽背金针虫较耐干旱，其适宜的土壤湿度为 15%～18%，但如表土过于潮湿，金针虫也向土壤深处转移，故浇水可暂时减轻金针虫为害。细胸金针虫和褐纹金针虫不耐干燥，要求土壤含水量 20%～25%，灌溉条件好的地块有利于其发生。

4. 防治方法

(1)加强棚室管理。精耕细作、合理施肥、合理间作或套作、合理轮作倒茬。清除杂草，减少食物来源。产卵化蛹期中耕除草，消灭虫源。

(2)人工诱杀。于成虫盛发期在田埂上堆放青草可诱集细胸金针虫，次日清晨捕杀；沟金针虫成虫有趋光性，可设置黑光灯诱杀成虫，减少田间卵量。

(3)生物防治。利用植物性农药如苦参碱等防治金针虫。也以利用昆虫病原微生物防治金针虫，寄生金针虫的真菌种类主要有白僵菌和绿僵菌。金针虫成虫出土后，可以利用性信息素诱杀。

(4)药剂防治。方法主要包括土壤处理、药剂拌种、根部灌药、撒施毒土、地面施药、植株喷粉、毒饵诱杀等。土壤处理可以用 50% 辛硫磷乳油 3～3.75 kg/hm^2，加水 10 倍，喷于 375～450 kg 细土上拌匀成毒土，顺垄条施，或撒于种沟或地面；或用 5%辛硫磷颗粒剂 15～75 g 拌细土 30 倍翻入土中。拌种可以用 50% 辛硫磷乳油 50 000 倍液拌种。灌根可选用 50% 辛硫磷乳油 1 000 倍液、90% 敌百虫 800 倍液、48% 毒死蜱乳油 1 000～2 000 倍液。毒饵诱杀可以用 50% 辛硫磷乳油 750～1 500 mL，拌饵料 45～60 kg，制成毒饵，22.5～37.5 kg/hm^2，撒于沟内。

四、地老虎

地老虎又名切根虫、夜盗虫、地蚕等。属于鳞翅目夜蛾科昆虫。对蔬菜生产造成危害大的种类有小地老虎、黄地老虎、大地老虎等。

1. 为害状识别

以幼虫危害幼苗为主。1～2 龄幼虫躲在杂草或心叶里，昼夜取食；3 龄后白天躲到表土下，夜间出来为害；5～6 龄食量增加，为害严重，将幼苗近地面的茎部咬断，有时还将断苗拖至穴里，幼苗斜立露在穴外，造成缺苗断垄，严重的甚至毁种。

2. 形态识别

(1)小地老虎(图 3-34)

成虫：体长 16～24 mm，翅展 42～54 mm，深褐色，前翅暗褐色，具有显著的肾状斑、环形纹、棒状纹和 2 个黑色楔状纹。在肾状纹外侧有一明显的尖端向外的楔形黑斑。在亚缘线上侧有 2 个尖端向内的楔形黑斑。雌虫触角丝状，雄虫栉状（端半部为丝状）。

卵：直径约 0.6 mm，半球形，表面有纵横交错的隆起线纹。初产时乳白色，孵化前为灰褐色。

幼虫：老熟幼虫体稍扁，长 37～50 mm，暗褐色。体表粗糙，布满龟裂状的皱纹和黑色小颗粒，背中央有 2 条淡褐色纵带。头部唇基形状为等边三角形。腹部 1～8 节背面有 4 个毛片，后方的 2 个较前方的 2 个要大 1 倍以上。腹部末节臀板有 2 条深褐色纵带。

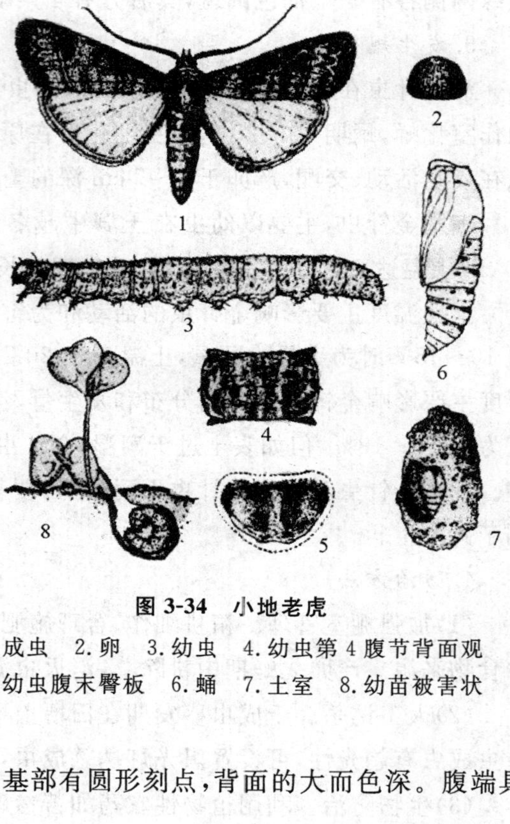

图 3-34　小地老虎

1. 成虫　2. 卵　3. 幼虫　4. 幼虫第 4 腹节背面观　5. 幼虫腹末臀板　6. 蛹　7. 土室　8. 幼苗被害状

蛹：体长 18～24 mm，暗褐色。腹部第4～7 节基部有圆形刻点，背面的大而色深。腹端具臀棘 1 对。

(2)黄地老虎

成虫：体长 14～19 mm，翅展 32～43 mm，灰褐至黄褐色。雌蛾触角丝状、雄蛾触角双栉齿状。额部具钝锥形突起，中央有一凹陷。前翅黄褐色，全面散布小褐点，各横线为双条曲线但多不明显，肾形纹、环状纹和楔状纹明显，且围有黑褐色细边，其余部分为黄褐色；后翅灰白色，半透明。

幼虫：体长 33～45 mm，头部黄褐色，体表光滑，体多皱纹而淡，臀板上有两块黄褐色大斑，中央断开，小黑点较多。

3.发生规律

(1)世代及年生活史 小地老虎1年1～7代,发生世代由南向北逐渐减少。在东北以老熟幼虫及蛹越冬,北方春季虫源来自南方,北方平原区3月下旬至4月下旬为成虫盛发期,宁夏、内蒙古等地4月下旬为成虫盛发期,卵期7～13 d,幼虫期30～40 d。以第1代幼虫对春播作物为害最重。

黄地老虎1年1～5代,在黑龙江、新疆北部1年2代,河北、内蒙古、陕西、甘肃的河西2～3代,黄淮地区3～4代,多以6龄老熟幼虫越冬。成虫发生期略晚于小地老虎,华北地区为4月下旬至5月上旬,新疆北部为5月中旬。第1代卵期5～9 d,幼虫期平均30 d,第1代为害较重。

(2)习性 地老虎成虫昼伏夜出,对糖蜜等酸甜气味有强烈的趋性;小地老虎对黑光灯趋性强,老熟幼虫有假死性。地老虎卵多产在5 cm以下杂草、残枝落叶、植株下部老叶和地表土块上。幼虫共6龄,1～2龄幼虫在杂草及作物幼苗顶心嫩叶处咬食叶肉成透明小孔,昼夜为害;3龄后扩散,白天潜伏在作物及杂草根部附近的表土下干、湿层之间,晚间出来为害,行动敏捷,并可自相残杀。3龄前食量较小,4龄后剧增,可咬断嫩茎,并将断茎拖入土中,6龄后抗触杀药剂能力极强。

(3)发生与环境条件关系 小地老虎喜温喜湿,温度为18～26℃,相对湿度为70%,土壤含水量20%左右时最适宜其发生和为害;壤土、粘壤土、沙壤土及管理粗放发生重。黄地老虎多发生于土壤含水量适宜、土质疏松的地块;灌水对减轻幼虫为害有重要作用。

4.防治方法

(1)除草灭虫。精耕细作,或在初龄幼虫期铲除杂草,可消灭部分虫、卵。

(2)诱杀成虫。用糖醋液或用甘薯、胡萝卜等发酵液诱杀成虫,或用黑光灯诱杀成虫。

(3)诱杀或捕杀幼虫。用泡桐叶或莴苣叶诱捕幼虫,于每日清晨到田间捕捉;对高龄幼虫也可在清晨到田间检查,如果发现有断苗,拨开附近的土块,进行捕杀。

(4)药剂防治。幼虫3龄前用喷雾、喷粉或撒毒土进行防治;3龄后,田间出现断苗,可用毒饵或毒草诱杀。喷雾用2.5%三氟氯氰菊酯乳油3 000～5 000倍液,或2.5%溴氰菊酯乳油2 000倍液,40.7%毒死蜱乳油1 000～2 000倍液喷于苗间及根际附近土壤;用50%辛硫磷乳油加细土配成1∶50的毒土,或50%敌敌畏加细沙配成1∶1 000的毒沙,每公顷用300～375 kg顺垄撒施幼苗根际附近,毒杀幼虫;用90%敌百虫0.5 kg,对水3～5 kg,喷于50 kg炒香的饵料(麦麸、米糠或切碎的鲜草)上拌匀制成毒饵,傍晚撒到幼苗根际附近,每隔1.5 m左右一小堆,每公顷用毒饵37.5～45 kg为宜。

五、其他地下害虫(表 3-7)

表 3-7 其他地下害虫

害虫	为害状	形态特征	发生规律	防治方法
网目拟地甲	成虫和幼虫为害蔬菜幼苗,取食嫩茎、嫩根,影响出苗,幼虫还能钻入根茎、块根和块茎内取食为害,造成幼苗枯萎,以致死亡。	成虫椭圆形,黑色略带褐色,一般鞘翅上都附有泥土,头部较扁,背面似铲状。前胸发达,前缘呈半月形。鞘翅近长方形。前、中、后足各有距2个。初孵幼虫乳白色;老熟体细长,深灰黄色,背板色深。腹部末节小,纺锤形。	在东北、华北地区年发生1代,以成虫在土中、土缝、洞穴和枯枝落叶下越冬。幼虫孵化后即在表土层取食幼苗嫩茎嫩根,6～7龄,具假死性。成虫羽化后多在蔬菜和杂草根部越夏,只能爬行,假死性特强。	提早播种或定植,错开害虫发生期;用5%喹硫磷颗粒剂拌种或喹硫磷喷洒或灌根处理
大蟋蟀	成虫和若虫均能为害蔬菜的茎、叶、果实和种子,有时也为害植物的根部。受害幼苗整株枯死;受害成苗被咬去顶芽,不能正常生长,甚至死亡。	成虫体长为45 mm左右,黄褐或深褐色。头圆形,较前胸宽。后足为跳跃足。雄虫发音器在前翅基部,听器在前足胫节上。雌虫产卵器管状,很长。卵圆筒形稍弯曲,浅黄色。若虫似成虫,体小,只有翅芽。	一年发生1代。以若虫在土穴内越冬。昼伏夜出,喜欢在疏松的沙土营造土穴而居。卵数十粒聚集产于卵室中,每一雌虫约产卵500粒以上,卵经15～30 d孵化。成、若虫白天潜伏洞穴内,洞口用松土掩盖,夜间拨开掩土出洞活动。	翻土取卵;青草诱杀;玉米粉毒饵诱杀。

任务实施

一、实施条件

(1)实施场所　蔬菜设施基地、多媒体实训室。

(2)仪器与用具　体视显微镜、解剖刀、镊子、酒精瓶、捕虫网、三角纸、毒瓶、各种杀虫剂、烟雾机、喷雾器、记载用具等。

(3)标本与材料　华北蝼蛄、东方蝼蛄、东北大黑鳃金龟、暗黑鳃金龟、铜绿丽金龟、沟金针虫、细胸金针虫、褐纹金针虫、宽背金针虫、小地老虎、黄地老虎、大地老虎等各虫态永久标本及破坏性(浸渍、针插)标本。

(4)其他　PPT、视频、影像资料、教材、相关图书、网上资源等。

二、实施方案

1. 地下害虫发生情况调查与识别

以小组为单位，采用挖土调查法调查地下害虫的发生情况，在设施内一般采用五点取样法，样点面积 50 cm×50 cm，深 80 cm。边挖土、边检查、边对照教材识别、边填写表 3-8。

表 3-8　地下害虫越冬种类、数量调查记载表

调查时间：　　　　棚室类型：　　　　调查面积：　　　　调查人：

样点	蝼蛄/头		蛴螬/头				金针虫/头			平均虫量/头/m²			
	华北蝼蛄	东方蝼蛄	大黑鳃金龟	暗黑鳃金龟	铜绿丽金龟	其他	沟金针虫	褐纹金针虫	细胸金针虫	蝼蛄	蛴螬	金针虫	备注
1													
2													
3													
4													
5													
总计													

填写上表后，根据以下防治指标判断是否需要防治。蛴螬类 2 头以上/m²、蝼蛄类 0.5 头以上/m²、金针虫类 5 头以上/m²、地老虎 0.5 头以上/m²时，或被害率达 5%应及时进行防治。

2. 综合防治实践

经小组集体讨论，查阅相关文献，从备用的各种杀虫剂中选出 1～2 种，制订防治方案（施药方法、施药面积、药剂浓度或剂量、施药次数、施药间隔期等），然后施药防治或用其他方法防治，调查防效。经过观察，有了较为明显地防治效果了，则小组提出验收申请，请老师和全班同学集体验收、考核。

3. 地下害虫形态观察

对基地内未发生的其他地下害虫，通过标本观察、多媒体课件、观看视频、查阅教材等方法，认识重要地下害虫的种类及其主要形态特征，并了解其发生发展规律，掌握各类地下害虫的综合防治方法。

任务考核

考核内容	考核标准	分值	得分	考核人
发生情况调查与识别	调查方法准确，操作熟练，害虫判断准确。数据统计正确	30分		教师
综合防治实践	防治方法正确，操作熟练，防治效果明显	30分		师生共评
地下害虫形态观察	观察认真，认识种类多	30分		教师
团队协作	小组成员间团结协作	5分		组内互评
职业素质	责任心强，学习主动、认真、方法多样	5分		组内互评

项目二

花卉病虫害的诊断与防治

项目目标

依据设施花卉生产上常见病害症状表现及在设施中的发病特点和病原物观察，能够对病害做出正确诊断；根据其发病规律制订出合理的综合防治方案并实施；依据设施花卉生产上常见害虫形态特征与为害状，能够识别出害虫种类；根据其生活习性制订出合理的综合防治方案并实施。

项目案例

没有调查就没有发言权

农科院经销农药的王经理电话相邀，甭问，肯定又是病害诊断。刚到他的门店，王经理即刻递给我两片菊花叶，“这是我院一职工在本楼后面的大棚里栽培的菊花，叶片正面正常，背面色泽暗淡，边缘向上卷曲。我分别请教了花卉所和土肥所的两位专家，一个说像缺素症，一个说是是由于气温较高，水分大量蒸发所致，反正不像侵染性病害。”我一边仔细察看叶片，一边思考，这种症状，以前见过没？如果是缺素症，缺什么？我的脑海里还没有这种症状的缺素症。如果是失水所致，为什么叶片背面色泽暗淡？同时，叶片已摘下5、6 h，有些干缩了，不再是真实面目，我一时难下结论，只好说“咱还是到大棚里看看吧”。来到花棚，首先映入我眼帘的是，整片菊花还算正常，只是在有的植株上部个别叶片边缘向上卷曲。我寻找并仔细翻看着这些症状典型的菊花叶片，忽然，在一片“病叶”背面，发现两头蓟马在奔跑，难道是蓟马为害所致？再继续观察其他的“病叶”，也都发现了蓟马。结论亦不言而喻。

事后，我有两个感慨：一个是，这次出诊又一次验证了人们常说的那句话——“没有调查就没有发言权”；一个是，这两年我眼睛已老花，今天竟然还能看清体长1 mm多的蓟马在奔跑，可以说是喜出望外。

工作任务1 花卉真菌病害的诊断与防治

任务提要

通过到设施花卉基地现场教学，认识花卉生产中所见到的真菌病害，学会现场诊断方法，能根据其发病规律，制订合理的综合防治方案并实施、检验。对基地内未发生的真菌病害，通过实训室里的病害标本观察、病原观察、多媒体教学、教材与网络查询等方法学习。

知识准备

一、花卉白粉病类

白粉病是设施花卉上发生很普遍的病害，许多切花及观赏植物都有白粉病。但球茎、鳞茎、兰花等类花卉，以及角质层、蜡质厚的花卉如山茶、杜鹃等，白粉病发生很少。

1.症状识别

白粉病主要危害叶片，也侵染叶柄、花器、嫩茎等部位。初期叶片正面出现白色的小粉斑，逐渐扩大成为近圆形的白粉斑，病重时病斑连接成片，整个植株布满白粉层。叶片褪绿、枯黄。花芽常常枯死，花蕾不开放或花朵小，畸形。发病后期白粉层变为灰白色，其上着生黑色的小点粒，即闭囊壳。

2.病原识别

引起设施植物白粉病的常见病原菌是白粉病属、单囊壳属、内丝白粉病菌属、叉丝壳属、叉丝单囊壳属、球针壳属等。

蔷薇白粉病菌可侵染月季、玫瑰、蔷薇、桃花等苗。凤仙花白粉病菌可侵染凤仙花、百日草、波斯菊、大金鸡菊、三色堇、木槿、玫瑰、瓜类等。菊花白粉病菌可侵染紫藤、枸杞、凌霄、福禄考、风铃草、美女樱、飞燕草、蜀葵、菊花、瓜叶菊、金盏菊、百日草、非洲菊、金光菊、大丽花、向日葵等。山楂白粉病菌可侵染山楂、榆叶梅、麻叶绣线菊、中华绣线菊等。

白粉病为专性寄生菌，体表寄生，菌丝体只附着在植物体表，靠菌丝上产生的吸器伸入寄主细胞内吸收营养。

3.发病规律

多以菌丝或闭囊壳在芽中或病叶、枝上越冬，分生孢子借助风、雨传播，侵染叶片和新梢。生长季节可发生多次重复侵染。温室栽培时该病周年均发生，是露地栽培的初侵染源。氮肥过多，栽植过密，光照不足，通风不良发病重；灌水方式、时间均影响发病，滴灌和白天浇水能抑制病害的发生。

4.防治方法

防治白粉病主要采取消灭初侵染源和化学防治相结合的方法。

(1)防治减少侵染来源。注意温室卫生，及时清除病叶及病残体；对长期培育花卉的温室，在播种或定植前2～3 d，用硫黄熏蒸，能有效地防治白粉病菌。具体做法是：每100 m^3温室用硫黄0.25 kg，锯末0.5 kg，分别装在几个花盆内，分几处点燃，密封一夜即可。

(2)改善环境条件。通风透光，降低温室中的温湿度，也可减少病害的发生。

(3)药剂防治。发病初期用药剂喷雾防治。可选用25%三唑酮可湿性粉剂2 000倍液、12.5%烯唑醇可湿性粉剂2 000～3 000倍液、40%福星乳剂6 000～8 000倍液或10%世高可湿性粉剂1 500倍液等。

二、花卉灰霉病类

花卉灰霉病是花卉生产中的常见与多发病害之一，可为害50种以上的草本、木本花卉，如丽格海棠、仙客来、瓜叶菊、蝴蝶兰、一品红、牡丹、翠菊、山茶、菊花、秋海棠、大丽花、天竺葵、唐菖蒲等。灰霉病为害花卉叶片、花、花梗、叶柄以及嫩茎，也为害果实。灰霉病在花卉的生长季节经常发生，尤其在冬春棚室内的花卉生长期间，病菌可以侵染植株地上任何部分。如果栽培管理粗放，更有利于该病的发生和流行，严重时可引起大量落花、落叶，影响开花，降低观赏价值，对花卉品质和产量造成很大危害。灰霉病可以防治，但防治往往又比较困难，主要是病原菌的来源太多，有时防不胜防。

有关内容参见茄科蔬菜灰霉病。

三、花卉疫病类

疫病是花卉常见病害之一，金鱼草、百合、菊花、紫罗兰、君子兰、长春花、一串红等花卉上均可发生。花卉疫病在我国各地均有发生，以南方发病较重。花卉各部位都会受害，以根茎部受害最为严重。由于病害的潜育期短，侵染后短期内会产生大量孢子，再侵染次数多，在生长季内病菌迅速发展。受害后植株组织很快腐烂。花卉疫病破坏性强、防治难，防治不利会对花卉生产造成严重损失。

有关内容参见茄科蔬菜疫病。

四、花卉锈病类

锈病是设施花卉常见的重要病害之一，由于此病在病部产生大量锈状物而得名。锈病能为害玫瑰、月季、蔷薇、牡丹、杜鹃、菊花、萱草、金银花等多种花卉。严重影响生长和发育，降低观赏价值。

有关内容参见豆科蔬菜锈病。

五、花卉霜霉病类

霜霉病是由真菌中的霜霉菌引起的植物病害。霜霉菌属真菌门鞭毛菌亚门卵菌纲、霜霉目霜霉科，是专性寄生菌，极少数的霜霉菌可人工培养。霜霉病发生在设施植物花卉上，绝大多数都是发生在草本植物上，极少数发生在木本植物上。此病从幼苗到收获各阶段均可发生，以成株受害较重。主要为害叶片。发病期在叶面形成多角形病斑，温室内空气潮湿时叶背产生霜状霉层。

有关内容参见葫芦科蔬菜霜霉病。

六、花卉炭疽病类

炭疽病是花卉上常发病害之一，草木花卉、木本花卉等都常发生炭疽病。可以说在花卉病害中，炭疽病的发病率是很高的，危害也较重。如吉祥草、麦冬、萱草、金盏菊、菊花、鸡冠花、山茶、米兰、苏铁、桂花、兰花、君子兰、玉簪、万年青、橡皮树、仙人掌等，都经常发生炭疽病。炭疽病主要危害叶片或嫩茎，降低观赏性。

1. 症状识别

花卉发生炭疽病时，常侵染根以外的所有部位。种子、种球、鳞茎发病，造成种子、幼苗或鳞茎腐烂，苗木不能出土；出土的子叶上出现病斑，光合作用受抑，苗木瘦弱或病死。百合等鳞片染病时，生浅褐色斑，后变成黑褐色，略凹陷，造成花芽败育，不能开花；种苗期的炭疽病，常造成缺苗断垅，该病还危害茎、枝和花果。危害花时，如火鹤佛焰苞花序腐烂。危害果实的如佛手染病后，佛手上则现不规则形果斑。

大多数炭疽病都危害叶片，引起叶斑。山茶炭疽病发病初期，叶片上出现水渍状小病斑，逐渐扩大成赤褐色或褐色大病斑，近圆形。后期病斑中部变为灰白色，边缘为褐色。鹅掌柴、橡皮树、球兰、龙舌兰炭疽病病斑呈灰白色，叶斑凹陷或不明显，具明显的深色边缘，上生分布不均匀的黑色小粒点。牡丹、栀子花、肉桂、茉莉花、鸡冠花炭疽病病斑红褐色。中国兰、蝴蝶兰、兜兰等发生炭疽病后，产生近圆形或长条形褐斑，与健部分界的云纹状边缘较深且较宽，发生在叶尖时常造成叶尖枯斑。上述各种花木炭疽病尽管形状、颜色不完全相同，但一个共同特点是斑上后期病菌的分生孢子盘成熟后产生同心轮纹状或散生的黑色小粒点或溢出赭红色黏分生孢子团。

2. 病原识别(图 3-35)

把病部黑色小粒点做切片放在显微镜下镜检，可见分生孢子盘和分生孢子及附着孢的形态，即是该病的病原。系半知菌亚门黑盘孢目中毛盘孢属、盘圆孢属等的几种真菌。

3. 发病规律

炭疽菌以分生孢子盘在花卉病株上或随病落叶进入土壤越冬，条件适宜时，病菌在病部产生大量分生孢子，借风雨或淋水溅射传播，从伤口或直接侵入。分生孢子萌发适温 20～25℃，相对湿度要求高于 80%，适应 pH 3～11，pH 4～8 发芽率最高。花木生长在湿气滞留环境下或施氮过多、植株瘦弱致植株细胞间隙大，有利于病菌的侵入，经过数天潜育，在植株进入开花、结果期养分供应不足或抗病性能减弱时常引起发病。该病具潜伏浸染的特性，有时侵入后一直不发病，在植株衰弱时才显症。

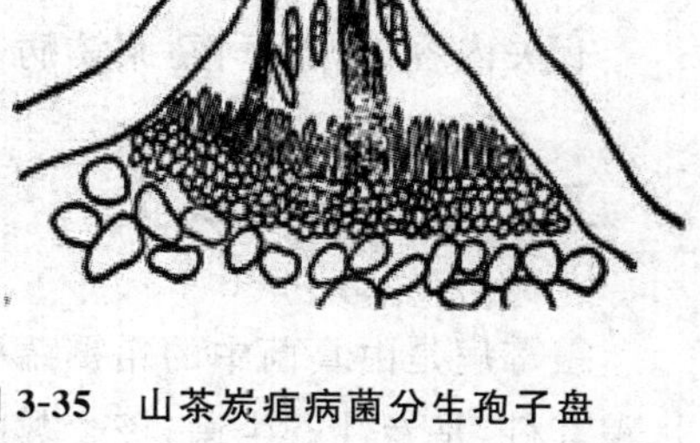

图 3-35　山茶炭疽病菌分生孢子盘

4. 防治方法

(1)种子带菌时，可用 50℃温水浸种 20 min 或

55℃温水浸10 min,捞出晾干后播种。也可用50%多菌灵可湿性粉剂500倍液浸种1 h,消灭种子表面的病菌。

(2)减少侵染来源。及时清除病叶、枯枝,刮除主干上的溃疡斑,伤口应涂杀菌剂消毒。

(3)加强栽培管理,改善环境条件。栽培管理操作时,尽量避免造成伤口,减少病菌侵入机会;栽植的基物要肥沃,排水良好,土壤应选壤土;棚室应设在半阴的通风处;增施有机肥及磷、钾肥。据国外报道,施用鱼杂肥能减少该病发生。

(4)药剂防治。发病初期,喷洒25%炭特灵可湿性粉剂500倍液,或80%炭疽福美可湿性粉剂500～600倍液。或50%苯菌灵可湿性粉剂1 000倍液,或50%施保功可湿性粉剂1 000倍液。

七、花卉叶斑病类

叶斑病是温室大棚花卉常见病害,是叶组织受到局部侵染导致各种形状斑点病的总称。叶斑病种类很多,可依据病斑的色泽、形状、大小、质地、有无轮纹的形成等因素,又分为黑斑病、褐斑病、圆斑病、角斑病、斑枯病、轮斑病等种类。叶斑上往往着生有各种点粒或霉层。

(一)月季黑斑病

1.症状识别

月季黑斑病是室内盆栽和温室栽培的常发病害。受害植株叶片枯黄、早落使月季呈"光杆"状,并严重削弱树势,影响观赏和切花产量。

该病以为害叶片为主,其次是叶柄、叶梢、幼嫩枝和花梗。叶上病斑发生初期为紫褐色至褐色小斑点,后扩展成直径0.15～1.0 cm不等的圆斑,病斑黑色或深褐色,边缘呈放射状,这是该病的特征性症状。后期,病斑中央组织变为灰白色,其上着生许多黑色小点粒,即为病原菌的分生孢子盘。有的月季品种病斑周围组织变黄,在黄色组织上与病斑之间有一圈绿色组织,称为"绿岛"。

2.病原识别(图3-36)

病原菌是蔷薇放线孢菌,属半知菌亚门黑盘孢目放线孢属或盘二孢属。

3.发病规律

温室栽培以分生孢子和菌丝体在病部越冬。分生孢子由雨水、浇灌水的喷溅传播。分生孢子由表皮直接侵入,叶片上只要有水滴,分生孢子短时间内就可萌发入侵,潜育期一般为7～10 d,在22～30℃及适宜条件下,潜育期最短为3～4 d。接种15 d后产生子实体,病菌在生长季节有多次再侵染。一般来说,雨后闷热,通风透气不良或人为造成的高湿条件,均利于发病。

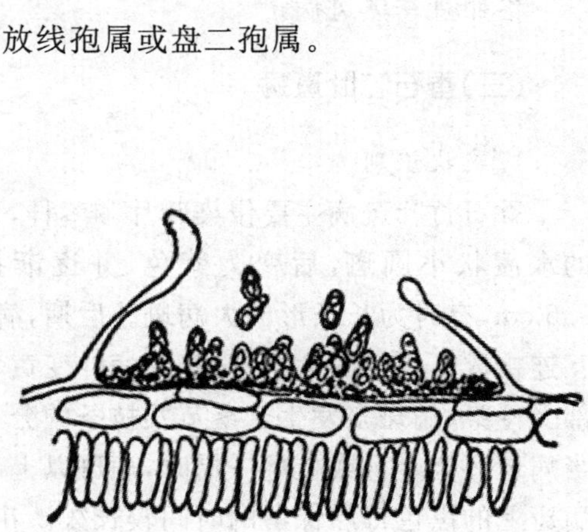

图3-36 月季黑斑病菌分生孢子盘

所有的月季栽培品种均可受侵染,但抗病性有明显差异。品种的抗病性与叶片厚薄、表面光泽度有关。黄色花品种比红色花品种较易感病。此外，枝条直立和半张开的以及保留野生性状的品种多数较抗病。

4. 防治方法

(1)改善环境条件，控制病害发生。灌水最好用滴灌、沟灌或沿盆边浇水，降低棚内湿度，注意放风排湿，改善通风透气性能。增施有机肥和磷、钾肥，氮肥要适量，使植株生长健壮，提高抗病性。

(2)药剂防治。对已发病的植株应选择具保护和治疗作用的杀菌剂及混剂进行防治，可选用 50% 多菌灵可湿性粉剂 600 倍液、70% 甲基硫菌灵可湿性粉剂 1 000 倍液、70% 百菌清可湿性粉剂 6 000 倍液或 50% 绿亨 2 号 1 500 倍液进行喷雾杀菌。温室也可选用 45% 百菌清烟剂熏烟，用量每 667 m^2 施 0.25 kg，或喷撒 5% 百菌清粉尘剂，每 667 m^2 用 1 kg，隔 7～9 d 喷 1 次，连续 2 次或 3 次。

(二)杜鹃褐斑病

1. 症状识别

杜鹃褐斑病又称杜鹃叶斑病、角斑病，是杜鹃上常见的重要病害之一。杜鹃褐斑病主要侵染叶片。发病初期，叶片上出现红褐色小斑点，逐渐扩展成为圆形病斑或扩展受叶脉的限制形成不规则的多角形病斑。病斑黑褐色，直径 0.1～0.5 cm。后期，病斑中央组织变为灰白色。病斑正面色泽深，而叶斑背面色泽较浅。发病严重时病斑相互连接，导致叶片枯黄、早落。在潮湿环境条件下，叶斑正面着生许多褐色的小霉点，即病原菌的分生孢子盘及分生孢子。

2. 病原识别

病原菌为杜鹃尾孢菌，属半知菌亚门丝孢纲丛梗孢目尾孢属。

3. 发病规律

温室杜鹃全年均可发病。分生孢子由雨水气流传播；遇水萌发产生芽管，自伤口侵入叶片。温室内高温高湿情况下发病较重。生长衰弱、灼伤、虫害、冻伤及人为损伤处易发病。品种间抗病性有差异，西洋杜鹃相对发病较重。

4. 防治方法

参照月季黑斑病。

(三)香石竹叶斑病

1. 症状识别

香石竹叶斑病主要侵染叶片和茎秆，也可侵染花蕾和花朵。发病初期，叶片上出现淡绿色的水渍状小圆斑，后变为紫色，并逐渐扩大成为圆形、椭圆形或半圆形病斑，直径 0.4～0.5 cm，有时为长条形的大病斑。后期，病斑中央部位变为灰白色，边缘褐色。严重时，病斑相互连接成不规则的大病斑，整片病叶变黄、枯死，扭曲干枯的叶片倒挂在茎干上不脱落。茎秆部受侵染，病斑多发生于茎节及枝条的分叉处，或摘芽产生的伤口处，呈灰褐色，形状不规则。当病斑环绕茎秆或枝条一周时，病斑以上部分枯死，并呈褐色干腐，形成所谓“枝枯症”。茎秆病斑上的黑色霉层保留的时间较长久。花梗染病，可使花蕾枯死，萼片染病，病斑呈黄褐色水渍状椭圆形斑，花瓣受侵染出现褐色水渍状椭圆形病斑。病斑多时花朵不开放或形成畸形花。潮湿条件下，所有发病部位都可出现黑色霉层。

2.病原识别(图 3-37)

香石竹链格孢菌,属半知菌亚门丝孢纲丛梗孢目链格孢属。

3.发病规律

病菌以菌丝体和分生孢子在土壤中的病残体上越冬,温室栽培的香石竹在高温情况下可周年发病。老叶容易发病;连作发病重。组培苗比扦插苗抗病。不同香石竹品种间抗病性有差异,一般草体柔软,叶形宽大的大花品种较感病,北京的细叶小花品种较抗病。

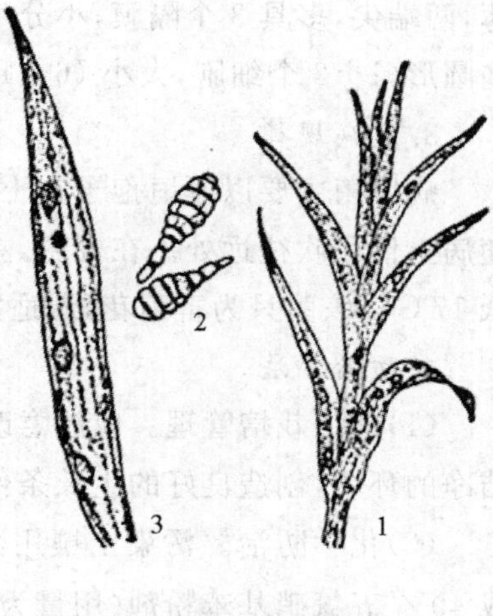

图 3-37　香石竹叶斑病

1,3.症状图　2.分生孢子

4.防治方法

(1)减少侵染来源。清除种植场中的病残体;有病土壤进行高温处理或用甲醛液处理;实行 2 年以上的轮作。

(2)选用抗病品种。

(3)加强栽培管理,改善环境条件。选择无病插条或使用组培苗;采用瓦筒栽培方式育苗;注意通风、透光,温室应保持良好的通风状况,黄昏前通风很重要。

(4)药剂防治。插条在扦插前用 10% 抗菌剂 401 乳油 1 000 倍液浸泡 30 min。从发病初期开始喷药,摘芽、切花之后应立即喷药保护,可选用 75% 百菌清可湿性粉剂 500～800 倍液、50% 扑海因可湿性粉剂 1 500 倍液、10% 大福丹 400 倍液、10% 多抗霉素可湿性粉剂 1 000～1 500 倍液、50%腐霉利可湿性粉剂 1 000～1 500 倍液或 1∶1∶200 的波尔多液。每隔 10 d 喷 1 次,连喷 3～4 次,可控制病害的发展。要注意不同类型药剂的交替使用。

八、花卉枯、黄萎病类

枯萎病与黄萎病都属于维管束病害,其共同的症状特点是发病后植株萎蔫,剖检病株叶柄和茎,可见维管束变色,一般枯萎病变色较深,而黄萎病变色较浅。

(一)菊花枯萎病

1.症状识别

菊花枯萎病是菊花的重要病害之一。该病发病率不高,但危害大,植株遭此病侵染后,很快萎蔫枯死。植株受害后,生长缓慢,缺乏生气,叶片自下而上失绿黄化,最后整株叶片黄化枯萎。发现叶片失绿黄化时,检查茎秆,可发现维管束呈褐色,表皮处有黑色条纹出现。仔细观察植株基部茎秆可见微肿变褐,表皮粗糙,间有裂缝,湿度大时可见白色霉状物,即病菌菌丝和分生孢子。若将病茎横切或纵切,可见维管束变褐色或黑褐色。向上扩展枝条的维管束也逐渐变成淡褐色。根部被感染后,也变黑腐烂,向下扩展致根部外皮坏死或变黑腐烂。也可将植株脱盆,可以看到被病菌感染的根部变黑腐烂。

2.病原识别

菊花真菌性枯萎病病原菌为菊花尖镰孢菌菊花专化型,属半知菌亚门真菌。在 PDA 培养基上气生菌丝茂盛,絮状,菌丛背面浅紫色至紫色,个别白色。大分生孢子纺锤形或镰刀形,壁薄，两端尖，多具3个隔膜，小分生孢子生于单柄梗或较短的分生孢子梗上，数量很多，肾形至椭圆形，1～2个细胞，大小(6～14) μm×(2.7～3.6) μm，厚壁孢子球形至椭圆形。

3.发病规律

病原菌主要以厚垣孢子在土中越冬，或进行较长时间的腐生生活。可通过土壤传播，也可随病土借风吹往远处。在棚内，主要通过灌溉水传播。病菌发育适温24～28℃，最高37℃，最低17℃。该菌只为害菊花，遇适宜发病条件病程2周即出现死株。

4.防治方法

(1)加强栽培管理。应注意改善易产生病害的环境因素，控制植株密度，以便于通风，营造洁净的环境，创造良好的生长条件。

(2)化学防治。污染土壤用药剂消毒，可选用福尔马林0.05 L/m² mL加水6～12 L稀释或40%五氯硝基苯粉剂(用量为土重的0.2%)或氯化苦(0.06～0.12 kg/m²)。一旦发病也可选用50%多菌灵可湿性粉剂500倍液或40%多硫悬浮剂600倍液、50%琥胶肥酸铜可湿性粉剂400倍液、50%田安水剂500～600倍液、20%甲基立枯磷乳油1 000倍液，每株灌0.4～0.5 L。视病情连续灌2～3次。

(二)菊花黄萎病

1.症状识别

菊花黄萎病发生普遍，植株感染黄萎病病菌后，最初植株基部叶片边缘出现失绿及枯萎症状，病斑逐渐扩展到整个叶片，继而变黄枯死。病征由基部沿茎向上扩展，直至全株叶片枯萎，植株矮缩。

2.病原识别

病原主要为大丽花轮枝孢，属半知菌类真菌。菌丝体白色，分生孢子梗直立，长110～130 μm，呈轮状分枝，每轮3～4个分枝，分枝大小(13.7～21.4) μm×(2.3～9.1) μm，轮枝顶端或顶枝着生分生孢子，分生孢子长卵圆形，单胞无色，大小(2.3～9.1) μm×(1.5～30) μm，孢壁增厚形成黑褐色的厚垣孢子，许多厚壁细胞结合成近球形微菌核，大小30～50 μm。

3.发病规律

病菌在土壤中或病残体上存活多年，通过根侵入到维管束组织。受害插条也是重要初侵染源，通过根接触，菌丝在土壤中生长。分生孢子借风雨扩散进行传播，有时可见到分生孢子在受害茎上生长。品种间抗病性有差异。植株生长旺盛时发病缓慢，当植株进入开花阶段发育花芽时，病害扩展较快。

4.防治方法

(1)繁殖菊花苗木的土壤进行热处理或化学药剂处理，可选用40%五氯硝基苯粉剂3.5～5 g与0.1 m³的细土拌和，杀灭土壤中的病菌。

(2)从健株上选取无病插条，扦插时，提倡使用ABT生根粉，使插条尽快成活，缩短插条在土壤中的时间，可减少发病。发病初期施用50%多菌灵可湿性粉剂500倍液或50%甲基硫菌灵·硫黄悬浮剂800倍液、10%治萎灵水剂300倍液、12.5%增效多菌灵浓可溶剂300倍液、50%溶菌灵可湿性粉剂800倍液、50%杀菌王(氯溴异氰脲酸)水溶性粉剂1 000倍液。

九、花卉叶畸形类

叶畸形病主要发生在木本观赏植物上。该类病害数量不多，但病原物侵染寄主的绿色部位，引起早落叶、早落果。发病严重时引起枝条的枯死，削弱树势，容易遭受低温的危害。叶畸形主要是由子囊菌及担子菌亚门中的外担子菌引起。症状明显，一般情况下，病原菌侵入寄主后刺激寄主组织增生，使叶片肿大、加厚、皱缩，果实肿大、中空呈囊果状物。

下面以杜鹃花叶肿病为例介绍。

1. 症状识别

杜鹃花叶肿病危害杜鹃花和杜鹃花属的多种植物，对杜鹃花苗的危害较重。对杜鹃花嫩枝、梢、叶片、幼芽和花均有危害。叶片受害后边缘或全叶肿大肥厚，随后形成瘤状或半球状肉质菌瘿，呈黄褐色至红褐色，表面生有一层白色粉状物。嫩枝受害后亦肿大增粗成肉质菌瘿，影响抽梢。花受害后，花瓣增厚变硬呈肉质或蜡质瘤，不能开花。后期，菌瘿变褐，枯萎脱落，病芽、病花均枯死。

2. 病原识别（图 3-38）

病原为日本外担子菌，隶属担子菌亚门层菌纲外担菌目外担子菌科外担子菌属真菌。

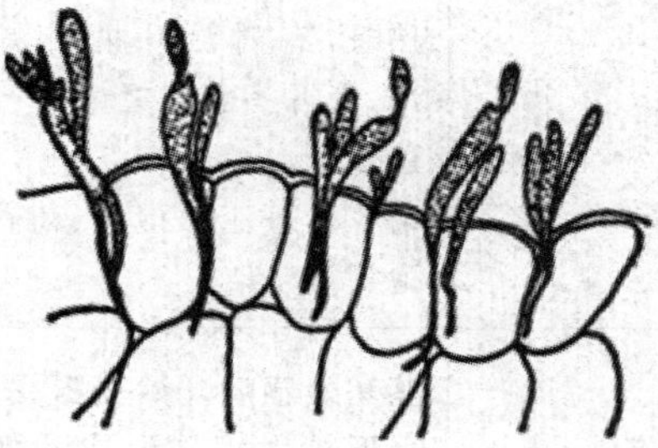
图 3-38 杜鹃花叶肿病菌担子及担孢子

3. 发病规律

以菌丝体在病残体上越冬，翌年随气温上升，即开始产生担孢子。传播危害，侵染幼叶、嫩梢或花瓣。低温高湿病害容易发生。湿度大、气温低、通风差有利于该病的发生和蔓延。

4. 防治方法

杜鹃花叶肿病的发生与杜鹃花品种有关，叶片薄的春鹃较叶片厚的夏鹃、西洋鹃易得病，因此在种植上宜选用抗病品种，并提高通风透光性；在瘿瘤部产生霉粉前，及时摘除感病叶片及枝条，并集中销毁；在杜鹃花抽梢期选用 65% 代森锰锌可湿性粉剂 600 倍液或 200 倍等量式波尔多液或 70% 甲基托布津可湿性粉剂 1 000 倍液喷雾防治。

十、花卉其他真菌病害（表 3-9）

表 3-9 花卉其他真菌病害

病 名	症状及病原	发病规律	防治方法
水仙基腐病	病初根部或鳞片开始烂腐，后沿鳞片迅速向上扩展，病部组织呈褐色至紫褐色，最后呈干腐状。叶片自上部失绿呈黄色，后变黄白色。湿度大时，病部长出白色至粉白色霉层。 尖孢镰孢水仙专化型，属半知菌亚门。	菌丝体在病鳞茎中越夏或越冬，也可以菌丝和厚垣孢子随病残体在土壤中越冬。气温高于 10℃，厚垣孢子开始萌发，可直接侵入。植株伤口多易发病。多雨潮湿，氮肥过多都利于病害发生。	选用饱满无病的种球；用福尔马林、多菌灵或代森锌或浸泡种球。

续表 3-9

病 名	症状及病原	发病规律	防治方法
巴西铁树萎蔫病	被害植株呈失水萎蔫状，拔起病株可见其根系全部变黑，根、茎基部亦呈褐色坏死，病、健部交界处则呈褪绿色水渍状。 尖镰刀孢菌与腐霉属、疫霉属等真菌复合侵染。	土壤习居菌，带菌土壤成为病害的主要侵染源。病菌借流水、灌溉水传播，从伤口或孔口侵入。温暖或日暖夜凉、湿度大的环境有利发病。	参考菊花枯萎病防治技术。
菊花花腐病	花芽染病变成深褐色至黑色，随之腐烂，腐烂斑沿花梗扩展造成花芽脱落。花瓣早期染病一侧受侵染，造成花冠畸形，花瓣变为褐色或棕褐色。花梗染病变黑软化，造成花冠下垂。叶片染病生不规则形黑斑，有时沿叶柄扩展到茎部，受害茎上现 2～3 cm 长黑色条斑。 菊花黑斑亚隔孢壳、菊花壳二孢复合侵染。	随病残体越冬，子囊孢子借气流传播，分生孢子主要借淋水溅射传播。分生孢子器发育适温为 27℃和潮湿的条件，而子囊壳发育适温 21℃，喜低温，该病扩展迅速，可在短时间内致花腐烂。	严格检查插条、切花、种子和花苗，带菌的材料要立即处理；及时清除病花、病株；控制温室温湿度；用百菌清烟剂熏烟。
菊花菌核性茎腐病	茎基处感病开始变深褐色，向上下扩大为梭形或不规则形斑块，水渍状腐烂。在潮湿时茎表面出现绒状白色菌丝，病斑绕茎基一圈时，叶片失去光泽，黄化下垂，从而导致植株萎蔫干枯。把病茎纵长劈开，通常可见大量菌核。 核盘核菌，属半知菌亚门。	以脱落在土表中的菌核越冬。当温度在 20℃左右，相对湿度在 85%以上时，对病菌发育最有利。随风雨吹溅传播，以伤口侵入为主。土壤连作发病重。	菌核形成前即要除去。清除土壤中的残枝败叶；使用蒸汽或氯硝胺、苯来特等进行土壤消毒。
月季枝枯病	病初枝干上出现淡黄色或浅红色的斑点，后扩大为不规则形的褐色斑。后期病斑边缘部分凸出于周边组织，中部灰白凹陷，表皮开裂，在溃疡斑上产生针突状黑点。若溃疡斑环绕茎部一周，则使病部以上枝叶枯死。 伏壳盾壳霉，属半知菌亚门。	以分生孢子器或菌丝体在病组织中越冬。借风雨传播，从伤口侵入。管理不良，修剪过度的植株发病较重。高温干旱枝枯病最严重。	及时修剪病枯枝烧毁，剪口用波尔多浆涂抹；喷退菌特、多菌灵、苯来特。

任务实施

一、实施条件

(1)实施场所　设施花卉基地、多媒体实训室。

(2)仪器与用具　显微镜、载玻片、盖玻片、蒸馏水、台纸、记录本、挑针、放大镜、镊子、各种杀菌剂、喷雾器等。

(3)材料　有关的挂图、腊叶标本、瓶装浸渍标本及本地新鲜标本(百合疫病、金鱼草疫病、月季霜霉病、紫罗兰霜霉病、玫瑰锈病、米兰炭疽病、苏铁炭疽病、月季黑斑病、香石竹叶斑病、菊花褐斑病、仙客来灰霉病、瓜叶菊白粉病、月季白粉病、幼苗猝倒病等)。

(4)其他　教材、PPT、视频、影像资料、网上资源等。

二、实施方案

1.设施花卉真菌病害症状识别

在花卉设施基地教学现场,以小组为单位,寻找典型症状的发病植株,仔细观察发病部位的病状如病斑的大小、形状、颜色等,同时更要注意观察病斑上有无病征表现?如果能见到,属于絮状物、霉状物、粉状物、点状物、锈状物的哪一种?然后对照教材或参考读物对病害做出诊断。同时,采集病害标本用于实训室内病原观察,或压制成腊叶标本用于今后教学。

2.设施花卉真菌病害防治

对确诊的真菌性病害,各小组先讨论制订化学防治方案,包括用药品种、施药方法、施药面积、药剂浓度或剂量、施药次数、施药间隔期等,然后进行实际操作,并做好详细记录。经过观察,有了较为明显的防治效果(一般在防治1周后),则小组提出验收申请,请老师和全班同学集体验收、考核。

3.花卉真菌病害症状与病原观察

对照教材,观察所供各种花卉真菌性病害标本的典型症状,描述病斑的大小、形状、颜色等,同时注意观察病斑上有无病征表现。

用挑针分别挑取供试标本的病部病原物制成临时玻片,在显微镜下观察病原菌的形态。对在教学现场不能确诊的病害,进行病原诊断。

任务考核

考核内容	考核标准	分值	得分	考核人
设施花卉真菌病害症状识别	找到与采集的发病植株症状典型,诊断正确	30分		教师
设施花卉真菌病害防治	防治方法正确,操作熟练,防治效果明显	30分		师生共评

续表

考核内容	考核标准	分值	得分	考核人
花卉真菌病害症状与病原观察	制作病原临时玻片熟练,症状与病原观察认真	30分		教师
团队协作	小组成员间团结协作	5		组内互评
方法能力	观察认真,态度端正	5		组内互评

工作任务2　花卉细菌、病毒、线虫类病害的诊断与防治

任务提要

通过到设施花卉基地现场教学,认识花卉生产中所见到的细菌、病毒、线虫类病害,学会现场诊断方法,能根据其发病规律,制订合理的综合防治方案并实施、检验。对基地内未发生的细菌、病毒、线虫类病害,通过实训室里的病害标本观察、病原观察、多媒体教学、教材与网络查询等方法学习。

知识准备

一、花卉细菌病害

(一)仙客来细菌性软腐病

1.症状识别

仙客来栽培区均有发生,危害花梗、叶柄,并使块茎腐烂,大大降低其经济、观赏价值,是仙客来的主要病害之一。近地表处的叶柄、花梗先发病。病部初呈水渍状,暗绿色,后发黄渐变褐软腐。病斑向上或向下扩展,纵剖病叶柄或花梗,维管束已变褐或黑褐色。病菌扩展到球茎后,致球茎内部腐败,产生白色黏稠的糊状物,并散发出恶臭味,造成全株萎蔫枯死。

2.病原识别

由欧文氏菌属中的胡萝卜软腐欧文氏菌和海芋欧氏杆菌侵染所致。

3.发病规律

温室中盆栽植株全年都可发病。病菌靠流水、昆虫及病健叶接触传播,从伤口侵入,侵入后几天即可发病。生长季节能进行多次再侵染,一般发生在6～9月。高温多雨、植株伤口多易发病,多湿发病重。但冬季如果湿度过高,长时间超过20℃,作业时碰伤植株,亦常发病。温室内早春即可发病。

4.防治方法

(1)发现病株及时清除,集中烧毁。田间或盆土用生石灰消毒或用热处理消毒。接触过病株的用具要用0.1%高锰酸钾或75%酒精消毒后再用。

(2)移栽时要防止人为及地下害虫为害造成的伤口。增施磷钾肥,加强通风。浇水也要小心操作,避免飞溅传播,仙客来休眠期应控制浇水,最好采用滴灌法。

(3)发病初期喷洒硫酸链霉素或土霉素2 000~3 000倍液,或27%铜高尚悬浮剂600倍液,或47%加瑞农可湿性粉剂700倍液,或53.8%可杀得2 000干悬浮剂1 000倍液。

(二)菊花细菌性枯萎病

1.症状识别

菊花细菌性枯萎病,症状为浅灰色的水渍状斑,长1~2 cm,而后渐变为黑色。茎干受害后,软化腐烂,末梢枯萎。在适宜的气候条件下,这种腐烂可向下发展,茎内组织消解,转化为胶粘状物,有时茎皮开裂,有红褐色黏液流出。

2.病原识别

病原菌为菊欧文菌,属细菌纲欧氏杆菌属。菌体短杆状,周生鞭毛,革兰氏染色反应阴性,在培养基上形成灰白色菌落。

3.发病规律

菊花细菌性枯萎病发病最适宜的温度为27~32℃,在21℃时病害趋向缓和,到15℃以下时则不再发病。病菌在土壤内存活传播,植株受害后,病菌分泌有毒物质,破坏组织细胞和堵塞导管,使水分供应受阻,很快萎蔫枯死。已知菊花品种中以粉牡丹、万紫千红等最易感病。此外,根结线虫危害严重的也会诱发此病。近年尤其在一些要控制花期而进行遮光处理的菊花,因为棚内气温高,不通风,亦易诱发此病。

4.防治方法

(1)培育无病种苗。注意插穗的消毒,尽量避免用带菌插穗,应从无病植株上采集扦插枝作繁殖材料,扦插前可将插穗浸于农用链霉素1 000倍液中消毒,扦插后控制温、湿度也有利此病的防治。

(2)土壤消毒。用福尔马林40倍液或其他药剂(如高锰酸钾)进行土壤消毒,定期用杀菌剂杀菌。换上无病菌污染的净土,避免使用旧盆、旧土。

(3)农业防治。使用的基肥必须充分腐熟,提倡施用酵素菌沤制的堆肥或腐熟有机肥,以免带菌,并注意增施磷、钾肥。平时要加强栽培管理,避免造成伤口感染和及时保护伤口,防止细菌侵入,实行轮作等均为防治细菌病害的重要措施。

(4)化学防治。常用的药剂有农用链霉素和可杀得等,病区用链霉素1 000倍液喷洒。

(三)天竺葵细菌性叶斑病

1.症状识别

叶片病害发生初期在叶背出现水渍状小斑,2~3 d后病斑略下陷,为褐色小斑点,针尖大小,圆形或不规则形,以后逐渐扩大为暗褐色或赤褐色圆形或不规则形的病斑,直径0.15~0.3 cm,病斑稍有轮纹,边缘周围有褪色区,在一叶片上可发生很多斑点,特别是在下部较老的叶上，斑点更多。病斑扩大逐渐连合在一起，叶脉和叶柄也变褐，使叶片大部分死亡；茎秆症状称谓黑腐，病茎和枝条的维管束褐色到黑色，此时，茎秆上的叶片枯萎，呈多角形坏死症状，随后细菌侵染髓部及皮层，茎秆整个变黑、皱缩和腐烂。插条受害时不能生根，并由基部向上慢慢腐烂，叶枯萎，呈多角形坏死。

2. 病原识别

病原为黄单胞杆菌属的野油菜黄单胞菌天竺葵致病变种，菌体顶端圆形，杆状，单鞭毛端生。生长发育最适温度为25～27℃，最低1℃，致死温度为51～51.5℃。

3. 发生规律

病原菌在植株病部存活，借接触、水滴飞溅、插条传播。潮湿的土壤中能存活3个月。该病在幼株密度大、温度过高的温室内发病严重，在天气温暖潮湿时发病特别严重。

4. 防治方法

(1)减少侵染来源。摘除所有受侵染的叶片，集中销毁。

(2)加强栽培管理。避免喷灌，防止将细菌从这一植株传到另一植株上。调节通风状况，降低湿度。植株间不宜过密。避免将病土溅到健株上。

(3)药剂防治。发病初期，喷施农用链霉素进行预防，每隔10～15 d喷1次，喷2～3次。

二、花卉病毒病害

病毒病在花木中不仅大量存在，而且危害也重。目前，无病毒病的花木基本上不存在，在自然界，一种花木常受到几种甚至几十种病毒的侵染。病毒病发生后，使寄主叶色、花色异常、器官畸形、植株矮化；病重则不开花，甚至毁种。侵染花木的病毒种类繁多。病毒由媒介昆虫、汁液、嫁接等方式传播，种子传毒在花卉病毒病中占有一定的比例。病毒病防治较困难。

(一)仙客来病毒病

1. 症状识别

仙客来病毒病是一种世界性病害，在我国发生普遍，几乎所有栽培品种均能发病。被害的仙客来种质退化，叶片变小、皱缩，花小花少，严重地影响仙客来销售质量。

主要危害叶片，也侵染花冠。感病后叶片黄化、皱缩、反卷，叶片变厚、质地脆，有疱状斑；叶脉突起成棱。纯一色的花瓣上有褪色条纹，花畸形，花少、花小，有时抽不出花梗。植株矮化，球茎退化变小。

2. 病原识别

病原大多是黄瓜花叶病毒(CMV)。烟草花叶病毒(TMV)也能危害仙客来，或者是CMV和TMV的复合感染。CMV致死温度60～65℃；TMV致死温度88～93℃。钝化温度为70～80℃；体外存活期22℃时3 d。

3. 发病规律

病毒在病球茎、种子内越冬，成为次年的初侵染源。病毒主要通过汁液、棉蚜、叶螨及种子传播。仙客来病毒病的发生与寄主生育期、温度和昆虫介体种群密度关系密切。苗期发病后，随着仙客来的不断生长发育，病情指数也随之增加。当月平均温度低于25℃时，持续发病率的增长值为正数，高于 25℃ 时增长值为负数，该现象是否与高温下的隐症有关，值得进一步研究。病情指数与温室内棉蚜、叶螨的种群密度呈正相关。

(二)水仙黄条斑病

1. 症状识别

水仙黄条斑病可能是目前水仙上最重要的病毒病害，是我国引起水仙鳞茎严重退化的一种病毒病害。该病在温室栽培条件下发生的比较轻。沿叶脉产生黄色条斑是该病害的典型症状。

2. 病原识别

水仙黄条斑病毒(NYSV)是该病毒病的病原，属马铃薯 Y 病毒组。

3. 发病规律

黄条斑病毒在鳞茎内越冬，成为危害的初侵染源。黄条斑病毒由桃蚜及其他蚜虫做非持久性传播。

4. 花卉病毒病害的防治方法

严格检疫，采用无病毒苗木，铲除田边杂草，及时消灭带毒昆虫，加强栽培管理措施是防治病毒病的重要途径。

(1)建立无病留种地，采用无病种子及种子消毒。留种地应远离瓜类蔬菜地，并采取综合治理防治措施，保证获得无病毒的种子，供栽培用。对怀疑有病毒的种子，用 70℃高温进行干热处理脱毒，但处理时间、种子不受灼伤的适宜含水量都要预先摸索试验。

(2)培育脱毒组培苗。用球茎、叶尖、叶柄等组织作组培苗，其带毒率比实生苗低得多。

(3)加强栽培管理，铲除田边杂草。注意培育壮苗，合理施肥和用水，使苗木健壮，增强抗病能力。养护操作中，应将病株与健株分开进行，以免传毒。及时清除花卉周围的杂草，防止传毒。

(4)栽培基质的处理，栽培土壤要进行消毒。肥土自然腐熟 2 年以上，素土经过夏天太阳能消毒，再用 50% 福美胂等药物处理。无土栽培发病率低，栽培基质有蛭石、珍珠岩、沙土等物质，营养液由无机盐配制。

(5)消灭传毒介体。防治棉蚜用吡虫啉、安克力、功夫菊酯等喷雾；防治叶螨用扫螨净、克螨特、灭扫利、阿维菌素等喷雾。防治时注意喷洒花卉周围杂草上的蚜、螨。

(6)药剂防治。发病初期叶面喷施植病灵、病毒必克、绿亨杀菌王、毒克星、83 增抗剂等，可抑制病害的发展，叶面喷施芸薹素内酯类植物生长调节剂，可增强植物抗病毒能力，减轻病毒病的危害。

三、花卉线虫病害

花卉上常见的线虫病害有三类：①根结线虫，表现为花卉根部形成小瘤状虫瘿(根结)，危害牡丹、芍药、四季海棠、月季、凤仙花、仙客来等，虫体侵害植物根系；②滑刃线虫，叶片表现出多角形的坏死斑、芽畸形，全株矮化，危害菊花、大丽花、早小菊等，虫体侵害叶和芽；③茎线虫，表现为叶片变形，花卉矮化，甚至不能开花，危害郁金香、风信子、唐菖蒲、水仙等，虫体侵害球茎和块茎等。

(一)菊花线虫叶枯病

1. 症状识别

线虫叶枯病给菊花的工业化生产带来很大的威胁,发病轻引起早落叶,重则不开花或整株死亡。

菊花线虫叶枯病主要危害叶片,也能侵害幼芽和花。被侵害的叶片,最初出现浅黄褐色斑点。随后病斑扩展,因受较粗叶脉的限制而呈现特有的三角形或其他形状的坏死枯斑。最后叶片蜷缩、凋萎、下垂,很快叶片变成褐色、枯死,并脱落。被害叶片先从植株基部开始,并逐渐向上发展,直到整株叶片被害。幼芽受害后,全株生长受阻,外形萎缩甚至枯死。花芽受侵染不能成蕾而干枯或花畸形变小。

2. 病原识别

芽叶线虫是叶枯病的病原线虫,属于线虫纲、滑刃线虫属。虫体细长,尾端尖,其末端通常有 2～4 个微小的针状突起,侧区有侧线条 4 条,口针基部球明显。雄虫比雌虫稍细小,稍加热时,其尾部往往向腹面呈 180° 弯曲。

3. 发病规律

温室内温度适宜,线虫可终年发生;由水滴滴溅或主动爬行传播;也能在水膜中主动扩散传播。从气孔侵入。病苗、病切花随运输也可作远距离传播。棚室温暖多湿,或植株表面有水膜、病残体多、植株栽种密度大等均利于该病发生。在干燥的叶片内,线虫可存活 2 年或更长。该病在土质疏松、翻耕浅、菊花重茬的土壤上发病重。不同菊花品种间的抗病性存在很大差异,通常夏菊和小菊类发病严重。叶线虫寄主范围广,花卉植物有菊属、银莲花属、秋海棠属、樱草属、毛茛属、罂粟属、虎耳草属、商陆属等。

4. 防治方法

(1)加强检疫。线虫叶枯病在国外及我国南方发病严重,北方菊花引种工作中一定要加强检疫,以免该病在我国北方地区扩散。

(2)实行轮作,减少侵染来源,彻底清除并烧毁病株残体,清除田间杂草、野生寄主植物等。

(3)土壤消毒。被线虫污染的温室土壤、花盆土壤以及花盆,有条件的可用蒸气消毒,少量盆土也可用铁锅烘烤杀灭线虫,也可用 D-D 混剂(二氯丙烷和二氯丙烯的混合物)进行土壤消毒。在扦插前 20～30 d 使用,用药量为 0.025～0.06 kg/m^2,开沟 20 cm 深,施入后覆土。除 D-D 混剂外,还可用氯化苦或棉隆等土壤熏蒸剂,均在栽植前 20～30 d 以前使用。

(二)水仙茎线虫病

1. 症状识别

该病主要危害鳞茎,也能危害叶片,感病鳞茎的横切面,有 1 至数个深色环,与健康白色鳞片呈鲜明的对比。鳞茎病组织内有许多乳白色线虫,病株矮化。鳞茎小,基盘腐烂,严重时不能抽叶开花,部分或全部腐烂。叶片初侵染后,产生浅黄色小疱状斑,并呈畸形扭曲。

2. 病原识别

水仙茎线虫病是由线虫纲垫刃目垫刃科茎线虫属的绒草茎线虫侵染引起的。病原线虫的雌雄成虫均为线形,体长 0.1～0.13 cm,直径约 3.0 cm。繁殖与传播最适宜的温度为 10～

15℃。甘薯茎线虫除危害水仙外，还危害郁金香、唐菖蒲、风铃草、报春花等观赏植物。

3.发病规律

水仙茎线虫在植物体内和土壤内可能长期存活。线虫从叶片和花茎的气孔侵入，向鳞茎扩展，有的线虫也可从鳞片进入，在此迅速发育。若纵切鳞茎，可见线虫蔓延踪迹。适宜的温度条件，一个线虫完整的生活周期需19～25 d，在水仙上一个生长季节的增殖，能使整个鳞茎迅速毁坏。水流、人的园艺操作、工具的污染、带病鳞茎均可传病。

4.防治方法

(1)清除感染的植株和鳞茎，挑选无病鳞茎作种球。发现病株及时拔除并去除下部鳞茎，可更换穴内土壤或用药剂处理土壤。在贮藏过程定期捡拾销毁病残体。

(2)对感病轻的鳞茎或可疑鳞茎可用温水或药剂处理。种球在43℃温水中浸泡3～4 h，在温水中若加入0.5%甲醛液则既有助于杀灭线虫又可防治浸染鳞茎的真菌。也可将鳞茎放入46%噻线磷200倍液中浸泡30 min以杀灭线虫。处理后的鳞茎即用清水洗冷却，干燥后或者立即种植。

(3)土壤、工具应进行消毒。

(4)对病区土壤，可用80%二溴氯丙烷熏蒸(0.005～0.008 L/m^2)，将药剂稀释100～150倍浇灌土壤。

任务实施

一、实施条件

(1)实施场所　设施花卉基地、多媒体实训室。

(2)仪器与用具　显微镜、载玻片、盖玻片、蒸馏水、纱布、吸水纸、挑针、放大镜、镊子等；多种杀细菌剂、病毒抑制剂、杀线虫剂、喷雾器等。

(3)教学材料　有关的挂图、腊叶标本、瓶装浸渍标本及本地新鲜标本(仙客来根结线虫病、菊花线虫叶枯病、水仙茎线虫病、菊花花叶病毒病、香石竹潜隐病毒病、香石竹病毒病、仙客来病毒病、天竺葵细菌性叶斑病、香石竹细菌性枯萎病、菊花细菌性枯萎病、仙客来细菌性软腐病等)。

(4)其他　PPT、视频、影像资料、教材、网上资源等。

二、实施方案

1.设施花卉细菌、病毒和线虫性病害症状识别

认真观察发病植株与发病部位的症状特点，先判断出是细菌病害还是线虫病害还是病毒病害？能否判断出是哪种病害？对于细菌病害和线虫病害可带到室内镜检确诊。

2.设施花卉细菌、病毒和线虫性病害防治

对已确诊的细菌、病毒和线虫性病害，每个小组选取一种病害，先讨论制订化学防治方案，包括用药品种、施药方法、施药面积、药剂浓度或剂量、施药次数、施药间隔期等，然后进行实际

操作，并做好详细记录。经过观察，有了较为明显的防治效果（一般在防治1周后），则小组提出验收申请，请老师和全班同学集体验收、考核。

3. 花卉细菌、病毒和线虫性病害症状与病原观察

（1）症状观察　对照教材，观察所供各种花卉细菌、病毒和线虫性病害标本的典型症状，描述其病状与病征特点。

（2）病原细菌和线虫观察　①花卉病原细菌革兰氏染色观察。从菊花细菌性枯萎病、仙客来细菌性软腐病发病部位的菌脓处挑取适量细菌制片，进行革兰氏染色观察。②花卉病原线虫的观察用仙客来根结线虫病、菊花线虫叶枯病病组织，挑取内容物装片镜检。用根线虫病观察线虫形态，取根外黄白色小粒状物或剥开根结，挑取其中的线虫制片镜检。

任务考核

考核内容	考核标准	分值	得分	考核人
细菌、病毒和线虫病害症状识别	每小组能找到、诊断出两种以上病害	30分		教师
细菌、病毒和线虫病害防治	防治方法正确，操作熟练，防治效果明显	30分		师生共评
细菌、病毒和线虫病害症状与病原观察	革兰氏染色、线虫观察符合标准，症状观察认真	30分		教师
团队协作	小组成员间团结协作	5分		组内互评
方法能力	观察认真，态度端正	5分		组内互评

工作任务3　花卉生理性病害的诊断与防治

任务提要

通过到设施花卉基地现场教学，认识花卉生产中所见到的生理性病害，学会现场诊断方法，能根据其发病规律，制订合理的综合防治方案并实施、检验。对设施内未发生的生理性病害，通过实训室里的病害标本观察、多媒体教学、教材与网络查询、露地花卉现场教学等方法学习。

知识准备

一、月季畸形花

1. 症状识别

畸形花是指花朵不圆整，有缺陷以及不能正常开放的花朵。月季畸形花表现为有规则排

列的花瓣变得很乱，称之为“乱心”，如果将花瓣全部揪下来，里面着生有很多小的花头并列在柱头上，所以，也称为“双心”，或者“多心”，不同品种花的畸形也可表现为锯齿、牛角、塌陷、花瓣折叠、平头等。使花的观赏性大大降低。

2. 发病原因

低温畸形花一般认为生育温度低于 12℃ 容易形成畸形花朵，常见于切花品种，产生多花心现象，花瓣短小，中心扁平变形现象；高温畸形花是与低温畸形花不同，常见的是花瓣减少，变短，花蕊过早外露的露心花；在施肥不当主要是浓度过高时，造成水代谢失衡，脱水及焦黑状明显，造成花器畸形；冬季通风过大引起湿度剧烈变化也是出现畸形花的主要原因之一。另外还有虫害及肥害畸形花，这种畸形花比较少见。

3. 发病规律

月季畸形花除了与棚室温度、湿度有关外，还与品种有很大的关系，尤其是大花月季中瓣数极多的品种，以及温带地域月季亲本间杂交的品种易出现畸形花。

4. 防治方法

(1)选用抗病品种。生产上发生严重的种植抗病品种，如有研究表明红衣主教基本不发生。

(2)加强棚室管理。夏季主要通过通风降温控制温度，如果温度过高应使用遮阳网降温。冬季闭风不要过晚，以免夜温偏低，影响生长，采用逐渐放风的方法能在一定程度上避免温度变化剧烈，早晚卷草帘放草帘要及时，在温度很低的天气不要过早卷起帘子，棚内最低温度低于 2℃ 的地区需要有加温设备。高温季节中午前后或降雨期间及时盖棚膜遮蔽阳光和雨水，减少发病。有条件的采用遮阳网覆盖栽培。

(3)防治病虫害。及时防治病虫害，提高作物的抗病能力，减轻畸形花发生几率。

二、花卉缺铁性黄化病

1. 症状识别

主要在北方地区，特别是喜酸性土壤的花卉，如杜鹃、栀子、山茶、白兰花、茉莉、米兰等易得此病。其症状是受害植株的叶片由绿变黄，以后又逐渐变成白色，尤以植株顶部的嫩叶表现更为严重，可使叶片逐渐坏死脱落，造成整个植株的死亡。

2. 发病原因

花卉缺铁性黄化病为生理性病害。此病是由于土壤中缺铁引起的，主要发生在北方碱性土和水质碱性较重的地区。此病一般在这类花卉从南方引入北方后的第三年开始发生。

3. 发病规律

引起缺铁的原因在于土壤条件。土壤中铁的有效性受多种因素的影响，其中土壤的酸碱度(即 pH 值)和氧化还原电位，强烈影响到土壤中铁的有效性。江淮以北的土壤，用于栽培喜酸性的花木种类时，如山茶、茶梅、杜鹃、含笑等，易出现缺铁性黄化；在建筑物残渣上种植香樟、广玉兰、含笑、栀子、棕榈等观赏植物，即便是在江南地区，也会在当年或多年以后出现缺铁性黄化；盆栽或地栽花木，如土壤中含水量过高，土壤板结或通气不良，二氧化碳或碳酸根离子增多，形成铁的碳酸盐，均可能导致缺铁症加剧。

4. 防治方法

(1)分清不同花卉种类的喜酸习性。不同花卉种类对土壤酸碱度的适应性,通常可根据其原生环境的土壤条件来判断。绝大多数观赏植物都是喜酸性至微酸性的土壤条件,也有一些花卉种类喜中性至微碱性的土壤条件。根据不同土壤的酸碱性选择种植花卉的种类。

(2)改良碱化土壤。对于北方地区的碱性土壤,或江淮之间呈微碱性的圃地,或为了配制酸性培养土,可采用施用硫酸亚铁粉末、浇施食醋液、掺拌松针土、浇施磷酸二氢钾溶液等方法改良碱化土壤。

(3)喷施 0.2% 的硫酸亚铁溶液。对于一些因碱性土壤环境已对营养毛须根造成严重破坏的植株,当浇施 0.3% 的硫酸亚铁溶液已不易被其吸收利用时,可考虑喷施 0.2% 的硫酸亚铁溶液。

三、花卉非缺铁性黄化病

1. 症状识别

无论是地栽还是盆栽花木,除了因缺铁引起植株黄化外,由于其他原因的诱发,也会导致植株出现不同程度、不同症状的黄化。诸如由于虫害引起的“虫黄”、病害引起的“病黄”、缺肥引起的“肥黄”、干旱引起的“旱黄”、积水引起的“涝黄”等。对于这类非缺铁性黄化病,同样应特别注意识别与防治。

2. 发病原因与规律

花卉非缺铁性黄化病可由多种原因引起:一些喜凉爽环境的万年青、倒挂金钟、珠兰等不喜欢高温暴晒,如果遮阳不当,则会叶黄脱落。而喜阳的花卉如长期放在室内不见阳光,则叶片发黄,形成“捂黄”。如茉莉花、白兰花等因光照不足形成的黄叶;如果浇水过多,则会导致过湿,土壤缺氧,根系腐烂,形成花卉顶端嫩叶淡黄,老叶也渐渐发黄,新梢萎缩。如果浇水过少或长时间浇不了透水,则花卉顶端的叶子颜色虽然正常,但下部叶片逐渐向上干黄脱落,形成“旱黄”,造成下部叶片枝干老化;如果花卉叶片薄嫩发黄,一般是由于肥料不足所致;如果叶片出现凹凸不展,新叶肥厚,老叶变黄,多为肥多所致。应勤浇水,暂停施肥。如果化肥施用量过多或施用不适时,会造成叶片萎蔫、发黄(肥害)。有的化肥,如碳酸氢铵,在气温比较高的情况下施用,容易产生大量氨气烧伤花卉叶片,轻者花卉下部叶尖发黄,重者全株赤黄枯死。

3. 防治方法

(1)光照不足或光照过强引起的应注意温室的管理,适时掀棚、盖棚。

(2)土壤水分过多引起的应停止浇水或避雨,让土壤落干,以提高土壤通气状况,增加氧气含量,降低土壤二氧化碳过多对花卉的毒害作用,使花卉正常生长并经常松土。

(3)施肥不当引起的应逐渐增加肥水,但注意不要过浓。盆花 1～2 年换 1 次盆,在底部加少量基肥,并换部分新土。因此,追施化肥时,1 次的用量不能太多,667 m^2 尿素用量不超过 10 kg。盆花视盆的大小,每盆施 1.5～10 g 为宜。

四、月季小叶病

1. 症状识别

月季小叶病,是月季在我国北方常见的一种生理病害。小叶病发生在嫩梢和幼叶上,春季月季发芽时发病比较明显。病枝发芽较晚，抽叶后叶片狭小细长、叶缘向上、质硬而脆、叶色较淡呈黄绿色，且叶色浓淡不匀。新梢先端纤细、枝条节间短、细叶丛生呈莲座状，病枝生长衰弱。此病多为整株发病。

2. 发病原因

月季小叶病是由于缺锌而引起的一种生理病害，锌是合成生长素的必需元素。

3. 发病规律

缺锌时游离的和结合的生长素明显减少，致使生长停滞。土壤中含锌量很少、其他微量元素不平衡时，均易引起缺锌症。叶片中含锌量低于10～15 mg/kg即表现缺锌症状。

4. 防治方法

(1)根据棚室的土壤肥力，适当增施有机肥以及微量元素，改良土壤，这是防治月季小叶病的基础。

(2)结合春秋季施基肥，混施硫酸锌加以防治。缺镁或缺铜诱致缺锌的月季园，应同时施含镁和含铜的复合肥，才能取得明显的防治效果。

(3)月季芽开始萌动时用0.3%～0.5%硫酸锌喷枝条，每年喷1～2次即可；开花前，喷施300 mg/kg环烷酸锌，花后喷施0.2%硫酸锌加0.3%尿素或300 mg/kg环烷酸锌或300倍氨基酸锌液，对减轻病害有明显效果。

任务实施

一、实施条件

(1)实施场所　设施花卉基地、多媒体实训室。

(2)仪器与用具　放大镜、记录本等。

(3)材料　有关挂图、腊叶标本、瓶装浸渍标本及本地新鲜标本(月季畸形花、花卉缺铁性黄化、花卉非缺铁性黄化病、缺锌性小叶病等)。

(4)其他　PPT、视频、影像资料、教材、网上资源等。

二、实施方案

1. 花卉生理性病害标本观察

对实验室已有的(或学生课余时间采集到的)生理性病害标本进行观察、记录。或通过多媒体课件、教材查阅等方法，认识常见的花卉生理性病害种类，明确其发病原因。

2. 花卉生理性病害识别

在设施花卉基地内，寻找疑似发生生理性病害的花卉植株或地段。先通过观察病害在设施内的分布与症状表现，判断是否是生理性病害。确定是生理性病害后，可以结合棚室的日常管理与天气状况用排除法来诊断。是不是有的因为缺素造成叶片变色？是否因为浇水过多或过少引起的叶片萎蔫？是否有的植株局部坏死产生枯死斑点？冷害对花卉植株所产生的最常见的症状就是变色、坏死及表面出现斑点等，但斑点上并没有黑色或其他色小点点。有没有因为施肥、光照不当造成植株出现矮化现象或徒长现象？

3. 调查某种设施花卉的生理性病害种类

以小组为单位，通过实际观察以及与花农的深入交流，并结合当地的气候条件和管理水平，调查某种设施花卉上生理性病害种类，并对每种病害设计出合理的防治方法。

任务考核

考核内容	考核标准	分值	得分	考核人
花卉生理性病害标本观察	症状描述准确，认识的病害种类多	30 分		组内互评
设施花卉生理性病害识别	每小组至少找到 2 种生理性病害	30 分		教师
某种设施花卉上生理性病害种类调查	调查方法得当，调查种类正确，防治方法合理	30 分		教师
团队协作	小组成员间团结协作	5 分		组内互评
方法能力	观察、调查认真，态度端正	5 分		组内互评

工作任务 4　花卉食叶害虫的识别与防治

任务提要

通过到设施花卉基地现场教学，从形态特征和为害状上能够识别所见到的花卉食叶害虫，根据其发生规律，制订合理的综合防治方案并实施、检验。对设施花卉上未发生的食叶害虫的重要种类，通过教材与网络查询、多媒体教学、露地花卉现场教学、观察标本等方法进行学习。

知识准备

一、鳞翅目食叶害虫

（一）黄刺蛾

为害观赏植物的鳞翅目刺蛾科害虫有黄刺蛾、丽绿刺蛾、褐边绿刺蛾、中国绿刺蛾、桑褐刺蛾、扁刺蛾等。

1. 为害状识别

黄刺蛾又名洋辣子、毒毛虫等。是 1 种杂食性食叶害虫，危害茶花、海棠、月季、芍药、紫薇、桂花、石榴、矮牵牛等。幼虫体上有毒毛，易引起人的皮肤痛痒。幼龄幼虫取食叶片下表皮和叶肉，剩下上表皮，形成圆形透明小斑，大龄幼光，仅留叶脉。

2. 形态识别(图 3-39)

成虫：体长 13～16 mm，翅展 30～34 mm。头和胸黄色，腹背黄褐色，前翅内半部黄色，外半部为褐色，有 2 条暗褐色斜线在翅尖上汇合于一点呈倒“V”字形，里面的 1 条伸至中室下角，为黄色与褐色的分界线；后翅灰黄色。

卵：扁平，椭圆形，淡黄色，长 1.4 mm，宽 0.9 mm。

幼虫：老熟幼虫体长 19～25 mm，头小，黄褐色，胸、腹部肥大，黄绿色，体背上有 1 块紫褐色“哑铃”形大斑。胴部第 2 节以下各节在亚背线上各有 1 对刺突，其中以胴部第 3、4、10、12 节上的刺突最大，第 4 节枝刺较小。体两侧下方还有 9 对刺突，刺突上生有毒毛。腹足退化，但具吸盘。

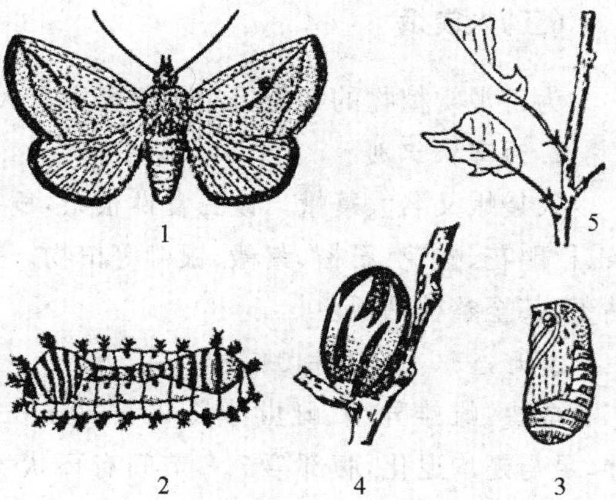

图 3-39 黄刺蛾

1. 成虫 2. 幼虫 3. 蛹 4. 茧 5. 为害状

蛹：椭圆形。长 13～15 mm，黄褐色，茧灰白色，质地坚硬，表面光滑，茧壳上有几道褐色长短不一的纵纹，形似雀蛋。茧均结在茎干分叉点或小枝杈上。

3. 发生规律

此虫在辽宁、陕西、河北省北部 1 年发生 1 代，在北京、江苏、安徽、河北省中部 1 年发生 2 代。以老熟幼虫在小枝分叉处、主侧枝以及树干的粗皮上结茧越冬。翌年 4～5 月间化蛹，5～6 月出现成虫。成虫羽化多在傍晚，产卵多在叶背。散产或数粒产在一起，每雌虫产卵 49～67 粒，卵期 7～10 d。初孵幼虫取食卵壳，而后取食叶的下表皮及叶肉组织，留下上表皮，形成圆形透明小斑。虫口密度高时，危害小斑即可接成块，进入 4 龄时取食叶片呈孔洞状，5 龄后可取食全叶，仅留主脉和叶柄，幼虫有 7 龄。7 月份老熟幼虫吐丝和分泌黏液作茧化蛹，1 年 2 代地区，于 8 月份发生第 2 代幼虫，秋后在树上结茧越冬。第 1 代幼虫结的茧小而薄，第 2 代茧大而厚。

4. 防治方法

(1)消灭越冬虫茧。结合抚育、修枝、松土等措施，铲除越冬虫茧。尤其黄刺蛾虫茧明显，可人工摘杀虫茧降低其虫口数。

(2)人工摘虫叶。利用初孵幼虫有群居习性、受害叶片呈透明枯斑，容易识别，可组织人力摘除虫叶，消灭幼虫。

(3)诱杀成虫。利用成虫的趋光性，设置黑光灯诱杀成虫。

(4)化学防治。幼虫期喷施 50%敌敌畏乳油 800～1 000 倍液、50% 马拉硫磷乳油或 50% 杀螟松乳油 1 000～2 000 倍液、90% 敌百虫乳油或 25% 亚胺硫磷 1 500～2 000 倍液、菊酯类农药 5 000～6 000 倍液，均取得较好防治效果。药剂防治应掌握在幼虫 2～3 龄为好。

(5)生物防治。用孢子含量 1×10^{11}/g 以上的青虫菌可湿性粉剂，加水 500～1 000 倍，对幼虫有较好的防治效果。幼虫感染致病后在 1～3 d 内，虫体变黑，死于叶面。保护和利用天敌，如上海青蜂、赤眼蜂、刺蛾紫姬蜂等。

(二)大袋蛾

为害观赏植物的鳞翅目袋蛾科害虫有大袋蛾、茶袋蛾、小袋蛾、白囊袋蛾等。

1.为害状识别

大袋蛾又名大蓑蛾。该虫食性很杂,危害月季、海棠、牡丹、芍药、菊花、唐菖蒲、美人蕉、山茶、杜鹃花、桂花、石榴、紫薇、银柳等植物。大发生时,幼虫能将树叶吃光,仅留树枝,致使枝条枯萎,甚至整株枯死。

2.形态识别(图 3-40)

成虫:雌雄异型,雌虫体长 22~30 mm,粗壮,肥胖,足与翅均退化,腹部第 7、8 节间有环状黄色茸毛;雄虫体长 15~20 mm,翅展 35~44 mm,黑褐色。胸部背面有 5 条黄色纵纹。

卵:椭圆形,长 0.8 mm,宽 0.5 mm,黄白色,产于雌蛾护囊内。

幼虫:初龄时黄色,斑纹很少。从 3 龄起,雌雄明显异形。雌性幼虫头部深棕色,头顶有环状斑,胸部背板骨化加强,亚背线、气门上线附近具大型赤褐色斑,呈深褐和淡黄相间的斑纹;腹部背面黑褐色,各节表面有皱纹。腹足趾钩呈缺环。雄虫体小,色较淡,头部中央有“八”字形白色纹。

蛹:雌蛹体长 22~23 mm,头、胸部附器均消失,枣红色。雄蛹体细长,17~20 mm,赤褐色,第 3~8 节背板前缘各具 1 横列的刺突,腹末有臀棘 1 对,小而弯曲。

护囊:呈纺锤形,雄虫护囊长约 52 mm,雌虫护囊长约 62 mm,护囊上常有较大的碎片和小枝条,排列不整齐。

图 3-40 大袋蛾

1.雄成虫 2.雌成虫 3.雌袋(示卵) 4.幼虫 5、6.蛹 7.护囊

3.发生规律

在华南地区 1 年 2 代,长江中下游地区则为 1 年 1 代。以老熟幼虫在护囊中越冬,翌年 3 月下旬开始取食,4 月下旬化蛹,5 月中旬开始羽化,雄成虫羽化期稍早,雌虫羽化后,留在护囊内,雄蛾飞至囊上将腹部深入护囊交尾,产卵于囊内,每头雌虫平均产卵多达 3 000~4 000 粒,营养充足可达上万粒。产卵后雌体干缩死亡,卵期 20 d 左右,6 月中旬幼虫开始孵化,幼虫孵化后在囊内取食卵壳,3~5 d 即蜂拥爬出,在枝叶上爬行或吐丝下垂,随风扩散,降落到适宜的寄主上后,以丝缀取叶子碎片或少量枝梗营囊护身。幼虫共 5 龄,藏匿于囊内,取食迁移时均负囊活动。幼虫喜光,故多聚集于树枝梢头危害,有较明显的忌避性和很强的耐饥饿性,在喷施某些防治药剂后就拒食;其耐饥力强,在活动取食期能存活 3 个星期,8 月上旬令其断食后可生存 2 个月以上。

4.防治方法

(1)人工摘除袋囊。结合日常管理摘除袋囊有很好的防治效果,尤其是在植株不高的绿化苗圃、花圃更有意义。

(2)物理防治。用黑光灯或性信息激素诱杀雄成虫。

(3)生物防治。幼虫期用含孢量(1～4)×10^8/mL 的青虫菌液喷雾;同时要保护利用天敌,如寄生蜂、寄生蝇等,尤其伞裙寄生蝇的寄生率可高达 50% 以上。

(4)化学防治。掌握在低龄幼虫(3 龄前)盛期及时喷药。常用药剂为 50% 辛硫磷乳油 1 000 倍液,50% 杀螟松乳油 1 000 倍液,90% 敌百虫、80% 敌敌畏乳油 1 000～1 500 倍液,2.5%溴氰菊酯乳油 5 000～6 000 倍液。

(三)舞毒蛾

为害观赏植物的鳞翅目毒蛾科害虫有舞毒蛾、桑毛虫、豆毒蛾、乌桕毒蛾、杨毒蛾、柳毒蛾、侧柏毒蛾等。

1. 为害状识别

舞毒蛾又名秋千毛虫、柿毛虫等。食性杂,危害月季、紫薇、桂花、海棠等。以幼虫取食叶片,大发生时常将树叶吃光。

2. 形态识别(图 3-41)

成虫:雌雄异形,雌蛾体较大,黄白色,体长 22～30 mm,翅展 58～80 mm,触角黑色双栉齿。前翅有 4 条锯齿状黑色横线,中室有 1 黑点,中室端部横脉上有“<”形黑褐色纹,前后翅外缘脉间各有 1 黑褐点,缘毛均黑白相间。腹部粗大密被淡黄色毛,末端着生黄褐色毛丛。雄虫体小,棕褐色,体长 16～21 mm,翅展 37～54 mm,触角羽毛状,翅面具有与雌蛾相同的斑纹。

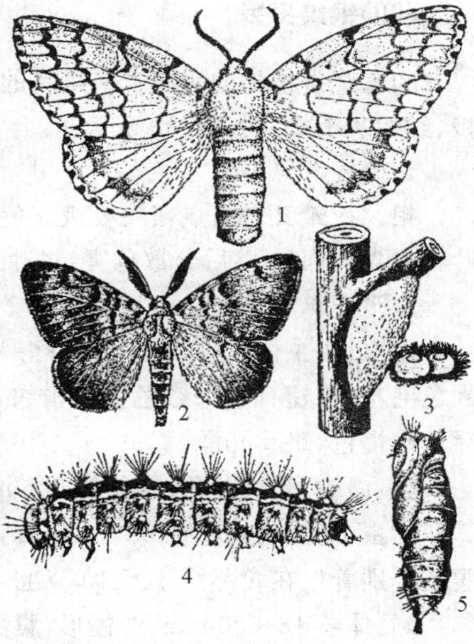

图 3-41　舞毒蛾

1. 雌成虫　2. 雄成虫　3. 卵　4. 幼虫　5. 蛹

卵:黄色,球形,有光泽,直径 0.8～1.3 mm,卵成块状,卵块上盖有很厚的黄褐色绒毛。

幼虫:初孵幼虫体长约 2 mm,色较深,体毛较长,老熟幼虫体长 50～70 mm,头黄褐色有明显的“八”字形黑纹,背线灰黄色,亚背线、气门上线及气门下线部位各体节均有毛瘤,共排成 6 纵列,背面 2 列毛瘤色泽鲜艳,前 5 对蓝黑色,后 6 对红色,毛瘤上生有棕黑色短毛。幼虫体色变化大,有黑、灰、黄多种色型。

蛹:体长 19～34 mm,暗褐色或黑色,胸及腹部有不明显的毛瘤,着生稀而短的锈黄色毛丛。

3. 发生规律

1 年发生 1 代,以完成胚胎发育的幼虫在卵内越冬。翌年 4 月下旬至 5 月上旬幼虫孵化,初孵幼虫体轻毛长,群集于卵块上,有吃卵壳习性,以后爬到树冠上取食并可吐丝垂悬,借风力转移寄主,扩大其取食范围。2 龄后白天藏在落叶、树枝、树洞、皮缝及石块下等处,黄昏后外出取食。4 龄后,幼虫食量大增,有较强的转移能力,大发生时能吃光老树叶。6 月中旬老熟幼虫于枝叶间、树皮裂缝、树洞、石块下等处吐少量丝缠固其身化蛹。成虫于6月中旬至7月上旬羽化，盛期在6月下旬。雌虫不大活动，常停留在树干上；雄虫活跃，日间常在林间成群飞舞，故称“舞毒蛾”。雌虫交尾后，将卵产在树干上或主枝、树洞等处，每雌虫产卵400～1 200粒。卵成块，上覆盖厚厚的雌虫腹末体毛。成虫具有趋光性。温暖、干燥、稀疏的林分利于舞毒蛾繁殖。

4.防治方法

(1)消灭越冬虫体。清除枯枝落叶和杂草，在树干上绑草把诱集越冬幼虫，第二年早春摘下烧掉，并在树皮缝、石块下等处搜杀越冬幼虫等。人工摘除卵块及群集的初孵幼虫。结合日常养护寻找树皮缝、落叶下的幼虫及蛹。

(2)灯光诱杀成虫。

(3)对于有上、下树习性的幼虫，可用溴氰菊酯毒笔在树干上划1～2个闭合环(环宽1 cm)，可毒杀幼虫，死亡率达86%～99%，残效8～10 d。也可绑毒绳等阻止幼虫上、下树。

(4)药剂防治。幼虫期喷施5%定虫隆乳油1 000～2 000倍液、2.5%溴氰菊酯乳油4 000倍液、25%灭幼脲3号胶悬剂1 500倍液、40.7%毒死蜱乳油1 000～2 000倍液等；用10%多来宝悬浮剂6 000倍液或5%高效氯氰菊酯4 000倍液喷射卵块。

(四)银纹夜蛾

为害观赏植物的鳞翅目夜蛾科的食叶害虫有斜纹夜蛾、银纹夜蛾、梨剑纹夜蛾、桃剑纹夜蛾、红棕灰夜蛾、甜菜夜蛾等。

1.为害状识别

银纹夜蛾又名黑点银纹夜蛾。危害大丽花、菊花、香石竹、海棠等各种花卉。低龄幼虫在叶背取食叶肉，3龄后分散危害，将叶片和花食成缺刻。

2.形态识别

成虫：成虫体长15～17 mm，翅展30～36 mm，体与前翅灰褐色，胸部背面有2丛直立的棕褐色毛丛，前翅有2条银色波状横纹，翅中央有1个“U”形银色纹和1个近三角形的银色斑。后翅暗褐色，略具光泽。

卵：馒头形，淡黄色，直径约0.5 mm，其上有网状纹。

幼虫：老熟幼虫体长25～32 mm，体绿色，头小，尾部宽。背线白色双线，亚背线白色，3对腹足分别着生在腹部第5、6、10节上，爬行时体背拱起。

蛹：体长18～20 mm，纺锤形，腹部背面1～5节前缘黑色，腹部末端延伸为方形臀棘，其上生6根钩状刺。

3.发生规律

1年发生代数因地而异，如北京1年发生3代，以蛹在土中越冬。5～6月出现成虫。7～9月为幼虫危害期。而杭州1年发生4代左右，均有危害。成虫昼伏夜出，有趋光性，但对化学味道不敏感。多产卵于叶背，近散产，每处3～6粒。初孵幼虫多在叶背取食叶肉，3龄后取食叶片。老熟幼虫多在叶背吐丝做粉白色茧化蛹。

(五)大造桥虫

为害观赏植物的鳞翅目尺蛾科害虫有大造桥虫、丝棉木尺蛾、槐尺蛾、杨尺蛾、桑刺尺蛾、黄连木尺蛾等。

1.为害状识别

大造桥虫危害月季、菊花、一串红、万寿菊、百合、石榴等多种观赏植物的叶片和花蕾。幼虫蚕食叶片，造成叶片穿孔和缺刻。严重时，叶片被食仅留叶脉。花蕾、花冠也遭其害。虫龄大后吐丝缀叶，躲藏其中嚼食叶片，仅留下表皮，呈网眼状。

2.形态识别

成虫：成虫体长 15 mm 左右，翅展雌 45 mm，雄 38 mm。体较粗壮，体色变化较大，一般为浅灰褐色。触角雌虫细长，雄虫栉齿状，每节有丛毛。翅底面白色，有很多暗褐色小点，中室斑纹外有环，前后翅上的 4 个星及内外线为暗褐色，前缘中部有 1 椭圆形白斑，后翅淡褐色。

卵：馒头形，长径 0.6 mm，青绿色，有深黑及灰黄色斑纹，表面有很多凸粒。

幼虫：老熟幼虫体长 40 mm 左右，体色变异较大，可由黄绿变成青白色，背线淡青色，亚背线黑色，气门线黄褐色，气门下线黑褐色。第 2、8 腹节有 2 个较明显的毛瘤。

蛹：体长 17 mm，深褐色，尾端有臀棘 2 根。

3.发生规律

1 年发生 4～5 代，以老熟幼虫在土中化蛹越冬。4 月见成虫，成虫有趋光性，昼伏夜出，卵散产于植物枝干、叶背等处。初孵幼虫能吐丝随风飘移，幼虫不甚活跃，但有拟态，常栖于植物枝干上，形似嫩枝。幼虫取食时常用腹足和臀足攀在枝上或叶柄上自叶缘向内蚕食叶片，造成叶片呈不规则缺刻，有时也食害花蕾和花瓣。该虫在江、浙一带夏季只需 40 d 就可完成 1 代。

4.防治方法

(1)农业防治。结合整地换茬，进行冬耕深翻，以消灭土中的越冬虫蛹。经常检查，发现受害状及虫粪应及时捕捉幼虫。

(2)物理防治。用黑光灯诱杀成虫是行之有效的方法。

(3)化学防治。于低龄幼虫期，以 50% 杀螟松乳油和 80% 敌敌畏乳油 1 000 倍液、90% 敌百虫晶体 1 500 倍液、50% 辛硫磷乳油 2 000 倍液或 2.5% 溴氰菊酯 4 000 倍液进行常量喷雾均有良好效果；超低容量喷雾时，用 50%敌敌畏乳油与柴油 1∶2 混合，用量为 6 kg/hm^2。化学防治一定要狠抓第 1 代，以压低虫口密度。

(4)生物防治。用苏云金杆菌制剂，以 1×10^8/mL 的含孢量进行地面喷雾。也可用孢子含量 1×10^8/g 以上的青虫菌 500～1 000 倍液喷洒，效果均好。寄生蝇、胡蜂、卵寄生蜂、土蜂、姬蜂等为尺蛾的天敌昆虫，应注意保护和利用。

(六)凤仙花天蛾

为害观赏植物的鳞翅目天蛾科的害虫有凤仙花天蛾、蓝目天蛾、刺槐天蛾、桃天蛾、双线斜天蛾、霜天蛾、云纹天蛾、葡萄天蛾、红天蛾等。

1.为害状识别

凤仙花天蛾又名芋双线天蛾、红天蛾。主要危害鸡冠花、凤仙花、大丽花、三色堇、芍药等多种花卉。主要以幼虫危害叶片，造成叶片残缺不全，严重时，叶片、花被蚕食一光，影响花卉的正常生长和观赏。

2.形态识别

成虫：成虫体长 40 mm 左右，翅展 65～75 mm，褐绿色。胸部背面浅灰褐色，两侧有黄白色纵条，腹面土黄色，有不显著的黄褐色条斑。前翅灰褐绿色，翅面有数条黑褐色和黄白色条纹。后翅黑褐色，有灰黄横带一条。缘毛白色。前后翅反面为黄褐色，有三条暗褐色横线。

卵：球形，浅绿色。

幼虫：老熟时体长 70～80 mm，圆筒形，较粗大。体色通常为绿褐色或紫黑色，腹部末节背板上有一尾角向后上方突起。

蛹：长 40～50 mm，灰黑或黑褐色。

3. 发生规律

一年发生 2 代。以蛹在土中越冬，翌年 6～7 月羽化。成虫夜晚活动，交尾后将卵产在嫩叶上。卵期 10 d 左右。8 月中、下旬化蛹。8 月底至 9 月初出现第 1 代成虫。第 2 代幼虫在 9 月上、中旬孵化危害。10 月中、下旬老熟幼虫入土化蛹越冬。此虫以幼虫危害叶片，危害期 6～10 月。危害时，常造成叶片残缺不全。该虫有避光性，白天躲在枝杈荫处，夜晚活动。

4. 防治方法

(1)物理防治。根据天蛾有土中化蛹习性，冬、春季在根部附近挖过冬蛹，消灭虫源；及时检查，根据植株危害状及树下虫粪，随时捕杀幼虫；根据成虫具有趋光性，可设置灯光诱杀成虫。

(2)化学防治。虫口密度大时，可喷 50% 辛硫磷乳油 1 000～1 500 倍液，90% 敌百虫或 80% 敌敌畏乳油 800～1 000 倍液，20% 菊杀乳油 2 000 倍液。

(3)生物防治。应用 10×10^9/mL 含孢量的青虫菌浓缩液加水 500～1 000 倍液喷施。同时要注意保护胡蜂、螳螂、绒茧蜂等天蛾类天敌昆虫。

(七)星白雪灯蛾

为害观赏植物的鳞翅目灯蛾科的害虫有星白灯蛾、人纹污灯蛾、美国白蛾等。

1. 为害状识别

星白雪灯蛾又名星白灯蛾、黄腹白灯蛾。危害月季、菊花、茉莉花等花卉。以幼虫为害叶片，将叶片吃成缺刻或孔洞，使叶面呈现枯黄斑痕，严重时将叶片吃光。

2. 形态识别

成虫：成虫体长 14～18 mm，翅展 33～46 mm。下唇须背面和尖端黑色，雄蛾触角栉齿状。前翅表面黄白色，散布黑色斑点，黑点数因个体差异各不相同，前足腿节背面黄色，后足胫节有 2 对距。腹部背面黄色，每腹节中央有 1 黑斑，两侧各有 1 黑斑。

卵：圆球形，淡黄色，表面有网状纹。

幼虫：土黄至黑褐色，背面有灰色或灰褐色纵带，气门白色，密生棕黄色至黑褐色长毛。

蛹：黑色，其上被有黄色丝茧，茧上混有幼虫体毛。

3. 发生规律

1 年发生 2～3 代，以蛹在土中越冬。翌年 4～6 月羽化成虫，成虫趋光性强，白天静伏隐蔽处，晚上活动，卵成块产于叶背，每块有数 10 粒至百余粒，每雌蛾可产卵 400 粒左右。初孵幼虫群集叶背，取食叶肉，留下上表皮，稍大后分散危害，4 龄后食量大增，蚕食叶片，仅留叶脉和叶柄。幼虫共 6 龄，老熟幼虫遇振动有卷曲假死性。地表结粗茧化蛹。

4. 防治方法

(1)人工防治。摘除卵块和尚群集为害的有虫叶片；冬季翻耕土壤，消灭越冬蛹；在老熟幼虫转移时，在树干上束草，诱集化蛹，集叶烧毁。

(2)诱杀成虫。当第1代成虫发生时，利用黑光灯诱杀成虫，减少第2代的基数。

(3)化学防治。幼虫期喷施90%晶体敌百虫、50%辛硫磷乳油、50%杀螟松乳油1 000倍液，或95%巴丹可溶性粉剂1 500～2 000倍液，或20%速灭菊酯乳油3 000倍液。

(4)生物防治。可用苏云金杆菌(1×10^{8}孢子/mL)和灯蛾核型多角体病毒防治幼虫。同时要保护和利用灯蛾绒茧蜂、小花蝽、草蛉、胡蜂、蜘蛛等天敌。

(八)赤蛱蝶

为害花卉的蝴蝶有多种，如菜粉蝶、赤蛱蝶、花椒凤蝶等。菜粉蝶除为害十字花科蔬菜外，还可为害羽衣甘蓝、旱金莲、大丽花等花卉。

1.为害状识别

赤蛱蝶危害绣线菊、菊花、万寿菊等多种花卉。成虫及若虫主要是吸食叶和花的汁液为害，尤其是顶端嫩叶，造成叶片卷曲。严重时，花提早凋谢。

2.形态识别

成虫：成虫体长20 mm左右，翅展60 mm左右。前翅外半部有数个白色小斑；中部有不规则的云状横纹；基部及后缘暗褐色。后翅暗褐色，外缘橙色，其中有4个黑斑，内侧与橙色交界处还有数个黑斑。背面还有4～5个眼状斑。

卵：长椭圆形，淡绿色，竖立状，高0.7 mm，有纵脊纹。

幼虫：老熟时体长32 mm左右，背面黑色，腹部黄褐色。体上有黑褐色棘状枝刺，每枝刺上还有小分枝。气门黑色，有光泽。

蛹：体长5 mm，灰绿褐色。呈圆锥状有棱角，腹部背面有7列刺状突起。

3.发生规律

1年发生2代，以成虫越冬，翌年3～4月开始活动，白天飞舞，分散产卵。幼虫共5龄，喜食嫩叶，化蛹时幼虫先吐丝将尾端钩缀于叶片上倒悬，再行蜕皮化蛹。

4.防治方法

(1)物理机械防治。冬季清除植株附近围篱建筑物以及悬挂在枝、叶上的虫蛹；成虫出现期可用捕虫网捕捉成虫；从初夏起根据受害状和地面虫粪人工捕杀幼虫。

(2)化学防治。幼虫发生期喷洒80%敌敌畏乳油1 000倍液，20%除虫菊酯乳油2 000倍液。

(3)生物防治。喷施每毫升含孢子1×10^{9}以上青虫菌粉或浓缩液500倍。凤蝶金小蜂、广大腿小蜂、白粉蝶绒茧蜂、舞毒蛾黑疣姬蜂等都是蝶类蛹体寄生蜂，收集到的越冬蛹不要直接处死，应放在寄生蜂保护器中。

二、月季叶蜂

1.为害状识别

月季叶蜂又名蔷薇三节叶蜂。属膜翅目三节叶蜂科。危害月季、十姐妹、白玉棠、黄刺玫等。以幼虫取食嫩叶，大发生时常将嫩叶吃光或仅剩粗叶脉，严重影响花卉的观赏效果。

2. 形态识别

成虫：雌虫体长7.5～8.6 mm，翅展17～19 mm，头、胸黑色，触角第3节向端部加粗，唇基黑褐色，其前缘中央呈弧形凹陷。腹部橙黄色，第1、2及4节背面中央有横纹；雄虫略小，触角第3节长于胸部，腹部第1、2、3及7节背面中央有褐色横纹。

卵：椭圆形，淡绿色，长1.1～1.3 mm。

幼虫：老龄幼虫体长13.5～24 mm，头宽1.5～2.0 mm。头淡黄色，胴部绿色。胸部各节背面又2～3列黑色毛片，腹部背面第1节有2列，第2～9节背面各有3列黑色毛片，毛片上有许多刚毛。腹足6对9分别着生于腹部第2～6节及10节上。

蛹：体长6.0～10.3 mm，淡黄色，羽化头胸变成黑色。茧淡黄色，卵圆形，丝质。

3. 发生规律

1年代数因地而异，均以老熟幼虫在土中作茧越冬。最早地区翌年3月中旬出现成虫，成虫夜间一般静伏在植物枝梢或叶上不动，白天活动，卵单个产于嫩梢组织内呈“八”字排列。产卵时，用产卵器将寄主嫩梢纵向锯1开口，卵产于其中，每嫩梢上产卵10～30粒，多达64粒，3～5 d后切痕纵列，卵粒外露，受害新梢破裂变黑，易倒折。卵期6～12 d。幼虫孵化3 h后开始取食，主要食嫩叶。1龄幼虫可将叶片吃成缺刻，个别能取食全叶，并可转移至另一叶上危害。3龄前有较强的群聚性，4龄后渐分散取食。幼虫共5～6龄，只在取食、寻找食物或结茧前活动，其余时间大多在叶缘或叶面靠胸足攀缘、翘起腹部而栖息。

4. 防治方法

(1)物理机械防治。冬、春季，在受害寄主附近土中挖茧消灭越冬虫蛹；及时摘除产卵枝梢、叶片以及群集取食的幼虫，集中处理。

(2)化学防治。幼虫危害期喷洒50%杀螟松乳油、40%乙酰甲胺磷各1 000倍液或20%杀灭菊酯2 000倍液。

(3)生物防治。喷施含孢子量1×10^{10}/mL以上的青虫菌粉或浓缩液200～400倍液。

三、软体动物类

在花卉培植的环境中，尤其在温室里温度高、湿度大、空气不太流通，不仅有利于害虫的发生，而且还利于软体动物发生与危害。

(一)蛞蝓

1. 为害状识别

蛞蝓又名鼻涕虫，分布较广，在温室、苗圃均有发生。危害仙客来、瓜叶菊、海棠、洋兰等多种花卉。

2. 形态识别

成体：体长约25 mm，分为头、躯干和足3部分。肉体外露，柔软而无外壳，淡黄褐色。头上有触角2对，后触角顶端有眼。体表经常分泌许多黏液。足平滑，在体下方。雌雄同体，但一般异体受精。

卵：呈念珠状串联，椭圆形，半透明。

幼体：幼体长约 2.5 mm，形状与成体相似，触角暗灰色。

3. 发生规律

蛞蝓年发生代数因地区、环境条件不同均有差异，一般 1 年 2 代。以幼体和成体在根部附近土内过冬。翌年 3 月间开始活动，4 月变为成体，交尾产卵。卵期约 15 d。以 5～6 月危害最严重。蛞蝓常生活在潮湿、阴暗、多腐殖质的地方，畏光，白天隐蔽在花盆和砖块底下，夜间活动寻食和繁殖。其耐饥饿性很强，成体在适宜环境下，可活 1～3 年。观赏花卉受害后，轻者造成叶片缺刻、孔洞，重者嫩芽被咬食，影响花卉生长与开花。

(二)灰巴蜗牛

1. 为害状识别

蜗牛在我国南方许多地区发生严重，北方地区也受其危害。常见的为灰巴蜗牛。在温室内危害菊花、兰花、八仙花、鸡冠花、杜鹃花、一串红、大丽花、扶桑、蜡梅、美人蕉、金橘、佛手、柑橘等。受害的叶片上有零星小缺刻，所爬过之处都留下银色痕迹，影响花卉光合作用与观赏。

2. 形态识别

成体：有 2 对触角，后触角较长，其顶端长有黑色眼睛。贝壳中等大小，壳质坚固，呈椭圆形，壳面黄褐色或琥珀色并有密生的生长线与螺纹。

卵：圆球形，乳白色，有光泽。

幼体：与成体相似，初孵化的幼贝和贝壳为浅褐色。

3. 发生规律

1 年发生 1 代，其寿命可达 1 年以上。蜗牛白天栖息在花盆底部或砖块下，夜晚爬出到叶片等处危害。冬季低温和夏季高温时休眠；环境条件适宜时便活动危害。雌体将卵产在草根、花卉根部土壤中、石块下或土缝里。

4. 软体动物防治方法

(1)结合栽培管理，在翻耕花圃、更换花盆时，注意发现，随时捕杀。

(2)在花盆周围撒施石灰粉。

(3)施用 80% 灭蜗灵颗粒剂，或 10%多聚乙醛颗粒剂，1.5 g/m^2。

任务实施

一、实施条件

(1)实施场所　多媒体实训室、校内外设施基地。

(2)用具　双目解剖镜、扩大镜、挑针、镊子、蜡盘、解剖针等。

(3)材料　黄刺蛾、丽绿刺蛾、茶袋蛾、大袋蛾、舞毒蛾、桑毛虫、豆毒蛾、银纹夜蛾、茶长卷叶蛾、苹果褐卷叶蛾、忍冬双斜卷蛾、大造桥虫、凤仙花天蛾、星白灯蛾、人纹污灯蛾、赤蛱蝶、花椒凤蝶、月季叶蜂等害虫标本(成虫、卵、幼虫与蛹)、危害状标本；蛞蝓、蜗牛等。也可临时采集新鲜食叶害虫。

(4)其他　PPT、视频、影像资料、网上资源等。

二、实施方案

(一)花卉食叶害虫标本观察

1.刺蛾类害虫观察

观察黄刺蛾、丽绿刺蛾等刺蛾的生活史标本及受害植物,识别各虫态形态特征。观察时注意从体色、翅面斑纹上区分各种成虫;幼虫特征注意体背的斑纹及枝刺。

2.袋蛾类害虫观察

观察茶袋蛾、小袋蛾、大袋蛾等的生活史标本及受害植物,识别各虫态形态特征。观察时注意袋蛾护囊上的区别:茶袋蛾护囊丝质,幼时囊外贴以叶屑、枝皮碎片,稍大则有许多的小枝缀于囊外,整齐地平行排列。小袋蛾囊外附有碎叶片和小枝皮。从幼虫老熟到化蛹后虫囊上端只有一根细长丝索与枝叶相连。大袋蛾护囊上常有较大的碎片和小枝条,排列不整齐。白囊袋蛾护囊,灰白色,以丝缀成,较紧密,囊外不被枝叶。

3.毒蛾类害虫观察

观察舞毒蛾、桑毛虫、豆毒蛾等毒蛾的生活史标本及受害植物,识别各虫态形态特征。观察时注意区分成虫特征,尤其杨雪毒蛾和雪毒蛾很相像,杨毒蛾成虫鳞片较厚,触角主干黑白相间,其幼虫头淡褐色,背面纵带灰白色,较狭;而柳毒蛾成虫鳞片较薄,触角主干纯白色其幼虫头黑色,背面有黄色宽带。

4.夜蛾类害虫观察

观察斜纹夜蛾、银纹夜蛾等的生活史标本及受害植物,识别各虫态形态特征。观察时从前翅的“三斑五线”上区分各种成虫;幼虫的区别主要是体色和背线。

5.尺蛾类害虫观察

观察大造桥虫、丝棉木尺蛾等尺蛾的生活史标本及受害植物,识别各虫态形态特征。观察时注意从翅面横线及斑块上区分各种成虫。

6.天蛾类害虫观察

观察凤仙花天蛾、蓝目天蛾等天蛾的生活史标本及受害植物,识别各虫态形态特征。观察时从体长、体色及翅面特征区分各种成虫;从虫体是否具颗粒或体侧的斜纹和眼状斑上区分各种幼虫。

7.灯蛾类害虫观察

观察星白灯蛾、人纹污灯蛾、美国白蛾的生活史标本及受害植物,识别各虫态特征。灯蛾类成虫一般体色较鲜艳,腹部多为黄或红色,且有黑点,翅多为白、黄或灰色;幼虫密被毛丛,且长短较整齐。

8.蝶类害虫观察

观察赤蛱蝶、花椒凤蝶等的生活史标本及受害植物。从体色及花斑上区分各种蝶类成虫。注意凤蝶类幼虫一般色深暗,光滑无毛,后胸隆起,前胸背中央有1臭腺。而粉蝶幼虫多为绿色或黄绿色,体表有许多短毛或小瘤突。受害植物叶片呈缺刻状或被食光。

9. 叶蜂类害虫观察

观察月季叶蜂、樟叶蜂的生活史标本及受害植物,识别各虫态形态特征。观察时注意叶蜂幼虫外形很像鳞翅目幼虫，但腹足6～8对且无趾钩。受害植物叶片呈孔洞、缺刻或被食光，个别种类形成虫瘿。

10. 软体动物观察

观察蛞蝓、蜗牛的标本及受害植物，识别各发育期形态特征。观察受害植物危害状。

(二)设施花卉食叶类害虫识别

以小组为单位，在花卉设施(或露地)生产基地教学现场，观察见到的各种设施花卉食叶类害虫的形态特征与为害状以及重要习性，并通过教材或网络查询，识别出害虫种类，了解其发生规律。

(三)设施花卉食叶类害虫综合防治实践

以小组为单位，根据识别出的害虫的发生规律，制订出综合防治方案。其中，化学防治要明确用药品种、施药方法、施药面积、药剂浓度或剂量、施药次数、施药间隔期等。对实施的各项措施及其防治效果应做好记录。经过观察，有较为明显的防治效果后，则小组提出验收申请，请老师和全班同学集体验收、考核。

任务考核

考核内容	考核标准	分值	得分	考核人
花卉食叶类害虫标本观察	观察到的害虫种类多，观察认真，有记录	20分		组内互评
设施花卉食叶类害虫识别	识别到目得20分，识别到科得25分，识别到种得30分	30分		教师
设施花卉食叶类害虫综合防治实践	防治方案合理，有详细记录，防治效果明显	40分		师生共评
团队协作	小组成员间团结协作，能完成各自的分工	5分		组内互评
职业素质	责任心强，学习主动、认真、方法多样	5分		组内互评

工作任务5 花卉吸汁类害虫的识别与防治

任务提要

通过到设施花卉基地现场教学，从形态特征和为害状上能够识别所见到的花卉吸汁害虫，根据其发生规律，制订合理的综合防治方案并实施、检验。对设施花卉上未发生的吸汁害虫的重要种类，通过教材与网络查询、多媒体教学、露地花卉现场教学、观察标本等方法进行学习。

知识准备

一、介壳虫

介壳虫简称蚧，属同翅目蚧总科，是一类较为奇特的昆虫。雌雄异型，覆盖蜡质分泌物，中、小型，大都是农、林、经济作物、观赏植物的重要害虫。蚧的种类很多。世界性分布。为害观赏植物的有红蜡蚧、日本龟蜡蚧、角蜡蚧、草履蚧、吹绵蚧等。

(一)红蜡蚧

1. 为害状识别

又名红蜡虫、红粉蚧、红虱子，属同翅目蚧科。是花木上常见的蚧虫，该虫食性杂，可危害100多种植物，主要危害白玉兰、桂花、月桂、苏铁、山茶、月季、南天竹、米兰、石榴、含笑等花木。若虫和成虫聚集在枝叶上，吮吸汁液危害。雌虫多发生在枝条和叶柄上，而雄虫则多在叶柄和叶片主脉处。能诱发煤污病。

2. 形态识别

成虫：雌成虫体椭圆形，暗红色，长2.5 mm。介壳近椭圆形，蜡质坚厚，长3～4 mm，初玫瑰红色，后呈紫红色。老熟时背面隆起呈半球形，顶部凹陷，有4条白色蜡带向上卷起，介壳中央有1白色脐状点。雄虫至化蛹时介壳长椭圆形，暗紫红色。雄成虫体长1 mm，翅展2.4 mm，白色，半透明。触角10节，顶端有3～4根长毛。

卵：椭圆形，淡紫红色，长0.3 mm。

若虫：初孵若虫扁平椭圆形，灰紫红色。2次脱皮后，体背覆以白色透明蜡质。

蛹：长椭圆形，紫红色，长约1 mm。

3. 发生规律

1年1代，以受精雌成虫在枝干上越冬。在浙江，越冬雌成虫于5月下旬至6月上、中旬产卵、孵化。雄若虫于8月下旬化蛹，9月中旬羽化、交尾。雌若虫3龄，雄若虫2龄。每雌平均产卵200粒，多在寄主植物光线较强的外侧枝叶上危害，而内层枝叶上较少发生。

(二)日本龟蜡蚧

1. 为害状识别

日本龟蜡蚧属同翅目蚧科。食性杂，危害石榴、桂花、白兰花、含笑、山茶、紫薇、月季、贴梗海棠、垂丝海棠、芍药、海桐等花木。若虫和雌成虫在枝梢和叶背中脉处，吮吸汁液危害，严重时枝叶干枯，并能诱发煤污病。

2. 形态识别

成虫：雌成虫体宽卵圆形，红褐色，体长约4 mm，体表覆盖1层坚实不透明的灰白色蜡壳，并在表面和侧面划分成块状，背部中央隆起较高，雌虫产卵时，可见背面1块蔷薇色的中心板和8块褐红色的缘板，状如龟背。雄成虫体棕褐色，长椭圆形，长约1 mm，翅展约2 mm，翅1对，无色透明，具2条翅脉。

卵：长椭圆形，长约 0.27 mm，初产时呈乳黄色，孵化前为橙红色。

若虫：初孵若虫椭圆形，扁平，淡黄色，长约 0.4 mm。雌若虫蜡壳与雌成虫蜡壳相似，雄若虫蜡壳椭圆形，雪白色，周围有放射状蜡芒 13 根。

蛹：长椭圆形，紫褐色，长约 1 mm。

3. 发生规律

1 年发生 1 代，以受精雌成虫在枝条上越冬。在南京，越冬雌成虫于翌年 5 月中旬大量产卵，若虫于 6 月上旬大量孵化，老熟雄若虫于 8 月下旬至 9 月上旬大量化蛹、羽化。雄成虫羽化后即与雌成虫交尾，2～3 d 内死亡。每雌平均产卵量 1 610 粒。若虫孵化后，经过一定的爬行后固定取食，若虫固定寄生后便开始泌蜡，约经 15 d，能形成星芒状蜡被。约经 40 d，雌、雄若虫的蜡被发生分化，雄若虫仍为星芒状蜡被，雌若虫则逐渐融合星芒状蜡被而成龟甲状。初孵若虫多寄生于叶片，少数也寄生于嫩枝和叶柄上。随后，雌虫则随虫体的各次脱皮陆续转移到枝条上寄生，雄若虫直至化蛹、羽化仍留在叶片上。该虫繁殖快、产卵量大和产卵期较长，若虫发生期很不一致，掌握若虫孵化时期是防治的关键。

4. 蚧类防治方法

蚧虫种类繁多，习性各异。由于其习性隐蔽，体形微小。常能由少而多，由局部而全部地蔓延扩展，从而影响花木生长，降低花卉的观赏价值。无论是哪种蚧虫，其防治原理和方法都有相似之处，都应本着"预防为主，综合治理"的方针，考虑到生态平衡，着眼于技术措施的防治，尽量少用农药。经常采用的防治方法有以下几种：

(1)检疫措施。对国内或国际调运的花木要严格检疫手续，如发现有严重危害的蚧虫，要及时采取有效措施，经过认真防治后方可调运。否则，要集中烧毁。

(2)栽培措施防治。选育抗虫品种；实行轮作，减少同种蚧虫发生机会；合理施肥，清洁花圃；合理确定植株种植密度。在温室管理中，合理疏枝，保持通风、透光等良好的生态环境。冬季或早春，结合修剪，剪去部分有虫枝，集中烧毁。

(3)化学防治。蚧类对农药易产生抗药性，要经常更换农药种类。施药方法有以下 3 种：①涂干，用刷子蘸农药直接涂在有虫的枝上。在休眠期涂 95% 蚧螨灵乳剂 150～200 倍，或机油乳剂 30～50 倍，或 45%结晶石硫合剂 50 倍。②刮皮涂干，涂干前先刮去表皮，再用排刷蘸农药刷刮皮处，或在刮皮处包贴脱脂棉，药液滴于棉上使吸收。涂药处包以塑料薄膜。所用农药有 40% 氧乐果或 10% 吡虫啉等，本方法防治成虫和若虫效果都好，但各种花木和害虫对农药敏感性不同，大量使用前应做试验。③喷雾，可选用 40% 水胺硫酸、或 50% 辛硫酸、或 40% 氧乐果 1 000 倍，或 10% 高效氯氰菊酯 2 000 倍，或 2.5% 三氟氯氰菊酯 1 500～2 000 倍，或 1.8% 阿维菌素稀释 3 000～5 000 倍，或 10% 吡虫啉 5 000 倍。

(4)保护和利用天敌。蚧虫天敌种类十分丰富，如澳洲瓢虫可捕食吹绵蚧；大红瓢虫和红缘黑瓢虫可捕食草履蚧；红点唇瓢虫可捕食褐叶圆蚧、日本龟蜡蚧、长白蚧、桑白蚧、紫薇绒蚧、橘绵蚧等多种蚧虫。寄生盾蚧的小蜂有蚜小蜂、跳小蜂、缨小蜂等。广东省近年从日本引进花角蚜小蜂防治松突圆蚧，防治效果较为显著。

二、蚜虫类

为害花卉的蚜虫主要有棉蚜、菊小长管蚜、桃蚜、月季长管蚜等。这里以棉蚜为例介绍。

1. 为害状识别

棉蚜又名瓜蚜，属同翅目蚜科。寄主植物近300种。危害石榴、茶花、菊花、牡丹、兰花、大丽花、仙客来、鸡冠花等花卉。成虫、若虫以刺吸式口器在叶片背面和嫩梢、嫩茎上吸食汁液。嫩叶及生长点被害后，叶片向背面卷缩，生长停滞，甚至全株萎蔫死亡；老叶受害时不卷缩，但提前干枯。蚜虫可传播多种病毒，引起病毒病发生，使病株出现花叶、畸形、矮化、带化等症状。

2. 形态识别

成虫：无翅胎生雌蚜体长1.5～1.9 mm，身体有黄、青、深绿、暗绿等色。触角约为身体一半长。复眼暗红色。腹管黑青色，较短。尾片青色。有翅胎生雌蚜体长1.2～1.9 mm，体黄色、浅绿或深绿。触角略短于身体。翅透明，中脉3岔。

卵：椭圆形，初产时橙黄色，后变为漆黑色，有光泽。卵产在越冬寄主的叶芽附近。

若蚜：无翅若蚜与无翅胎生雌蚜相似，但体较小，腹部较瘦。有翅若蚜形状同无翅若蚜，2龄出现翅芽，向两侧后方伸展，翅蚜后半部灰黄色。

3. 发生规律

棉蚜在温室内每年最多可发生20～30代，以卵在木槿、石榴、花椒、木芙蓉、鼠李等枝条上越冬。第二年开春后，棉蚜在越冬寄主上孵化，生活和繁殖2～3代，4月底或5月初产生有翅蚜，从越冬寄主向侨居寄主（瓜类、蔬菜、棉花等作物）上迁飞。气温16～25℃，相对湿度70%以下，是其生长最适宜的条件。干旱的条件利于发生，湿度大对其发生不利。捕食性天敌有各种瓢虫（如七星瓢虫、异色瓢虫、十三星瓢虫等）、大草蛉、丽草蛉、食蚜蝇、食蚜瘿蚊、蚜茧蜂等。

4. 防治方法

(1)人工防治，注意调查虫情，抓紧早期防治。花卉上零星发生时，可用毛笔蘸水刷掉。刷下的蚜虫，要及时处理干净，以防蔓延；木本花卉上的蚜虫，可在早春刮除老树皮及剪除受害枝条，消灭越冬卵。

(2)保护和利用天敌。蚜虫的天敌常见的有瓢虫、草蛉、食蚜蝇、蚜茧蜂、蚜小蜂等。天敌真菌中，最重要的是蚜霉菌属，它在蚜虫的体外寄生。

(3)色板诱杀。在花卉栽培地或温室内，可放置黄色黏胶板，诱粘有翅蚜虫。还可采用银白锡纸反光，拒栖迁飞的蚜虫。

(4)化学防治。蚜虫发生量大时，可喷40% 氧乐果、50%马拉硫磷乳剂或喷鱼藤精1 000～2 000倍液。发生在球茎上（如郁金香、百合、唐菖蒲、番红花）的蚜虫，可在栽培前，将受害球茎浸泡在含有湿润剂的林丹（25 g/100 L）药液中15 min，或用尼古丁或林丹作烟雾剂，进行熏蒸防治。

三、叶蝉类

叶蝉是同翅目叶蝉科昆虫的通称。该科昆虫不仅危害多种植物，而且还传播植物病毒病。为害花卉的有蔷薇小叶蝉、紫菀点叶蝉、大青叶蝉、棉叶蝉等。这里以大青叶蝉为例介绍。

1. 为害状识别

大青叶蝉又名大绿浮尘子、桑浮尘子，属同翅目叶蝉科。食性杂，危害多种植物，如杜鹃花、海棠、唐菖蒲等。主要是产卵危害，把卵产于树木皮层内，形成伤口，冬天易梢条枯干，严重影响树木生长。

2.形态识别

成虫：雌虫体长9.4～10.1 mm，头宽2.4～2.7 mm；雄虫体长7.2～7.3 mm，头宽2.3～2.5 mm。头部颜面淡褐色，两颊微青，在颊区近唇基缝处左右各有1小黑斑；触角窝上方、2单眼之间有1对黑斑。复眼三角形、绿色。前胸背板淡黄绿色，后半部深青绿色。小盾片淡黄绿色。前翅绿色带有青蓝色泽，前缘淡白，端部透明。后翅烟黑色，半透明。

卵：长卵圆形，长1.6 mm、宽0.4 mm，白色微黄，中间微弯曲，一端稍细，表面光滑。

若虫：共5龄，1龄若虫体色灰白而微带黄绿色，2龄色略深，头冠部皆有2黑色斑纹，胸腹部背面无条纹。3龄若虫体色黄绿，除头冠部具2黑斑外，胸、腹部背面出现4条暗褐色条纹，翅芽出现。5龄若虫中胸翅芽后伸，几乎与后胸翅芽等齐。

3.发生规律

我国北方及江苏均1年发生3代，以卵越冬。在北京各代发生期为4月中旬至7月上旬、6月中旬至8月中旬、7月下旬至11月中旬。越冬卵在3月下旬开始发育，若虫近孵化时，卵的顶端也常露在裂口外面，若虫孵出很容易爬出产卵裂缝。若虫群聚危害，偶然受惊便斜行或横行，由叶面向叶背逃避，如惊动太大，便跳跃而逃。成虫趋光性很强。

4.防治方法

(1)加强管理。勤除草，清洁棚室，结合修剪，剪除受害枝以减少虫源。

(2)在成虫危害期，利用灯光诱杀，消灭成虫。

(3)化学防治。在若虫高峰期，用10% 吡虫啉4 000～5 000倍液，或35% 硫丹1 000倍液，或98% 巴丹1 000～2 000倍液，或2.5% 天王星1 500～2 000倍液，或2.5% 功夫2 000倍液喷雾。

四、蝽类

花卉常见的蝽类害虫主要有绿盲蝽、麻皮蝽、茶翅蝽、梨网蝽等。麻皮蝽为害一串红、凤仙花、彩叶草、兰花、仙客来、瓜叶菊、八仙花和大丽花等；茶翅蝽为害一串红、菊花、矮牵牛、大丽花和彩叶草等；梨网蝽为害月季、杜鹃、樱花、西府海棠、垂丝海棠和贴梗海棠等。这里以绿盲蝽为例介绍。

1.为害状识别

绿盲蝽属半翅目、盲蝽科。除危害月季外，还危害菊花、大丽花、石榴、茶花、海棠等多种花木。成虫和若虫用口针刺害嫩叶、叶芽和花蕾。被刺害的叶片，几天后出现黑斑和孔洞，受害严重时，叶片发生扭曲皱缩。花蕾被刺害后，受害处渗出黑褐色汁液。叶芽嫩尖受害后，呈焦黑色，不能发叶。

2.形态识别

成虫：体绿色，较扁平。体长约5 mm，宽约2.2 mm。复眼红褐色。触角淡褐色。前胸背板深绿色，有许多小黑点，小盾片黄绿色。翅的革质部分全为绿色，膜质部分半透明，呈暗灰色。

卵：长口袋形，微倾斜，黄绿色，长约1 mm。卵盖乳黄色，中央凹陷，两端突起。

若虫：成长若虫体鲜绿色。复眼灰色。体表密被黑色细毛。翅芽尖端黑色，达腹部第4节。

3. 发生规律

1年发生5代。以卵在石榴、木槿等植物的组织内越冬。翌年3月底至4月初孵化，4月中旬为若虫盛孵期，5月上、中旬羽化为成虫。第2～4代成虫，分别在6月上旬、7月中旬、8月中旬和9月中旬出现。成虫寿命约30～57 d。产卵期可持续30～40 d。因此，常出现世代重叠现象。全年以5月上、中旬危害最盛，5月份在月季上出现明显的受害状。5月下旬以后，虫口逐渐减少。

成虫羽化后6～7 d开始产卵，卵产于植物嫩茎皮层组织中。产卵量一般100粒左右。若虫共5龄，3龄后出现翅芽。成虫和若虫白天均潜伏隐蔽处，夜里爬至芽、叶上刺吸取食，以芽和嫩叶受害最重。成、若虫均不耐高温、干燥，故7～8月间很少危害。气温在20℃、相对湿度在80%以上时，最适于发生。在适温下，高湿多雨，发生多，危害严重。

4. 防治方法

(1)消除花园、苗圃以及其周围的杂草。

(2)于4月上、中旬若虫大量孵化时，用80%敌敌畏乳油1 000倍液，或50%杀螟松乳油1 000倍液，或50%辛硫磷乳油2 000倍液，或20%杀灭菊酯2 000～3 000倍液，或50%二溴磷乳油1 000倍液喷雾防治。喷药时注意喷及叶背等隐蔽处，附近杂草也应同时喷药。

五、蓟马类

蓟马是缨翅目昆虫的通称。多为植食性害虫，以其锉吸式口器刮破植物表皮，口针插入组织内吸食汁液，受害处常呈黄色斑纹，至嫩芽、心叶凋萎，叶片卷曲、皱缩，甚至全叶枯黄。植物花器被害后，花朵很快就凋谢；有的蓟马在危害植物的同时还可传播植物病毒。

(一)花蓟马

1. 为害状识别

花蓟马属缨翅目蓟马科。危害剑兰、柑橘等。以成虫、若虫在花内取食危害，破坏花组织，致使花朵提早凋谢，影响花卉的观赏价值。

2. 形态识别

成虫：雌虫体长1.3～1.5 mm，体赭黄色。触角8节，较粗壮。头部短于前胸，头顶前缘仅中央略突出。各单眼内缘有橙红色月晕，单眼间鬃位于单眼三角形连线上。前胸背板前角具1对长鬃，后角具2对长鬃。前翅上脉鬃连续，19～22根，下脉鬃15～17根。第8腹节背板后缘栉毛完整。雄虫较雌虫小，黄色。腹板3～7节有近似哑铃形的腺域。

卵：肾形，长0.2 mm，宽0.1 mm。孵化前显现两个红色眼点。

若虫：初孵若虫体长约0.4 mm，乳白至淡黄色；2龄若虫体长约1 mm，基色黄，复眼红。3龄为预蛹，淡黄色，翅芽明显；4龄若虫为伪蛹，淡黄色，翅芽伸长达腹部第5～7节。

3. 发生规律

在我国南方1年发生11～14代。成虫有很强的趋花性，卵大部分产于花内。一般产在花瓣上,有的产在花丝上,也有的产于包裹子房的子房壁上或花柄及叶片上。

(二)红带网纹蓟马

1.为害状识别

又名红带滑胸针蓟马、荔枝网纹蓟马、红腰带蓟马。主要被害园林植物有珊瑚、杜鹃、海棠等。珊瑚树被害,可使中、下部叶片变灰褐,造成严重落叶。为害杜鹃、月季、海棠等时,叶面失去光泽,留有许多黑色或褐色排泄物,引起落叶,影响生长甚至致死。

2.形态识别

成虫:雌成虫体长1.4～1.5 mm,雄成虫1.2～1.3 mm,茶黑褐色,背面有网络状花纹。复眼略突出,红褐色。触角8节,第1,2节褐色;3～5节端部褐色,基部较淡;第7～8节细长呈刚毛状。前胸宽矩形,表面密布扁菱形网纹,中后胸愈合。前翅灰黑色,缘毛极长。

卵:无色透明,长椭圆形,一端较细长,长0.3～0.4 mm。

若虫:初孵时体长0.41 mm,无色透明,稍后头部及腹末呈淡黄色,腹部背面前半有1条十分明显的红色横带。老熟时体长1.1～1.2 mm,橙黄色。触角末端尖细无色,腹部末端常附珠状液泡。

伪蛹:形似老熟若虫,体长0.8～1.25 mm。

3.发生规律

年发生代数各地不一。在湖南6～8代,以成虫越冬。翌年5月开始活动,取食并产卵。若虫爬行时腹部后半常上举,并不断排泄。若虫、前蛹和伪蛹有群集性。世代重叠。雌成虫寿命平均18.8 d,雄虫16.4 d。卵产叶肉内,产卵处稍隆起,有时具褐色水状物覆盖,干后呈鳞片状。干旱季节或年份发生严重。郁闭度大、通风透光欠佳时受害重。

4.蓟马类防治方法

(1)清除杂草,减少虫源。多数蓟马具有较宽的寄生范围,有些杂草是蓟马的越冬或早春繁殖的寄主。因此,清除杂草是减少虫源的一项重要措施。

(2)生物防治。捕食性天敌包括纹蓟马科、管蓟马科、花蝽科、姬猎蝽科、盲蝽科、长蝽科、泥蜂科、蚁科、瓢虫科、步甲科、食蚜蝇科、瘿蚊科、草蛉科、褐蛉科、大赤螨科及蜘蛛类等。寄生性天敌有缨小蜂科、赤眼蜂科、黑卵蜂科等。

(3)化学防治。大面积发生高峰期前,可喷40%氧乐果乳油1 000倍液,80%敌敌畏乳油3 000倍液,50%马拉硫磷乳油4 000倍液,10%吡虫啉可湿性粉剂2 000倍液,或50%杀螟松乳油2 000倍液,均有良好效果。

六、粉虱类

为害花卉的粉虱类主要有温室白粉虱、烟粉虱、柑橘粉虱、黑刺粉虱等。其中温室白粉虱除危害蔬菜外,还能危害瓜叶菊、天竺葵、茉莉、扶桑、倒挂金钟、金盏花、万寿菊、一串红、一品红、月季、牡丹、绣球、大丽花等70多种观赏植物,有关内容参见蔬菜刺吸类害虫。这里主要介绍后两种。

(一)柑橘粉虱

1. 为害状识别

柑橘粉虱属同翅目粉虱科。危害栀子花、桂花、牡丹、常春藤、女贞、丁香、矮牵牛、石榴、柿、柑橘等花木。主要以幼虫寄生于叶背,吸汁危害。受害叶片发黄,且诱发煤污病。

2. 形态识别

成虫:雌成虫体长约 1.2 mm,雄成虫体较小,长约 1.0 mm。身体淡黄色,被白色蜡粉,翅白色,不透明。复眼红褐色。

卵:椭圆形,黄色,有短柄,附着于叶片上。

若虫:扁平椭圆形,淡黄绿色,体周围有小突起 17 对,并有白色放射状蜡丝。

蛹:椭圆形,淡黄绿色。

3. 发生规律

浙江黄岩 1 年发生 4 代。以老熟若虫或蛹在寄主植物叶背越冬,第 2 年 5 月上、中旬至 6 月上旬羽化。其余各代成虫分别于 7、8 月和 10 月上、中旬羽化,以 7、8 月发生较多。

(二)黑刺粉虱

1. 为害状识别

又名橘刺粉虱,属同翅目粉虱科。危害月季、蔷薇、白兰、米兰、玫瑰、山茶、柑橘等花木。以若虫群集在叶片背面吸食汁液,严重发生时每片叶片上有虫数百头。其排泄物能诱发煤污病使枝叶发黑,枯死脱落,有碍观赏。

2. 形态识别

成虫:成虫体长 1.0～1.3 mm,体橙黄色,覆有蜡质白色粉状物。前翅紫褐色,有 7 个不规则的白斑,后翅无斑纹,较小,淡紫褐色。复眼红色。

卵:长肾状形,基部有 1 小柄,粘附在叶片背面。初产时淡黄色,孵化前呈紫黑色。

若虫:共 3 龄。初孵若虫椭圆形,体扁平,淡黄色,体周缘呈锯齿状,后渐转黑色,并在体躯周围分泌 1 白色蜡圈,随虫体增大,蜡圈也增粗。老熟若虫体深黑色,体背有 14 对刺毛,周围白色蜡圈明显。

蛹:椭圆形,初化蛹时乳黄色,透明,后渐变黑色。蛹壳黑色有光泽,椭圆形,周围附有白色绵状蜡质边缘。

3. 发生规律

在浙江、安徽 1 年发生 4 代,以老熟若虫在叶背越冬。翌年 3 月化蛹,4 月上、中旬成虫开始羽化。各代若虫发生盛期分别在 5 月下旬、7 月中旬、8 月下旬、9 月下旬至 10 月上旬,第 1、2 代发生比较整齐,有世代重叠现象。成虫白天活动,卵多产于叶背,每雌产卵约 20 粒,有孤雌生殖现象。天敌有粉虱寡节小蜂、刺粉虱黑蜂、草蛉及红点唇瓢虫等。

4. 粉虱类防治方法

(1)加强植物检疫工作。注意检查进入塑料大棚和温室的各类花木。

(2)加强管理。勤除杂草、适当修枝,保持通风透光环境,可减轻该类害虫的危害。

(3)黄板诱杀。

(4)药剂防治。在若虫盛发期或成虫盛发期可喷洒 50% 二溴磷、25% 亚胺硫磷、50% 杀螟松各 1 000 倍液，或 2.5% 鱼藤精 4 000 倍液。要狠抓第 1 代防治。喷时注意药液均匀，叶背处更应周到喷射。

(5)注意保护天敌。如丽蚜小蜂、长棒角蚜小蛉、中华草蛉、红点唇瓢虫等。

七、螨类

(一)二斑叶螨

1. 为害状识别

又名二点叶螨，形态和发生为害与朱砂叶螨极为相似。为害月季、玫瑰、牡丹、大丽花、一串红、海棠等多种植物。常在叶背为害，并吐丝结网。受害叶片呈灰白色小点，严重时叶片早落。在植株上自下部叶片向上部叶片扩展为害。

2. 形态识别

雌螨：体长 0.4～0.5 mm，宽 0.3～0.35 mm。体椭圆形，淡黄或黄绿色，体两侧各有黑斑 1 块，其外侧 3 裂形。须肢端感器长约为宽的 2 倍，背感器较端感器为短，气门沟呈 U 形分支。背毛共 26 根，其长超过横列间距。

雄螨：体长 0.37 mm，宽 0.19 mm。须肢端感器细长，长约为宽的 3 倍，背感器较端感器短。二斑叶螨的外部形态与朱砂叶螨极为相似，常易混淆，前者体呈浅黄色或黄绿色；肤纹突半圆形；雌螨有滞育。

卵：圆球形。初产时透明无色，孵化前变为橙黄色。

幼螨：近圆形。半透明，吸食后体色成淡绿色，3 对足。

若螨：椭圆形，体色较幼螨深，黄绿色，体背两侧的褐斑明显，4 对足。

3. 发生规律

在南方地区 1 年发生 20 余代，滞育现象不明显；北方地区 12 代以上。秋季多以雌成螨滞育，在寄主枝干表层缝隙间、土缝中、田间杂草根部越冬。翌春 3 月下旬至 4 月上旬开始活动，5 月初在寄主下部叶片可发现此螨。5～10 月，种群密度变化起伏，通常干旱、高温，适于发育和扩散为害。营两性生殖和孤雌生殖。每雌平均产卵 120 粒。雌螨在长日照条件下，不发生滞育个体；在短日照条件下大部分进入滞育。

(二)侧多食跗线螨

1. 为害状识别

又名茶跗线螨、白蜘蛛。为害仙客来、柑橘、茉莉、茶等多种观赏植物。常在嫩叶背面、嫩梢等幼嫩部分为害。被害叶呈黄褐或灰褐色。严重时叶片沿叶缘向背面弯曲，叶质硬而脆，叶肉增厚，嫩梢扭曲畸形，影响生长和观赏。

2. 形态识别

雌螨：雌螨体长 0.22 mm，宽 0.15 mm。体宽椭圆形，淡黄至橙黄色，具光泽。颚体圆形，螯肢针状。前足体前外侧具假气门器 1 对，呈亚圆形，远端稍扩大。前足体背面具 2 对背毛，后半体具5对背毛，腹面具表皮内突4对。前足体具2对腹毛，后半体具6对腹毛。

雄螨：雄螨体长0.15 mm，宽0.09 mm。前足体背毛4对，后半体背毛5对。前足体和后半体分别具2对和3对腹毛。

3.发生规律

1年发生20代。在热带地区及北方温室可终年繁殖。在四川，以雌螨在嫩叶背面、芽鳞和芽腋中越冬。当旬平均气温达到7℃时，越冬雌螨开始活动取食，在28～30℃下完成1个世代需4～5 d，在18～20℃下为7～10 d，个体发育的最适温度为18～25℃，最适湿度为80%～90%。营两性生殖和孤雌生殖。

4.螨类防治方法

(1)农业防治。在木本植物越冬期，刮除粗皮、翘皮，结合修剪，剪除病、虫枝条。树干束草，诱集越冬雌蛾，翌春收集烧毁。对花圃地，要勤除杂草，结合翻耕整地，冬季灌水，销毁残株落叶，以便消灭越冬虫口。生长期要加强肥水管理，增施有机肥，增强树势，提高植株的抗虫能力；高温干旱季节抗旱灌水，增加园地湿度，有利于保护天敌，减轻螨类的危害。

(2)化学防治。喷40%三氯杀螨醇乳油1 000～1 500倍液，对杀成螨、若螨、幼螨、卵均有效，也可选喷25%亚胺硫磷乳油1 000倍，或50%三硫磷乳油2 000倍。冬季可选喷3～5波美度石硫合剂，杀灭在枝干上越冬的成螨、若螨和卵。如螨害发生严重，每隔10～15 d喷1次，连续喷2～3次，有较好效果。

(3)生物防治。螨类天敌种类很多。病原微生物有虫生藻菌和芽枝霉感染柑橘全爪螨。捕食性昆虫如瓢虫科的食螨瓢虫属，草蛉科的末龄幼虫，粉蛉科的啮粉蛉，花蝽科的小花蝽，缨翅目的六点蓟马等。对上述天敌，应注意保护。

任务实施

一、实施条件

(1)实施场所　校内外花卉设施基地、多媒体实训室。

(2)仪器与用具　体视显微镜、挑针、镊子、培养皿、害虫标本采集用具、记录本等。

(3)材料　红蜡蚧、日本龟蜡蚧、角蜡蚧、草履蚧、吹绵蚧、棉蚜、菊小管蚜、桃蚜、月季长管蚜、大青叶蝉、棉叶蝉、小绿叶蝉、蚱蝉、绿盲蝽、梨冠网蝽、烟蓟马、花蓟马、红带网纹蓟马、黄胸花蓟马、温室白粉虱、柑橘粉虱、黑刺粉虱、朱砂叶螨、二斑叶螨、侧多食跗线螨、刺足根螨等害虫形态及危害状标本。

(4)其他　教材、PPT、视频、影像资料、网上资源等。

二、实施方案

(一)花卉吸汁类害虫标本观察

1.蚧类形态及危害状观察

观察红蜡蚧、日本龟蜡蚧、角蜡蚧、草履蚧、吹绵蚧等的形态特征。注意区分上述各种雌雄介壳虫的形态特点。

植物受害状观察：植物叶片发黄、枝梢枯萎，引起落叶，甚至全株枯死。并能诱发煤污病。

2. 蚜虫类形态及危害状观察

用体视显微镜观察棉蚜、菊小长管蚜、桃蚜、月季长管蚜等蚜虫标本，注意观察体色、大小、腹管和尾片的形态。观察有翅蚜翅脉的构造特点。

植物受害状观察：受害叶片皱缩不平，变成红色，向叶背横卷。新梢、嫩叶背面布满蚜虫，枝梢生长缓慢，花蕾和幼叶不易伸展，花形变小。同时诱发煤污病。

3. 叶蝉类形态及危害状观察

识别大青叶蝉、棉叶蝉等的形态特征，比较其体形大小、颜色、前胸背板和小盾片上的斑纹数目、颜色、形状。

植物受害状观察：受害叶片呈现小白斑，严重时全叶苍白，枝条枯死。

4. 蝽类形态及危害状观察

观察绿盲蝽、梨冠网蝽的特点，比较其体型大小、体色、前胸背板形状、翅及翅脉的特征。

植物受害状观察：受害处有许多斑斑点点的褐色虫粪，叶背呈锈黄色，正面形成苍白色斑点。

5. 蓟马类形态及危害状观察

观察花蓟马、红带网纹蓟马、黄胸蓟马等的标本，注意几种蓟马体形、体色、翅及前胸背板的特征。

植物受害状观察：被成、若虫危害植物的花，受害后常留下灰白色的点状痕，造成花瓣卷缩，影响花卉的观赏价值。

6. 粉虱类形态及危害状观察

观察温室白粉虱、柑橘粉虱、黑刺粉虱的形态特征，注意其体型大小、颜色、体表的棉絮状蜡粉、胸节背板特点、腹部末端形状。

植物受害状观察：受害植物上可见成、若虫群集嫩梢、叶背，有的导致叶片上产生虫瘿，使叶片卷曲，肿胀，硬化变脆。若虫分泌白色棉絮状蜡质物，影响植物光合作用和呼吸作用，并诱发煤污病。

7. 螨类形态及危害状观察

用显微镜观察识别二斑叶螨、侧多食跗线螨、刺足根螨等标本特点，注意螨体的体形、颜色；须肢端感器的形状、长度；背毛的数目。

植物受害状观察：受害叶出现黄白色小斑，苍灰色，有时造成叶片卷曲，枯黄脱落。

(二)设施花卉吸汁类害虫识别

以小组为单位，在花卉设施(或露地)生产基地教学现场，观察所找到的设施花卉上各种吸汁类害虫的形态特征与为害状以及重要习性，并通过教材或网络查询，识别出害虫种类。由于刺吸类害虫往往体型较小，必要时可采集标本，带回实训室在体视显微镜下进行识别。

(三)设施花卉吸汁类害虫综合防治实践

以小组为单位，根据识别出的害虫的发生规律，制订出综合防治方案。其中，化学防治要明确用药品种、施药方法、施药面积、药剂浓度或剂量、施药次数、施药间隔期等。对实施的各项措施及其防治效果应做好记录。经过观察，有了较为明显的防治效果后，则小组提出验收申请，请老师和全班同学集体验收、考核。

任务考核

考核内容	考核标准	分值	得分	考核人
花卉刺吸类害虫标本观察	观察到的害虫种类多，观察认真	20分		组内互评
设施花卉刺吸类害虫识别	识别到目得20分，识别到科得25分，识别到种得30分	30分		教师
设施花卉刺吸类害虫综合防治实践	防治方案合理，有详细记录，防治效果明显	40分		师生共评
团队协作	小组成员间团结协作，能完成各自的分工	5分		组内互评
职业素质	责任心强，学习主动、认真、方法多样	5分		组内互评

项目三

果树病虫害的诊断与防治

项目目标

通过对设施果树病虫害诊断与防治项目的实践，使学生能识别当地常见果树病虫种类，了解当地主要果树病虫害发生规律和特点，制订有效的综合防治方案；同时能对当地常见果树病虫害防治的关键技术进行熟练操作与使用，选择适合当地果树病虫害防治的农药和方法，服务于当地的果树生产。

项目案例

农药使用不当惹祸端

晓塘乡金师傅种植的1.8亩“夏黑”早熟葡萄的大棚内，有很大一块面积的葡萄果实表面陆续开始出现发红、发黄、软化等迹象。根据经验，这样的葡萄已无商品价值，参照往年的售价，经济损失约在3万元。面对即将上市的葡萄遭遇大面积绝收，金师傅欲哭无泪。

原来，为了防除杂草，5月10日金师傅从农资店购买了“百草枯”，喷施在葡萄棚内地表。难道是买了劣质农药？金师傅连忙打电话给乡工商所与乡政府农办，请求帮助鉴定。

工作人员立即赶往现场查看：大棚内四周透风的区域，葡萄依然长势良好，而发生药害的葡萄集中在大棚的中央区域，面积约占整个葡萄园区的60%。为什么同一种农药、同一种浓度，四周葡萄的长势并没有受到影响呢？带着疑惑，农办工作人员对该款“百草枯”进行了鉴定，结论是排除假冒伪劣，也未超出保质期。

于是，工作人员又把原因锁定在农药使用这个环节上。在随后的深入询问调查中，原因渐渐明朗。原来，前段时间持续高温闷热天气，致使棚内湿度偏高，通风不顺畅。可是金师傅还是按照往常的量施用百草枯，而没有考虑到湿度、温度等因素，部分农药不能顺利往土壤下渗透，继而悬浮在空气中，导致葡萄受害。

工作任务1　果树病害的诊断与防治

任务提要

通过到设施果树基地现场教学，认识果树生产中所见到的病害，学会现场诊断方法，能根据其发病规律，制订合理的综合防治方案并实施、检验。对基地内未发生的病害，通过实训室里的病害标本观察、病原观察、多媒体课件、观看视频、教材查阅等方法，认识当地常见的果树病害种类，熟悉病原诊断方法，了解其发病规律，学会综合防治方法。

知识准备

近年来，我国设施果树种植的规模不断扩大，主要种植的果树有葡萄、草莓、桃、甜樱桃、苹果、蓝莓等，这在一定程度上加快了我国农业的发展速度。然而，由于设施环境条件以及栽培措施等因素的影响，使得设施果树的传染性病害和生理病害愈发严重，为此，本任务阐述了设施果树常见病害的症状特点及影响因素，并提出相应的综合防治措施。

一、常见真菌性病害

（一）苹果树腐烂病

苹果树腐烂病俗称臭皮病、烂皮病、串皮病，是我国苹果产区危害较严重的病害之一。该病主要发生在成龄结果树上，重病果树常常是病疤累累，枝干残缺不全，是对苹果生产威胁很大的毁灭性病害。该病除危害苹果树外，还侵染沙果、林檎、海棠、山定子等。

1.症状识别

腐烂病主要危害结果树的枝干，尤其是主干分叉处，幼树和苗木及果实也可受害。该病症状有溃疡型和枝枯型两类，以溃疡型为主。

溃疡型：多发生在主干、主枝上，发病初期病部表面为红褐色，略隆起，呈水渍状，病组织松软，病皮易于剥离，内部组织呈暗红褐色，有酒精味。有时病部流出黄褐色液体。后期病部失水干缩，下陷，硬化，呈黑褐色，边缘开裂。表面产生许多小黑点，此即病菌的子座，内有分生孢子器和子囊壳。潮湿时，从小黑点顶端涌出黄色细小卷丝状的孢子角，如果病斑绕枝干一周，则引起枝干枯死。

枝枯型：多发生在2～4年生的枝条、果台、干枯桩等部位，在衰弱树上发生更明显。病部红褐色，水渍状，不规则形，迅速延及整个枝条，终使枝条枯死。后期病部也产生许多小黑点，遇湿溢出橘黄色孢子角。

苹果腐烂病菌也能侵害果实，病斑红褐色，圆形或不规则形，有黄褐色与红褐色相间的轮纹，病斑边缘清晰。病组织软腐状，略带酒糟味。病斑在扩展时，中部常较快地形成黑色小粒点，散生或集生，有时略呈轮纹状排列。潮湿时亦可涌出孢子角。

2.病原识别

有性态为苹果黑腐皮壳，为子囊菌亚门；无性态为壳囊孢。分生孢子器着生在黑色圆锥形的外子座中，外子座生在病皮表皮层下。分生孢子器扁瓶形，成熟时其内分成多个腔室，各腔室相互串通，有一共同孔口伸出病皮外。内壁密生孢子梗，无色。分生孢子顶生，香蕉形或长肾状，单胞，无色，内有油球。子囊壳在秋季生于内子座中。内子座位于外子座的下边或旁边。子囊壳黑色，烧瓶状，内壁基部密生子囊。子囊长椭圆形或纺锤形，内有8个子囊孢子。子囊孢子排列成两行或无规则排列，无色，单胞，腊肠形或香蕉形。

3.发病规律

病菌主要以菌丝体、分生孢子器和子囊壳在田间病株和病残体上越冬，成为来年发病的主要初侵染来源。翌春，在雨后或高湿条件下，分生孢子器及子囊壳便可排放出大量孢子。由于孢子常与胶质物一起形成孢子角，所以必须先通过雨水冲溅分散而后随风雨大范围扩散。另外，孢子也可黏附在昆虫体表，随昆虫活动迁飞而带菌传病。

病菌寄生性比较弱，一般只能从伤口侵入已经死亡的皮层组织，但也能从叶痕、果柄痕和皮孔侵入。病菌侵入后，首先在侵入点潜伏生存，如果树长势健壮，抗病力强时，病原菌就长期潜伏。当树体或局部组织衰弱，抗病力降低时，潜伏菌丝才得以进一步扩展，表现症状。所以，当果树大量结果或果树受冻害以后，树势极度衰弱时，常有腐烂病的大发生。

4.防治方法

应采取以加强栽培管理、增强树势、提高抗病力为主，以搞好果园卫生、铲除潜伏病菌为基础；及时治疗病斑，防止死枝死树为保障，同时结合保护伤口、防止冻害等项措施，进行综合防治。

(1)加强栽培管理壮树抗病，合理修剪，调整树势；调节树体负载量，克服大小年现象；增施有机肥，合理搭配氮、磷、钾肥和中微量元素；搞好果树防寒，减少冻伤口，结果树进行涂白。

(2)清洁果园减少病菌，发现病斑及时刮除；修剪时注意清除病枝、残桩、病果台；剪下的病枝条、病死树及时清除烧毁；剪锯口及其他伤口用药剂或油漆封闭，减少病菌侵染途径。

(3)病斑治疗。及时治疗病斑是防止死枝死树的关键。①病斑刮治法：地面铺上塑料布，在病疤周围延出0.5 cm用刀割一深达木质部的保护圈，然后将保护圈内的病皮和健皮彻底刮除，刮掉在塑料布上的病组织集中烧毁。对已暴露的木质部用刀深割1～1.5 cm，最后涂药处理。常用药剂有腐必清可湿性粉剂10～20倍液；1% 苹腐灵水剂2倍液、5% 菌毒清30～50倍液、腐烂敌20～30倍液、腐必清乳剂2～3倍液、843康复剂原液等。②病斑敷泥法：就地取黏土，用水和泥，拍成泥饼，敷于病疤及其外围5～8 cm范围，厚3～4 cm，然后用塑料布或牛皮纸扎紧。此法宜在春季进行，次年春季解除包扎物，清除病残组织后涂以药剂消毒保护。此法用于直径小于10 cm的病疤。③病斑割治法：用刀先在病斑外围切一道封锁线，然后在病斑上纵向切割成条，刀距1 cm左右，深度达到木质层表层，切割后涂药，药剂必须有较强的渗透性或内吸性，能够渗入病组织，并对病菌有强大的杀伤效果。

(4)药剂预防。早春树体萌动前，喷布杀菌剂进行保护，药剂有3～5波美度石硫合剂、5% 菌毒清水剂50倍液等。5～6月对树体大枝干涂刷药剂，可选用40% 福美胂可湿性粉剂50～100倍液，或5% 菌毒清水剂50倍液等。

(二)苹果轮纹病

苹果轮纹病又称粗皮病、轮纹烂果病,分布在我国各苹果产区,以华北、东北、华东果区为重。一般发病率为20%~30%,重者可达50%以上。

1.症状识别

主要为害枝干和果实,有时也为害叶片。病菌侵染枝干,多以皮孔为中心,初期出现水渍状的暗褐色小斑点,逐渐扩大形成圆形或近圆形褐色瘤状物。病部与健部之间有较深的裂纹,后期病组织干枯并翘起,中央突起处周围出现散生的黑色小粒点。在主干和主枝上瘤状病斑发生严重时,病部树皮粗糙,呈粗皮状。后期常扩展到木质部,阻断枝干树皮上下水分、养分的输导和贮存,严重削弱树势,造成枝条枯死,甚至死树、毁园的现象。果实进入成熟期陆续发病,发病初期在果面上以皮孔为中心出现圆形、黑至黑褐色小斑,逐渐扩大成轮纹斑。略微凹陷,有的短时间周围有红晕,下面浅层果肉稍微变褐、湿腐。后期外表渗出黄褐色黏液,烂得快,腐烂时果形不变。整个果烂完后,表面长出粒状小黑点,散状排列。后期失水变成黑色僵果。

2.病原识别

有性世代为贝伦格葡萄座腔菌梨生专化型,属子囊菌亚门真菌。无性世代为轮纹大茎点菌,属半知菌亚门真菌。子囊壳在寄主表皮下产生,黑褐色,球形或扁球形,具孔口。子囊长棍棒状,无色,顶端膨大,壁厚透明,基部较窄。子囊孢子单细胞,无色,椭圆形。分生孢子器扁圆形或椭圆形,具有乳头状孔口,内壁密生分生孢子梗。分生孢子梗棍棒状,单细胞,顶端着生分生孢子。分生孢子单细胞,无色,纺锤形或长椭圆形。

3.发病规律

病菌以菌丝体、分生孢子器在病组织内越冬,是初次侵染和连续侵染的主要菌源。于春季开始活动,随风雨传播到枝条和果实上。在果实生长期,病菌均能侵入,其中从落花后的幼果期到8月上旬侵染最多。侵染枝条的病菌,一般从8月份开始以皮孔为中心形成新病斑,翌年病斑继续扩大。气温高于20℃,相对湿度高于75%时,有利于病菌繁殖和孢子大量散布及侵入,病害发生严重。果园管理差,树势衰弱,重黏壤土和红黏土,偏酸性土壤上的植株易发病,被害虫严重为害的枝干或果实发病重。

4.防治方法

(1)果实套袋。苹果轮纹病既侵染枝干,又侵染果实,就其损失而言重点是果实受害,但枝干发病与果实发病有极为密切的关系,在防治中要兼顾枝干轮纹病的防治。加强肥水管理,休眠期清除病残体。果实套袋能有效保护果实,防止烂果病的发生。

(2)及时刮除病斑。刮除枝干上的病斑是一个重要的防治措施。一般可在发芽前进行,刮除病斑后涂70%甲基硫菌灵可湿性粉剂1份加豆油或其他植物油15份涂抹即可。5~7月可对病树进行重刮皮。发芽前可喷一次2~3波美度石硫合剂或5%菌毒清水剂30倍液,刮病斑后喷药效果更好。

(3)药剂防治。在发病前,可选用1∶2∶240倍波尔多液;或80%炭疽福美可湿性粉剂600倍液;或75%百菌清可湿性粉剂600倍液;或70%代森锰锌可湿性粉剂400~600倍液;或53.8%氢氧化铜干悬浮剂800倍液等保护。发病后可用50%异菌脲可湿性粉剂600~800倍液；或 75% 百菌清可湿性粉剂 600 倍液＋10% 苯醚甲环唑水分散粒剂 2 000～2 500 倍液；或 70% 代森锰锌可湿性粉剂 400～600 倍液＋12.5% 腈菌唑可湿性粉剂 2 500 倍液；或 50%多·霉威可湿性粉剂 1 000～1 500 倍液；或 5% 菌毒清水剂 400～500 倍液＋20% 多·戊唑可湿性粉剂 1 000～1 500 倍液；或 40% 霉粉清(三唑酮·多菌灵·福美双)可湿性粉剂 600～750 倍液；或 70% 甲·福可湿性粉剂 800～1 000 倍液；或 12.5% 腈菌唑可湿性粉剂 2 500 倍液等。

(三)葡萄黑痘病

1.症状识别

又叫疮痂病、鸡眼病，是葡萄重要病害之一。主要危害葡萄绿色幼苗部分，如叶片、新梢、嫩叶、幼果，叶片：初期出现针眼大小红褐色至黑褐色的小斑点，圆形或不规则形，中间灰白色，边缘暗褐色或紫色，干燥时，病斑中央易穿孔；果实感病部位产生边缘褐色、中央凹陷的“鸟眼”状斑点；新梢、叶柄、穗轴、花序产生暗褐色椭圆略凹陷的病斑，病斑中部逐渐变成灰黑色，边缘呈紫黑色或深褐色。

2.病原识别

无性时期为葡萄痂圆孢菌，属半知菌亚门痂圆孢菌属。病菌在病斑的外表形成分生孢子盘，半埋生于寄生组织内。分生孢子盘含短小、椭圆形、密集的分生孢子梗。顶部生有细小、卵形、透明的分生孢子。

3.发病规律

病害流行与降雨、大气湿度密切相关，尤以春季及初夏(4～6 月)雨水多少的关系最为密切。多雨高湿有利于分生孢子的形成、传播和萌发侵入；同时，多雨、高湿，又造成寄主幼嫩组织的迅速成长，因此病害发生严重。地势低洼、排水不良的果园发病较重。品种间抗性存在差异。

4.防治方法

(1)选用抗病品种。

(2)苗木与插条的检疫与消毒。在种植前将苗木枝蔓浸入 3～5 波美度的石硫合剂中(主要根系不能浸入)，阴干后就可种植。

(3)加强管理。重点做好清理葡萄棚室、消灭病原，结合修剪除去带病蔓枝，清除地面枯枝落叶及病果等带病残体。

(4)药剂防治。在葡萄展叶至果实着色前进行防治，每隔 10～15 d 喷药 1 次，开花前及谢花后 70%～80% 时连喷 2 次药。药剂可用 1∶(0.5～0.7)∶200 倍波尔多液，或 50% 多菌灵可湿性粉剂 800 倍液，或 80% 代森锰锌可湿性粉剂 600～800 倍液。

(四)葡萄炭疽病

1.症状识别

又叫晚腐病，是葡萄近成熟期的重要病害。主要侵害着色后的果实，能侵染果梗、穗轴及蔓、叶和卷须。果实受害后，先在果面产生针头大褐色圆形的小斑点，后来斑点逐渐扩大，并凹陷，在表面逐渐长出轮纹状排列的小黑点，这是病菌的分生孢子盘。当天气潮湿时，病斑上长出粉红色黏质物，即病菌的分生孢子团块。发病严重时，病斑可以扩展到半个或整个果面，后期感病，果粒软腐，易脱落，或逐渐失水干缩成为僵果。有些品种的幼果表面不产生明显症状，病菌只是潜伏着，至穗粒将要上色成熟时才呈现网状褐色的不规则病斑，病斑无明显边缘，直至干枯而失去经济价值。发生不同的症状与品种的抗病性有关。

2. 病原识别

子囊菌的围小丛壳属，分生孢子盘上聚生分生孢子梗，无色，单胞，圆筒形或棍棒形。分生孢子无色，单胞，圆筒形或椭圆形。病菌的有性时期很少发现。

3. 发病规律

病菌主要以菌丝体在树上的病枝蔓表层组织及病果上越冬。树上枝蔓带菌率最高的是副梢，其次为果穗、结果枝、卷须、僵果以及地面落果。越冬后的病菌，一般在5～6月份开始形成分生孢子，通过风雨、昆虫，传播到果穗上，孢子发芽直接侵入果皮，潜育期10 d左右。病菌发育最适温度为20～29℃，最高为36～37℃，最低为8～9℃。一般年份，病害从6月上、中旬开始发生，以后逐渐增多，8月间发病最严重，果实采收后仍能继续发病。

棚室内湿度大，利于病害的蔓延；品种与发病有一定的关系，一般果皮薄的品种发病较重，早熟品种可避病，而晚熟品种往往发病较严重；葡萄果实含糖量及酸碱度与发病也有关系，当果汁含糖量浓度达到7%～8%，酸碱度为pH 2.8～2.9时，发病最严重。

4. 防治方法

(1)葡萄采收以后要把落于地面的果穗和果粒清除，挖坑深埋或烧毁。

(2)加强管理。生长期对葡萄副梢要及时摘心、绑蔓，使果园通风透光良好，以减轻发病。合理施肥，增施钾肥，以提高植株的抗病性。

(3)果实可以套袋防病，以节省药剂。

(4)药剂防治。在葡萄发芽前喷一次0.3%五氯酚钠混合3波美度石硫合剂，以铲除在枝蔓上越冬的病菌。葡萄生育期在果实开始着色前喷射50%退菌特1 000倍液，以后每隔半月喷1次，直至采收前90 d停止。

(五)葡萄褐斑病

1. 症状识别

又称斑点病、褐点病、叶斑病和角斑病等，仅为害葡萄叶片。褐斑病有大褐斑和小褐斑两种。大褐斑病病斑初期为近圆形、多角形或不规则形的褐色小斑点，以后斑点逐渐扩大，直径达3～10 mm。病斑中部黑褐色，边缘褐色，病、健部分界明显。叶背病斑呈淡黑褐色，并有一层深褐色的霉状物。染病叶组织干而脆，容易破裂而早落；小褐斑病的病斑近圆形，较小，2～3 mm，大小比较一致。病斑呈深褐色，中部颜色稍浅，后期病斑背面长出一层较明显的黑色霉状物。

2. 病原识别

大褐斑病，分生孢子梗常10～20梗集结成束状，直立，暗褐色。分生孢子着生于分生孢子梗顶端，长棍棒状，微弯曲，基部稍膨大，上部渐狭小，有0～9个隔膜，褐色至暗褐色。小褐斑病分生孢子梗较短，松散不集结成束，淡褐色。分生孢子长柱形，直或稍弯，有3～5个分隔，棕色。

3. 发病规律

病菌以菌丝体和分生孢子在落叶上越冬，至第二年初夏长出新的分生孢子梗，产生新的分生孢子。新、旧分生孢子通过气流和雨水传播，引起初次侵染。分生孢子萌发后从叶背气孔侵入，发病通常自植株下部叶片开始，逐渐向上蔓延。病菌侵入寄主后，经过一段时期，于环境条件适宜时，产生第二批分生孢子，引起再次侵染，造成陆续发病。直至秋末，病菌又在落叶病组织内越冬。高温、高湿是此病的流行条件。分生孢子萌发和菌丝体在寄主体内发展需要高湿和高温，故在高湿和高温条件下，病害发生严重。

4. 防治方法

(1)加强管理。秋后彻底清扫果园落叶，集中烧毁或深埋，以消灭越冬病原；在葡萄生长期间，要注意果园排水，及时打顶、剪副梢，加强通风透光，降低果园湿度，并适当增施有机肥料，促使树势生长健壮，提高植株的抗病能力，以减轻病害的发生。

(2)药剂防治。在发病前用保护剂预防，如波尔多液、代森锰锌等，并适时叶面喷施新高脂膜800倍液。在发病初期结合防治黑痘病、炭疽病等，喷射石灰半量式波尔多液或65%代森锌500～600倍液，每隔10～15 d喷1次，连续喷2～3次，就有良好的防治效果。由于病害一般从植株下部叶片开始发生，以后逐渐向上蔓延，因此，第一、二次喷药要着重喷射植株下部的叶片。

(六)葡萄白腐病

葡萄白腐病俗称“水烂”或“穗烂”，在多雨年份常和炭疽病并发流行，造成很大损失。

1. 症状识别

病害主要为害果穗和枝梢，叶片也可受害，通常在穗轴上先发病，在果梗和穗轴上形成浅褐色水浸状不规则形病斑，扩大使其下部的果穗部分干枯。发病果粒先在基部变成淡褐色软腐，逐渐发展至全粒变褐腐烂，果皮表面密生灰白色小粒点，以后干缩呈有棱角的僵果极易脱落；枝蔓发病一般在有损伤的地方，如扎心部位或新梢和铁丝摩擦之处等。蔓上病斑初呈淡红褐色水渍状，以后色泽逐渐变深，表面密生略突起的灰白色小粒点；果穗受害，先叶片受害多从叶尖、叶缘开始形成近圆形、淡褐色大斑，有不明显的同心轮纹，后期也产生灰白色小粒点，最后叶片干枯很易破裂。

2. 病原识别

病原为白腐盾壳霉，属半知菌亚门。分生孢子器散生于寄主表皮下，灰白色或灰褐色；球形或扁球形，顶端稍突起，器壁厚。

3. 发病规律

病菌以分生孢子器及菌丝体在病组织或土壤中越冬。病果落地后一般不完全腐烂，其上病菌有些可以存活4～5年。分生孢子通过风雨传播，经伤口侵入引起初次发病。以后又于病斑上产生分生孢子器，散发分生孢子引起再次侵染。白腐病发生与湿度有密切的关系，虫害及摘心、疏果等农事操作，可造成伤口，有利病菌侵入，引起白腐病的发生。此外，病害的发生与寄主生育期关系密切，果实进入着色期与成熟期，其感病程度亦逐渐增加。果穗的部位与发病也有很大的关系。

4. 防治方法

(1)选用抗病品种。

(2)加强管理。结合修剪及时去除病枝病果，搞好棚室卫生，清除病原；采取果实套袋；生长季节及时摘心、修剪副梢和中耕除草，使之通风透光；葡萄开花前，树干下覆盖地膜；雨季及时排水，合理施肥增强树势；适当提高果穗离地面距离。

(3)药剂防治。发芽前对树体及地面喷 3 波美度石硫合剂；发病开始可选用 50% 多菌灵可湿性粉剂 800～1 000 倍液，或 75% 百菌清可湿性粉剂 600 倍液等。

(七)桃褐腐病

1.症状识别

桃褐腐病以危害果实为主，同时侵染花、叶、枝梢。果实受害初产生褐色圆形病斑，以后果肉变褐软腐，病斑表面出现同心轮纹状排列的灰褐色至灰白色绒球状霉层。花受害时，先从雄蕊及花瓣上产生褐色水渍状斑点，后变褐色枯萎腐烂，表面丛生灰霉。新梢上产生长圆形、稍凹陷、灰褐色的溃疡斑。病叶变褐、萎垂，像经历霜害。桃褐腐病是一种真菌病害。以菌丝体于僵果、病枝或地面上的枯枝落叶上越冬。

2.病原识别

子囊菌亚门链核盘菌属，有 3 个种。常见的都是无性阶段，属于丛梗孢属。

3.发病规律

病菌以菌丝体在僵果或病枝溃疡部越冬，翌春病斑表面产生大量的分生孢子，借风雨或昆虫传播，进行初侵染。花期、幼果期低温多雨，果实成熟期温暖多雨、多云多雾、高湿，贮藏期高温、高湿有利于发病，发病最适温度为 22～24℃。通风透光差，地势低洼或枝叶过于茂密、树势弱，虫伤、机械伤以及裂果等是病菌入侵的主要途径。不同品种之间抗病程度差别较大，以皮薄、柔嫩、多汁、味甜的品种易发病。

4.防治方法

(1)消灭越冬菌源。春、秋两季彻底清除僵果和病枝，并集中烧毁，秋季深翻将病残体深埋地下。

(2)及时防治蛀果害虫，以减少传播媒介和果实伤口。

(3)加强栽培管理。通风透光、排水、施肥、防虫、套袋、早期摘病果。

(4)喷药保护。桃树发芽前喷 5 波美度石硫合剂，落花后喷 65% 代森锌可湿性粉剂 500 倍液或 65% 福美锌可湿性粉剂 300～500 倍液，或 70% 甲基托布津 800～1 000 倍液。每 15～20 d 喷 1 次直到果实成熟前 1 个月停止喷药。

(八)桃缩叶病

缩叶病是桃树重要病害之一，分布广泛。桃树早春发病后，引起初夏落叶，不仅影响当年产量，还影响第 2 年花芽的形成。

1.症状识别

缩叶病主要危害桃树的叶片、花瓣、新梢等。受害后幼叶从芽鳞中抽出时就显现卷曲状，颜色发红。叶片逐渐开展，卷曲及皱缩的程度随之增加，致全叶呈波纹状凹凸，严重时叶片完全变形。病叶较肥大，叶片厚薄不均，质地松脆，呈淡黄色至红褐色；后期在病叶表面长出一层灰白色粉状物，即病菌的子囊层。病叶最后干枯脱落。在新梢下部先长出的叶片受害较严重，花和幼果受害后多数脱落，故不易觉察。新梢受害呈灰绿色或黄色，比正常的枝条短而粗，其上病叶丛生，受害严重的枝条会枯死。

2.病原识别

病原为畸形外囊菌，属子囊菌亚门外囊菌属。病菌有性时期形成子囊及子囊孢子，多数子囊栅状排列成子实层，形成灰白色粉状物。

3.发病规律

病菌主要以厚壁芽孢子在桃芽鳞片上越冬，亦可在枝干的树皮上越冬。翌年春季桃树萌芽时，芽孢子萌发，由芽管直接穿过嫩叶表皮或由气孔侵入。病害发生与早春的气候条件关系密切。早春，如果低温(10～16℃)、持续时间长、阴雨天多，极易受缩叶病菌危害。初夏形成子囊层，产生子囊孢子。芽孢子在芽鳞及树皮组织中越夏，条件适宜时，可继续芽殖，但因夏季温度高，不适于孢子的萌发和侵染，危害也较轻。品种间以早熟品种发病较重，中、晚熟品种发病较轻。

4.防治方法

(1)加强栽培管理。在病叶初见而未形成白色粉状物之前，及时摘除病叶，集中烧毁，可减少当年的越冬菌源。

(2)发病重、落叶多的桃园，要增施肥料，加强栽培管理，以促使树势恢复。

(3)药剂防治。在早春桃发芽前喷药防治，可达到良好的效果。如果在展叶后喷药，则不仅不能起到防病的作用，且容易发生药害，必须注意。药剂可用3～5波美度石硫合剂、1～3波美度石硫合剂与0.3%五氯酚钠的混合液和1∶1∶100波尔多液(上述药剂在桃萌芽后不能使用，以免发生药害)。

(九)草莓芽枯病

1.症状识别

又称草莓立枯病。主要为害花蕾、幼芽和幼叶，其他部位也可发病。为害症状表现为幼芽呈青枯状，叶和萼片形成褐色斑点，逐渐枯萎，叶柄和果柄基部变成黑褐色，叶子失去生机，萎蔫下垂，急性发病时植株猝倒。

2.病原识别

半知菌亚门丝核菌侵染所致，其有性世代为担子菌亚门薄膜革菌属。

3.发病规律

以菌丝体或菌核随病残体在土壤中越冬，以随带病秧苗和病土传播为主。病菌喜温暖潮湿环境，发病最适温度为22～25℃，在整个草莓生育期均可发病。气温低及遇有多阴雨天气易发病，寒流侵袭或高温等气候条件发病重。多湿多肥的栽培条件容易导致病害的发生蔓延。田间常与草莓灰霉病混合发生。保护地栽培时，密闭时间长，通风不及时，高温高湿，发病早而重。露地草莓栽植过深、密度过大，灌水过多或园地淹水，会加重发病程度。夏季育苗，草莓芽枯病时有发生。

4.防治方法

(1)尽量避免在立枯病发生的地区进行育苗和栽植草莓，否则必须采取太阳能土壤消毒。

(2)适当稀植，合理灌水，保证通风，降低环境湿度。

(3)保护地要适时通风换气，灌水后迅速通风，降低室内湿度。

(4)及时拔除病株,严禁用病株作为母株繁殖草莓苗。

(5)药剂防治。适宜的药剂有 10% 多抗霉素可湿性粉剂 500～1 000 倍液,10% 立枯灵水悬浮剂 300 倍液,敌菌丹水溶剂 600 倍液,从现蕾期开始,7 d 左右喷 1 次,共 2～3 次。温室或大棚栽培情况下,每 667 m^2 用 5% 百菌清粉尘剂 110～180 g,分放 5～6 处,傍晚点燃,闭棚过夜,7 d 熏 1 次,连熏 2～3 次。

二、常见细菌性病害

(一)桃细菌性穿孔病

细菌性穿孔病分布较广,为害严重,常引起早期病叶,枝梢枯死。穿孔病除危害桃外,还危害李、杏、樱桃等核果类果树。

1.症状识别

细菌性穿孔病主要为害叶片,也为害果实和新梢。叶片受害,早期呈水渍状小病斑,后发展为深褐色病斑。病斑有淡黄色晕环,并沿晕环形成裂纹,病斑易失水脱落而形成穿孔状。枝条发病后多出现溃疡斑,严重时造成枝条枯死。

2.病原识别

病原为甘蓝黑腐黄单胞菌桃穿孔致病型,属黄单胞杆菌属。病原细菌呈短杆状,两端圆,单生或连成短链。一端生鞭毛 1～6 根,有荚膜,无芽孢。革兰氏染色阴性反应,好气性。病菌发育最适温度为 25℃,最高 38℃,最低 7℃,致死温度为 51～52℃ 10 min。

3.发病规律

细菌性穿孔病的病原细菌在枝条病组织内越冬,次年开花前后,病菌从病组织中溢出,借风雨或昆虫传播,经叶片的气孔、枝条的芽痕和果实的皮孔侵入,病菌的潜伏期随气温高低和树势强弱而异,温度在 20℃ 时潜伏期 10 d 左右。病害一般在 5～10 月发生。该病的发生还与空气湿度有关,棚内空气流通、湿度较低时发病轻,树势弱、积水、通风不良和偏施氮肥的果园发病重。

4.防治方法

(1)加强果园的栽培管理,增强树势。合理施肥,增施有机肥,避免偏施氮肥;对地下水位高或土壤黏重的桃园,要改良土壤,及时排水;合理整形修剪,及时剪除病枝,彻底清除病叶,集中烧毁或深埋。

(2)喷药保护。早春,桃树萌芽前喷石硫合剂等。喷药最好选择天晴无风的日子;展叶后,喷施 65% 代森锌、50% 多菌灵、70% 甲基硫菌灵、40% 百菌清等药剂防治。

(二)葡萄根癌病

1.症状识别

根癌病是根部肿瘤病。主要危害根颈处和主根、侧根及 2 年生以上近地部主蔓。初期病部形成愈伤组织状的癌瘤,稍带绿色或乳白色,质地柔软。随着瘤体的长大,逐渐变为深褐色,质地变硬,表面粗糙。瘤的大小不一,有的数十个小瘤簇生成大瘤,老熟病瘤表皮龟裂,在阴雨潮湿条件下易腐烂脱落，并有腥臭味。受害植株因皮层及输导组织被破坏，生长不良，叶片小而黄，果穗小而少，果粒不整齐，成熟也不一致。病株抽芽少、长势弱，严重时整株干枯死亡。

2. 病原识别

病原为癌肿野杆菌。病原细菌体短杆状，单生或成对生长，具1～4根周生鞭毛。革兰氏染色反应阴性，能形成荚膜，无芽孢；细菌生长的温度范围为0～37℃，最适温度为25～30℃，致死温时为51℃ 10 min。细菌耐酸碱范围为pH 5.7～9.2，最适为pH 7.3。

3. 发病规律

病菌随病残体在土壤中越冬，条件适宜时，通过剪口、嫁接口、机械伤、虫伤及冻伤等各种伤口侵入植株。雨水和灌溉水以及地下害虫如蛴螬、蝼蛄、线虫等是该病的主要传播媒介，苗木带菌是该病远距离传播的主要方式。病菌的潜伏期从数星期到1年以上。温度适宜、雨水多、湿度大，癌瘤的发生量也大。土质黏重、排水不良以及碱性大的土壤发病重。

4. 防治方法

(1)严格检疫和苗木消毒。建园时禁止从病区引进苗木和插穗，若苗木中发现病株应彻底剔除烧毁。

(2)在田间发现病株时，可先将根周围的土扒开，切除癌瘤，直至露出无病的木质部。然后涂高浓度石硫合剂或波尔多液，保护伤口，刮除的病残组织应集中烧毁并涂抹愈伤防腐膜保护伤口，以免再受感染，并用1%硫酸铜液消毒土壤。对重病株要及时挖除，彻底消毒周围土壤。

(3)加强果园管理，增强树势提高抗病能力，增施有机肥料，使土壤pH值保持在6～7时，发病较轻。农事操作时防止伤根，并合理安排病区与无病区的排灌水流向，以减少人为传播。加强肥水管理增强树势，提高抗、耐病力。

(4)用护树大将军100倍液灌根3次，可有效治疗葡萄根癌病。

三、常见病毒性病害

(一)草莓病毒病

1. 症状识别

多表现为花叶、黄边、皱叶和斑驳。病株矮化，生长不良，结果减少，品质变劣。草莓受单种病毒侵染，往往症状不明显，被复合侵染后，主要表现长势衰弱、退化，新叶展开不充分，叶片无光泽、失绿变黄、皱缩扭曲，植株矮化，坐果少、果实产量低。

2. 病原识别

由多种病毒单独或复合侵染引起。主要有草莓斑驳病毒(SMOV)、草莓轻型黄边病毒(SMYEV)、草莓皱缩病毒(SCrV)、草莓镶脉病毒(SVBV)。

3. 发病规律

病毒主要在草莓种株上越冬，通过蚜虫传毒；但在一些栽培品种上并不表现明显的症状，在野生草莓上则表现明显的特异症状。病毒病的发生程度与草莓栽培年限成正比，品种间抗性有差异，但品种抗性易退化。重茬地由于土壤中积累的传毒线虫及昆虫的数量增多，发生加重。

4. 防治方法

(1)培育无毒母株,培养无毒种苗,栽植无毒秧苗。

(2)加强田间检查,发现病株立即拔除并烧毁。

(3)选用抗病品种。

(4)生物防治。一般覆膜后,使用病毒Ⅱ号450倍液,同时添加渗透剂如牛奶、有机硅等,进行喷雾,连喷2次,2次间隔期3～4 d进行预防。发病后,使用病毒1号40 g加纯牛奶200 mL对水15 kg,进行喷雾连喷2～3次,间隔2 d左右。

(5)药剂防治。从苗期防蚜,秧苗定植时用2 000倍天达高效氯氟氰菊酯细致喷洒杀灭之,做到净苗入室,也可以结合防病、根外喷肥喷洒3 000倍2%阿维菌素或3 000倍天达高效氯氟氰菊酯。发病初期喷50%病毒A 500倍液,抗毒剂1号水剂300倍,20%盐酸吗啉胍铜可湿性粉剂4 000倍隔10～15 d 1次,连防2～3次。

(二)桃褪绿叶斑病

1. 症状识别

病毒侵染桃叶,产生暗绿色、凹陷斑点或波纹,多发生在叶片一侧,形状不规整,直径1～3 mm。病株矮化或生长衰退。有的病株顶端枯死,枝叶丛生。枝条皮层内有黑褐色坏死线纹,木质部表面产生凹陷条纹。温室症状较田间症状明显,在温室18～22℃条件下,嫁接接种4周后即产生褪绿斑点,迎光看更明显。病叶较健叶小,有的向一侧弯曲呈舟形或匙形。

2. 病原识别

褪绿叶斑病毒CLSV。

3. 发病规律

在木本寄主上可经嫁接传染。在温室接种,其病毒症状34～47 d可出现;在果园,潜育期持续1～3年。

4. 防治方法

(1)培育和栽植无病毒苗木。将带毒植株在37℃恒温下处理14～21 d脱毒。

(2)建立无病毒母本园和苗圃时,与梨、桃、李、杏、樱桃等的距离至少100 m。

四、常见生理性病害

(一)葡萄缩果病

1. 症状识别

葡萄从硬核期开始发生,发病程度依品种不同而不同,最初在果肉内生成芝麻粒大的浅褐色斑点,然后逐渐扩大,严重时果实变黑。果实表面在受害部位会出现浅褐色或暗红、暗灰色斑块,病部凹陷。揭开病部果皮,其局部果肉宛如压伤病状,果实成熟后,病块果肉硬度如初。

2. 发病原因

葡萄缩果病一般在高温气候条件下发生,主要原因有水分不足,乙烯等激素不平衡,硼、钙素类等微量元素缺乏。当土壤持续过湿时,根系活力降低,叶片气孔的开闭机能钝化,这时遇气温急剧升高，叶片蒸发的水分多于从根中吸收的水分，便出现叶片从果实中争夺水分的现象，从而引发缩果病。

3.发病规律

不论欧亚种还是欧美杂种，均可发生缩果病。以欧亚种发病较重，尤其是玻璃温室中栽培的亚历山大品种，极易发病。以后随巨峰系品种栽培的发展，发现该品种群大都易发缩果病，尤以其中的翠峰葡萄，发病十分严重，已成为该品种栽培的限制因素。土壤过湿状态和干湿度急剧变化是本病的重要诱发因素。光照直射与缩果病无直接关系，但可通过温度发生作用。

4.防治方法

(1)进行深耕，增强土壤的透气性，将葡萄园内沟渠挖深，及时排水保证地上下部的水平衡，确保在整个生育期的根系的安定和活力。

(2)增施有机肥、菌肥等，秋季施用富态威有机钙粉 80～120 kg/667 m^2，彻底改善土壤的物理性状，同时控制氮肥的施入量，使其透水性、保水性、通气性都较好。

(3)将受害果粒摘除，减少营养的无效消耗。

(4)叶面补充钾、钙、硼液体肥料，建议花前叶面追施禾丰硼或金甲硼 1 000 倍液，幼果膨大期开始连续喷施果蔬钙 1 000 倍液、禾丰硼或金甲硼 1 000 倍液 2～3 次，从叶片增加营养供给，增强树势，提高抗病能力。

(二)草莓畸形果

1.症状识别

草莓栽培过程中，经常出现畸形果，主要表现为果实过肥或过瘦，呈鸡冠状、扁平状等不正形状，不但严重影响果实品质，且产量和经济效益大大下降。

2.发病原因

温度和湿度是影响草莓畸形果发生的主要因素。草莓花期遇连续阴雨或空气湿度过大，导致花药开裂受阻，花粉传播不良，影响雌蕊柱头受粉；花期温度低于 0℃ 亦会影响授粉受精。此外，低温和阴雨伴随的光照不足造成花粉发育不良，发芽率低下，从而影响授精受粉和果实发育，导致畸果形成。

3.发病规律

草莓不同品种间花粉发芽率不一而使畸果率表现出较大差异。抗病性能差的品种亦会加重畸形果发生。种植密度过大、通风透光不良的棚室地块发生严重。有机肥施用量不足，偏施氮肥致枝叶徒长，过度繁茂、畦面过低不平等综合因素形成郁闭高温的小气候，极易加重畸形果发生。

4.防治方法

(1)正确选择品种。选择需热量低、休眠浅、耐寒性强，花粉多而健全的品种。

(2)合理肥水管理。微肥以土施为好，一般种植行每米追施微肥 1～2 g；对于氮、磷、钾复合肥则可随浇水追施，1 次每 667 m^2 施入 8～10 kg。水分管理应少浇勤浇，以滴灌为好，保持土壤湿润。一般现蕾到开花期水分要充足，以不低于土壤最大持水量的 70% 为宜；果实膨大期需要较多水分，应保持土壤最大持水量的 80%左右，而果实成熟时则需适当控水。

(3)科学进行管理。在定植前 2 周开始进行断根、遮阴、控氮、去老叶等方法来促进花芽充分分化。花期应提高大棚设施的保温性能,白天大棚温度保持 20～25℃ 夜间 8～10℃;地温保持在 18～22℃。最适湿度为 30%～50%,柱头受精和花粉发芽的最适湿度为 50%～60%。草莓大棚若不及时通风换气,往往造成湿度过高。生产中可采用无滴棚膜、高垄地膜覆盖减少土壤水分蒸发和中午短时间放风等方法来降低大棚内的空气湿度。另外大棚内昆虫少易造成花粉不能飞散,导致授粉不良而产生畸形果,因此可采用大棚内花期放置蜂箱利用蜜蜂辅助授粉,以减少畸形果。

(三) 桃树流胶病

该病危害碧桃、桃、梅花、樱花、李、杏等。由于流胶的发生,树木生长衰弱,影响开花和观赏,发生严重时,可引起部分枝枯,甚至全株死亡。

1. 症状识别

该病主要发生于树干和主枝,枝条上也可发生。枝条发病时,初在病部肿起,随后溢出淡黄色半透明的柔软树脂。树脂硬化后,成红褐色晶莹、柔软的胶块,最后变成茶褐色硬质胶块。病部皮层褐腐朽,易为腐生菌侵害。随着流胶量的增加,树势日趋衰弱,叶片变黄,严重时甚至枯死。

2. 发病原因

桃流胶病属生理性病害。诱发此病的因素比较复杂,病虫侵害,霜、冰雹害,水分过多或不足,施肥不当,修剪过度,栽植过深,土壤黏重板结,土壤酸性太重等,都能引起桃树流胶。流胶以春季发生最盛。老树、弱树比幼树易于发生。流胶的病理过程发生在幼嫩的木质部分。

3. 发病规律

病部形成层停止增生新的韧皮部和木质部,而向与枝干垂直的方向增生特大的厚壁细胞,其内含物系淀粉堆集而成。当此种细胞聚集到很大数量时,其胞间物质变得很厚,并流散开来。

4. 防治方法

(1)加强肥水管理,增施有机肥 桃树耐干旱,适宜于疏松土壤内种植,适时喷洒护树将军 1 000倍液杀菌消毒。注意科学使用“天达 2116”增强树势,提高抗病性能。

(2)加强对天牛等枝干害虫及枝干病害的防治。科学修剪,注意生长季节及时疏枝回缩,冬季修剪少疏枝,减少枝干伤口,修剪的伤口上要及时涂抹愈伤防腐膜,保护伤口不受外界细菌的侵染,有效防治伤口腐烂流胶。注意疏花疏果,减少负载量。

(3)在生长季节及时用药,每 10～15 d 喷洒一次 600 倍 50% 超微多菌灵可湿性粉剂,或 800 倍 72% 杜邦克露可湿性粉剂,同时配合喷施新高脂膜 800 倍液增强药效。

(4)刮除病斑后涂抹 200～300 倍以上药剂或护树将军病斑消毒,可很好的治愈桃树流胶病。

(四)蓝莓缺素症

1. 症状识别

在蓝莓园,大片大片的蓝莓出现了黄化现象,这是蓝莓缺素症的典型表现。叶片黄化是蓝莓缺铁缺镁的典型表现,它的主要特征是叶片呈黄色,只有叶脉是绿色的,好像一个圣诞树的形状。如果缺素症状持续下去,就会出现这种情况,叶片发焦,因为整个叶片没有叶绿素了,不能进行光合作用了,就出现焦边的现象,慢慢树势越来越弱就死掉了。

2.发病原因

蓝莓是杜鹃花科植物，需要 pH 4.3～5.5 的酸性土壤(最适宜 pH 4.3～4.8)，如果土壤偏碱就容易造成土壤中的铁、镁等营养元素被络合住，根系就很难吸收上来，就会产生缺素症。蓝莓出现黄化的根本原因并不是土壤里真的缺少铁和镁，而是土壤 pH 值偏高和干旱，影响了蓝莓对这些营养元素的吸收。

3. 发病规律

蓝莓得了缺素症会严重影响树势、减少产量，而加剧这种情况的还有一个重要原因就是干旱。在干旱的情况下，蒸腾作用就小，吸收的营养元素就少，那么在叶片当中显现出来，缺少铁镁等营养元素的症状就明显。

4.防治方法

治疗蓝莓缺素症的方法就是进行土壤调酸和适当灌溉。具体做法是每一棵蓝莓用 3 kg 草炭土加 0.2 kg 硫黄粉，搅拌均匀后撒在蓝莓的根系附近，盖上秸秆等覆盖物后浇透水，大概一个月后蓝莓就能缓过来了。

任务实施

一、实施条件

(1)实施场所　果树设施基地、多媒体实训室。

(2)仪器与用具　光学显微镜、玻片、扩大镜、镊子、小剪刀、解剖刀及记载用具等。

(3)药剂与药械　各种杀菌剂、烟雾机、喷雾器等。

(4)其他　果树常见病害标本、教材、PPT、影像资料、相关图书、网上资源等。

二、实施方案

1.寻找教学现场

在教师准备好教学现场的前提下，引导学生在课前以小组为单位到设施果树生产基地，寻找症状典型的发病植株(或地段)，以备本工作任务的实施。

2.设施果树病害诊断

根据病株在设施内的分布规律和对栽培管理措施的了解，结合病害症状，对照教材或参考读物，先判断是否发生了病害？再诊断出是哪类病害？能否诊断出是哪种病害？同时采集发病标本保存拍摄照片，以为后期检验防治效果做对照。

3.病原物观察

如果是由真菌、线虫或细菌引起的病害，则将采集的样本带到实训室进行镜检，以进一步确诊病害。同时，拍出病原物的电子显微照片交给老师核查。

4.综合防治实践

对于侵染性病害，每小组选取一种，因地制宜地从减少菌源、健身栽培、品种选择、化学防治等方面讨论制订综合防治方案。其中的化学防治，应明确用药品种、施药方法、施药面积或株数、药剂浓度或剂量、施药次数、施药间隔期等，经教师准许后实施。同时，还可以选择实施其他一些易于近期操作而见效快的防治措施，如摘除病叶、调控棚室内温湿度、消灭传毒介体等。

对于生理性病害，各小组经集体讨论，针对某种病害的发病原因，找出一些相应的补救措施进行操作。

经过观察，有了较为明显的防治效果（一般在防治 1 周后），则小组提出验收申请，请老师和全班同学集体验收、考核。

任务考核

考核内容	考核标准	分值	得分	考核人
寻找教学现场	找到的病害症状典型、病害种类多	20 分		教师
病害诊断与病原物观察	病原物观察操作熟练，病害诊断准确	30 分		教师
综合防治实践	防治方法正确，操作熟练，防治效果明显	40 分		教师 学生
团队协作	小组成员间团结协作	5 分		组内互评
职业素质	责任心强，学习主动、认真、方法多样	5 分		组内互评

工作任务 2　果树害虫的识别与防治

任务提要

通过到设施果树基地现场教学，从形态特征和为害状上逐一识别所见到的果树害虫，根据发生规律，制订某害虫的综合防治方案并实施、检验。对设施果树上未发生的重要害虫种类，通过教材与网络查询、多媒体教学、露地果园现场教学、观察标本等方法进行学习。

知识准备

一、食叶类害虫

危害桃、李、杏、梨、苹果、山楂、葡萄等果树叶片的害虫中，咬食叶片的咀嚼式口器害虫有金龟子、天幕毛虫、舟形毛虫、灯蛾类、巢蛾类、刺蛾类、毒蛾类、卷叶蛾类、袋蛾类、凤蝶类等，其中有些种类已在花卉害虫中介绍，这里不再累述。

(一)卷叶类害虫

果树上发生为害的卷叶种类较多,其中分布广为害严重的有苹小卷叶蛾、顶梢卷叶蛾、苹褐卷蛾、梨叶斑蛾和黄斑长翅卷蛾等。

苹褐卷蛾别称褐卷蛾、苹果褐卷叶蛾、褐带卷叶蛾、黛色卷叶蛾、柳弯角卷叶蛾等,属鳞翅目卷蛾科。东北、华北、华东、西北等地区都有发生。寄主果树有苹果、桃、李、杏、樱桃、梨等,是果树卷叶蛾类中主要种类,食害幼嫩的芽、叶、花蕾,常吐丝连缀2~3片叶片或纵卷1叶,潜藏在卷叶内危害,受害严重时不能展叶,严重的使整个叶片残缺不全。还啃食果面,造成虫疤,降低果品质量。

顶梢卷叶蛾又名芽白小卷叶蛾、顶芽卷叶蛾,属鳞翅目小卷叶蛾科,分布十分普遍。主要危害苹果、梨、桃、海棠、花红、枇杷等果树也受害。幼虫主要危害枝梢嫩叶及生长点,影响新梢发育及花芽形成,幼树及苗木受害特重。幼虫危害嫩叶时,吐丝将其缀成团,匿身其中。

梨叶斑蛾别名梨星毛虫、梨狗子、饺子虫,属于鳞翅目斑蛾科。寄主有苹果、梨、海棠、沙果、李、杏、桃、樱桃、山楂、榅桲、枇杷、山荆子等。以幼虫食害芽、花蕾及嫩叶。被害花芽常变黑枯死。果叶伸展后,幼虫则转至叶片上吐丝缠缀叶缘连成饺子状,并潜于叶苞中蚕食叶肉,残留表皮与叶脉,被害叶渐变枯黄,凋落。

黄斑长翅卷蛾又叫桃黄斑卷叶蛾、黄斑卷叶蛾、桃黄斑卷蛾,属鳞翅目叶蛾科。寄主有苹果、桃、杏、李等,以苹果、桃受害较重。在苗圃及苹果与桃李混栽的果园中发生严重,初孵幼虫先咬食花芽,叶展开后,幼虫常吐丝连接几个叶片,使其簇卷成团,在其内食叶肉,叶片呈网状。发生严重时,蚕食叶片仅留下粗叶脉。

这里以苹小卷叶蛾为例介绍。

苹小卷叶蛾又称棉褐带卷蛾、苹小黄卷蛾、茶小卷叶蛾,属鳞翅目卷叶蛾科。寄主多,为害苹果、梨、桃、杏、柑橘、枇杷、茶及山楂。

1.为害状识别

以幼虫为害果树的芽、叶、果实,初孵幼虫常将嫩叶边缘叶片卷曲,以后吐丝缀合嫩叶为害;大龄幼虫常将叶片平贴果实上,将果实啃成许多不规则的小坑洼。

2.形态识别

成虫:体黄褐色,静止时两翅呈钟罩形,前翅斑纹明显,基斑褐色。

老熟幼虫:黄褐色至翠绿色,头部较小,略呈三角形。

卵:扁平,椭圆形,淡黄色半透明,卵块多由数十个卵排成鱼鳞状。

蛹:黄褐色,腹部2~7节背面各有两列刺突,后面一列小而密。

3.发生规律

黄河故道地区1年4代,辽宁、华北3代,以幼龄幼虫于粗翘皮、伤口等缝隙内结白色薄茧越冬。出蛰幼虫爬到新梢上为害幼芽、花蕾和嫩叶,老熟后于卷叶内化蛹。蛹期6~9 d。成虫昼伏夜出,有趋光性,对果汁、果醋和糖醋液趋性强。羽化后1~2 d便可交尾产卵。卵多产于叶面,亦有产在果面和叶背者。每雌可产卵百余粒。卵期6~10 d。初孵幼虫多分散在卵块附近的叶背和前代幼虫的卷叶内为害,稍大各自卷叶并可为害果实。幼虫很活泼,震动卷叶急剧扭动身体吐丝下垂。

4. 防治方法

(1)春季果树发芽前，彻底刮除主干、侧枝上的老翘皮，带出园外烧毁。发生量大的果园，在越冬幼虫即将出蛰时，在剪锯口周围涂抹50%敌敌畏乳油200倍液，或40%毒死蜱乳油400倍液，杀灭幼虫，减少虫源。

(2)生长期及时摘除虫苞，将幼虫和蛹捏死。

(3)在果园内利用苹小性诱芯或糖醋液诱杀成虫，或利用频振式杀虫灯、黑光灯诱杀成虫。或用糖醋液诱杀，每667 m^2放置3～5个。

(4)防治药剂。发芽前用乐斯本800倍或杀扑磷800倍或施纳宁400倍，兼治介壳虫、苹果棉蚜等；花前用2%阿维菌素5 000倍或阿维毒3 000倍液；花后至套袋前用1.8%爱福丁或甲维盐＋灭幼脲3号3 000倍，或阿维灭幼脲2 500倍＋10%吡虫啉3 000倍，防治苹小兼治红蜘蛛和蚜虫；套袋后用乐斯本1 000倍，或功夫3 000倍，或农地乐1 500倍液。

(二)潜叶类害虫

潜叶类害虫顾名思义是指幼虫潜入叶片，只吃植物的叶肉，保留上、下表皮，并随幼虫长大，隧道盘旋伸展，俗称“画图虫”。隧道逐渐延伸加宽，可以使叶片破损或枯死。在隧道末端可以找到幼虫或蛹。为害果树的潜叶蛾常见的有桃潜叶蛾、旋纹潜叶蛾、金纹细蛾等，均属于鳞翅目害虫。

旋纹潜叶蛾属鳞翅目潜叶蛾科。分布在辽宁、河北、山西、山东、河南、陕西等地。主要危害苹果、梨、山檀、槟沙果、海棠等。幼虫潜叶为害，呈螺旋状串食叶肉，粪便排于隧道中显出螺纹形黑纹。

金纹细蛾属鳞翅目细蛾科。主要危害苹果、海棠、梨和李等果树，是严重危害苹果叶片的潜叶蛾类害虫。被害叶片上形成椭圆形的虫斑，表皮皱缩，呈筛网状，叶面拱起。

这里以桃潜叶蛾为例介绍。

桃潜叶蛾属鳞翅目潜叶蛾科。分布在我国的河南、安徽、山东等地。危害桃、杏、李、樱桃、苹果、梨等。

1. 为害状识别

以幼虫潜入桃叶为害，在叶组织内串食叶肉，造成弯曲的隧道，并将粪粒充塞其中，叶的表皮不破裂，可由叶面透视。叶受害后枯死脱落。

2. 形态识别

成虫：体长3 mm，翅展6 mm，体及前翅银白色。前翅狭长，先端尖，附生3条黄白色斜纹，翅先端有黑色斑纹。前后翅都具有灰色长缘毛。

卵：扁椭圆形，无色透明，卵壳极薄而软，大小为0.26～0.33 mm。

幼虫：体长6 mm，胸淡绿色，体稍扁，有黑褐色胸足3对。茧扁枣核形，白色，茧两侧有长丝粘于叶上。

3. 发生规律

每年发生约7代，以成虫在桃园附近的梨树、杨树等树皮缝内及落叶、杂草、石块下过冬。来年桃展叶后成虫羽化，夜间活动产卵于叶下表皮内、幼虫孵化后，在叶组织内潜食为害，幼虫老熟后在叶内吐丝结白色薄茧化蛹。5月上中旬发生第一代成虫，以后每月发生1代，最后1

代发生在 11 月上旬。

4. 防治方法

(1)冬季结合清园，扫除落叶烧毁，消灭越冬蛹。

(2)药剂防治。成虫发生期喷洒 50% 杀螟松乳剂 1 000 倍液，或 50% 对硫磷乳剂 2 000 倍液，50% 敌敌畏乳剂 1 500 倍液，2.5% 溴氰菊酯或功夫乳油 3 000 倍液。

二、吸汁类害虫

(一)蚧类

危害果树的常见蚧类有吹绵蚧、日本草履蚧、康氏粉蚧、水木坚蚧、梨圆蚧、日本龟蜡蚧等。现以康氏粉蚧为例介绍。

康氏粉蚧属同翅目蚧科。分布于黑龙江、吉林、辽宁、内蒙古、宁夏、甘肃、青海、新疆、山西、河北、山东等。寄主于葡萄、桃、金橘、苹果、梨、李、杏、山楂等。

1. 为害状识别

若虫和雌成虫刺吸芽、叶、果实、枝叶及根部的汁液，嫩枝和根部受害常肿胀且易纵裂而枯死。幼果受害多成畸形果。排泄蜜露常引起煤污病发生，影响光合作用。

2. 形态识别

雌成虫：椭圆形，较扁平，体长 3～5 mm，粉红色，体被白色蜡粉，体缘具 17 对白色蜡刺。触角多为 8 节。腹裂 1 个，较大，椭圆形。肛环具 6 根肛环刺。臀瓣发达，其顶端生有 1 根臀瓣刺和几根长毛。多孔腺分布在虫体背、腹两面。

雄成虫：体紫褐色，体长约 1 mm，翅展约 2 mm，翅 1 对，透明。

卵：椭圆形，浅橙黄色，卵囊白色絮状。

若虫：椭圆形，扁平，淡黄色。蛹淡紫色，长 1.2 mm。

3. 发生规律

一般 1 年发生 3 代，以卵囊在树干及枝条的缝隙等处越冬。各代若虫孵化盛期为 5 月中、下旬，7 月中、下旬和 8 月下旬。若虫发育期，雌虫为 35～50 d，雄虫为 25～37 d。雄若虫化蛹于白色长形的茧中。每头雌成虫可产卵 200～400 粒，卵囊多分布于树皮裂缝等处。在花木上，成虫和若虫多聚集在幼芽、嫩枝上为害。

4. 防治方法

(1)注意保护和引放天敌，如瓢虫和草蛉。

(2)初期点片发生时，人工刷抹有虫茎蔓。

(3)药剂防治。在若虫分散转移期，分泌蜡粉形成介壳之前喷洒 2.5% 敌杀死或功夫乳油或 20% 灭扫利乳油、20% 速灭杀丁乳油 3 000～4 000 倍液、10% 氯氰菊酯乳油 1 000～2 000 倍液、50% 马拉硫磷或杀螟松乳油 1 000 倍液，如用含油量 0.3%～0.5% 柴油乳剂或黏土柴油乳剂混用，对已开始分泌蜡粉介壳的若虫害具有很好杀伤作用，可延长防治适期提高防效。

(二)蚜虫类

危害果树的常见蚜虫有棉蚜、葡萄根瘤蚜、桃蚜、桃瘤蚜、桃粉大尾蚜、萝卜蚜、绣线菊蚜等。现以葡萄根瘤蚜为例介绍。

葡萄根瘤蚜属同翅目根瘤蚜科。分布于我国的辽宁、山东、陕西、甘肃、云南、台湾等地。

1. 为害状识别

吸食葡萄的汁液，在叶上形成虫瘿，在根上形成小瘤，最后造成植株腐烂。在有完整生活史的地区，枝条往往附着越冬卵，如用此种枝条做插条就可传播。也可以随装葡萄的箱和耕作工具传播，对葡萄属植物有较大危害。

2. 形态识别

根瘤型无翅成蚜：为长卵形，黄色或黄褐色，体背有许多黑色瘤状突起，上生1～2根刚毛。

叶瘿型无翅成蚜：为近圆形，黄色，体背高度隆起，无小瘤，表面有细小颗粒状突起。

有翅蚜：长椭圆形，橙黄色，翅无色透明。

3. 发生规律

主要以1龄若虫和少量卵在2年生以上粗根分叉或根上缝隙处越冬。翌春4月越冬若虫开始危害粗根，经4次脱皮后变成无翅雌蚜，7～8月产卵，幼虫孵化后危害根系，形成根瘤。根瘤蚜主要以孤雌生殖方式繁殖，只在秋末才行两性生殖，雌、雄交尾后越冬产卵。该害虫远程传播主要随苗木的调运。

4. 防治方法

(1)严禁从疫区引种苗木，对苗木进行严格检疫及消毒。如发现蚜病，可将苗木、插条先放入热水杀蚜。病株根要全部刨出烧毁，根穴施药。

(2)清理疫区可能携带病源的物品和设备。提倡使用沙质土壤种植葡萄。

(3)采用化学防治时，可对土壤用1.5%乐果粉或50%辛硫酸处理消毒，也可用50%抗蚜威灌根。

(三)害螨类

危害果树的常见螨类有山楂叶螨、二斑叶螨、葡萄短须螨、苹果全爪螨、果苔螨、朱砂叶螨等。现以葡萄短须螨为例介绍。

1. 为害状识别

嫩梢受害表面呈黑褐色突起，嫩梢基部较重。被害叶片有许多黑褐色斑块，严重时焦枯脱落。果穗受害，果梗、穗轴黑褐色，组织变脆，易折断。果粒受害果面有锈斑，表皮粗糙，有时龟裂。

2. 形态识别

雌成虫：体长0.3 mm，宽0.1 mm，棕褐色。眼点红色，腹背中央红色，背面有网纹。4对足短粗有皱纹，各足胫节末端有1条长的刚毛。卵椭圆形，长约0.04 mm，宽0.028 mm，鲜红色、有光泽。

幼虫：长约0.14 mm，足3对，白色。体两侧各有4条叶片状刚毛，其中第3对为针状长刚毛，其余3对为叶片状。

若虫：淡红色或灰白色，长约0.26 mm，足4对，腹部末端有4对叶片状刚毛。

3. 发生规律

一年发生6代以上。雌成螨在老蔓裂皮下、叶痕缝隙、松散的芽鳞绒毛内，或根颈土中群集越冬。春季萌芽后约在4月中下旬出蛰，先在干基根蘖上为害，温度升高以后，到近主蔓的嫩梢基部为害。4月末至5月初行孤雌生殖。卵散产，个体产卵20～30粒。幼虫孵化后逐代向上部枝梢、叶柄、叶片蔓延。在叶片上多集中在叶背基部和叶脉两侧为害。成虫有拉丝习性，但丝量不大。幼虫有群集脱皮的习性。受害重时，6月份下部叶片开始脱落，7月份大量为害果穗，8月份虫口密度最大，达受害高峰。10月份转移到叶柄其部和叶腋间，11月份全部进入越冬部位。

葡萄品种之间受害程度有差异，叶背面绒毛短的品种受害重，叶背绒毛密而长，或绒毛少而光滑的品种受害轻。平均温度在29℃，相对湿度在80%～85%的条件下，最适于其生长发育。因此，7、8月的温湿度最适合其繁殖，发生数量最多。

4.防治方法

(1)冬季清园，剥除枝蔓上的老粗皮烧毁，以消灭在粗皮内越冬的雌成虫。

(2)春季葡萄发芽时，用3波美度石流合剂混加0.3%洗衣粉进行喷雾。

(3)葡萄生长季节喷0.2～0.3波美度石硫合剂，或40%乐果乳油1 000～1 500倍液，或50%敌敌畏乳油1 500～2 000倍液，或40%三氯杀螨醇乳油800倍液。

(四)梨网蝽

又称梨冠网蝽、梨花网蝽、梨军配虫，属半翅目网蝽科。寄主有桃、梨、梅、苹果、月季、海棠、杜鹃、梅花、樱花、含笑、茶花、茉莉、蜡梅、桑、泡桐等。分布于我国的大多数省份。

1.为害状识别

成、若虫在叶背吸食汁液，被害叶正面形成苍白点，叶片背面有褐色斑点状虫粪及分泌物，使整个叶背呈锈黄色，严重时被害叶早落。

2.形态识别

成虫：体扁平，暗褐色；头小、复眼暗黑，翅上布满网状纹；前胸背板隆起向后延伸呈扁板状，盖住小盾片，两侧向外突出呈翼状；前翅合叠，其上黑斑构成“x”形黑褐斑纹。虫体胸腹面黑褐色，有白粉；腹部金黄色，有黑色斑纹；足黄褐色。

若虫：暗褐色，翅芽明显，外形似成虫，头、胸、腹部均有刺突。

卵：长椭圆形，稍弯，初淡绿后淡黄色。

3.发生规律

一年发生代数。各地均以成虫在枯枝、落叶、杂草、树皮裂缝以及土、石缝隙中越冬。4月上中旬越冬成虫开始活动，集中到叶背取食和产卵。卵产在叶组织内，上面附有黄褐色胶状物，卵期半个月左右。初孵若虫多数群集在主脉两侧危害。若虫蜕皮5次，经半个月左右变为成虫。第1代成虫6月初发生，以后各代分别在7月初、8月初、8月底9月初，因成虫期长，产卵期长，世代重叠，各虫态常同时存在。一年中7～8月危害最重，9月虫口密度最高，10月下旬后陆续越冬。

4.防治方法

(1)在木本植物树干绑草诱集越冬成虫；彻底清除杂草、落叶，集中烧毁，可压低虫源减轻来年为害。

(2)利用保护天敌，已知天敌有盲蝽等。

(3)一代若虫孵化盛期及越冬成虫出蛰后及时喷药防治,常用药有 50% 马拉硫磷乳油或 40% 乐果乳油 1 000~1 500 倍液、50% 敌敌畏乳油或 90% 敌百虫 800~1 000 倍液、2.5% 敌杀死乳油或 2.5% 功夫乳油或 20% 灭扫利乳油 3 000 倍液。

三、钻蛀类害虫

(一)桃蛀螟

为害果树的食心虫种类较多,常见的有桃蛀螟、桃小食心虫、梨小食心虫、梨大食心虫等,均属鳞翅目的昆虫。

桃蛀螟俗称桃蛀心虫、桃蛀野螟,属鳞翅目螟蛾科。我国大部分梨区都有分布,寄主有桃、葡萄、李、梅、杏、梨、柿、板栗、柑橘、玉米及高粱等。

1. 为害状识别

桃蛀螟为害时成虫把卵单产在吐穗扬花的果实或果穗上,初孵幼虫蛀入幼嫩籽粒内,用粪便或食物残渣把口封住,在其内蛀害,吃空一粒转一粒直至 3 龄。3 龄后吐丝结网缀合小穗中间留有隧道,在里面穿行啃食蛀洞,还可蛀干。

2. 形态识别

成虫:体黄至橙黄色,体、翅表面具许多黑斑点似豹纹,前翅 25~28 个,后翅 15~16 个,雄第 9 节末端黑色,雌不明显。

幼虫:体色多变,有淡褐、浅灰、浅灰蓝、暗红等色。头暗褐,前胸盾片褐色,各体节毛片明显,灰褐至黑褐色,背面的毛片较大,第 1~8 腹节气门以上各具 6 个,成 2 横列,前 4 后 2。

3. 发生规律

桃蛀螟发生 3~4 代,主要以老熟幼虫在干僵果内、树干枝杈、树洞、翘皮下、贮果场、土块下及玉米、高粱、秸秆、玉米棒、向日葵花盘、蓖麻种子等处结厚茧越冬。越冬代成虫 4 月下旬始见。成虫白天静伏于枝叶稠密处的叶背、杂草丛中,夜晚飞出活动,羽化、交尾、产卵、取食花蜜、露水以补充营养,对黑光灯有较强趋性,对糖醋液也有趋性。卵多散产在果实萼筒内,其次为两果相靠处及枝叶遮盖的果面或梗洼上。发生期长,世代重叠严重。

4. 防治方法

(1)越冬刮除树干粗皮,剔除老翘皮、朽木,药泥堵树洞。冬季清洁棚室。生长期随时拣拾落果,摘除虫果、消灭果内幼虫。

(2)诱杀成虫。设置黑光灯,糖醋液、性诱剂等诱杀成虫。

(3)树干扎旧麻袋片或草绳,诱集幼虫、蛹,随时收集消灭。

(4)果树四周种植诱集作物。在成虫产卵期,集中防治,减轻对果树的危害。

(5)药剂防治。用 50% 辛硫磷乳油 500 倍,渗药棉球或药泥堵塞萼筒;在成虫产卵盛期适时喷药,防止幼虫蛀果,常用药有 20% 杀灭菊酯 2 500 倍、2.5% 大康或功夫 3 000 倍、50% 辛硫磷 1 000 倍、爱福丁 6 000 倍、25% 灭幼脲 1 500~2 500 倍。

(6)果实套袋。果实套袋,可有效防止桃蛀螟对果实为害。套袋前应进行疏果,喷一次杀虫剂。

(二)星天牛

为害果树的天牛种类多，寄主多，全国均有分布，常见种类有星天牛、褐天牛、桑天等，均属鞘翅目天牛科。寄主主要有柑橘、苹果、梨、枇杷、荔枝、樱桃、核桃等。

1.为害状识别

星天牛又名柑橘星天牛。以幼虫蛀食较大植株的基干，在木质部、根部为害，树干下有成堆虫粪，使植株生长衰退，甚至死亡。以成虫咬食嫩枝皮层，形成枯梢，也食叶成缺刻状。

2.形态识别

成虫：体长 27～41 mm，体、翅黑色有光泽，触角鞭状 12 节，第 1、2 节黑色，3～11 节每节基部呈蓝灰色，端部黑色，雄虫触角特别长，超过体长 1 倍。每鞘翅有大小不等的白色绒毛 20 个左右，鞘翅基部密布黑色小颗粒。

卵：长椭圆形，5～6 mm，初产时乳白色，后渐变黄白至灰褐色。

幼虫：老熟幼虫体长 38～60 mm，乳白色至淡黄色，头部褐色。前胸背板前方左右各有 1 个黄褐色飞鸟形斑纹，后方有 1 块黄褐色“凸”字形斑纹，略呈隆起。

蛹：乳白色，裸蛹，长 30～38 mm，羽化前变褐色。

3.发生规律

南方 1 年 1 代，北方 2～3 年 1 代，以老熟幼虫在枝干内越冬。翌年 5 月中、下旬化蛹，蛹期约 20 d。成虫 5～7 月间出现，白天飞翔，咬食枝条嫩皮补充营养，10～15 d 后才交尾，交尾后 3～4 d 于树干近地面处咬一个“T”形或“八”字形刻槽，每槽产 1 粒卵，产卵后分泌一种胶状物质封口，每雌可产卵 20～30 粒，最多可达 71 多粒，卵多产于树干离地 0.3～0.7 m 范围内，产卵处树皮常裂开、隆起。卵期 9～15 d。初孵幼虫先在刻槽附近蛀食于表皮和韧皮部，形成不规则虫道，虫道内充满虫粪，2 个月以后向木质部蛀食，并有木屑排出。

4.防治方法

(1)人工捕捉成虫。在 5～6 月成虫活动盛期，巡视捕捉成虫多次。

(2)毒杀成虫和防止成虫产卵。在成虫活动盛期，用 80% 敌敌畏乳油或 40% 乐果乳油等掺和适量水和黄泥，搅成稀糊状，涂刷树干基部，可毒杀在树干上爬行及咬破树皮产卵的成虫和初孵幼虫，或在成虫产卵盛期用白涂剂涂刷树干基部，防止成虫产卵。

(3)刮除卵粒和初孵幼虫。6～7 月间发现树干基部有产卵裂口和流出泡沫状胶质时，即刮除树皮下的卵粒和初孵幼虫。并涂以石硫合剂或波尔多液等。

(4)毒杀幼虫。树干基部地面上发现有成堆虫粪时，将蛀道内虫粪掏出，塞入或注入药剂毒杀，常用布条或废纸沾 80% 敌敌畏乳油或 40% 乐果乳油 5～10 倍液，向蛀洞内塞紧，或用兽医用注射器将药液注入；可用 56% 磷化铝片剂(每片约 3 g)，分成 10～15 小粒(每份 0.2～0.3 g)，每一蛀洞内塞入一小粒，再用泥土封住洞口。

(5)钩杀幼虫。幼虫尚在根颈部皮层下蛀食，或蛀入木质部不深时，及时进行钩杀。

(6)阻隔防治。利用包装化肥等的编织袋，洗净后裁成宽 20～30 cm 的长条，在星天牛产卵前，在易产卵的主干部位，用裁好的编织条缠绕 2～3 圈，每圈之间连接处不留缝隙，然后用麻绳捆扎，天牛只能将卵产在编织袋上，其后天牛卵就会失水死亡。

(三)葡萄透翅蛾

葡萄透翅蛾又名葡萄透羽蛾、葡萄钻心虫等,属鳞翅目透翅蛾科。分布于全国葡萄种植区。寄主有葡萄、野葡萄。

1. 为害状识别

以幼虫蛀食新梢、叶柄、穗轴等部位,为害新梢为主,被害新梢枯萎死亡,严重影响葡萄正常生长和结果。葡萄生长后期部分老熟幼虫蛀入二年生枝、老蔓,出现大量枝蔓枯死。

2. 形态识别

成虫:体为黑褐色,头顶、颈部、后胸、腹部两侧各节相连处有橙黄色带;前翅红褐色,前缘及翅脉黑色;后翅膜质透明,故称透翅蛾。成虫静止时,外形与胡蜂相似。

老熟幼虫:腹足退化,仅留趾钩,体呈圆筒形,头部红褐色,胸腹部浅黄白色,稍带紫红色,前胸背板上有倒"八"字形纹。

卵:椭圆形,略扁平,红褐色。

蛹:长椭圆形,红褐色。

3. 发生规律

一年发生 1 代,以老熟幼虫在葡萄枝蔓内越冬。翌年 4 月底 5 月初,越冬幼虫开始化蛹。5~6 月份成虫羽化。在 7 月上旬之前,幼虫在当年生的枝蔓内为害;7 月中旬至 9 月下旬,幼虫多在二年生以上的老蔓中为害。10 月份以后幼虫进入老熟阶段,继续向植株老蔓和主干集中,在其中短距离地往返蛀食髓部及木质部内层。使孔道加宽,并刺激为害处膨大成瘤,形成越冬室,之后老熟幼虫便进入越冬阶段。

4. 防治方法

(1)冬季修剪时,剪除被害枝蔓,剪下的带虫枝蔓应在成虫羽化前销毁。葡萄生长季节,经常检查新梢是否凋萎,叶片或边缘是否干枯,枝条是否有虫粪或蛀孔,确定是被害梢,应及时摘除,消灭幼虫。

(2)喷药防治。一般葡萄盛花期即进入成虫羽化盛期,在花后进行喷药。可用 18% 高渗型氧乐果乳油 1 000 倍液均匀喷布于叶背面,隔 10 d 喷 1 次,连喷 3 次。

(3)用注射法防治蛀道内幼虫。若幼虫已蛀入新梢基部或较粗蔓,可先用一带柄的细针锥在被害枝蔓上探知幼虫蛀食的大概位置,后用注射器从该位置锥孔中向蛀道内注入 50% 敌敌畏乳油 10 倍稀释液 1 mL 以熏杀幼虫。

(四)葡萄瘿蚊

属双翅目瘿蚊科。华北各省均有分布,是中国新发现的一种为害葡萄的害虫。寄主于葡萄、山葡萄。

1. 为害状识别

以幼虫在葡萄果实内为害,致使果粒不能正常生长。品种不同被害果为害状不一,如龙眼、巨峰盛花后被害果迅速膨大,呈畸形,较正常果大 4~5 倍,被害果直径 8~10 mm 时停止生长,呈扁圆形,果顶略凹陷,浓绿色有光泽,萼片和花丝均不脱落,果梗细,果蒂不膨大,多不能形成正常种子,毫无经济价值。

2. 形态识别

成虫:体长 3 mm,暗灰色被淡黄短毛,似小蚊。头较小,复眼大黑色,两眼上方接合。触角丝状细长,14 节,各节周生细毛。中胸发达,翅 1 对膜质透明、略带暗灰色疏生细毛,仅有 4 条翅脉;后翅特化为平衡棒淡黄色。

幼虫:体长 3～3.5 mm,乳白色肥胖略扁,末节细小圆锥状,两端略向上翘呈舟状。

蛹:长 3 mm,裸蛹、纺锤形,初黄白渐变黄褐色,羽化前黑褐色。

3. 发生规律

每年发生 1 代,以幼虫在干枝内越冬,5 月上中旬成虫羽化,5 月下旬至 6 月上旬交配产卵。一般产卵于幼果内,每粒果中只产 1 粒卵。卵孵化后,幼虫在果内为害 20 余天,老熟化蛹,蛹期 5～6 d。7 月上中旬成虫羽化,羽化时借身体蠕动力顶破果皮,在果面上形成圆形羽化孔,蛹壳一半残留于羽化孔外。当年羽化的成虫白天活动,飞翔力不强,交配产卵于枝条上,幼虫孵化后在干枯枝上蛀孔越冬。品种中以龙眼、凤凰 12 号等受害较重,巨峰、玫瑰香等次之。

4. 防治方法

(1)冬季修剪时彻底剪除干枝、枯枝,集中烧毁,消灭越冬幼虫。

(2)彻底摘除被害果穗,集中处理消灭其中幼虫和蛹。

(3)成虫初发期药剂防治,可用 75% 灭蝇胺可湿性粉剂 5 000 倍液或 80% 敌敌畏乳油 1 000 倍液混 5% 氯氰菊酯 1 500 倍液或两者单独使用。

(4)在成虫出现前,花序套袋阻止成虫产卵,葡萄开花时取掉套袋。

任务实施

一、实施条件

(1)实施场所　设施果树基地、多媒体实训室。

(2)仪器与用具　体视显微镜、解剖刀、镊子、酒精瓶、捕虫网、三角纸、毒瓶、捕虫网等昆虫标本采集与制作用具。各种杀虫剂、烟雾机、喷雾器、记载用具等。

(3)标本与材料　各种果树虫害标本、图谱等。

(4)其他　教材、PPT、影像资料、相关图书、网上资源等。

二、实施方案

1. 寻找教学现场

在教师准备好教学现场的前提下,引导学生在课前以小组为单位到设施果树生产基地,寻找发生害虫的植株或场所,以备本工作任务的实施。

2. 设施果树害虫识别

对所找的果树害虫进行认真、细致地观察其形态特征与为害状,然后对照教材或参考读物查询到是哪一种或哪一类。能否在周围发现其他虫态?可否观察到这种害虫的一些重要习性？可否利用这些习性进行防治？同时给害虫及为害状进行拍照，采集害虫各虫态的标本，以为后期检验防治效果做对照。

3.综合防治实践

经小组查阅教材等相关文献和集体讨论后，从备用的杀虫剂中选出1～2种，制订某种害虫防治方案(施药方法、施药面积、药剂浓度或剂量、施药次数、施药间隔期等)，然后施药防治或用其他方法防治，调查防效。经过观察，有较为明显地防治效果后(一般在防治1周后)，则小组提出验收申请，请老师和全班同学集体验收、考核。

4.果树害虫观察

对基地内未发生的其他果树害虫，通过标本观察、多媒体教学、观看视频、查阅教材等方法，认识设施果树上主要害虫的种类及其主要形态特征，并了解其发生发展规律，学会各类害虫的综合防治方法。

任务考核

考核内容	考核标准	分值	得分	考核人
寻找教学现场	找到的害虫种类较多	10分		组内互评
设施果树害虫识别	观察细致，害虫识别准确	30分		教师
综合防治实践	防治方法正确，操作熟练，防治效果明显	20分		师生共评
果树害虫观察	观察细致，认识的种类较多	30分		教师
团队协作	小组成员间团结协作	5分		组内互评
职业素质	责任心强，学习主动、认真、方法多样	5分		组内互评

参考文献

[1] 彩万志，等．普通昆虫学．北京：农业出版社，2001.
[2] 魏鸿钧，等．中国地下害虫．上海：上海科学技术出版社，1989.
[3] 北京农业大学．昆虫学通论．北京：农业出版社，1981.
[4] 雷朝亮，等．普通昆虫学．北京：农业出版社，2003.
[5] 邱强．花卉病虫实用原色图谱．郑州：河南科学技术出版社，2001.
[6] 蔡平，等．园林植物昆虫学．北京：农业出版社，2003.
[7] 郑乐怡，等．昆虫分类．南京：南京师范大学出版社，1999.
[8] 忻介六，等．昆虫形态分类学．上海：复旦大学出版社，1985.
[9] 陈爱葵．常见农林业害虫的鉴别与防治技术．北京：中国盲文出版社，1999.
[10] 刘绍友．农业昆虫学．北京：农业出版社，1995.
[11] 黄少彬．园林植物病虫害防治．北京：高等教育出版社，2006.
[12] 邵力平．真菌分类学．北京：中国林业出版社，1984.
[13] 许志刚．普通植物病理学．北京：农业出版社，1997.
[14] 江苏农学院．植物病害诊断．北京：农业出版社，1977.
[15] 李怀方，等．园艺植物病理学．北京：中国农业大学出版社，2002.
[16] 广西壮族自治区农业学校．植物保护学总论．北京：农业出版社，1996.
[17] 赵善欢．植物化学保护．北京：中国农业出版社，2003.
[18] 张文吉．新农药应用指南．北京：中国林业出版社，1995.
[19] 杨旺，等．观赏植物病虫草害．北京：中国林业出版社，2000.
[20] 程亚樵．园艺植物病虫害防治．北京：农业出版社，2013.
[21] 郃连春．作物病虫害防治．北京：中国农业大学出版社，2007.
[22] 王运兵，等．无公害农药实用手册．郑州：河南科学技术出版．
[23] 田世尧．新农药使用技术问答．广州：广东科技出版社，2000.
[24] 李怀方，等．园艺植物病理学．北京：中国农业大学出版社，2002.
[25] 费显伟．园艺植物病虫害防治．北京：高等教育出版社，2010.
[26] 张红燕．园艺蔬菜病虫害防治．北京：中国农业大学出版社，2008.
[27] 朱国仁．塑料棚温室蔬菜病虫害防治．北京：金盾出版社，2009.
[28] 程伯瑛．设施蔬菜病虫害防治问答．北京：金盾出版社，2010.
[29] 北京农业大学．果树昆虫学．北京：农业出版社，1999.

[30] 杨维田. 病虫害防治. 北京：金盾出版社，2011.
[31] 天津市农林局. 蔬菜病虫害图说. 天津：天津科学技术出版社，1979.
[32] 沈阳农学院. 蔬菜昆虫学. 北京：农业出版社，1980.
[33] 中国植物保护学会网站 http：//www. ipmchina. net.
[34] 百度百科 http：//baike. baidu. com.

彩图 1 黄瓜猝倒病

彩图 2 番茄立枯病

彩图 3 黄瓜霜霉病叶正面

彩图 4 黄瓜霜霉病叶背霉层

彩图 5 萝卜霜霉病

彩图 6 茄子疫病

彩图 7 番茄晚疫病

彩图 8 牵牛花白锈病

彩图 9 金鸡菊白粉病

彩图 10 菜豆锈病

彩图 11 大葱锈病

彩图 12 葫芦炭疽病

彩图 13 西瓜炭疽病

彩图 14 辣椒炭疽病

彩图 15 菜豆炭疽病

彩图 16 凤尾兰炭疽病

彩图 17 番茄早疫病

彩图 18 黄瓜灰霉病

彩图 19 番茄灰霉病

彩图 20 茄子黄萎病

彩图 21 香石竹枯萎病

彩图 22 鸡冠花褐斑病

彩图 23 杜鹃褐斑病

彩图 24 大葱紫斑病

彩图 25 茄褐纹病

彩图 26 茄子白绢病

彩图 27 番茄叶霉病

彩图 28 黄瓜靶斑病

彩图 29 葡萄黑痘病

彩图 30 葡萄白腐病

彩图 31 桃缩叶病

彩图 32 白菜软腐病

彩图 33 白菜黑腐病

彩图 34 黄瓜细菌性角斑病

彩图 35 番茄青枯病

彩图 36 姜瘟病

彩图 37 辣椒疮痂病

彩图 38 桃细菌性穿孔病

彩图 39 南瓜病毒病

彩图 40 黄瓜花叶病

彩图 41 美人蕉花叶病

彩图 42 番茄根结线虫病

彩图 43 番茄生理性卷叶

彩图 44 黄瓜缺锌

彩图 45 茄子缺硫

彩图 46 黄瓜锰过量

彩图 47 番茄裂果

彩图 48 黄瓜日灼病

彩图 49 茄果冷害

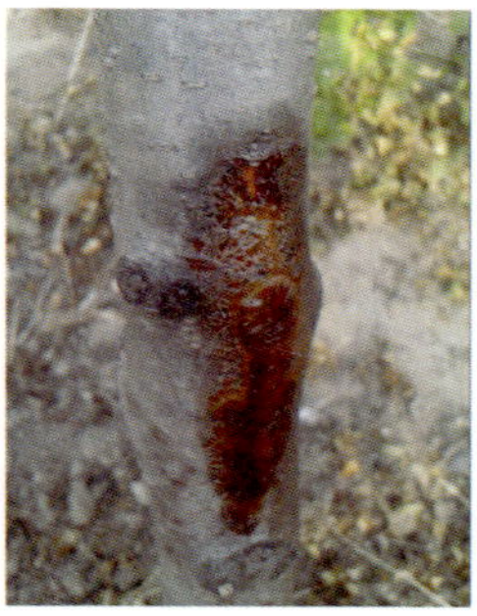

彩图 50 桃树流胶

彩图 51 菜青虫

彩图 52 小菜蛾成虫

彩图 53 银纹夜蛾成虫

彩图 54 大造桥虫幼虫

彩图 55 舞毒蛾幼虫

彩图 56 斜纹夜蛾成虫

彩图 57 斜纹夜蛾幼虫

彩图 58 甜菜夜蛾幼虫

彩图 59 星白雪灯蛾成虫

彩图 60 星白雪灯蛾幼虫

彩图 61 玉米螟幼虫与蛹

彩图 62 桃柱螟成虫

彩图 63 凤仙花天蛾成虫

彩图 64 凤仙花天蛾幼虫

彩图 65 豆天蛾幼虫

彩图 66 黄刺蛾幼虫

彩图 67 苹果小卷叶蛾幼虫

彩图 68 葡萄透翅蛾

彩图 69 七星瓢虫幼虫

彩图 70 星天牛

彩图 71 菊天牛

彩图 72 黄曲条跳甲成虫

彩图 73 黄守瓜成虫

彩图 74 马铃薯瓢虫

彩图 75 大黑鳃金龟成虫

彩图 76 蛴螬

彩图 77 沟金针虫

彩图 78 月季叶蜂幼虫

彩图 79 花蓟马成虫

彩图 80 大青叶蝉

彩图 81 红蜡蚧壳

彩图 82 日本龟蜡蚧

彩图 83 温室白粉虱

彩图 84 西葫芦银叶现象

彩图 85 萝卜蚜有翅型

彩图 86 菜蝽

彩图 87 梨花网蝽

彩图 88 美洲斑潜蝇为害状

彩图 89 黑带食蚜蝇

彩图 90 草蛉幼虫

彩图 91 二斑叶螨

彩图 92 蛞蝓

彩图 93 黄板诱杀

彩图 94 硫磺蒸发器的应用

彩图 95 常温烟雾机施药